普通高等教育农业农村部“十三五”规划教材
全国高等农林院校“十三五”规划教材

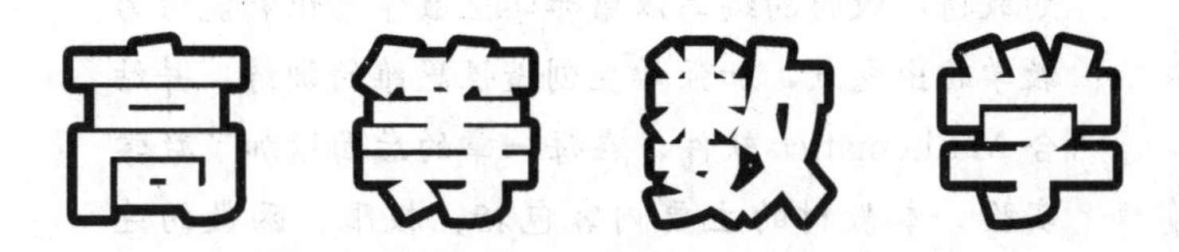

第四版

孟　军　主编

中国农业出版社
北　京

内容提要

本教材是普通高等教育农业农村部"十三五"规划教材，教材的编写以培养学生数学意识和能力为教学的出发点，加强学生创造性思维的训练，并结合Mathematica软件，在每一章的后面增加了数学实验．本教材的主要内容包括：极限、函数的连续、导数、微分、积分、多元函数微分、二重积分、微分方程、级数和Mathematica软件的使用．全书结构严谨，条理清晰，语言通俗易懂，论述简明扼要，例题与习题取材广泛且难度适中，大部分来自于生产实践和考试真题．在每章的后面还附有与微积分发展有关的数学家的经典故事，以扩大知识面，增加学习兴趣．

本教材可作为农林院校生命科学和经济类本专科学生的学习教材，也可作为研究生、教师和科技人员的学习参考书．

第四版编写人员

主　编　孟　军

副主编　徐文仲　王　鹏

编　者　孟　军　徐文仲　王　鹏

　　　　　张战国　邓　红　张誉蓉

主　审　邓华玲

第一版编写人员

主　编　孟　军

副主编　葛家麒　尹海东

参　编　郑　煜　于晓秋

主　审　王凯捷

第二版编写人员

主　编　孟　军　朱荣胜

副主编　李放歌　汤　岩

编　者　孟　军　朱荣胜　李放歌　汤　岩
徐　丹　焦　扬　杜　晶　刘　慧

主　审　葛家麒

第三版编写人员

主　编　孟　军

副主编　张亚卓　郭雅丽　王　佳

编　者　孟　军　张亚卓　郭雅丽　王　佳

主　审　葛家麒

第四版前言

大数据时代的到来和数字经济的发展使数学在各领域的应用得到空前的重视，而数据分析师、算法工程师和精算师等职业的产生，对高等院校学生的数学素质又提出了新的要求，从而推动高校数学课程教学的改革．为了适应新形势的要求，我们对原有的《高等数学》教材进行了重新编写．本教材是面向21世纪课程教材《高等数学》的第四版．前三版教材在使用过程中已充分得到了读者的认可．为了进一步完善和改进，我们在前三版教材的基础上进行再次修订．本教材在编写上有如下特点：

一、在结构上，本着不影响微积分基本学习体系的情况下，大胆变革．淡化对极限数学定义的讲解和证明，而只要求学生在思想上理解极限的概念；需要的定理只是直接给出结论和必要的说明，并不给出定理的证明；弱化对学生解题技巧的培养；将不定积分和定积分合为一章，增加定积分应用一章，将空间解析几何和多元函数合二为一．

二、加强对高等数学实际应用的讲解．书中所举的大部分例题都是实际应用的例子，有些是数学应用的经典例子，如Logistic方程、库柏—道格拉斯生产函数等，这样使学生在学完基本的数学知识后，不但知道所学的数学知识有什么用，而且还知道怎样用，同时在书后的习题中配有大量数学应用方面的习题，学生在掌握好书本上的基础知识之后，可以通过完成课后习题，在巩固基础知识的同时，使学生运用数学知识的能力得到培养，从而激发了学生的创造潜能．

三、把数学学习与信息技术相结合，引导学生主动适应大数据思维．采用国际通用的数学软件Mathematica，在每一章的后面都增加了演示与实验．通过数学实验，使学生知道怎样在计算机上实现数学的推导、计算，怎样将自己的想法在计算机上去完成；同时由于计算机的引入，很多在计算机上可以简单实现的推导、计算和画图，在理论课教学中可以淡化，从而可以有更多的时间去丰富讲课内容．

四、在数学教学中体现思政教育．在微积分部分内容的编写上，结合哲学的量变与质变、动态与静态的观点进行讲解；在每章的最后增加了一个附录，介绍与微积分发展有关的数学家的生平典故，使学生在学习数学知识的同时了解微积分的发展史，增加数学课上的人文氛围，加强对学生数学文化的熏陶，进而提高学生的数学素质．

本教材为高等农林院校经济类和生命科学类学生编写，本教材适用的教学时长为80～120学时，教师可根据自己学校的情况，对教材中的内容进行适当的删减．本教材在对实际问题进行举例分析时，就已经把数学建模的思想和方法潜移默化地传授给学生，但教材中所举的例子还是比较简单的，教师可根据学生的学习兴趣增加一些较复杂的数学建模实例．教材中的数学实验是为了配合高等数学教学而设置，所以课后的演示与实验还是比较简单的，只是要求能用Mathematica进行有关高等数学的运算，更深层次的数学实验本教材并未涉及，有兴趣的读者也可自己阅读有关书籍．

本教材的编写分工如下：东北农业大学孟军负责提出全书编写的总体思路，并编写第五章、第六章、第七章、第八章；徐文仲负责第一章、第二章、第三章；王鹏负责编写第四章、第九章、第十章；邓红负责编写附录一及每章的数学实验；张战国负责每章后面的数学家故事；张誉蓉负责全书图形的绘制．

本教材在编写过程中充分采纳了东北农业大学数学教师提出的建议，在此表示衷心感谢．由于编者水平有限，本教材在编写过程中难免有很多缺点和不足，请各位读者批评指正．

编 者

2020年7月于哈尔滨

第一版前言

该教材是教育部“面向21世纪高等农林教育教学内容和课程体系改革计划”项目的成果．

江泽民同志指出：“创新是一个民族进步的灵魂，是国家兴旺发达之不竭动力．”人类社会已进入知识经济时代，生产的发展已不是由资本的积累和生产规模的扩大所决定的，主要决定于知识的创新．一个民族在未来社会中的地位也将主要依赖于它拥有的创新人才的数量和质量．因此，在《中华人民共和国高等教育法》中把培养具有创新精神的高级专门人才作为高等教育的主要任务之一．作为农业高等院校基础课之一的数学系列课的教学改革也以创新人才的培养为目标．

随着计算机技术的普及和应用，数学在各门科学中的应用也日益广泛．当前数学科学已和自然科学、社会科学并列为基础科学的三大领域．对于非数学专业学生数学素质的要求已不是具有较深厚的数学理论知识和较强的推理证明能力，而是要求具有应用数学方法，借助于计算机技术解决实际问题的意识和能力．因此，数学系列课程教学改革的基本方向为：以培养学生用数学的意识和能力为出发点，使学生具有宽广的数学基础知识，掌握常用的数学方法，了解数学的前沿发展方向，具有一定的数学建模能力，并能在计算机上完成对所建模型的求解，掌握数学的思维方式，为学生创造潜能的发挥打下基础．本书就是为了适应这个教学改革的需求而编写的．本书在编写上有如下特点：

一、在结构上，本着不影响微积分基本学习体系的情况下，大胆变革．淡化对极限数学定义的讲解和证明，只要求学生在思想上理解极限的概念；需要的定理只是直接给出结论和必要的说明，并不给出定理的证明；弱化对学生解题技巧的培养；增加导数、定积分和微分方程的数值解法，加强学生对离散问题的感性认识；将不定积分和定积分合为一章，增加定积分应用一章，将空间解析几何和多元函数内容合二为一．

二、加强对高等数学实际应用的讲解．书中所举例题的大部分都是实际应用的例子，也有些是数学应用的经典例子(如 Logistic 方程、库柏-道格拉斯生产函数等)．这样使学生在学完基本的数学知识后，不但知道所学的数学知识有什么用，而且还知道怎样用．同时在书后的习题中配有大量数学应用方面的习题，学生在掌握好书本上的基础知识之后，可以通过完成课后习题，在巩固基础知识的同时，使学生用数学的能力得到培养，从而激发了学生的创造潜能．

三、在适当的地方增加一些现代数学发展前沿知识的介绍，如分形理论、微分方程的定性理论、边际效益分析等，使学生在学习高等数学基础知识的同时，对现代数学发展的最新方向有所了解，增强学生的学习兴趣，扩大学生的视野，激发学生对数学知识的探索欲．

四、结合国际通用的数学软件 Mathematica，在每一章的后面都增加了演示与实验，这是符合面向21世纪高等院校数学教学改革要求的．通过数学实验，使学生知道怎样在计算机上实现数学的推导、计算，怎样将自己的想法通过计算机去完成；同时由于计算机的引入，很多在计算机上可以简单实现的推导、计算和画图，在理论课教学中可以淡化，从而可以有更多的学时去丰富讲课内容．

五、在每一章的后面介绍了与微积分发展有关的数学家的生平典故，使学生在学习数学知识的同时了解微积分的发展史，增加数学课上的人文氛围，加强数学文化的熏陶，进而提高学生的数学素质．

本书为高等农林院校经济类和生命科学类学生编写，书中所举的大部分例子也都围绕着这两方面取材．本书适用的教学时数在80～120学时之间．教师可根据自己学校的不同情况，对书中的内容进行适当的删减．近几年来，数学建模在全国大专院校中蓬勃兴起，也逐渐成为数学教学的重要内容．本书在对实际问题进行举例分析时，就已经把数学建模的思想和方法潜移默化地传授给学生，但书中所举的例子还是比较简单的，教师可根据学生的学习兴趣增加一些较复杂的数学建模实例．书中的数学实验是为了配合高等数学教学而设置，所以课后的演示与实验还是比较简单的，只是要求能用 Mathematica 进行有关高等数学的运算，更深层次的数学实验本书并未涉及，有兴趣的读者也可自己阅读有关书籍．

本书的编写分工如下：东北农业大学孟军教师负责提出全书编写的总体思路，并编写第五章、第六章、第七章、第八章；葛家麒负责第一章、第二章、第三章；尹海东负责编写第四章、第九章、第十章；东北林业大学的郑煜负责编写附录及每章的数学实验；黑龙江省八一农垦大学的于晓秋负责编写每章后面的数学家的故事．全书由王凯捷主审．

本书在编写过程中得到东北农业大学数学教研室全体教师的热心帮助，在东北农业大学试用1年，任课教师对本书提出了很多中肯而又宝贵的意见；本书在出版的过程中得到了东北农业大学教材科任喜英科长和教务处及校领导的大力支持，在此表示感谢．

编　者

2001年5月于哈尔滨

第 二 版 前 言

本书是面向21世纪课程教材《高等数学》的第二版．原教材经过6年的使用已充分得到了读者的认可，但同时我们也发现并认识到一些需要改进和完善的地方，故此，我们对原教材进行修订．

本次修订保持了教材原有的风格，仅对一些细节作出了改动，具体修改内容如下：

1. 完善了每章的实验部分；

2. 调整了部分章节间或章节内的顺序；

3. 增减了部分例题和习题；

4. 增加了习题答案；

5. 重新编写了软件简介部分；

6. 对书中部分图形进行了修改．

修订工作由孟军教授总体筹划，具体为朱荣胜负责第七章、第九章和第十章以及附录的修订，李放歌负责第五章、第六章和第八章的修订，汤岩负责第一章、第二章、第三章及第四章的修订．杜晶、刘慧、徐丹完成了全书习题的答案，焦扬对书中部分图形进行了修订．全书由葛家麒教授审阅．

本书在修订过程中得到东北农业大学理学院信息与计算科学系全体教师的大力支持，在此表示由衷的感谢．

编　者

2007年6月于哈尔滨

第二版前言

第三版前言

本教材是面向21世纪课程教材《高等数学》的第三版，同时也是普通高等教育农业部“十二五”规划教材．前两版教材在使用过程中已充分得到了读者的认可，但同时我们也发现并认识到一些需要改进和完善的地方．因此，我们对第二版教材进行这次修订．

本次修订保持了教材原有的风格，仅对一些细节作出了修订，具体修订内容如下：

1. 调整了部分章节间或章节内的顺序；
2. 在相应章节中删减了经济问题中的弹性分析；
3. 在积分章节增加了积分上限函数及相关内容，使此部分更加完善；
4. 在微分方程章节中增加了部分微分方程模型；
5. 在相应章节增加了部分农业、生命和经济等方面的习题；
6. 增减了各章节的部分例题和习题；
7. 增加部分章节的习题答案；
8. 将数学软件 Mathematica 的版本升级为 Mathematica7.0，在此版本环境下，对软件简介部分进行了部分修订，并完善了各章的实验部分；
9. 在附录中增加了预备知识，其中包括常用的数学公式以及常用几何图形的面积和体积公式；
10. 对书中部分图形进行了修改．

本教材的编写修订工作如下：东北农业大学孟军教授负责提出全书编写及修订的总体思路及全部书稿审阅，郭雅丽负责第一章、第二章、第三章、第四章；张亚卓负责第五章、第六章、第七章；王佳负责第八章、第九章、第十章；张亚卓和王佳负责编写附录．全书由葛家麒教授主审．

本教材在编写修订过程中，得到了东北农业大学理学院数学系全体教师的热心帮助和大力支持，他们对本教材提出了中肯而又宝贵的意见；本教材在出版过程中得到了东北农业大学教务处和校级领导的大力支持，在此表示由衷的感谢．

编　者

2013年3月于哈尔滨

第三版前言

本教材是面向21世纪课程教材，[illegible]第三版，[illegible]普通高等教育农业部“十二五”规划教材。[illegible]教材在使用过程中[illegible]，同时我们也收到了许多读者提出的宝贵意见和建议。因此，我们对第二版教材进行了修订。

本次修订保持了教材原有的风格、体系和结构，[illegible]，具体修订内容如下：

1. 调整了部分章节顺序及章节内容；

2. [illegible]

3. [illegible]增加了部分[illegible]；

4. 在部分章节中增加了部分综合性习题；

5. 在相应章节增加了部分文献，[illegible]；

6. [illegible]；

7. 增加部分章节的习题答案；

8. 将教学软件Mathematica的版本升级为Mathematica7.0，在此版本下[illegible]了教材中的部分程序，[illegible]；

9. 在附录中增加了[illegible]，集中给出常用的数学公式及常用几何图形的面积和体积公式。

10. 对书中的个别错误进行了修改。

本教材由[illegible]编写，[illegible]第一章、[illegible]第三章，[illegible]第四章、[illegible]第五章、第六章，[illegible]第七章，[illegible]第八章、第九章，[illegible]第十章。全书由[illegible]主审。

本教材在编写修订过程中，得到了中国农业大学理学院数学系全体教师的热情帮助和大力支持，他们对本教材提出了许多宝贵的意见；出版社在出版过程中给予了大力支持，在此一并表示衷心的感谢。

编 者

2013年3月于北京

目　录

第四版前言
第一版前言
第二版前言
第三版前言

第一章 函　　数

函数概念是高等数学中最重要的概念之一，是客观世界中变量之间依存关系的反映，是许多科学技术中表达自然规律的基本概念．

§1.1　函数概念及特性

一、函数概念

1. 区间与邻域　区间是高等数学中使用较多的数集．设 a 和 b 都是实数，且 $a<b$，满足不等式 $a<x<b$ 的一切实数 x 构成的数集称为**开区间**，记为 (a,b)；满足不等式 $a\leqslant x\leqslant b$ 的一切实数 x 构成的数集称为**闭区间**，记为 $[a,b]$；满足不等式 $a<x\leqslant b$ 或 $a\leqslant x<b$ 的一切实数 x 构成的数集称为**半开区间**，分别记为 $(a,b]$ 或 $[a,b)$，其中 a 和 b 叫作区间的端点，而 $b-a$ 叫作区间的长度．除了上述有限区间外，还有无限区间，即满足不等式

$$a\leqslant x<+\infty \text{或} -\infty<x\leqslant b$$

的一切实数 x 构成的数集称为**无限区间**，分别记为 $[a,+\infty)$ 或 $(-\infty,b]$；不等式 $-\infty<x<+\infty$ 表示全体实数，记为 $(-\infty,+\infty)$．

设 a 和 δ 是两个实数，且 $\delta>0$，满足不等式 $|x-a|<\delta$ 的一切实数 x 的全体称为点 a 的 **δ 邻域**，点 a 叫作邻域的**中心**，δ 叫作邻域的**半径**，此绝对值不等式也可记为

$$a-\delta<x<a+\delta,$$

所以，邻域也可以用开区间 $(a-\delta,a+\delta)$ 表示，即点 a 的 δ 邻域，就是以点 a 为中心，长度为 2δ 的开区间．

2. 函数概念　当我们观察各种自然现象时，常常会遇到各种不同的量，其中有的量保持一定的数值，这种量叫作**常量**；还有一些量，可以取不同的数值，这种量叫作**变量**，例如，在一个自由落体运动中，重力加速度是不变的，是常量，而物体与地面之间的距离或者物体运动的速度都是变化的，是变量．常量常用 a、b、c 等表示，而变量常用 x、y、z 等表示．

在同一问题的过程中，往往同时有几个变量，并且它们之间不是孤立的，而是相互联系的，并遵循着一定的变化规律，如圆的面积 S 与圆的半径 r 是两个变量，它们之间存在着下列关系：

$$S=\pi r^2(\pi \text{是常量}).$$

定义 1.1.1　设在某一变化过程中，有两个变量 x 和 y，D 是一个给定的数集，如果对于数集 D 中的每一个数 x，变量 y 按照某种法则总有确定的数值与之对应，则称变量 y 是变量 x 的**函数**，数集 D 称为函数的定义域，x 称为**自变量**，y 称为**因变量**．

由上述定义可知，确定一个函数有两个要素，即定义域 D 与对应法则．y 是 x 的函数，

常用 $y=f(x)$ 表示，如果对于自变量 x 的某一个值 $x_0\in D$，因变量 y 能有一个确定的值 y_0 与之对应，则说函数 $y=f(x)$ 在 x_0 处有定义，也称 y_0 为函数在点 x_0 处的**函数值**，记为 $y_0=f(x_0)$，当 x 遍取 D 的各个数值时，对应的函数值全体组成的数集 E 称为函数的**值域**．

函数是由定义域和对应法则所确定的，因此，研究函数时必须注意它的定义域，在实际问题中，函数的定义域是根据问题的实际意义确定的，在数学中，有时不考虑函数的实际意义，而抽象地研究用算式表达的函数．这时我们约定：函数的定义域就是使算式有意义的自变量所取的一切实数值．例如，函数 $y=\dfrac{1}{\sqrt{1-x^2}}$ 的定义域是开区间 $(-1,\ 1)$．

如果自变量在定义域内任取一个数值时，对应的函数值都只有一个，这种函数叫作**单值函数**，否则叫作**多值函数**．对于多值函数通常限制因变量 y 的范围使之成为单值，再进行研究，例如，反三角函数 $y=\mathrm{arcsin}x$ 是多值函数，如果把 y 限制在 $-\dfrac{\pi}{2}\leqslant y\leqslant\dfrac{\pi}{2}$ 时，就是单值函数，记为 $y=\arcsin x$. 以后，凡是没有特别说明时，函数都是指单值函数．

例 1 设函数 $f(x)=x^4+x^2+1$，求 $f(0)$，$f(t^2)$，$f\left(\dfrac{1}{t}\right)$.

解 $f(0)=0^4+0^2+1=1$,

$$f(t^2)=t^8+t^4+1,$$

$$f\left(\frac{1}{t}\right)=\left(\frac{1}{t}\right)^4+\left(\frac{1}{t}\right)^2+1=\frac{1+t^2+t^4}{t^4}.$$

3. 函数的表示法 函数有三种表示法：图形表示法、表格表示法和公式表示法．图形表示法优点是直观，一目了然；表格表示法的优点是可以直接查到表中所列出的函数值；公式表示法的优点是便于进行函数性态的研究．

在实际应用中，用公式法表示函数时，有时由于变量之间的函数关系较为复杂，需用几个式子表示，此时不能把它理解为是几个函数，而应该理解为由几个式子表示的一个函数．这样的函数称为**分段函数**．

例 2 函数

$$f(x)=|x|=\begin{cases}x, & x\geqslant 0,\\ -x, & x<0\end{cases}$$

的定义域 $D=(-\infty,\ +\infty)$.

例 3 函数

$$f(x)=\begin{cases}2x+1, & x\geqslant 0,\\ x^2+4, & x<0,\end{cases}$$

求 $f(-1)$，$f(1)$，$f(x-1)$.

解 $f(-1)=(-1)^2+4=5$，$f(1)=2\times 1+1=3$,

$$f(x-1)=\begin{cases}2(x-1)+1, & x-1\geqslant 0,\\ (x-1)^2+4, & x-1<0,\end{cases}$$

即

$$f(x-1)=\begin{cases}2x-1, & x\geqslant 1,\\ x^2-2x+5, & x<1.\end{cases}$$

二、函数的几种特性

1. 函数的有界性 设函数 $y=f(x)$ 在区间 $(a,\ b)$ 内有定义，若存在一个正数 M，使得

对于一切 $x\in(a, b)$，都有

$$|f(x)|\leqslant M,$$

则称函数 $f(x)$在区间(a, b)内**有界**，或称 $f(x)$是(a, b)内的**有界函数**；否则称为**无界**.

例如，函数 $y=\sin x$ 在区间$(-\infty, +\infty)$内，恒有$|\sin x|\leqslant 1$，所以 $y=\sin x$ 在$(-\infty, +\infty)$内是有界的. 函数 $f(x)=\dfrac{1}{x}$在区间$(0, 1)$内是无界的，而在区间$(1, 2)$内是有界的.

2. 函数的单调性 设函数 $y=f(x)$在区间(a, b)内有定义，若对于区间(a, b)内任意两点 x_1 和 x_2，当 $x_1<x_2$ 时，恒有

$$f(x_1)<f(x_2),$$

则称函数 $f(x)$在区间(a, b)内是**单调增加的**；当 $x_1<x_2$ 时，恒有

$$f(x_1)>f(x_2),$$

则称函数 $f(x)$在区间(a, b)内是**单调减少的**. 例如，函数 $f(x)=x^2$ 在区间$[0, +\infty)$上是单调增加的，在区间$(-\infty, 0]$上是单调减少的，若函数 $f(x)$在区间(a, b)内单调，则称区间(a, b)是函数 $f(x)$的**单调区间**.

3. 函数的奇偶性 如果函数 $f(x)$在 x 改变符号时，函数值不变，即

$$f(-x)=f(x),$$

则函数 $f(x)$叫作**偶函数**. 如果满足

$$f(-x)=-f(x),$$

则函数 $f(x)$叫作**奇函数**.

偶函数的图形关于 y 轴对称，奇函数的图形关于原点对称.

例如，$y=\cos x$ 及 $y=x^2$ 都是偶函数，而函数 $y=\sin x$ 及 $y=x^3$ 都是奇函数，但是函数 $y=a^x$ 和 $y=\log_a x$ $(a>0, a\neq 1)$都是既非偶函数又非奇函数.

4. 函数的周期性 设函数 $y=f(x)$的定义域为 D，若存在一个不为零的常数 L，使得对于任一 $x\in D$，恒有

$$f(x+L)=f(x),$$

则称 $f(x)$为**周期函数**，L 称为**周期**. 通常，周期函数的周期是指**最小正周期**.

例如，函数 $y=\sin x$，$y=\cos x$ 是以 2π 为周期的周期函数；$y=\tan x$，$y=\cot x$ 是以 π 为周期的周期函数.

三、反函数

如果两个变量间有确定的函数关系，则这两个变量哪一个作自变量，哪一个作函数并不是固定不变的，常根据研究的目的和实际需要来确定.

例如，在函数关系 $V=\dfrac{c}{p}$(c 为常数)中，压力 p 为自变量，而体积 V 是 p 的函数，但如果把该式改写成 $p=\dfrac{c}{V}$，这时压力又可以看成是体积 V 的函数了，我们把 $p=\dfrac{c}{V}$叫作函数 $V=\dfrac{c}{p}$的**反函数**，当然 $V=\dfrac{c}{p}$也可以叫作函数 $p=\dfrac{c}{V}$的**反函数**. 因此，反函数是相互的.

一般地，已知 y 是 x 的函数，即 $y=f(x)$，如果由 $y=f(x)$中解出 x，则把 x 看作 y 的函数，即

$$x=\varphi(y),$$

它叫作函数 $y=f(x)$ 的**反函数**，而 $f(x)$ 叫作**直接函数**.

但习惯上，总把自变量写成 x，函数写成 y，因此，函数 $y=f(x)$ 的反函数又可写成：

$$y=\varphi(x).$$

例如，在 $y=2x-3$ 的反函数 $x=\frac{1}{2}(y+3)$ 中，如果自变量仍用 x 表示，函数仍用 y 表示；则反函数即为 $y=\frac{1}{2}(x+3)$.

注意：直接函数 $y=f(x)$ 和反函数 $y=\varphi(x)$ 的图形关于直线 $y=x$ 对称.

关于反函数的例子很多，比如 $y=x^3$ 的反函数是 $y=\sqrt[3]{x}$，指数函数 $y=a^x(a>0,\ a\neq1)$ 的反函数是对数函数 $y=\log_a x$，三角函数 $y=\sin x\left(-\frac{\pi}{2}\leqslant x\leqslant\frac{\pi}{2}\right)$ 的反函数是反三角函数 $y=\arcsin x\ (-1\leqslant x\leqslant1)$.

习 题 1.1

1. 判断函数 $y=\ln(x+\sqrt{x^2+1})$ 的奇偶性.

2. 作出下列函数的图形，并指出其定义域：

(1) $f(x)=\begin{cases}x^2-1, & 0\leqslant x\leqslant1,\\ x+3, & 1<x<3;\end{cases}$　　(2) $f(x)=\begin{cases}\frac{1}{x}, & x>0,\\ 2, & x\leqslant0.\end{cases}$

3. 下列函数中表示相同函数的是(　　).

(A) $y=1$ 与 $y=\frac{x}{x}$；　　(B) $y=\sqrt{x-1}\sqrt{x+1}$ 与 $y=\sqrt{x^2-1}$；

(C) $y=x$ 与 $y=\sqrt[3]{x^3}$；　　(D) $y=|x|$ 与 $y=(\sqrt{x})^2$.

§1.2 初等函数

一、基本初等函数

基本初等函数是指以下五类函数：

(1) **幂函数**：$y=x^\mu$（μ 为任意实数）.

(2) **指数函数**：$y=a^x\ (a>0,\ a\neq1)$.

(3) **对数函数**：$y=\log_a x\ (a>0,\ a\neq1)$.

(4) **三角函数**：$y=\sin x$，$y=\cos x$，

$y=\tan x$，$y=\cot x$，

$y=\sec x$，$y=\csc x$.

(5) **反三角函数**：$y=\arcsin x$，$y=\arccos x$，

$y=\arctan x$，$y=\operatorname{arccot} x$.

这些函数在初等数学中已作过较详细的介绍.这些函数的图形和主要性质经常使用，需要我们熟悉.

二、复合函数

有些实际问题中，两个变量间的联系有时不是直接的，而是通过另一个变量来联系的．

例1　设有质量为 m 的物体，以初速度 v_0 铅直向上抛出，求它的动能 E 和时间 t 的函数关系．

解　由物理学知 $E=\frac{1}{2}mv^2$，即动能 E 为速度 v 的函数．但速度又是时间 t 的函数．如果略去空气阻力，则有 $v=v_0-gt$，其中 g 是重力加速度．因此有

$$E=\frac{1}{2}m(v_0-gt)^2,$$

于是动能 E 通过 v 而成为 t 的函数，其中 t 是自变量，v 叫作**中间变量**，这样的函数 E 叫作自变量 t 的**复合函数**．

例2　函数 $y=\sin^3 x$ 是由 $y=u^3$，$u=\sin x$ 复合而成的复合函数．

例3　函数 $y=e^{x^2}$ 是由 $y=e^u$ 及 $u=x^2$ 复合而成的复合函数．

例4　函数 $y=\ln\tan\frac{x}{2}$ 可以看作由三个简单函数 $y=\ln u$，$u=\tan v$，$v=\frac{x}{2}$ 复合而成．

把一个复杂的函数分解为若干个简单函数的复合，这在今后实际运算中经常使用，应该十分注意．

三、初等函数

定义 1.2.1　由基本初等函数和常数经过有限次的四则运算与复合运算，并用一个解析式子表示的函数称为**初等函数**．

例如，$f(x)=\frac{e^x-e^{-x}}{2}$，$f(x)=x+\sin^3 x$ 都是初等函数．

我们经常利用函数来描述现实对象数量关系，这时称为**函数模型**．下面举几个例子．

例5（指数增长模型）　生物学中在稳定的理想状态下，细菌的繁殖按指数函数增长：

$$Q(t)=ae^{kt}\text{（表示时间 } t \text{ 时的细菌数）},$$

假设在一定的培养条件下，开始（$t=0$）时有 2000 个细菌，且 20min 后已增加到 6000 个，试问 1h 后将有多少细菌？

解　因为 $Q(0)=2000$，所以 $a=2000$，$Q(t)=2000e^{kt}$；

又 $t=20$ 时，$Q=6000$，故有 $6000=2000e^{20k}$，所以 $e^{20k}=3$.

当 $t=60$ 时，$Q(60)=2000e^{60k}=2000\times3^3=54000$，

因此，1h 后有细菌 54000 个．

例6（逻辑斯谛（Logistic）增长模型）　当自然资源和环境条件对种群增长起着阻滞作用时，逻辑斯谛曲线（图 1－1）是描述种群增长的相当准确的模型．设一农场的某种昆虫从现在（$t=0$）起到 t（周）后的数量为

$$P(t)=\frac{20}{2+3e^{-0.06t}}\text{（万头）},$$

试求：（1）现在（$t=0$）昆虫数量是多少？

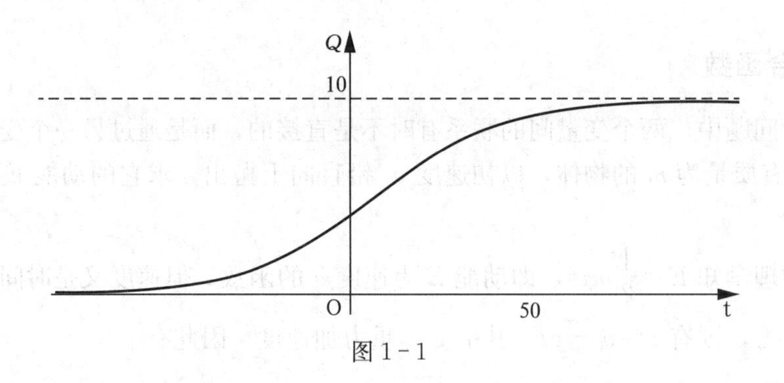

图 1-1

(2)50 周后昆虫的数量是多少？

解 (1)现在昆虫的数量为

$$P(0)=\frac{20}{2+3}=4(\text{万头});$$

(2)50 周后昆虫的数量为

$$P(50)=\frac{20}{2+3e^{-0.06\times 50}}\approx 9.31(\text{万头}).$$

例 7(保本分析) 某公司每天要支付一笔固定费用 300 元(用于房租与薪水等)，它所出售食品的买入价格为 1 元/kg，而销售价格 2 元/kg，试问它们的保本点为多少？即每天应当销售多少千克食品才能使公司的收支平衡．

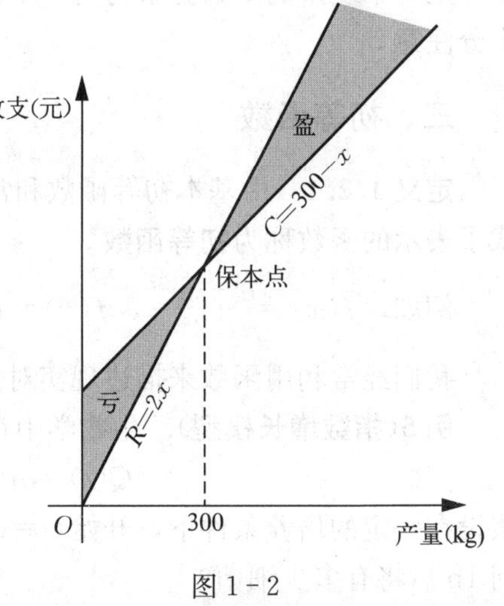

图 1-2

解 依题意，成本函数

$$C(x)=(300+1\cdot x)(\text{元}),$$

收益函数

$$R(x)=2\cdot x(\text{元}),$$

而利润函数

$$P(x)=R(x)-C(x)=2x-(300+x).$$

令 $P(x)=0$，即 $2x=300+x$，则 $x=300$，即每天必须销售 300kg 食品才能保本．

从图 1-2 看出，保本销售量为 300kg，当 $x>300$ 时，收益 R 超过成本 C，可以盈利；当 $x<300$ 时，成本 C 超过收益 R，产生亏损．

习 题 1.2

1. 下列函数哪个是基本初等函数(　　).

(A)$y=e^{x^2}$； (B)$y=\ln\sqrt{x+1}$； (C)$y=3^{-2x}$； (D)$y=x^{\frac{1}{x}}$.

2. 指出下列函数是由哪些简单函数复合而成的：

(1)$y=\sin 3x$； (2)$y=\cos^2(3x+1)$；

(3)$y=\ln(1+x^2)$； (4)$y=2^{\arctan x^2}$.

3. $f(x)=\frac{x}{1+x}$，求 $f(f(f(x)))$.

习 题 一

1. 下列函数哪个不是周期函数( ).

(A)$\cos(x-2)$； (B)$\cos 4x$； (C)$1+\sin\pi x$； (D)$x\cos x$.

2. 函数 $y=\begin{cases}-1-x, & x<0,\\ 1+x, & x\geqslant 0\end{cases}$ 是( ).

(A)奇函数； (B)偶函数；

(C)非奇非偶； (D)既是奇函数又是偶函数.

3. $y=\sin\dfrac{1}{x}$在定义域内是( ).

(A)单调函数； (B)周期函数； (C)无界函数； (D)有界函数.

4. 求下列函数的定义域：

(1)$y=\arcsin(x-3)$；

(2)$y=\dfrac{2x}{\sqrt{x^2-3x+2}}$；

(3)$y=\ln(1-x)+\sqrt{x+2}$；

(4)$f(x)$的定义域为(1，2)，求函数 $f(x^2+1)$ 的定义域.

5. 下列 $f(x)$和 $g(x)$哪些是相同的函数：

(1)$f(x)=x$ 和 $g(x)=(\sqrt{x})^2$； (2)$f(x)=\sqrt{x^2}$ 和 $g(x)=|x|$；

(3)$f(x)=\ln x^2$ 和 $g(x)=2\ln x$； (4)$f(x)=\ln x^2$ 和 $g(x)=2\ln|x|$；

(5)$f(x)=\sqrt[3]{x^4-x^3}$ 和 $g(x)=x\sqrt[3]{x-1}$； (6)$f(x)=\dfrac{x^2-1}{x+1}$和 $g(x)=x-1$.

6. 设 $f(x)=x^3-x$，计算$\dfrac{f(x)-f(1)}{x-1}$.

7. 设 $f(x)=x^2-x+1$，计算$\dfrac{f(2+\Delta x)-f(2)}{\Delta x}$.

8. 设 $f(x)=\begin{cases}1+x, & x<-1,\\ 1, & x\geqslant -1,\end{cases}$ 求 $f(-4)$，$f(2)$，$f(2-x)$.

9. 设 $f(x)=x^2$，$\varphi(x)=\ln x$，求 $f[\varphi(x)]$，$f[f(x)]$，$\varphi[f(x)]$，$\varphi[\varphi(x)]$.

10. 指数衰减模型：设仪器由于长期磨损，使用 t(年)后的价值是由下列函数确定：

$$Q(t)=Q_0\mathrm{e}^{-0.04t},$$

则使用 20 年后，仪器的价值为 8986.58 元，试问当初此仪器的价值为多少？

11. 逻辑斯谛增长模型：在一个拥有 80000 人的城镇里，在时刻 t 得感冒的人数为

$$N(t)=\frac{10000}{1+9999\mathrm{e}^{-t}},$$

其中 t 是以天为单位，试求开始时感冒的人数，以及第四天感冒的人数.

12. 用水费用：某城市为节约用水，制定了如下收费方法：每户每月用水量不超过 4.5t 时，水费按 0.64 元/t 计算，超过部分每吨以 5 倍价格收费，试建立每月用水费用与用水数量之间的函数模型，并计算每月用水量分别为 3.5t、4.5t、5.5t、9t 的用水费用.

13. 在半径为 r 的球内嵌入一个圆柱，试将圆柱的体积 V 表示为圆柱高 h 的函数，并确定此函数的定义域．

演示与实验一

本部分主要讲解使用计算机作函数图形的基本原理和步骤．使用计算机可以画出较复杂的函数图形，同时计算机作图也有一些局限性，这里做了一些相应的讨论．

一、计算机作函数图形的基本原理

计算机作图的基本原理很简单，和过去用的描点法差不多．计算机首先对区间$[a, b]$里的一定数量的点 x 计算出函数值 $f(x)$，并画出这些点$(x, f(x))$，然后依 x 的大小顺次连接这些点就形成这条曲线．

由于计算机显示设备的限制，计算机只能显示函数图形在某个观察区域内的部分，因此计算机作图总需要输入函数表达式和函数作图的范围．

对于函数 $y=f(x)$，如果选择 x 的范围是区间$[a, b]$，选择 y 的范围是区间$[c, d]$，一般记为$[a, b]\times[c, d]=\{(x, y)\,|\,a\leqslant x\leqslant b, c\leqslant y\leqslant d\}$，称这个区域为观察矩形区．

如果观察矩形区选择不当，那么有时会显示出一个不完整的图形来，所以要作出正确的函数图形，在选择显示矩形范围时要注意．

二、计算机作函数图形的命令

1. 绘制函数图像

Plot[〈函数表达式〉，{〈自变量名〉，〈自变量最小值〉，〈自变量最大值〉}，PlotRange－＞{〈因变量最小值〉，〈因变量最大值〉}]

例 1 绘制函数 $f(x)=x^2+2x-5\sin x$ 在矩形区$[-2, 2]\times[0, 5]$的图像．

解 输入

Plot[x^2＋2＊x－5＊Sin[x]，{x，－2，2}，PlotRange－＞{0，5}]

输出(见图 1－3)．

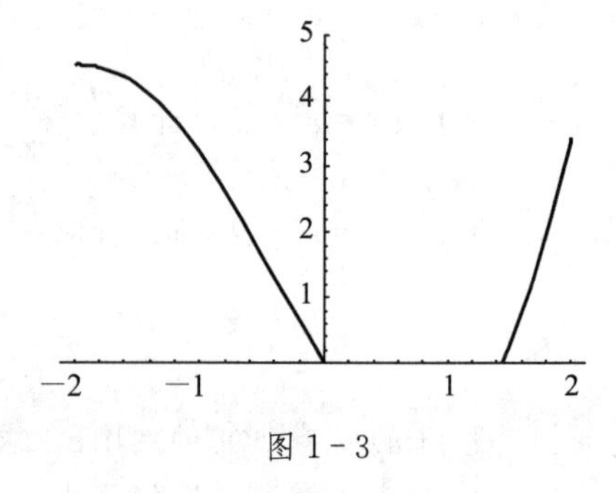

图 1－3

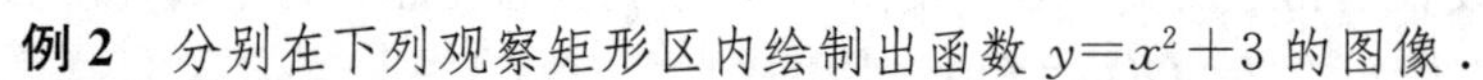

例 2 分别在下列观察矩形区内绘制出函数 $y=x^2+3$ 的图像．

(a)$[-2, 2]\times[-2, 2]$；(b)$[-4, 4]\times[-4, 4]$；

(c)$[-10, 10]\times[-5, 30]$；(d)$[-50, 50]\times[-10, 1000]$．

解 (a)输入

Plot[x^2＋3，{x，－2，2}，PlotRange－＞{－2，2}]

输出(见图 1－4(a))

由于在 $x\in[-2, 2]$时，y 的值显然不在$[-2, 2]$范围内，所有点$(x, f(x))$在观察矩形区外面，因此，图像上显示一片空白．

图 1－4(b)、(c)、(d)的命令同(a)，修改 x 与 y 的观察范围即可．如图 1－4(b)所示，

只显示了图像的一部分，无法判断曲线的大致形状．只有图 1-4(c)显示得比较完整，可判断曲线形状为开口向上的抛物线．在图 1-4(d)中虽然能够判断曲线大致形状，但是由于 y 的观察范围过大，很难看出图像与 y 轴的交点，容易误认为曲线与 x 轴有交点．因此，合理地观察矩形区应为(c).

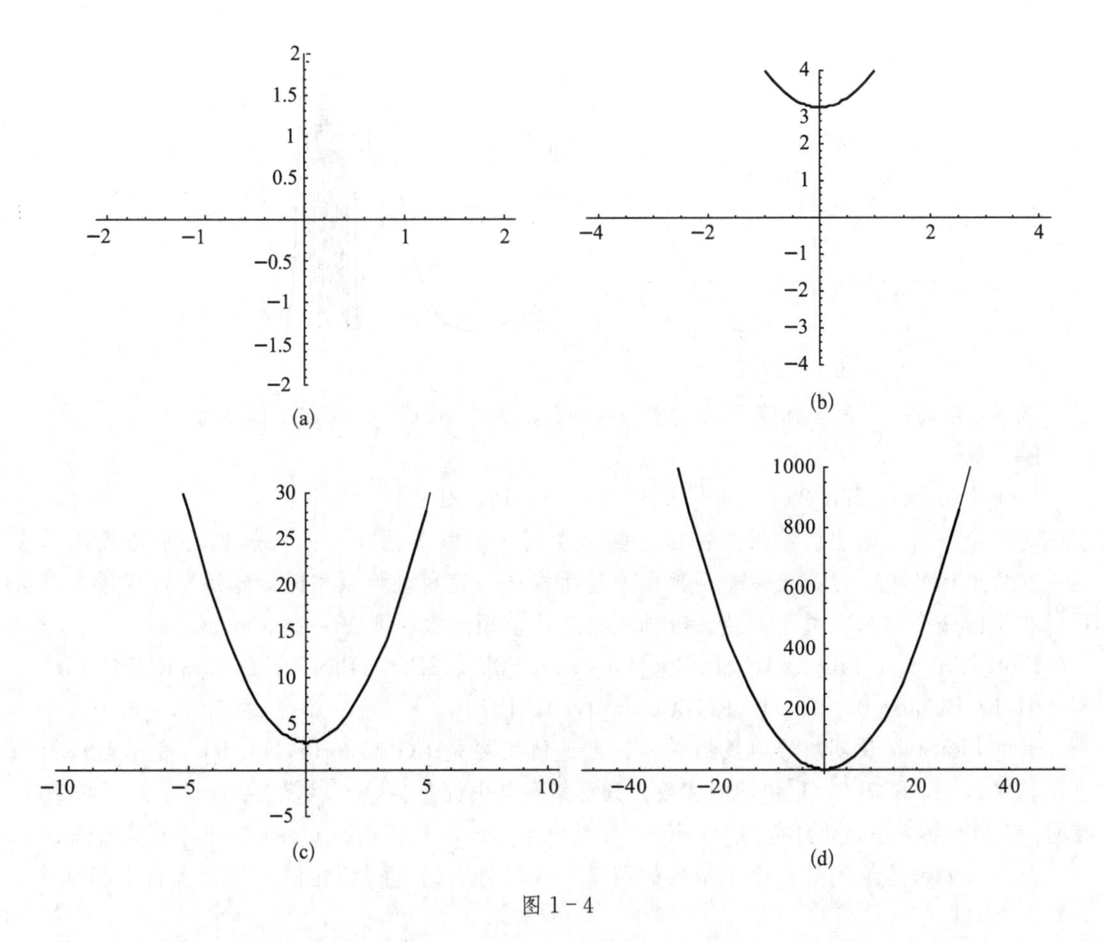

图 1-4

有时为了观察图像的需要，要求完整地输入观察矩形区的数据，而有时只要求输入观察矩形区 x 的取值范围，软件能自动确定适当的 y 的取值范围．

Plot[〈函数表达式〉，{〈自变量名〉，〈自变量最小值〉，〈自变量最大值〉}]

例 3 绘制自变量 x 定义在区间[−2，2]上的函数 $f(x)=x^2+2x-5\sin x$ 的图像．

解 输入

Plot[x^2+2*x−5*Sin[x]，{x，−2，2}]

这时计算机将自动确定因变量的变化范围，使得每个点都能够在显示屏幕上画出图 1-5.

例 4 观察 $y=\sin\dfrac{1}{x}$ 的图像．

解 需要自行选定观察范围．输入

Plot[Sin[1/x]，{x，−1，1}]

输出(见图 1-6).

思考 为什么函数图像会在 $x=0$ 附近出现无穷次振荡?

如果想在同一直角坐标系下绘制多个函数的图像，则要用命令：

Plot[{〈函数表达式 1〉，〈函数表达式 1〉，…}，{〈自变量名〉，〈自变量最小值〉，〈自变量最大值〉}]

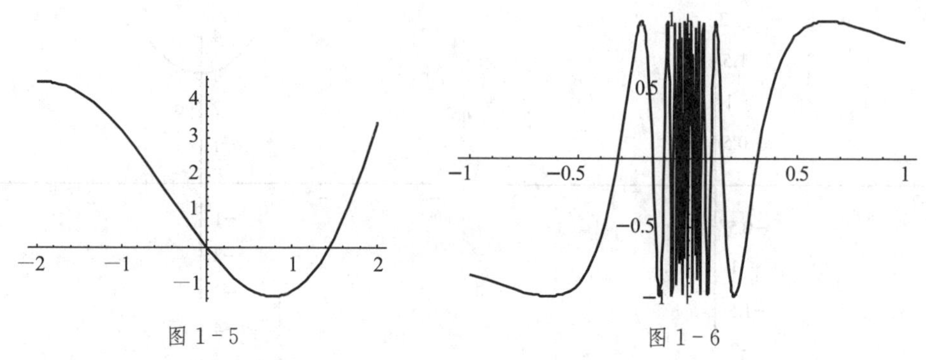

图 1-5　　　　图 1-6

例 5 在同一直角坐标系下绘制出 $y=\sin x$，$y=\sin 2x$，$y=\sin 3x$ 的图像 .

解 输入

Plot[{Sin[x]，Sin[2x]，Sin[3x]}，{x，－2Pi，2Pi}]

运行命令后，输出的结果是将自变量 x 在同一观察范围$[-2\pi,\ 2\pi]$的三条曲线显示在同一直角坐标系中 . 但是当多个函数图像显示在同一直角坐标系中时，容易造成混淆，那么可以在绘图命令中加入关于颜色的可选项设定，使图形效果更好一些 . 例如，输入

Plot[{Sin[x]，Sin[2x]，Sin[3x]}，{x，－2Pi，2Pi}，PlotStyle－>{RGBColor[1，0，0]，RGBColor[0，1，0]，RGBColor[0，0，1]}]

其中 PlotStyle 说明所绘曲线的属性，可选值主要是 RGBColor[r，g，b]，表示曲线的颜色，其中 r，g，b 取[0，1]中间的实数，分别指颜色中红色、绿色、蓝色的强度 . 运行命令后，在同一直角坐标系中显示红色的 $y=\sin x$，绿色的 $y=\sin 2x$ 和蓝色的 $y=\sin 3x$ 三条正弦曲线 .

此外，如果已绘制了若干个函数的图像，可以将它们"叠加"在同一平面直角坐标系内 . 如输入

a1＝Plot[Sin[x]，{x，－Pi，Pi}，PlotStyle－>{RGBColor[1，0，0]}]

a2＝Plot[Sin[2x]，{x，－2Pi，2Pi}，PlotStyle－>{RGBColor[0，1，0]}]

a3＝Plot[Sin[3x]，{x，－3Pi，3Pi}，PlotStyle－>{RGBColor[0，0，1]}]

现在需要将 a1，a2，a3 三个自变量 x 在不同观察范围的图像"叠加"在同一个直角坐标系中进行观察，可以使用命令：

Show[a1，a2，a3]

例 6 绘制分段函数 $f(x)=\begin{cases}x^2+4, & x\geqslant 0,\\ x-3, & x<0\end{cases}$ 的图像 .

解 首先定义分段函数，然后使用 Plot 命令 .

输入

f[x_]：＝x^2＋4/；x>＝0；

f[x_]：＝x－3/；x<0；

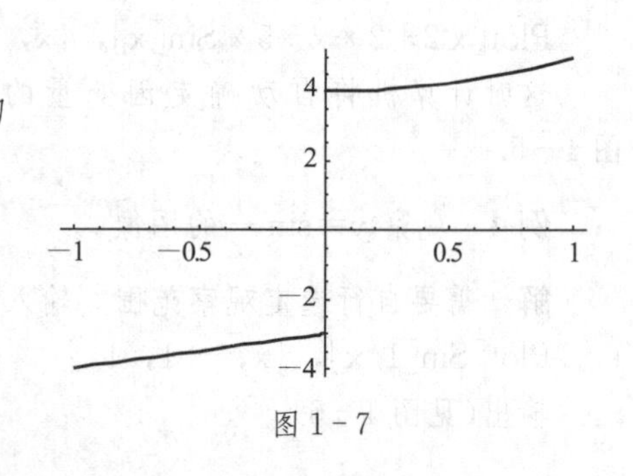

图 1-7

Plot[f[x]，{x，－1，1}]

输出(见图 1－7).

“/;”为固定格式.

几种关系运算符分别为：“＝＝”表示等于，“！＝”表示不等于，“＞＝”表示大于等于，“＜＝”表示小于等于.

2. Mathematica 软件作图的局限性与处理方法

通过下面例子可以看到有时想在一个图上反映函数的形态是困难的.

例 7 试画出函数 $y=\sin x+\frac{1}{100}\cos(100x)$ 的图像.

解 取观察区[－6.5，6.5]×[－1.5，1.5]，输入

Plot[Sin[x]＋1/100 * Cos[100x]，{x，－6.5，6.5}，PlotRange－＞{－1.5，1.5}]

作出的图像如图 1－8 所示，图 1－8 和 $y=\sin x$ 的图像几乎看不出差别，如把观察区改为[－0.1，0.1]×[－0.1，0.1]，输入

Plot[Sin[x]＋1/100 * Cos[100x]，{x，－0.1，0.1}，PlotRange－＞{－0.1，0.1}]

则作出的图像如图 1－9 所示，清楚看出图像与 $y=\sin x$ 不同，有一些小的波动，这是因为第二项与第一项 x 相比是很小的，因此在一个图上都能精细反映出各方面的形态是不可能的，必须用两个甚至多个图来反映函数图像的多个方面的形态.

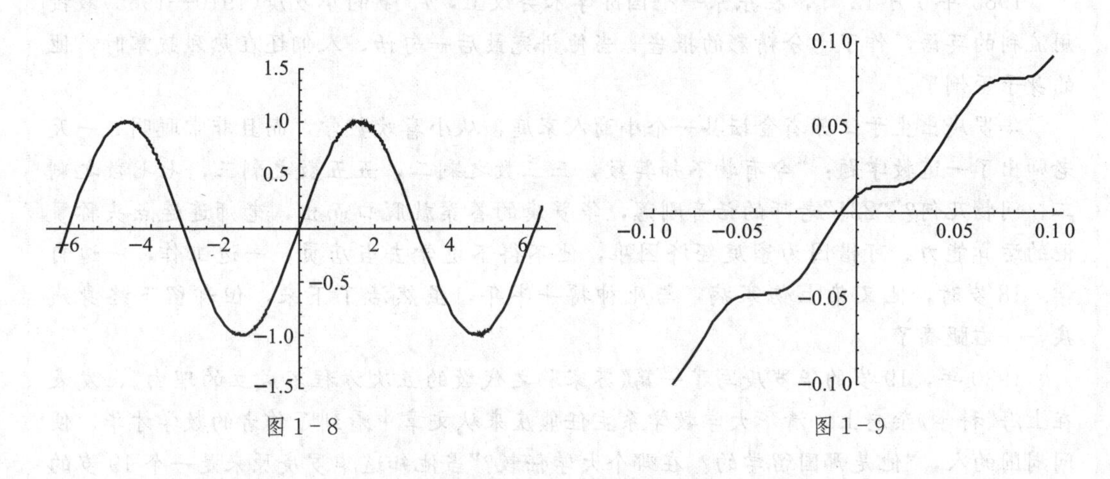

图 1－8　　图 1－9

实验习题一

1. 使用计算机在指定观察矩形区显示给定函数的图像，并确定最合适的观察矩形区：

(1) $f(x)=x^4+2$.

(a)[－2，2]×[－2，2]；　(b)[0，4]×[0，4]；

(c)[－4，4]×[－4，4]；　(d)[－40，40]×[－80，800].

(2) $f(x)=10+25x-x^3$.

(a)[－4，4]×[－4，4]；　(b)[－10，10]×[－10，10]；

(c)[－20，20]×[－100，100]；　(d)[－100，100]×[－200，200].

2. 使用计算机选取合适的观察矩形区显示给定函数的图像：

(1) $f(x)=4+6x-x^2$；　　(2) $f(x)=\sqrt[4]{256-x^2}$；

(3) $f(x)=0.01x^3-x^2+5$；　　(4) $f(x)=\dfrac{1}{x^2+25}$；

(5) $f(x)=\dfrac{2x-1}{x+3}$；　　(6) $f(x)=\cos(100x)$；

(7) $f(x)=x^2+0.02\sin(50x)$.

3. 使用计算机作函数图像的方法画出双曲线 $y^2-9x^2=1$，函数分别对应双曲线的上半部分和下半部分．

4. 使用计算机画下列分段函数的图像．

(1) $f(x)=\begin{cases} x^2-2x+1, & x\leqslant 1, \\ \sqrt[3]{x-1}, & x>1; \end{cases}$　　(2) $f(x)=\begin{cases} \sin x, & x<0, \\ \sqrt[3]{2x-x^2}, & 0\leqslant x\leqslant 2, \\ x-2, & x>2. \end{cases}$

数学家的故事

工作到最后一天的数学家华罗庚

1985 年 6 月 12 日，在东京一个国际学术会议上，75 岁的华罗庚(1910—1985)教授用流利的英语，作了十分精彩的报告．当他讲完最后一句话，人们还在热烈鼓掌时，他的身子歪倒了．

华罗庚出生于江苏省金坛县一个小商人家庭，从小喜欢数学，而且非常聪明．一天老师出了一道数学题：“今有物不知其数，三三数之剩二，五五数之剩三，七七数之剩二，问物几何?”“23!”老师的话音刚落，华罗庚的答案就脱口而出，老师连连点头称赞他的运算能力．可惜因为家庭经济困难，他不得不退学去当店员，一边工作，一边自学. 18 岁时，他又染上伤寒病，与死神搏斗半年，虽然活了下来，但却留下终身残疾——右腿瘸了．

1930 年，19 岁的华罗庚写了一篇《苏家驹之代数的五次方程不成立的理由》，发表在上海《科学》杂志上．清华大学数学系主任熊庆来从文章中看到了作者的数学才华，便问周围的人，“他是哪国留学的? 在哪个大学任教?”当他知道华罗庚原来是一个 19 岁的小店员时，很受感动，1931 年主动把华罗庚请到清华大学．华罗庚在清华四年中，在熊庆来教授的指导下，刻苦学习，一连发表了十几篇论文，1936 年在英国剑桥大学做访问学者．1938 年受聘任昆明西南联大教授．1946 年赴美国任普林斯顿数学研究所研究员．1948 年成为美国伊里诺伊大学的终身教授．同年当选为中央研究院院士．1950 年回国后历任清华大学教授，中国科学院数学研究所所长，中国数学会理事长，1955 年被选聘为中国科学院院士(学部委员)，并当选为物理学数学化学部副主任．他是当代自学成才的一位杰出学者，蜚声中外的数学家，中国理论数学(解析数论、典型群、矩阵几何学、自守函数论与多复变函数论等方面)研究的创始人与开拓者．他的论文《典型域上的多元复变数函数论》被国际学术界称为“华氏定理”、“布劳威尔—加当—华定理”、“华—王(元)方法”. 他又是应用数学为国民经济建设服务的先驱者，提出适合中国国情的“统筹法”、“优选法”并开展应用，普及推广到全国26个省、市、自治区；提出了(计划经济大范围最优化的数学理论)正特征矢量法．发表学术论文200篇，10部专著(其中8部在国外出版，有些被译成俄、日、德、匈、英国文字)，还写了10余部科学普及作品．由于其成就杰出，被选为美国科学院外籍院士，第三世界科学院院士，德国南锡大学、美国伊利诺大学、香港中文大学荣誉博士，德国巴伐利亚科学院院士；其名字已进入美国华盛顿斯密司—宁尼博物馆，并被列为芝加哥科学技术博物馆中88位数学伟人之一．

记者在一次采访时问他：“你最大的愿望是什么?”他不假思索地回答：“工作到最后一天．”他的确为科学辛劳工作到最后一天，实现了自己的诺言．

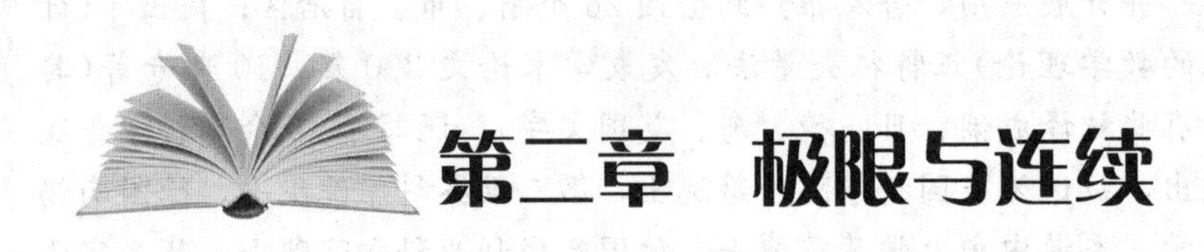

第二章　极限与连续

极限方法是高等数学研究函数的重要工具，高等数学的一些基本概念，如微分、积分等都是建立在极限概念的基础上，本章将给出与极限有关的概念并在此基础上建立函数的连续概念．

§2.1　数列的极限

按一定顺序依次排列的一列数 x_1，x_2，x_3，…，x_n，…称为**数列**，记为$\{x_n\}$，其中每一个数叫作数列的**项**，第 n 项 x_n 为数列的**通项**．

例如，

(1)2，4，8，…，2^n，…；

(2)$\frac{1}{2}$，$\frac{1}{4}$，$\frac{1}{8}$，…，$\frac{1}{2^n}$，…；

(3)1，-1，1，…，$(-1)^{n+1}$，…；

(4)0，$\frac{1}{2}$，$\frac{2}{3}$，$\frac{3}{4}$，…，$\frac{n-1}{n}$，…

等都是数列．

中学已学过极限的概念．极限概念是由求某些实际问题的精确解而产生的．例如，求一圆面积，可首先作内接正六边形，将其面积记为 A_1；再作内接正十二边形，其面积记为 A_2，循此下去，每次边数倍增，则得圆内接正多边形面积的数列：

$$A_1，A_2，A_3，…，A_n，…$$

其中，A_n 是内接正 $6\times2^{n-1}$边形的面积．当 n 越大时，A_n 越接近圆的面积，可以设想当 n 无限增大时，内接正多边形的面积就无限接近于圆的面积，也就是说，A_n 无限接近于一个确定的数值．这个数值就是圆面积．也称这个确定的数值为数列：

$$A_1，A_2，A_3，…，A_n，…$$

当 $n\to\infty$时的极限．

这个例子反映了数列所具有的一种重要的变化趋势，即对于数列$\{x_n\}$，当 n 无限增大时，$x_n=f(n)$无限接近于某一个常数 a，数列(2)和数列(4)也反映了这种趋势．当然，有的数列当 n 无限增大时，$x_n=f(n)$并不无限接近于一个常数，例如，数列(1)和(3).

若一个数列$\{x_n\}$，当 n 无限增大时，无限接近于某一个常数 a，则称 a 为数列$\{x_n\}$的**极限**.

在上述概念中，所谓“无限接近”是什么含义呢？我们知道$|x_n-a|$表示 x_n 与点 a 之间的距离，接近程度可以用这个距离来表示，因此，$|x_n-a|$越小，x_n 与 a 之间就越接近．

以数列(4)为例，因为

$$|x_n-1|=\left|\frac{n-1}{n}-1\right|=\frac{1}{n},$$

当 n 越大时，$\frac{1}{n}$就越小，从而 x_n 就越接近于 1. 只要 n 足够大，$|x_n-1|=\frac{1}{n}$可以小于任意给定的正数，例如，给定$\frac{1}{100}$，则由$\frac{1}{n}<\frac{1}{100}$可知，只要 $n>100$ 时，数列(4)从第 101 项 x_{101} 起，后面的一切项就都能使不等式

$$|x_n-1|<\frac{1}{100}$$

成立.

一般地，对于任意给定的正数ε(不论它多么小)，总存在着一个正整数 N，当 $n>N$ 时，不等式 $|x_n-1|<\varepsilon$ 恒成立，这就是数列 $x_n=\frac{n-1}{n}$，当 $n\to\infty$时，无限接近 1 的实质，也是极限的一个数量化表达方式.

定义 2.1.1　如果对于任意给定的正数，总存在一个正整数 N，当 $n>N$ 时，不等式

$$|x_n-a|<\varepsilon$$

恒成立，则称常数 a 是数列 $\{x_n\}$ 当 n 趋向无穷大时的**极限**，或称数列 $\{x_n\}$ 收敛于 a，记为

$$\lim_{n\to\infty}x_n=a \text{ 或 } x_n\to a(n\to\infty).$$

如果数列没有极限，就说数列是**发散的**.

定义 2.1.1 中，正数ε是任意给定的，这一点很重要，因为只有这样，不等式

$$|x_n-a|<\varepsilon$$

才能刻画出数列 $\{x_n\}$ 与 a 无限接近的内涵，而正整数 N 则由任意给定的ε所确定.

下面我们看一个有趣数列的极限情况.

例 1　年底有小兔一对，若第二个月它们成年，第三个月生下小兔一对，以后每月生产一对小兔．而所生小兔亦在第二个月成年，第三个月生产另一对小兔，以后亦每月生产小兔一对，假定每产一对小兔必为一雌一雄，且均无死亡，试问一年后共有小兔几对?

解　这是意大利数学家斐波那契(Fibonacci)在 1202 年所著《算法之书》中的一个题目.

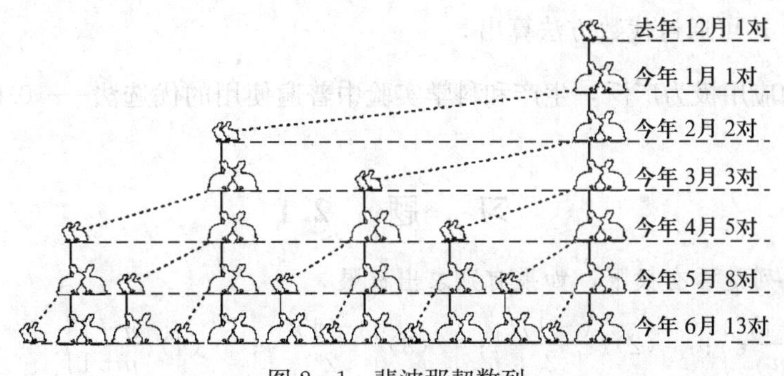

图 2-1　斐波那契数列

从图 2-1 可知，6 月份共有兔子 13 对；还可看出，从 3 月份开始，每月的兔子总数恰好等于它前面两个月的兔子总数之和．按这规律可写出数列：

$$1, 1, 2, 3, 5, 8, 13, 21, 34, 55, 89, 144, 233.$$

可见一年后共有兔子 233 对．这是一个有限项数列，按上述规律可写出无限项数列叫作斐波那契数列，其中的每一项称为斐波那契数．

若设 $F_0=1$，$F_1=1$，$F_2=2$，$F_3=3$，$F_4=5$，…，则此数列应有下面的递推关系：

$$F_{n+2}=F_{n+1}+F_n(n=0,1,2,\cdots).$$

可见这个数列是发散的，但与此数列紧密相关的一个重要极限是：

$$\lim_{n\to\infty}\frac{F_n}{F_{n+1}}=\frac{\sqrt{5}-1}{2}\approx 0.618,$$

可见许多年后兔子总对数，成兔对数及仔兔对数均以每月 61.8%的速率增长．

除了数学爱好者外，斐波那契数列也引起了各界人士的关注，这是因为自然、社会以及生活中许多现象的解释，最后往往都归结到斐波那契数列上来．

如果一棵树每年都在生长，第二年有两个分枝，通常第三年就有三个分枝，第四年五个，第五年八个，…，每年的分枝数都是斐波那契数．

黄金分割这一名称是由中世纪著名画家达·芬奇提出的，所谓黄金分割其实就是按中外比分割，即：将一条线段分成两段，使较长的线段成为较短线段与整条线段的比例中项．这时，较短线段与较长线段之比就称为黄金比．图 2－2 中的点 M 称为黄金分割点．

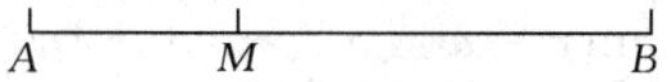

A　　M　　B

$$\frac{MB}{AB}=\frac{MB}{AM+MB}\approx 0.618$$

图 2－2

之所以叫黄金分割，是因为按这种比例关系分配后，用在建筑上，能使建筑物更为美观；放在音乐里，音调更加和谐悦耳；甚至许多盛开的美丽花朵以及人的健美体形也都具有黄金分割的特点．

那么，黄金分割与斐波那契数列有何关系呢？原来，黄金分割点的位置恰好是数列 $\frac{F_n}{F_{n+1}}$ 当 $n\to\infty$ 时的极限 $\frac{\sqrt{5}-1}{2}\approx 0.618$. 具体点说，在图 2－2 中，若设 $AB=1$，则 $MB=\frac{\sqrt{5}-1}{2}\approx 0.618$，这可通过代数方法算出．

黄金分割的应用极为广泛，生产和科学实验中普遍使用的优选法——0.618 法就是其中重要的一种．

习　题　2.1

判断下列数列是否有极限，如果有则求出极限．

(1) $\left\{1+\frac{(-1)^n}{n}\right\}$；　(2) $\left\{\frac{(-1)^n}{2}\right\}$；　(3) $\left\{\frac{(-1)^n}{2^n}\right\}$；　(4) $\left\{\frac{n-1}{n+1}\right\}$.

§2.2　函数的极限

上节讨论了数列的极限，本节将把极限概念推广到函数．所谓函数的极限，就是研究当

自变量 x 无限逼近 x_0（或∞）时，函数 $f(x)$ 的一种变化趋势．

一、$x \to x_0$ 时函数 $f(x)$ 的极限

考察当 x 无限逼近 1 时，函数 $f(x)=2x+1$ 的变化趋势．表 2－1 给出数据的直观描述.

表 2－1　$f(x)=2x+1$ 的变化趋势（$x \to 1$ 时）

x	…	0.9	0.99	0.999	→1←	1.001	1.01	1.1	…
$f(x)$	…	2.8	2.98	2.998	3	3.002	3.02	3.2	…

从表 2－1 看出，当 x 无论是从 1 的左边还是右边无限逼近 1 时，$f(x)=2x+1$ 都无限接近于 3，称 3 为当 $x\to 1$ 时，$f(x)=2x+1$ 的极限，记为

$$\lim_{x\to 1}(2x+1)=3.$$

下面给出描述性定义．

定义 2.2.1　设 $f(x)$ 在 x_0 点（x_0 可除外）附近有定义，A 是常数，如果当自变量 x 无限逼近 x_0 时，函数 $f(x)$ 无限逼近常数 A，则称当 $x\to x_0$ 时，$f(x)$ 的**极限**为 A，记为

$$\lim_{x\to x_0} f(x)=A \text{ 或 } f(x)\to A(x\to x_0).$$

由描述性定义，不难得出下列函数的极限：

(1) $\lim\limits_{x\to x_0} x=x_0$；

(2) $\lim\limits_{x\to x_0} c=c$；

(3) $\lim\limits_{x\to 0} e^x=1$，$\lim\limits_{x\to 0} a^x=1(a>0，a\neq 1)$；

(4) $\lim\limits_{x\to 0} \sin x=0$；

(5) $\lim\limits_{x\to 0} \cos x=1$.

上述 $x\to x_0$ 时，函数 $f(x)$ 的极限概念中，x 是可以从 x_0 的左、右两侧趋于 x_0 的，但有时只需考虑 x 从 x_0 的左侧趋于 x_0（记为 $x\to x_0^-$）的情况，或 x 从 x_0 的右侧趋于 x_0（记为 $x\to x_0^+$）的情形，如果当 x 从 x_0 的左侧（即 $x<x_0$）趋近于 x_0 时，函数 $f(x)$ 有极限 A，则该极限叫作 $f(x)$ 在点 x_0 的**左极限**，记作 $\lim\limits_{x\to x_0^-} f(x)=A$，如果当 x 从 x_0 右侧（即 $x>x_0$）趋近于 x_0 时，函数 $f(x)$ 有极限 A，则该极限叫作 $f(x)$ 在点 x_0 的**右极限**，记作 $\lim\limits_{x\to x_0^+} f(x)=A$.

例 1　设　$f(x)=\begin{cases} x+1, & x\leqslant 0, \\ 1, & 0<x<2, \\ 2-x, & x\geqslant 2, \end{cases}$

试讨论在 $x=0$ 和 $x=2$ 处的左右极限．

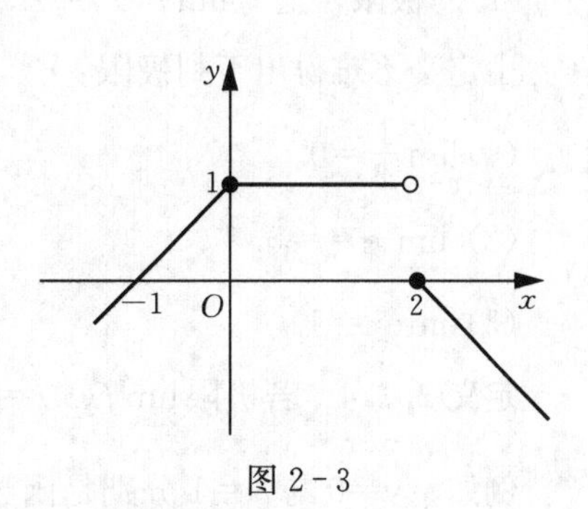

图 2－3

解　(1) 在 $x=0$ 处，

左极限 $\lim\limits_{x\to 0^-} f(x)=\lim\limits_{x\to 0^-}(x+1)=1$；

右极限 $\lim\limits_{x\to 0^+} f(x)=\lim\limits_{x\to 0^+} 1=1$，

在 $x=0$ 处，左右极限存在且相等，由极限定义可知，在

$x=0$ 处，极限存在.

(2)在 $x=2$ 处，

左极限 $\lim\limits_{x\to 2^-} f(x)=\lim\limits_{x\to 2^-} 1=1$；

右极限 $\lim\limits_{x\to 2^+} f(x)=\lim\limits_{x\to 2^+} (2-x)=0$，

在 $x=2$ 处，左右极限存在但不相等，显然在该点处极限不存在.

由此例及极限定义不难得出如下结论：

函数 $f(x)$ 当 $x\to x_0$ 时极限存在的充分必要条件是：左极限与右极限存在且相等，即

$$\lim_{x\to x_0^-} f(x)=\lim_{x\to x_0^+} f(x)=A \Leftrightarrow \lim_{x\to x_0} f(x)=A.$$

以上结论常用来证明函数在一点的极限不存在.

二、无穷大量与垂直渐近线

如果当 $x\to x_0$ 时，函数 $f(x)$ 对应的函数值的绝对值 $|f(x)|$ 无限增长，按函数极限定义来说，极限是不存在的，但为了便于叙述函数的这一性态，记为

$$\lim_{x\to x_0} f(x)=\infty.$$

定义 2.2.2 若 $\lim\limits_{x\to x_0} f(x)=\infty$，则称当 $x\to x_0$ 时，函数 $f(x)$ 为**无穷大量**(简称**无穷大**)，并称直线 $x=x_0$ 为函数 $y=f(x)$ 的**垂直渐近线**.

例如，因为 $\lim\limits_{x\to 1}\dfrac{1}{x-1}=\infty$，所以直线 $x=1$ 是函数 $f(x)=\dfrac{1}{x-1}$ 的垂直渐近线.

三、当 $x\to\infty$ 时，函数的极限及水平渐近线

研究数列极限时，自变量 n 是取正整数而趋于无穷，现在考虑当自变量 x 取实数趋于无穷时，函数 $f(x)$ 的变化趋势. 看一个例子，函数 $y=1+\dfrac{1}{x}$，当 x 的绝对值无限增大时，函数 y 无限接近于 1，而数列 $x_n=1+\dfrac{1}{n}$，当 $n\to\infty$ 时，$x_n\to 1$. 尽管 x 与 n 取值不同，一个是取实数且连续变化，而另一个只取自然数，但其本质却是一样的，因此，类似于数列极限，可以给出当 $x\to\infty$ 时函数的极限的定义.

定义 2.2.3 当 $|x|$ 无限增大时，函数 $f(x)$ 无限接近于某一个常数 A，则称 A 为 $x\to\infty$ 时 $f(x)$ 的**极限**，记为 $\lim\limits_{x\to\infty} f(x)=A$.

由定义不难得出下列极限：

(1) $\lim\limits_{x\to\infty}\dfrac{1}{x}=0$.

(2) $\lim\limits_{x\to+\infty} \mathrm{e}^{-x}=0$.

(3) $\lim\limits_{x\to\infty}\mathrm{e}^{\frac{1}{x}}=1$.

定义 2.2.4 若极限 $\lim\limits_{x\to\infty} f(x)=a$ 存在，则称直线 $y=a$ 为曲线 $y=f(x)$ 的**水平渐近线**.

例如，$y=0$ 与 $y=1$ 分别是函数 $y=\dfrac{1}{x}$ 与 $y=\mathrm{e}^{\frac{1}{x}}$ 的水平渐近线.

习　题　2.2

1 函数 $f(x)$ 在 a 处有定义是 $\lim\limits_{x\to a}f(x)$ 存在的(　　).

(A)充分条件；　　(B)必要条件；

(C)充要条件；　　(D)以上都不对.

2. 研究函数在 $x=0$ 处的极限和左右极限：

(1) $f(x)=\dfrac{|x|}{x}$；　　(2) $f(x)=\dfrac{x}{x}$；

(3) $f(x)=\dfrac{1}{1+e^{\frac{1}{x}}}$；　　(4) $f(x)=\begin{cases}2^x, & x>0, \\ 0, & x=0, \\ 1+x^2, & x<0.\end{cases}$

§2.3　极限的运算法则与性质

一、无穷小量

在有极限的函数中，以零为极限的函数具有特别重要的意义.

定义 2.3.1　若 $\lim\limits_{x\to x_0}f(x)=0$，则称函数 $f(x)$ 为当 $x\to x_0$ 时的**无穷小量**，简称**无穷小**.

例如，$x-2$ 是 $x\to 2$ 时的无穷小，$\dfrac{1}{x}$ 是 $x\to\infty$ 时的无穷小.

需要注意的是，无穷小是极限为 0 的变量，不是很小的数. 切不可将无穷小与一个很小的数混为一谈.

无穷小与函数极限有着密切关系.

定理 2.3.1　**当 $x\to x_0$ ($x\to\infty$) 时，若函数 $f(x)$ 以常数 A 为极限，则函数 $f(x)$ 等于常数 A 与一个无穷小量 α 之和，反之，若函数 $f(x)$ 可表示为常数 A 与无穷小 α 之和，则该常数 A 为函数 $f(x)$ 的极限.**

很显然，若函数 $f(x)$ 以常数 A 为极限，则 $f(x)-A$ 就是无穷小量.

前面已经讨论过无穷大，那么无穷小与无穷大之间有什么关系呢？

可以证明无穷小与无穷大之间有"倒数关系".

定理 2.3.2　**当 $x\to x_0$ ($x\to\infty$) 时，若 $f(x)$ 是无穷小且 $f(x)\neq 0$，则 $\dfrac{1}{f(x)}$ 是无穷大量；反之，若 $f(x)$ 是无穷大，则 $\dfrac{1}{f(x)}$ 是无穷小.**

定理 2.3.3　**无穷小量的性质：**

(1)有限个无穷小之和是无穷小；

(2)有界函数与无穷小的乘积是无穷小；

(3)常数与无穷小的乘积是无穷小；

(4)有限个无穷小的乘积是无穷小.

例 1　求 $\lim\limits_{x\to 0}x\sin\dfrac{1}{x}$.

解 当 $x\to 0$ 时，x 为无穷小量，而 $\left|\sin\frac{1}{x}\right|\leqslant 1$，$\sin\frac{1}{x}$ 是有界函数，因此，$x\sin\frac{1}{x}$ 仍为无穷小量，所以

$$\lim_{x\to 0}x\sin\frac{1}{x}=0.$$

二、极限的四则运算法则

利用无穷小的运算法则，很容易导出下列极限运算法则，以解决极限运算问题 .

定理 2.3.4 如果在同一变化过程中，$\lim f(x)$，$\lim g(x)$ 都存在，则

(1) $\lim[f(x)\pm g(x)]=\lim f(x)\pm\lim g(x)$；

(2) $\lim[f(x)\cdot g(x)]=\lim f(x)\cdot\lim g(x)$；

(3) $\lim\frac{f(x)}{g(x)}=\frac{\lim f(x)}{\lim g(x)}(\lim g(x)\neq 0)$；

(4) **设 C 为常数，则** $\lim[Cf(x)]=C\lim f(x)$；

(5) $\lim[f(x)]^n=[\lim f(x)]^n$（$n$ 为正整数）；

(6) $\lim\sqrt[n]{f(x)}=\sqrt[n]{\lim f(x)}$（$n$ 为正整数）.

定理证明从略 .

例 2 求 $\lim\limits_{x\to 1}(3x^2-2x+1)$.

解
$$\begin{aligned}\lim_{x\to 1}(3x^2-2x+1)&=\lim_{x\to 1}3x^2-\lim_{x\to 1}2x+\lim_{x\to 1}1\\&=3\lim_{x\to 1}x^2-2\lim_{x\to 1}x+1\\&=3(\lim_{x\to 1}x)^2-2\times 1+1\\&=3\times 1^2-2+1=2.\end{aligned}$$

例 3 求 $\lim\limits_{x\to 0}\frac{2x-1}{x^2+3}$.

解 $$\lim_{x\to 0}\frac{2x-1}{x^2+3}=\frac{\lim\limits_{x\to 0}(2x-1)}{\lim\limits_{x\to 0}(x^2+3)}=\frac{-1}{3}=-\frac{1}{3}.$$

这里利用了法则(3)，但注意必须要求分母的极限不为零 .

例 4 求 $\lim\limits_{x\to 2}\frac{x-2}{x^2-4}$.

解 当 $x\to 2$ 时，分子、分母的极限均为 0，这类极限称为 $\frac{0}{0}$ 型未定式 . 在这里商的极限法则不能直接使用，当 $x\to 2$ 时，$x\neq 2$，故分式可约去不为零的因子 $(x-2)$，所以

$$\lim_{x\to 2}\frac{x-2}{x^2-4}=\lim_{x\to 2}\frac{x-2}{(x-2)(x+2)}=\lim_{x\to 2}\frac{1}{x+2}=\frac{1}{4}.$$

例 5 求 $\lim\limits_{x\to\infty}\frac{3x^2+5x}{x^2-1}$.

解 当 $x\to\infty$ 时，分子、分母都趋向无穷大，这类极限称为 $\frac{\infty}{\infty}$ 型未定式，当然商的极限法则不适用，通常需要把式子变形 . 用分子、分母的最高次幂同除分子与分母，得

$$\lim_{x\to\infty}\frac{3x^2+5x}{x^2-1}=\lim_{x\to\infty}\frac{3+\frac{5}{x}}{1-\frac{1}{x^2}}=3.$$

利用本题方法可得下式：

$$\lim_{x\to\infty}\frac{a_mx^m+a_{m-1}x^{m-1}+\cdots+a_0}{b_nx^n+b_{n-1}x^{n-1}+\cdots+b_0}=\begin{cases}0, & m<n,\\ \frac{a_m}{b_n}, & m=n,\\ \infty, & m>n.\end{cases}$$

例 6　求$\lim\limits_{x\to1}\left(\frac{1}{1-x}-\frac{3}{1-x^3}\right)$.

解　当$x\to1$时，括号内两式均趋于∞，此类极限称为$\infty-\infty$型未定式，这类极限同样不能利用极限运算法则，通常将式子变形为$\frac{0}{0}$或$\frac{\infty}{\infty}$型再求解．

$$\begin{aligned}\lim_{x\to1}\left(\frac{1}{1-x}-\frac{3}{1-x^3}\right)&=\lim_{x\to1}\frac{1+x+x^2-3}{(1-x)(1+x+x^2)}\\&=\lim_{x\to1}\frac{(x-1)(x+2)}{(1-x)(1+x+x^2)}\\&=\lim_{x\to1}\frac{-(x+2)}{1+x+x^2}=-1.\end{aligned}$$

三、两个重要极限

定理 2.3.5（两边夹法则）　设在点 x_0 的某一邻域内（x_0 可除外），有 $F(x)\leqslant f(x)\leqslant G(x)$ 成立，且有$\lim\limits_{x\to x_0}F(x)=\lim\limits_{x\to x_0}G(x)=A$，则

$$\lim_{x\to x_0}f(x)=A.$$

定理证明从略．

定理 2.3.6　$\lim\limits_{x\to0}\frac{\sin x}{x}=1$.

例 7　求$\lim\limits_{x\to0}\frac{\tan x}{x}$.

解　
$$\begin{aligned}\lim_{x\to0}\frac{\tan x}{x}&=\lim_{x\to0}\left(\frac{\sin x}{x}\cdot\frac{1}{\cos x}\right)\\&=\lim_{x\to0}\frac{\sin x}{x}\cdot\lim_{x\to0}\frac{1}{\cos x}=1.\end{aligned}$$

例 8　求$\lim\limits_{x\to0}\frac{1-\cos x}{x^2}$.

解　
$$\lim_{x\to0}\frac{1-\cos x}{x^2}=\lim_{x\to0}\frac{2\sin^2\frac{x}{2}}{x^2}=\lim_{x\to0}\frac{\sin^2\frac{x}{2}}{2\cdot\left(\frac{x}{2}\right)^2}=\frac{1}{2}\lim_{x\to0}\left(\frac{\sin\frac{x}{2}}{\frac{x}{2}}\right)^2=\frac{1}{2}.$$

例 9　求$\lim\limits_{x\to\pi}\frac{\sin x}{\tan x}$.

解　设$t=x-\pi$，则$x\to\pi$时，$t\to0$，所以

$$\lim_{x\to\pi}\frac{\sin x}{\tan x}=\lim_{t\to 0}\frac{\sin(\pi+t)}{\tan(\pi+t)}=\lim_{t\to 0}\frac{-\sin t}{\tan t}$$

$$=\lim_{t\to 0}\left(-\frac{\sin t}{t}\cdot\frac{t}{\tan t}\right)=-1.$$

定理 2.3.7 单调有界数列必有极限.

对这个定理我们不作证明，只从直观上作如下说明，事实上，单调数列在数轴上的对应点只向一个方向移动，例如，单调增加数列只向右移动，并且对应点的移动只有两种可能，一种可能是沿数轴趋向无穷大，另一种可能是与某点无限接近，而数列有界说明不可能发生前一种可能，所以只能与一个数无限接近，即有极限.

下面来看另一个重要极限.

定理 2.3.8 $\lim\limits_{x\to\infty}\left(1+\dfrac{1}{x}\right)^x=\mathrm{e}.$

对于这个重要极限，只作一些说明，先将$\left(1+\dfrac{1}{x}\right)^x$的值列表(表 2-2).

表 2-2 $f(x)=\left(1+\dfrac{1}{x}\right)^x$ **的变化趋势**$(x\to\infty)$

x	1	2	3	4	…	10	…	100	1000
$\left(1+\frac{1}{x}\right)^x$	2	2.25	2.37	2.44	…	2.59	…	2.705	2.71828

从表 2-2 可看出，当 x 取正整数增大时，$\left(1+\dfrac{1}{x}\right)^x$ 也增大，可以证明：无论 x 如何增大，$\left(1+\dfrac{1}{x}\right)^x$ 的值总是小于定数 3，并且无限接近于一个常数 2.71828182845…，这个数就是 e，e 是一个无理数，即 e≈2.71828. 亦即

$$\lim_{x\to\infty}\left(1+\frac{1}{x}\right)^x=\mathrm{e}.$$

例 10 求$\lim\limits_{x\to\infty}\left(\dfrac{x}{1+x}\right)^x$.

解 $\lim\limits_{x\to\infty}\left(\dfrac{x}{1+x}\right)^x=\lim\limits_{x\to\infty}\left(\dfrac{1}{\frac{1+x}{x}}\right)^x=\lim\limits_{x\to\infty}\dfrac{1}{\left(1+\frac{1}{x}\right)^x}=\dfrac{1}{\mathrm{e}}.$

例 11 求$\lim\limits_{x\to 0}(1+x)^{\frac{1}{x}}$.

解 令 $x=\dfrac{1}{t}$，则 $t=\dfrac{1}{x}$，当 $x\to 0$ 时，$t\to\infty$，所以

$$\lim_{x\to 0}(1+x)^{\frac{1}{x}}=\lim_{t\to\infty}\left(1+\frac{1}{t}\right)^t=\mathrm{e}.$$

例 12 求$\lim\limits_{x\to\infty}\left(1-\dfrac{5}{x}\right)^x$.

解 令 $t=-\dfrac{5}{x}$则 $x=-\dfrac{5}{t}$，当 $x\to\infty$时，$t\to 0$，所以

$$\lim_{x\to\infty}\left(1-\frac{5}{x}\right)^x=\lim_{t\to 0}(1+t)^{-\frac{5}{t}}=\lim_{t\to 0}\left[(1+t)^{\frac{1}{t}}\right]^{-5}$$

$$=\left[\lim_{t\to0}(1+t)^{\frac{1}{t}}\right]^{-5}=\frac{1}{e^5}.$$

例 13　求$\lim\limits_{x\to0}\frac{e^x-1}{x}$.

解　令 $y=e^x-1$，当 $x\to0$ 时，$y\to0$，所以

$$\lim_{x\to0}\frac{e^x-1}{x}=\lim_{y\to0}\frac{y}{\ln(1+y)}=\lim_{y\to0}\frac{1}{\frac{1}{y}\ln(1+y)}$$

$$=\lim_{y\to0}\frac{1}{\ln(1+y)^{\frac{1}{y}}}=\frac{1}{\ln e}=1.$$

e 是一个十分重要的常数，无论在生命科学中，还是在金融界都有许多应用．

例 14（定期储蓄）　四家银行按不同方式（年、半年、月、连续）计算本利和，假设在每个银行存入 1000 元，年利率为 8%，试问 5 年后本利和各为多少？

解　按复利计算，t 年后本利和为

$$P=P_0(1+r)^t,$$

其中 P_0 是年初存入钱款，r 是年利率，t 是存期（年）．

第一家银行（按年）：$P_1=1000(1+0.08)^5=1469.33$（元）．

第二家银行（按半年）：$P_2=1000\left(1+\frac{0.08}{2}\right)^{5\times2}=1480.24$（元）．

第三家银行（按月）：$P_3=1000\left(1+\frac{0.08}{12}\right)^{5\times12}=1489.85$（元）．

第四家银行（连续）：先把计息周期缩短，过$\frac{1}{n}$年计一次息，此时利率为$\frac{r}{n}$，t 年后的本利和为

$$P=P_0\left(1+\frac{r}{n}\right)^{nt}.$$

若再把一年无限细分，即让 $n\to\infty$，t 年后的本利和为

$$P=\lim_{n\to\infty}P_0\left(1+\frac{r}{n}\right)^{nt}=P_0\lim_{n\to\infty}\left(1+\frac{r}{n}\right)^{nt}=P_0e^{rt},$$

因此，$P_4=1000e^{0.08\times5}=1491.82$（元）．

公式 $P(t)=P_0e^{rt}$ 称为**连续复利**，抽象成连续变量的形式，可以使它的表述和计算更简洁，而且能应用更多的工具进行分析和研究．因此，在金融活动中一般用它计算复利或者作为复利的模型，类似的处理方式有人口问题、生物种群问题以及放射性物质的衰变问题等．在金融界有人称 e 为银行家常数，它还有一个有趣解释：你有 1 元存入银行，年利率为 10%，10 年后的本利和恰为数 e，即

$$P(t)=P_0e^{rt}=1\times e^{0.10\times10}=e.$$

贴现与复利正相反，连续复利是：已知目前的价值 P_0，求 t 年后的价值 $P(t)$，而贴现问题是：已知从目前起算的 t 年之后的价值 $P(t)$，求目前的价值 P_0．

从连续复利的公式可以得到相应的贴现公式

$$P_0=P(t)e^{-rt},$$

其中的 P_0 称为 $P(t)$ 的**贴现值**，r 称为**贴现率**．

四、无穷小的比较

由无穷小性质可知，两个无穷小之和，差及乘积仍为无穷小．但是，无穷小之商将会怎样呢？我们看几个例子，当$x\to0$时，$2x$、x、x^2都是无穷小量．但$\lim\limits_{x\to0}\frac{2x}{x}=2$，$\lim\limits_{x\to0}\frac{x^2}{x}=0$，$\lim\limits_{x\to0}\frac{x}{x^2}=\infty$.

两个无穷小之比极限的各种不同情形，反映了不同的无穷小趋于0的“快慢”程度．在$x\to0$的过程中，$x^2\to0$比$2x\to0$“快些”，而$2x\to0$与$x\to0$“快慢”相近，为了区别这种快慢程度，引入无穷小比较．

定义 2.3.2 设α、β是当$x\to x_0$(或$x\to\infty$)时的无穷小，

(1)若$\lim\frac{\alpha}{\beta}=0$，则称$\alpha$是$\beta$的**高阶无穷小**，或者称$\alpha$是阶比$\beta$高的无穷小；

(2)若$\lim\frac{\alpha}{\beta}=c\neq0$，则称$\alpha$与$\beta$是**同阶无穷小**；

(3)若$\lim\frac{\alpha}{\beta}=1$，则称$\alpha$与$\beta$是**等价无穷小**，记为$\alpha\sim\beta$.

在上面定义中，记号 lim 下面没有标明自变量的变化趋势，表明上述定义对$x\to x_0$或$x\to\infty$时都成立．

例 15 当$x\to0$，函数$\sin3x$与$\sin x$是同阶无穷小，因为

$$\lim_{x\to0}\frac{\sin3x}{\sin x}=3.$$

例 16 当$x\to0$时，比较下列各对无穷小的阶：

(1)$2x^2$与$x-5x^3$；　(2)$1-\cos x$与x^2；　(3)$\cos x-\cos3x$与x^3.

解 (1)因为
$$\lim_{x\to0}\frac{2x^2}{x-5x^3}=\lim_{x\to0}\frac{2x}{1-5x^2}=0,$$
所以，当$x\to0$时$2x^2$是比$x-5x^3$高阶的无穷小．

(2)因为
$$\lim_{x\to0}\frac{1-\cos x}{x^2}=\frac{1}{2},$$
所以，当$x\to0$时，$1-\cos x$与x^2是同阶无穷小．

(3)因为
$$\lim_{x\to0}\frac{\cos x-\cos3x}{x^3}=\lim_{x\to0}\frac{2\sin2x\cdot\sin x}{x^3}=\infty,$$
所以，当$x\to0$时，$\cos x-\cos3x$是比x^3低阶的无穷小量．

关于等价无穷小有下面的重要性质．

定理 2.3.9 设在自变量x的同一变化过程中，α，α'，β，β'都是无穷小量，且$\alpha\sim\alpha'$，$\beta\sim\beta'$，如果$\lim\frac{\alpha'}{\beta'}=A$(或$\infty$)，则

$$\lim\frac{\alpha}{\beta}=\lim\frac{\alpha'}{\beta'}=A(\text{或}\infty).$$

证明 因为$\lim\frac{\alpha}{\beta}=\lim\frac{\alpha}{\alpha'}\cdot\frac{\alpha'}{\beta'}\cdot\frac{\beta'}{\beta}=\lim\frac{\alpha'}{\beta'}=A$.

这个性质表明：在求两个无穷小之比的极限时，分子及分母都可用其等价的无穷小来代替，以简化计算．

例 17　求$\lim\limits_{x\to 0}\dfrac{\tan 3x}{\sin 5x}$.

解　因为当 $x\to 0$ 时，$\tan 3x\sim 3x$，$\sin 5x\sim 5x$，所以

$$\lim_{x\to 0}\frac{\tan 3x}{\sin 5x}=\lim_{x\to 0}\frac{3x}{5x}=\frac{3}{5}.$$

例 18　求$\lim\limits_{x\to 0}\dfrac{3x+\sin^2 x}{\sin 2x-x^3}$.

解　当 $x\to 0$ 时，$3x+\sin^2 x\sim 3x$，$\sin 2x-x^3\sim 2x$，所以

$$\lim_{x\to 0}\frac{3x+\sin^2 x}{\sin 2x-x^3}=\lim_{x\to 0}\frac{3x}{2x}=\frac{3}{2}.$$

在上述求极限过程中，往往把其中的无穷小用等价无穷小代换，达到简化计算的目的，但应注意，不是乘或除的情况，不能这样做.

习　题　2.3

1. 无穷小量是(　　).

(A)比零稍大一点的数；　　(B)以零为极限的函数；

(C)零；　　(D)一个很小的数；

2. 有界函数与无穷小的乘积是(　　).

3. 求下列极限：

(1)$\lim\limits_{x\to 2}\dfrac{x^2-4x+1}{2x+1}$；　(2)$\lim\limits_{x\to\frac{\pi}{4}}\dfrac{1+\sin 2x}{1-\cos 4x}$；　(3)$\lim\limits_{x\to 0}\dfrac{x}{\sqrt{1+3x}-1}$；

(4)$\lim\limits_{x\to 0}\dfrac{1-\cos 2x}{x\sin x}$；　(5)$\lim\limits_{x\to 0}\dfrac{\tan x-\sin x}{x^3}$；　(6)$\lim\limits_{x\to 0}\dfrac{e^{-x}-1}{x}$.

4. 已知$\lim\limits_{x\to\infty}\left(\dfrac{x+c}{x-c}\right)^x=4$，试求 c.

§2.4　函数的连续性

函数的连续性概念是高等数学的基本概念，自然界中有许多现象，如气温的变化，动植物的生长以及江水的流动等，都认为是连续的．那么究竟什么是连续呢？简言之，就是它所表示的曲线没有间断，如动植物的生长是随时间变化而连续变化的，其特点就是，当时间变化很微小时，动植物的变化也是很微小的．

一、连续与间断的直观描述

我们知道，函数 $y=f(x)$的图形是平面上的一条曲线，如果从点 $A(a,\ f(a))$到 $B(b,\ f(b))$能在平面上一笔画出这条曲线(图 2-4)，则称这条曲线是连续曲线，相应的函数 $y=f(x)$称为区间$[a,\ b]$上的连续函数．

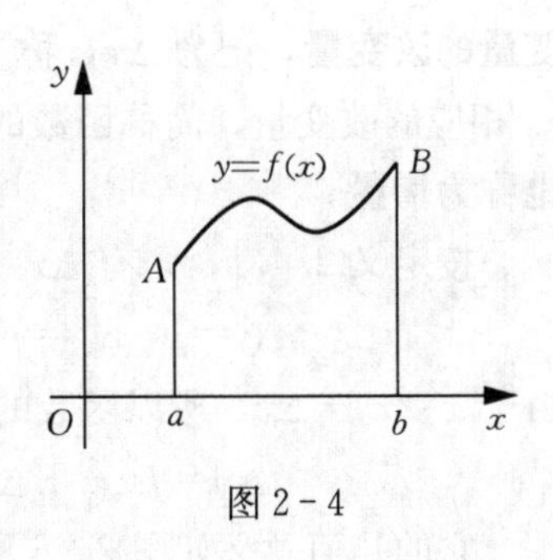

图 2-4

如果在平面上不能一笔画出这条曲线(图 2-5)，那么这条曲线一定在某一个或几个地方是断开的，称这样的曲线为不

连续曲线，相应的函数称为不连续函数，若曲线上断开的地方为 x_0，则称 x_0 为函数 $f(x)$ 的**间断点**或**不连续点**．从图 2－5 看出，(a)中的曲线在点 x_0 的邻域内，当 x 无限逼近 x_0 时，$|f(x)|$ 无限增大，称这样的点 x_0 为**无穷间断点**．(b)中的曲线在点 x_0 的邻域内，当 x 从右边无限趋近 x_0 时，$f(x)$ 无限趋近 A，当 x 从左边无限趋近 x_0 时，$f(x)$ 无限趋近 B，且 $A \neq B$，称这样的点 x_0 为**跳跃间断点**，$|A-B|$ 为**跳跃度**．(c)、(d)中的曲线在点 x_0 的邻域内，具有如下特点：当 x 无限趋近 x_0 时，$f(x)$ 无限趋近常数 A，极限存在，但在(c)中 $f(x_0) \neq A$，而(d)中 $f(x_0)$ 没有定义．这样的点称为**可去间断点**．

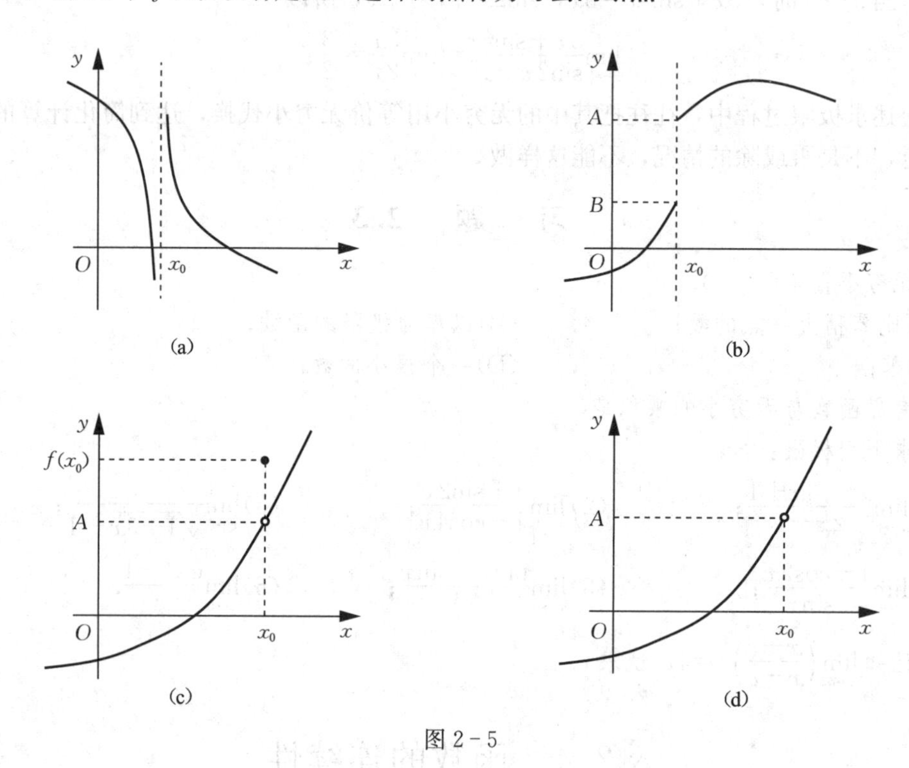

图 2－5

二、连续的定义

为了描述连续这一现象，我们先给出今后常用的概念与记号．

定义 2.4.1 对于函数 $y=f(x)$，如果自变量 x 从 x_0 变到 x 时，相应的函数值 y 从 y_0 变到 y，则称 $x-x_0$ 为变量 x 在点 x_0 的改变量，简称**自变量的改变量**，记为 Δx，称 $y-y_0$ 为函数 $y=f(x)$ 在点 y_0 相应的改变量，简称**函数的改变量**，记为 Δy，改变量也称为**增量**．

按定义 2.4.1，则有 $\Delta x = x - x_0$，

$$\Delta y = y - y_0 = f(x) - f(x_0),$$

由于 $x = x_0 + \Delta x$，所以函数的改变量又可表示

$$\Delta y = f(x_0 + \Delta x) - f(x_0).$$

它的几何意义如图 2－6 所示．

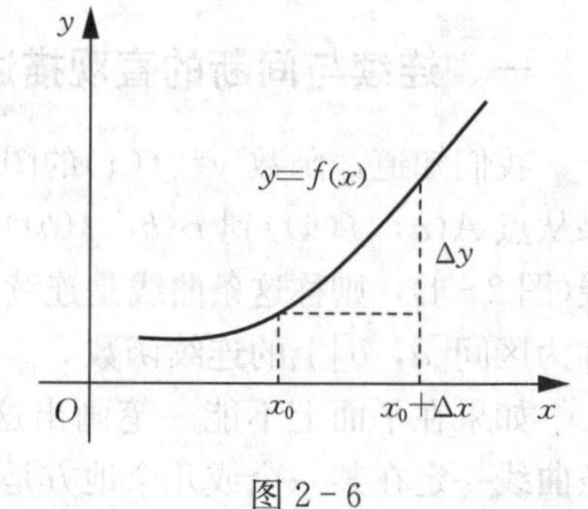

图 2－6

有了增量概念，我们就可以用增量来解释气温变化的连续性．时间的改变量 Δt 很微小时，气温的改变量 Δy 也很微小．

定义 2.4.2　设函数 $y=f(x)$在点 x_0 的某一邻域内有定义，且有 $\lim\limits_{\Delta x \to 0}\Delta y=0$，则称函数 $y=f(x)$在点 x_0 处**连续**．

因为 $\Delta x=x-x_0$，$\Delta y=y-y_0=f(x)-f(x_0)$，所以连续定义又可叙述如下：

定义 2.4.3　设函数 $y=f(x)$点 x_0 的某个领域内有定义，且有

$$\lim_{x \to x_0} f(x)=f(x_0),$$

则称函数 $y=f(x)$在点 x_0 处**连续**．

由此定义 2.4.3 可知，函数 $f(x)$在点 x_0 处连续必须满足以下三个条件：

(1) $f(x_0)$有定义；

(2) $\lim\limits_{x \to x_0} f(x)$存在；

(3) $\lim\limits_{x \to x_0} f(x)=f(x_0)$.

这三个条件提供了判断函数 $f(x)$在点 x_0 是否连续的具体方法．

例 1　证明函数 $y=\sin x$ 在区间$(-\infty,\ +\infty)$内任一点 x 都连续．

证明　由于

$$\begin{aligned}\Delta y&=f(x+\Delta x)-f(x)\\&=\sin(x+\Delta x)-\sin x\\&=2\sin\frac{\Delta x}{2}\cos\left(x+\frac{\Delta x}{2}\right),\end{aligned}$$

当 $\Delta x \to 0$ 时，$\sin\frac{\Delta x}{2}\to 0$，而$\left|\cos\left(x+\frac{\Delta x}{2}\right)\right|\leqslant 1$，所以，当 $\Delta x \to 0$ 时，$\Delta y \to 0$.

这就证明了 $y=\sin x$ 在区间$(-\infty,\ +\infty)$内任一点都连续．同理可证 $y=\cos x$ 在区间$(-\infty,\ +\infty)$内任一点都连续．

例 2　证明函数

$$f(x)=\begin{cases}x^2+1, & x\leqslant 0,\\(x-1)^2, & x>0\end{cases}$$

在点 $x=0$ 处连续．

证明　由

$$\lim_{x \to 0^-} f(x)=\lim_{x \to 0^-}(x^2+1)=1,$$

$$\lim_{x \to 0^+} f(x)=\lim_{x \to 0^+}(x-1)^2=1,$$

知$\lim\limits_{x \to 0} f(x)=1$. 又因为 $f(0)=1$，所以有

$$\lim_{x \to 0} f(x)=f(0),$$

因此，函数 $y=f(x)$在 $x=0$ 处连续．

如果函数 $y=f(x)$在$(a,\ b)$内每一点都连续，则称函数 $y=f(x)$在区间$(a,\ b)$内连续，也称函数 $y=f(x)$是$(a,\ b)$内的连续函数．

三、函数的间断点

由连续定义可知，如果下列三种情况之一发生：

(1)在点 x_0 处无定义，即 $f(x_0)$不存在；

(2) $\lim\limits_{x \to x_0} f(x)$不存在；

(3) $\lim\limits_{x \to x_0} f(x)$虽存在但不等于 $f(x_0)$，

则称 $f(x)$在点 x_0 处不连续，并称点 x_0 为函数的**间断点**.

下面举例来说明函数间断点的类型.

例 3 $f(x)=\dfrac{1}{x}$在点 $x=0$ 处没有定义，所以点 $x=0$ 是函数 $f(x)=\dfrac{1}{x}$的间断点，因为 $\lim\limits_{x \to 0}\dfrac{1}{x}=\infty$，所以称点 $x=0$ 为函数 $f(x)=\dfrac{1}{x}$的**无穷间断点**.

例 4 函数 $f(x)=\sin\dfrac{1}{x}$在点 $x=0$ 处没有定义，所以点 $x=0$ 是函数 $f(x)=\sin\dfrac{1}{x}$的间断点，又因 $x\to 0$ 时，函数值在-1与 1 之间摆动，所以称点 $x=0$ 为函数 $f(x)=\sin\dfrac{1}{x}$的**振荡间断点**.

例 5 函数 $f(x)=\dfrac{x^2-1}{x-1}$在点 $x=1$ 处没有定义，所以点 $x=1$ 是函数 $f(x)=\dfrac{x^2-1}{x-1}$的间断点，但

$$\lim_{x \to 1}\frac{x^2-1}{x-1}=\lim_{x \to 1}(x+1)=2,$$

而函数 $f(x)$在 $x=1$ 间断，是因为 $f(x)$在 $x=1$ 处没有定义，如果补充函数在 $x=1$ 处的定义：令 $x=1$ 时，$f(1)=2$，则函数 $f(x)$在点 $x=1$ 处就连续了，因此，称点 $x=1$ 为函数 $f(x)$的**可去间断点**.

例 6 设函数

$$f(x)=\begin{cases} x^2, & x\leqslant 0, \\ x+1, & x>0, \end{cases}$$

讨论函数在 $x=0$ 处的连续性.

解 由函数关系式可知 $f(0)=0$ 且有

$$\lim_{x \to 0^-} f(x)=\lim_{x \to 0^-} x^2=0,$$

$$\lim_{x \to 0^+} f(x)=\lim_{x \to 0^+}(x+1)=1,$$

即左右极限存在但不相等，故$\lim\limits_{x \to 0} f(x)$不存在，所以 $x=0$ 是 $f(x)$的间断点，且称为**跳跃间断点**.

通常我们将间断点分成两类：可去间断点和跳跃间断点统称为**第一类间断点**. 其特点为在点 x_0 处函数的左右极限都存在. 不是第一类间断点的任何间断点，统称**第二类间断点**.

四、初等函数的连续性

由函数连续的定义和极限运算法则，可得

定理 2.4.1 若函数 $f(x)$，$\varphi(x)$在点 x_0 处连续，则 $f(x)\pm\varphi(x)$，$f(x)\cdot\varphi(x)$及$\dfrac{f(x)}{\varphi(x)}$(其中$\varphi(x)\neq 0$)在点 x_0 处也连续.

证明 只对 $f(x)+\varphi(x)$的情况加以证明.

因为 $$\lim_{x \to x_0} f(x)=f(x_0),\quad \lim_{x \to x_0}\varphi(x)=\varphi(x_0),$$

所以 $$\lim_{x\to x_0}[f(x)+\varphi(x)]=\lim_{x\to x_0}f(x)+\lim_{x\to x_0}\varphi(x)=f(x_0)+\varphi(x_0).$$

定理得证．

例 7　证明 $y=\tan x$ 在其定义区间内连续．

证明　因为 $\sin x$，$\cos x$ 在定义区间$(-\infty,\ +\infty)$内连续，而 $\tan x=\dfrac{\sin x}{\cos x}$，由定理可知 $y=\tan x$ 在其定义区间内连续．

定理 2.4.2　若函数 $y=f(x)$在某区间上单调增(减)且连续，则它的反函数 $x=\varphi(y)$也在对应的区间上单调增(减)且连续．

证明略．

因为 $y=\sin x$ 在$\left[-\dfrac{\pi}{2},\ \dfrac{\pi}{2}\right]$上单调增且连续，所以，由此定理可知，它的反函数 $y=\arcsin x$ 在$[-1,\ 1]$上也是单调增且连续的．

关于复合函数的连续性，有下述定理．

定理 2.4.3　连续函数的复合函数仍为连续函数．

前面我们证明了正弦函数和反正弦函数的连续性，我们还可以证明其他基本初等函数在它们的定义域内都是连续的．因此我们可以得出初等函数连续性的重要结论．

定理 2.4.4　初等函数在其定义区间内是连续的．

此定理为求初等函数的极限，提供了一个简便方法，设 $f(x)$是初等函数，x 是其定义区间内的点，则

$$\lim_{x\to x_0}f(x)=f(x_0).$$

例 8　$\lim\limits_{x\to\frac{\pi}{4}}\sqrt{3-\sin 2x}=\sqrt{3-\sin 2\cdot\dfrac{\pi}{4}}=\sqrt{2}$.

例 9　$\lim\limits_{x\to 1}e^{\frac{x}{1+x}}=e^{\frac{1}{1+1}}=e^{\frac{1}{2}}$.

例 10　求$\lim\limits_{x\to 0}\dfrac{\ln(1+x)}{x}$.

解　本题是“$\dfrac{0}{0}$”型，所以

$$\lim_{x\to 0}\frac{\ln(1+x)}{x}=\lim_{x\to 0}\ln(1+x)^{\frac{1}{x}},$$

由于对数函数在其定义域内是连续的，所以

$$\lim_{x\to 0}\ln(1+x)^{\frac{1}{x}}=\ln\left[\lim_{x\to 0}(1+x)^{\frac{1}{x}}\right]=\ln e=1.$$

五、闭区间上连续函数的性质

闭区间上的连续函数有下述两个重要性质，这些性质在几何图形上是十分明显的，我们不作证明．

定理 2.4.5(最大(小)值定理)　闭区间$[a,\ b]$上的连续函数 $f(x)$在$[a,\ b]$上必有最大值和最小值(图 2-7).

定理 2.4.6(介值定理)　闭区间$[a,\ b]$上的连续函数 $f(x)$可以取其最大值与最小值之间的一切值．

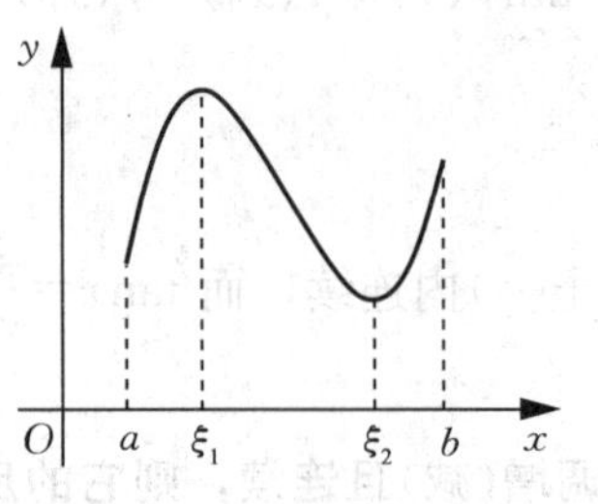

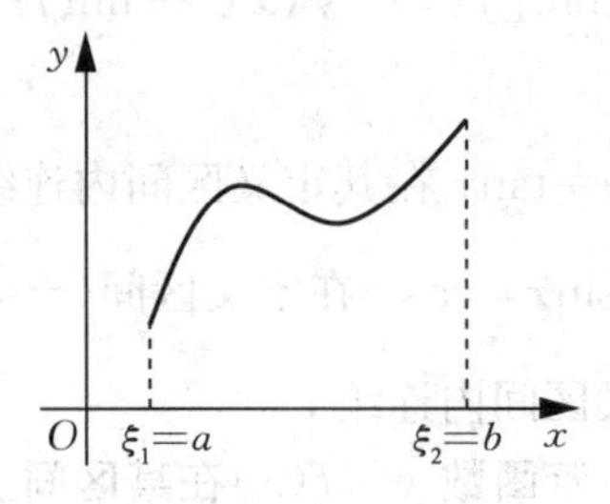

图 2 - 7

设 $f(x)$ 在 $[a, b]$ 上的最小值为 m，最大值为 M，那么对任何 c：$m<c<M$，在 (a, b) 内至少有一点 ξ，使 $f(\xi)=c$(图 2 - 8).

推论(根的存在定理)　若函数 $f(x)$ 在闭区间 $[a, b]$ 上连续，且 $f(a)$ 与 $f(b)$ 异号，则在 (a, b) 内至少有一点 ξ 存在，使得 $f(\xi)=0$(图 2 - 9).

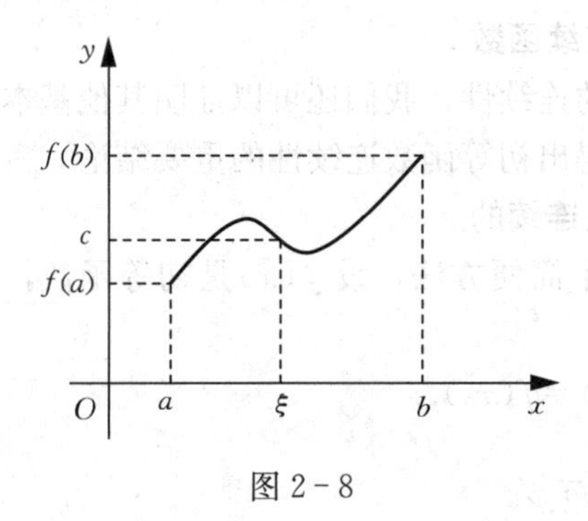

图 2 - 8

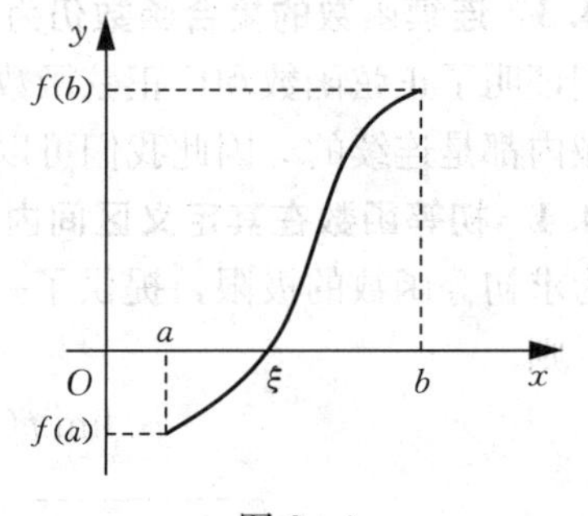

图 2 - 9

利用这个推论可以判断方程 $f(x)=0$ 在 $[a, b]$ 上根的存在性.

例 11　证明方程 $x^3-5x-1=0$ 在区间 $(1, 3)$ 内至少有一个实根.

证明　因为函数 $f(x)=x^3-5x-1$ 在闭区间 $[1, 3]$ 上连续，且 $f(1)=-5$，$f(3)=11$，为异号，由根的存在性定理可知，在区间 $(1, 3)$ 内至少存在一点 ξ，使得 $f(\xi)=0$，即 $\xi^3-5\xi-1=0$.

习　题　2.4

1. 讨论下列函数的连续性：

(1) $f(x)=\begin{cases} x, & -1\leqslant x\leqslant 1, \\ 1, & x<-1 \text{ 或 } x>1; \end{cases}$　　(2) $f(x)=\begin{cases} x^2+1, & x\leqslant 0, \\ e^x, & x>0. \end{cases}$

2. 求函数 $f(x)=\dfrac{x^3+3x^2-x-3}{x^2+x-6}$ 的连续区间，并求极限 $\lim\limits_{x\to 0}f(x)$，$\lim\limits_{x\to 2}f(x)$.

习　题　二

1. 在自变量某变化过程中，如果两个函数的极限都存在，则以下选项错误的是(　　).

(A)它们的和极限存在；　　(B)它们的差极限存在；

(C)它们的积极限存在；　　(D)它们的商极限存在.

2. $\lim\limits_{x\to x_0} f(x)=a$($a$ 为常数)，则 $f(x)$在点 x_0 处(　　).

(A)有定义且 $f(x_0)=a$；　　(B)无定义；

(C)有定义，但不一定有 $f(x_0)=a$；　　(D)不一定有定义.

3. $f(x)=x\sin\dfrac{1}{x}$在 $x=0$(　　).

(A)有定义，且有极限；　　(B)有定义，但无极限；

(C)无定义，但有极限；　　(D)无定义，且无极限.

4. 当 $x\to 0$ 时，与 $\sin x^2$ 等价的无穷小量是(　　).

(A)$\ln(1+x)$；　　(B)$\tan x$；　　(C)$2(1-\cos x)$；　　(D)e^x-1.

5. $x=0$ 是 $f(x)=\arctan\dfrac{1}{x}$的(　　).

(A)连续点；　　(B)跳跃间断点；

(C)可去间断点；　　(D)无穷间断点.

6. 计算下列极限：

(1)$\lim\limits_{n\to\infty}\left(1-\dfrac{1}{2^2}\right)\left(1-\dfrac{1}{3^2}\right)\cdots\left(1-\dfrac{1}{n^2}\right)$；　　(2)$\lim\limits_{n\to\infty}\left(\dfrac{1}{1\cdot 3}+\dfrac{1}{3\cdot 5}+\cdots+\dfrac{1}{(2n-1)(2n+1)}\right)$.

7. 求下列极限：

(1)$\lim\limits_{x\to 3}\dfrac{x^2-9}{x^2-2x-3}$；　　(2)$\lim\limits_{x\to 0}\dfrac{\sqrt[3]{1+mx}-1}{x}$；

(3)$\lim\limits_{x\to \pi^+}\dfrac{\sqrt{1+\cos x}}{\sin x}$；　　(4)$\lim\limits_{x\to 1}\left(\dfrac{1}{x-1}-\dfrac{2}{x^2-1}\right)$；

(5)$\lim\limits_{x\to\infty}\dfrac{3x^2+2x}{4x^2-2x-1}$.

8. 计算下列极限：

(1)$\lim\limits_{x\to 0}\dfrac{\sin 4x}{\sqrt{x+1}-1}$；　　(2)$\lim\limits_{x\to 0}\dfrac{\sqrt{1-\cos 2x}}{x}$；

(3)$\lim\limits_{x\to 0}\dfrac{\cos x-\cos 3x}{x^2}$；　　(4)$\lim\limits_{x\to 0}(1-4x)^{\frac{1-x}{x}}$；

(5)$\lim\limits_{x\to 0}\left(\dfrac{1+x}{1-x}\right)^{\frac{1}{x}}$；　　(6)$\lim\limits_{x\to\infty}\left(\dfrac{3x-2}{3x+1}\right)^{2x-1}$；

(7)$\lim\limits_{x\to\infty}\left(1-\dfrac{1}{x^2}\right)^{x}$；　　(8)$\lim\limits_{t\to 0}\dfrac{t}{\ln(1+xt)}$；

(9)$\lim\limits_{x\to 0}\dfrac{x\sin 5x}{\sin\dfrac{x}{2}\tan 3x}$；　　(10)$\lim\limits_{x\to 0}\dfrac{\ln(1+2x-3x^2)}{x}$；

(11)$\lim\limits_{x\to 0}x^2\sin\dfrac{1}{x}$；　　(12)$\lim\limits_{x\to\infty}\dfrac{x-\cos x}{x+\cos x}$.

9. 已知$\lim\limits_{x\to -1}\dfrac{x^3-ax^2-x+4}{x+1}=c$(有限值)，试求 a，c.

10. 试用两边夹法则求极限：$\lim\limits_{n\to\infty}\left(\dfrac{1}{n^2+1}+\dfrac{1}{n^2+2}+\cdots+\dfrac{1}{n^2+n}\right)$.

11. 指出下列曲线的垂直渐近线与水平渐近线：

(1) $f(x)=\dfrac{1}{x^2}$；　　(2) $f(x)=\dfrac{1}{(x-2)^3}$；

(3) $f(x)=\dfrac{x^2-2}{x^2-x-2}$；　　(4) $f(x)=\dfrac{2+x}{1-x}$.

12. 指出下列函数的间断点，并说明其间断点的类型，如果是可去间断点，则补充或改变函数的定义使其连续：

(1) $f(x)=\dfrac{x^2-1}{x^2-3x+2}$；　　(2) $f(x)=\dfrac{1}{1+e^{\frac{1}{x}}}$；

(3) $f(x)=\dfrac{x^2-x}{|x|(x^2-1)}$；　　(4) $f(x)=\begin{cases}x-1, & x\leqslant 1,\\ 3-x, & x>1.\end{cases}$

13. 讨论函数 $f(x)=\begin{cases}\dfrac{x-1}{x^2-1}, & x<1,\\ a, & x=1,\\ x-b, & x>1,\end{cases}$ 在 $x=1$ 处的极限存在条件和连续条件.

14. 求下列极限：

(1) $\lim\limits_{x\to 0}\sqrt{e^{2x}-2x+1}$；　　(2) $\lim\limits_{x\to 0}\dfrac{\sin(e^x+1)}{1+x}$；

(3) $\lim\limits_{x\to\frac{\pi}{9}}\ln(2\cos 3x)$；　　(4) $\lim\limits_{x\to 0}\dfrac{\ln(1+x)}{\sqrt{1+x}-1}$.

15. 证明方程 $x\cdot 2^x=1$ 至少有一个小于 1 的正根.

16. 若 $f(x)$ 在 $[a, b]$ 上连续，且 $a<x_1<x_2<\cdots<x_n<b$，则在 $[x_1, x_n]$ 上必有点 ξ，使得

$$f(\xi)=\frac{f(x_1)+f(x_2)+\cdots+f(x_n)}{n}.$$

17. 证明方程 $x=a\sin x+b(a>0, b>0)$ 至少有一个正根，并且它不超过 $a+b$.

18. 用水费用：设某城市居民每月用水费用的函数模型为

$$f(x)=\begin{cases}0.64x, & 0\leqslant x\leqslant 4.5,\\ 2.88+5\times 0.64(x-4.5), & x>4.5,\end{cases}$$

其中 x 为用水量(单位 t)，$f(x)$ 为水费(单位元)，

(1) 求 $\lim\limits_{x\to 4.5}f(x)$；(2) $f(x)$ 是连续函数吗？(3) 画出 $f(x)$ 的图形.

演示与实验二

本部分主要讲解有关极限和连续性在 Mathematica 中的处理方法，加深对函数极限和连续性的理解.

一、用 Mathematica 数学软件求函数极限

数学软件 Mathematica 具有对函数求极限的能力，它所使用的命令是

Limit[〈函数表达式〉，〈自变量〉－>〈自变量的趋向值〉]

例 1　求$\lim\limits_{x\to 0}(x^3+\sqrt{1+2x^2})$.

解　输入 Limit[x^3+Sqrt[1+2*x^2], x->0]

输出 1

例 2　用 Mathematica 软件求$\lim\limits_{x\to 0}\dfrac{\tan x-\sin x}{\sin^3 x}$.

解　这是$\dfrac{0}{0}$型的未定式

输入 Limit[(Tan[x]-Sin[x])/(Sin[x])^3, x->0]

输出$\dfrac{1}{2}$

例 3　$\lim\limits_{x\to\infty}\dfrac{2x+5}{x\sqrt{x+1}}$.

解　在 Mathematica 中∞用 Infinity 来表示.

输入 Limit[(2*x+5)/(x*Sqrt[x+1]), x->Infinity]

输出 0

若要求单侧极限可在原求极限命令后加可选项，Direction->-1 表示求右极限，Direction->1表示求左极限.

Limit[〈函数表达式〉, 〈自变量〉->〈自变量的趋向值〉, Direction->-1]

Limit[〈函数表达式〉, 〈自变量〉->〈自变量的趋向值〉, Direction->1]

例 4　$\lim\limits_{x\to 0^+}\dfrac{\sqrt{1-\cos 2x}}{x}$.

解　输入 Limit[Sqrt[1-Cos[2x]]/x, x->0, Direction->-1]

输出$\sqrt{2}$

二、用二分法求方程在某个区间中的根

根据根的存在定理可知，函数 $f(x)$在闭区间$[a, b]$上连续，且在端点处函数值满足条件 $f(a)\cdot f(b)<0$，则在区间(a, b)内必存在根，下面就介绍利用计算机求根的简单方法.

两分法求根的一般步骤：

在函数满足根的存在定理条件下，求根要求精确到误差小于 eps.

(1)设 $x_1=a$ 和 $x_2=b$，则显然 $f(x_1)\cdot f(x_2)<0$，根在区间(x_1, x_2)内.

(2)取中值 $x=\dfrac{x_1+x_2}{2}$.

(3)如果$|x_2-x_1|>$eps，则计算 $f(x)$，如果 $f(x_1)\cdot f(x)<0$，根应在区间(x_1, x)内，否则根应在区间(x, x_2)内，而区间长度已经缩小一半.

(4)再转到步骤 2 继续运行.

例 5　在区间(1, 2)求 $f(x)=4x^3-6x^2+3x-2$ 的根，并且要求精确到小数点后第 4 位，即 eps$=10^{-4}$.

解　简便步骤如下：

(1)定义函数 $f(x)$：f[x_]:=4*x^3-6*x^2+3*x-2;

(2)计算端点处函数值：f[1], f[2];

(3)求中值：$f\left[\frac{1+2}{2}\right]$；

(4)将上述步骤循环下去即可．

In[1]:=f[x_]:=4*x^3-6*x^2+3*x-2

In[2]:=f(1)

In[3]:f(2)

In[4]:=$f\left[\frac{1+2}{2}\right]$

循环下去即可．

计算经15次循环可得最后结果$x=1.2211$，精度达到10^{-4}以上．

实验习题二

1. 利用Mathematica命令求下列极限：

(1)$\lim\limits_{x\to 0}\frac{xe^{-x}}{\sin x}$；

(2)$\lim\limits_{x\to 1}\left(\frac{2}{x^2-1}-\frac{1}{x-1}\right)$；

(3)$\lim\limits_{x\to 0}x\cot 2x$；

(4)$\lim\limits_{x\to\infty}(\sqrt{x^2+3x}-x)$；

(5)$\lim\limits_{x\to\infty}\left(\cos\frac{m}{x}\right)^x$；

(6)$\lim\limits_{x\to 0}\left(\frac{1}{x}-\frac{1}{e^x-1}\right)$；

(7)$\lim\limits_{h\to 0}\frac{\sqrt[3]{1+h}-1}{h}$；

(8)$\lim\limits_{x\to\frac{\pi}{2}}\frac{\ln\sin x}{(\pi-2x)^2}$.

2. 证明下列方程至少有一个实根，并且利用计算机求出一个长度为0.01的区间包含这个根：

(1)$x^3-x+1=0$；

(2)$x^5-x^2+2x+3=0$.

数学家的故事

我国古代杰出的数学家祖冲之

祖冲之(429—500)是我国南北朝时期，河北省涞源县人．他从小就阅读了许多天文、数学方面的书籍，勤奋好学，刻苦实践，终于使他成为我国古代杰出的数学家、天文学家．

祖冲之在数学上的杰出成就，是关于圆周率的计算．秦汉以前，人们以“径一周三”作为圆周率，这就是“古率”．后来发现古率误差太大，圆周率应是“圆径一而周三有余”，不过究竟余多少，意见不一．直到三国时期，刘徽提出了计算圆周率的科学方法——“割圆术”，用圆内接正多边形的周长来逼近圆周长．刘徽计算到圆内接96边形，求得$\pi=3.14$，并指出，内接正多边形的边数越多，所求得的π值越精确．祖冲之在前人成就的基础上，经过刻苦钻研，反复演算，求出π在3.1415926与3.1415927之间．并得出了π分数形式的近似值，$\frac{22}{7}$取为约率，$\frac{355}{113}$取为密率，其中取六位小数是3.1415929，它是分子分母在1000以内最接近π值的分数．祖冲之究竟用什么方法得出这一结果，现在无从考查．若设想他按刘徽的“割圆术”方法去求的话，就要计算到圆内接 16384 边形，这需要花费多少时间和付出多么巨大的劳动啊！由此可见他在治学上的顽强毅力和聪敏才智是令人钦佩的．祖冲之计算得出的密率，外国数学家获得同样结果，已是 1000 多年以后的事了．为了纪念祖冲之的杰出贡献，有些外国数学史家建议把 π 叫作“祖率”．

祖冲之博览当时的名家经典，坚持实事求是，他从亲自测量计算的大量资料中对比分析，发现过去历法的严重误差，并勇于改进，在他 33 岁时编制成功了《大明历》，开辟了历法史的新纪元．

祖冲之还与他的儿子祖暅(也是我国著名的数学家)一起，用巧妙的方法解决了球体体积的计算．他们当时采用的一条原理是：“幂势既同，则积不容异”．意即，位于两平行平面之间的两个立体，被任一平行于这两平面的平面所截，如果两个截面的面积恒相等，则这两个立体的体积相等．这一原理，在西方被称为卡瓦列利原理，但这是在祖氏以后 1000 多年才由卡氏发现的．为了纪念祖氏父子发现这一原理的重大贡献，大家也称这原理为“祖暅原理”．

第三章　导数与微分

导数与微分的理论和方法统称为微分学，微分学是从数量关系上描述物质运动的数学工具，正如恩格斯所提出的："只有微分学才能使自然科学有可能用数学来不仅仅表明状态，并且也表明过程：运动．"

本章主要讨论导数与微分概念，并给出它们的计算方法．

§3.1　导数概念

一、导数概念

先分析几个实例．

(一)变速直线运动的速度问题

设一个质点 M 自原点 O 开始做直线运动，已知运动方程 $s=s(t)$，现在求质点 M 在时刻 t_0 的瞬时速度．

当时间 t 在 t_0 有一改变量 Δt 时，质点 M 在 $[t_0,\ t_0+\Delta t]$ 这段时间内走过的路程为

$$\Delta s=s(t_0+\Delta t)-s(t_0),$$

于是，比值

$$\frac{\Delta s}{\Delta t}=\frac{s(t_0+\Delta t)-s(t_0)}{\Delta t}$$

是质点 M 在 $[t_0,\ t_0+\Delta t]$ 这段时间的平均速度，此平均速度近似地反映了质点 M 在时刻 t_0 的快慢程度，若 t 越接近 t_0（即 $|\Delta t|$ 越小），则平均速度就越接近 t_0 处的瞬时速度，因此，平均速度 $\frac{\Delta s}{\Delta t}$ 当 $\Delta t\to 0$ 时的极限就是质点 M 在 t_0 的瞬时速度，即

$$v(t_0)=\lim_{\Delta t\to 0}\frac{\Delta s}{\Delta t}=\lim_{\Delta t\to 0}\frac{s(t_0+\Delta t)-s(t_0)}{\Delta t}.$$

(二)切线问题

由解析几何知道，要写出过曲线上一点 $(x_0,\ f(x_0))$ 的切线方程．只要知道过此点切线的斜率就可以了，那么，切线的斜率又是如何描述的呢？

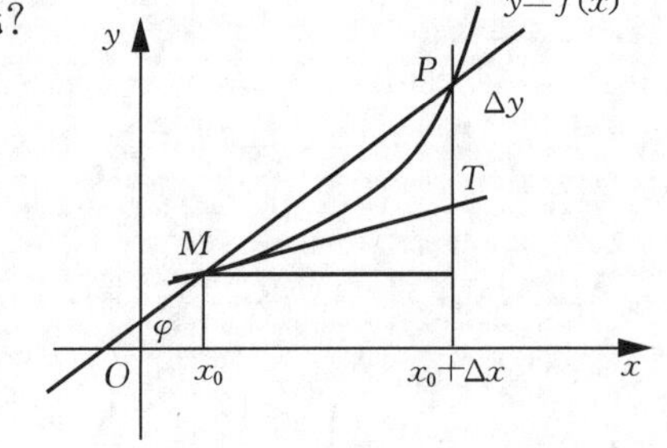

图 3-1

如图 3-1 所示，设 $M(x_0,\ f(x_0))$ 为曲线 $y=f(x)$ 上的一点，当自变量 x 在点 x_0 处取得增量 Δx 时，在曲线 $y=f(x)$ 上相应地得到另一点 $P(x_0+\Delta x,\ f(x_0+\Delta x))$．连接此两点得割线 MP，设其倾角为 φ，则割线 MP 的斜率为 $\tan\varphi=\frac{\Delta y}{\Delta x}$.

当点 P 沿曲线移动而无限接近于点 M，即 $\Delta x\to 0$

时，割线 MP 就越来越接近切线的位置，此时割线的斜率就无限接近切线的斜率．因此，当 $\Delta x \to 0$ 时，割线 MP 斜率的极限就是切线的斜率，即

$$k=\lim_{\Delta x\to 0}\tan\varphi=\lim_{\Delta x\to 0}\frac{\Delta y}{\Delta x},$$

于是，以此极限值为斜率，过点 M 的直线 MT 就是曲线 $f(x)$ 在点 M 的切线．

尽管上面所讲实际问题的具体含义各不相同，但都是用极限来描述的，它们在计算上都归结为形如

$$\lim_{\Delta x\to 0}\frac{f(x_0+\Delta x)-f(x_0)}{\Delta x}=\lim_{\Delta x\to 0}\frac{\Delta y}{\Delta x}$$

的极限问题，其中 $\frac{\Delta y}{\Delta x}$ 是函数的改变量与自变量的改变量之比，称为函数 $f(x)$ 在点 x_0 的差商，它表示函数的平均变化率，若要计算精确的变化率，则要计算其极限，通常把研究某个变量相对于另一个变量变化快慢程度的这类问题叫作**变化率问题**．

下面我们用极限来描述导数概念．

定义 3.1.1　设函数 $y=f(x)$ 在区间 (a, b) 内有定义，$x_0\in(a, b)$，若函数 $f(x)$ 在 x_0 处的差商 $\frac{\Delta y}{\Delta x}$ 的极限

$$\lim_{\Delta x\to 0}\frac{\Delta y}{\Delta x}=\lim_{\Delta x\to 0}\frac{f(x_0+\Delta x)-f(x_0)}{\Delta x}$$

存在，则称函数 $f(x)$ 在点 x_0 **可导**，并称此极限值为函数 $y=f(x)$ 在点 x_0 的**导数**，记为

$$f'(x_0),\ y'(x_0),\ \left.\frac{\mathrm{d}y}{\mathrm{d}x}\right|_{x=x_0} 或 \left.\frac{\mathrm{d}f}{\mathrm{d}x}\right|_{x=x_0}.$$

有了导数概念之后，前面讲的两个例子就可用导数来表达：曲线 $f(x)$ 在点 $(x_0, f(x_0))$ 的切线的斜率 k 就是函数 $f(x)$ 在点 x_0 处的导数，即 $k=f'(x_0)$；质点 M 在 t_0 时的瞬时速度 $v(t_0)$ 就是路程函数 $s(t)$ 在点 t_0 处的导数，即 $v(t_0)=s'(t_0)$．

如果我们令 $x=x_0+\Delta x$，当 $\Delta x\to 0$ 时，$x\to x_0$，就有

$$f'(x_0)=\lim_{x\to x_0}\frac{f(x)-f(x_0)}{x-x_0},$$

这也是今后常用的一种形式，若此极限不存在，则称函数 $f(x)$ 在点 x_0 不可导，特别地，若 $\lim\limits_{\Delta x\to 0}\frac{\Delta y}{\Delta x}=\infty$，则称 $f(x)$ 在点 x_0 的导数为无穷大．

例 1　求函数 $f(x)=x^3$ 在 $x=1$ 处的导数．

解　根据导数定义

$$\begin{aligned}f'(1)&=\lim_{\Delta x\to 0}\frac{(1+\Delta x)^3-1^3}{\Delta x}\\&=\lim_{\Delta x\to 0}\frac{3\Delta x+3(\Delta x)^2+(\Delta x)^3}{\Delta x}\\&=\lim_{\Delta x\to 0}[3+3\Delta x+(\Delta x)^2]=3.\end{aligned}$$

如果 $f(x)$ 在 (a, b) 内任一点可导，则称 $f(x)$ 在 (a, b) 内可导，且 $f(x)$ 的导数 $f'(x)$ 仍是 x 的函数，这个新函数 $f'(x)$ 称为 $f(x)$ 的导函数，记为

$$f'(x),\ y',\ \frac{\mathrm{d}y}{\mathrm{d}x},\ \frac{\mathrm{d}f(x)}{\mathrm{d}x},$$

一般也简称为导数.

根据导数的定义，求函数 $y=f(x)$在点 x 处的导数 $f'(x)$，可分为三步：

(1)求函数改变量：$\Delta y=f(x+\Delta x)-f(x)$；

(2)算比值：$\dfrac{\Delta y}{\Delta x}=\dfrac{f(x+\Delta x)-f(x)}{\Delta x}$；

(3)取极限：$y'=\lim\limits_{\Delta x\to 0}\dfrac{\Delta y}{\Delta x}$.

例 2 设 $y=c$(c 是常数)，求 y'.

解 (1)求改变量：$\Delta y=c-c=0$；

(2)算比值：$\dfrac{\Delta y}{\Delta x}=0$；

(3)取极限：$y'=\lim\limits_{\Delta x\to 0}\dfrac{\Delta y}{\Delta x}=\lim\limits_{\Delta x\to 0}0=0$，

即$(c)'=0$.

例 3 求函数 $y=x^2$ 的导数.

解 (1)$\Delta y=(x+\Delta x)^2-x^2=2x\Delta x+(\Delta x)^2$；

(2)$\dfrac{\Delta y}{\Delta x}=2x+\Delta x$；

(3)$y'=\lim\limits_{\Delta x\to 0}\dfrac{\Delta y}{\Delta x}=2x$，

即$(x^2)'=2x$.

例 4 设 $y=\sqrt{x}$，求 y'.

解 (1)$\Delta y=\sqrt{x+\Delta x}-\sqrt{x}$；

(2)$\dfrac{\Delta y}{\Delta x}=\dfrac{\sqrt{x+\Delta x}-\sqrt{x}}{\Delta x}$；

(3)
$$\begin{aligned}y'&=\lim_{\Delta x\to 0}\frac{\Delta y}{\Delta x}=\lim_{\Delta x\to 0}\frac{\sqrt{x+\Delta x}-\sqrt{x}}{\Delta x}\\&=\lim_{\Delta x\to 0}\frac{\Delta x}{\Delta x(\sqrt{x+\Delta x}+\sqrt{x})}\\&=\lim_{\Delta x\to 0}\frac{1}{\sqrt{x+\Delta x}+\sqrt{x}}\\&=\frac{1}{2\sqrt{x}},\end{aligned}$$

即$(\sqrt{x})'=(x^{\frac{1}{2}})'=\dfrac{1}{2}x^{-\frac{1}{2}}=\dfrac{1}{2\sqrt{x}}$.

更一般地，对于幂函数 $y=x^{\mu}$可得出结论

$$(x^{\mu})'=\mu x^{\mu-1}(\mu\text{ 为实数}),$$

这就是幂函数的导数公式. 以后证明.

例 5　设 $y=\sin x$，求 y'.

解　(1) $\Delta y=\sin(x+\Delta x)-\sin x$；

(2) $\dfrac{\Delta y}{\Delta x}=\dfrac{\sin(x+\Delta x)-\sin x}{\Delta x}$；

(3)
$$y'=\lim_{\Delta x\to 0}\frac{\Delta y}{\Delta x}=\lim_{\Delta x\to 0}\frac{\sin(x+\Delta x)-\sin x}{\Delta x}$$
$$=\lim_{\Delta x\to 0}\frac{2\cos\left(x+\frac{\Delta x}{2}\right)\sin\frac{\Delta x}{2}}{\Delta x}$$
$$=\lim_{\Delta x\to 0}\cos\left(x+\frac{\Delta x}{2}\right)\cdot\frac{\sin\frac{\Delta x}{2}}{\frac{\Delta x}{2}}$$
$$=\cos x\cdot 1=\cos x,$$

即 $(\sin x)'=\cos x$.

类似可证 $(\cos x)'=-\sin x$.

例 6　设 $y=\ln x$，求 y'.

解　(1) $\Delta y=\ln(x+\Delta x)-\ln x=\ln\dfrac{x+\Delta x}{x}=\ln\left(1+\dfrac{\Delta x}{x}\right)$；

(2) $\dfrac{\Delta y}{\Delta x}=\dfrac{\ln\left(1+\frac{\Delta x}{x}\right)}{\Delta x}=\ln\left(1+\dfrac{\Delta x}{x}\right)^{\frac{1}{\Delta x}}$；

(3) $\lim\limits_{\Delta x\to 0}\dfrac{\Delta y}{\Delta x}=\lim\limits_{\Delta x\to 0}\ln\left(1+\dfrac{\Delta x}{x}\right)^{\frac{1}{\Delta x}}=\dfrac{1}{x}$，

即 $(\ln x)'=\dfrac{1}{x}$.

类似可证 $(\log_a x)'=\dfrac{1}{x\ln a}$.

前面给出了一些函数的求导公式，在实际应用中，还存在这样一种情况，只知道这个函数的一些函数值，而不知道这个函数的表达式，怎样计算这个函数的导数？下面通过例题给出估计其导数的方法．

例 7　$c(t)$ 表示时间 t(min) 时血管中的药物浓度(mg/mL)，表 3 - 1 给出了 $c(t)$ 的一些函数值，试估计药物浓度 $c(t)$ 关于时间 t 的变化率．

表 3 - 1　相对于时间的浓度函数

t	0	0.1	0.2	0.3	0.4	0.5	0.6	0.7	0.8	0.9	1.0
$c(t)$	0.84	0.89	0.94	0.98	1.00	1.00	0.97	0.90	0.79	0.68	0.41

解　我们利用表 3 - 1 中的数值来估计导数，为此，必须假定时间的数据点足够接近使得浓度在各个时间点之间变化不大．利用表中的数据，借助差商的表达式就可以估计导数值

$$c'(t)\approx\frac{c(t+h)-c(t)}{h},$$

其中 $h=0.1$，例如，

$$c'(0)\approx\frac{c(0.1)-c(0)}{0.1}=\frac{0.89-0.84}{0.1}=0.5[\mathrm{mg/(mL\cdot min)}],$$

所以估计

$$c'(0)\approx 0.5.$$

类似地，得到如下估计值：

$$c'(0.1)\approx\frac{c(0.2)-c(0.1)}{0.1}=\frac{0.94-0.89}{0.1}=0.5,$$

$$c'(0.2)\approx\frac{c(0.3)-c(0.2)}{0.1}=\frac{0.98-0.94}{0.1}=0.4,$$

$$c'(0.3)\approx\frac{c(0.4)-c(0.3)}{0.1}=\frac{1.00-0.98}{0.1}=0.2,$$

$$c'(0.4)\approx\frac{c(0.5)-c(0.4)}{0.1}=\frac{1.00-1.00}{0.1}=0.0,$$

……

把这些数据列入表 3－2 中．

表 3－2 浓度的导数

t	0	0.1	0.2	0.3	0.4	0.5	0.6	0.7	0.8	0.9
$c'(t)$	0.5	0.5	0.4	0.2	0.0	−0.3	−0.7	−1.1	−1.1	−2.7

前面已经看到，函数 $f(x)$在点 x_0 的导数 $f'(x_0)$表示曲线 $y=f(x)$在点$(x_0, f(x_0))$处切线的斜率．若这个切线与 x 轴正向的夹角为 α，则 $f'(x_0)=\tan\alpha$，据此可以看到，若 $f'(x_0)>0$，则 α 为锐角；若 $f'(x_0)<0$，则 α 为钝角；若 $f'(x_0)=0$，则 $\alpha=0$，切线平行于 x 轴；若 $f'(x_0)=\infty$，则 $\alpha=\frac{\pi}{2}$，切线与 x 轴垂直．

由导数几何意义容易写出曲线在相应点的切线方程与法线方程，事实上，曲线 $y=f(x)$在点$(x_0, f(x_0))$的切线斜率为 $f'(x_0)$，由解析几何知道，此点的切线方程为

$$y-y_0=f'(x_0)(x-x_0).$$

法线方程为

$$y-y_0=-\frac{1}{f'(x_0)}(x-x_0).$$

例 8 求曲线 $f(x)=\sqrt{x}$在点(4，2)处的切线方程和法线方程．

解 因$(\sqrt{x})'=\frac{1}{2\sqrt{x}}$，故所求切线斜率 $k=\frac{1}{2\sqrt{4}}=\frac{1}{4}$，所以切线方程为

$$y-2=\frac{1}{4}(x-4),$$

即

$$x-4y+4=0.$$

法线方程为

$$y-2=-4(x-4),$$

即

$$4x+y-18=0.$$

二、可导性与连续性

先从几何直观上观察图 3－2．图 3－2(a)中，$f(x)$在点 x_0 处不连续，$f'(x_0)$一定不存在；图 3－2(b)、图 3－2(c)中，$f(x)$在点 x_0 处是连续的，但显然不可导．由此可知，函数

连续不能保证可导，但我们却可以看到可导能够保证函数一定连续．

定理 3.1.1　若函数 $f(x)$ 在点 x_0 可导，则函数 $f(x)$ 在点 x_0 必连续．

证明　由假设 $y=f(x)$ 在点 x_0 处可导，故

$$\lim_{\Delta x\to 0}\frac{\Delta y}{\Delta x}=f'(x_0),$$

根据无穷小量与函数极限的关系，知

$$\frac{\Delta y}{\Delta x}=f'(x_0)+\alpha,$$

其中 α 是当 $\Delta x\to 0$ 时的无穷小量．

此式也可写成
$$\Delta y=f'(x_0)\Delta x+\alpha\cdot\Delta x,$$

因此
$$\lim_{\Delta x\to 0}\Delta y=\lim_{\Delta x\to 0}[f'(x_0)\Delta x+\alpha\cdot\Delta x]=0,$$

故函数 $y=f(x)$ 在点 x_0 处连续．

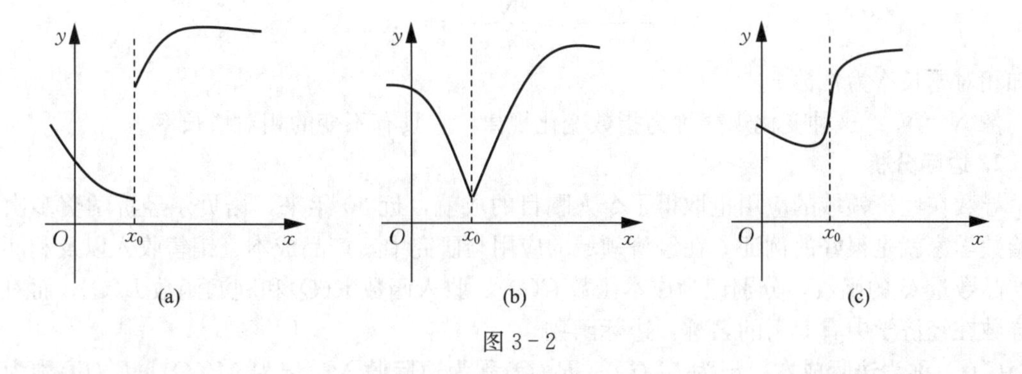

图 3-2

这就证明了 $f(x)$ 在点 x_0 可导，则在点 x_0 必连续，而由图 3-2 可知，$f(x)$ 在点 x_0 连续，不一定在点 x_0 可导．

再看一个实例，$y=|x|$ 在点 $x=0$ 处连续，但在 $x=0$ 处，

$$\lim_{x\to 0^-}\frac{f(x)-f(0)}{x-0}=\lim_{x\to 0^-}\frac{|x|}{x}=\lim_{x\to 0^-}\frac{-x}{x}=-1,$$

$$\lim_{x\to 0^+}\frac{f(x)-f(0)}{x-0}=\lim_{x\to 0^+}\frac{|x|}{x}=\lim_{x\to 0^+}\frac{x}{x}=1,$$

可见 $y=|x|$ 在点 $x=0$ 处不可导．

三、导数的实际意义

1. 变化率

函数的导数就是函数在各点处的瞬时变化率，它在不同的学科领域有广泛的应用，但在不同的学科领域里，有其特定的名称和含义．

在生命科学中，常用 $x(t)$ 表示某生物量，如体重、体长等，$x(t)$ 的生长速度就是 $x(t)$ 关于时间 t 的导数 $\frac{\mathrm{d}x}{\mathrm{d}t}$，若用 $x(t)$ 表示某生物种群在时间 t 的数量，则种群的增长速率就是 $x(t)$ 关于时间 t 的导数 $\frac{\mathrm{d}x}{\mathrm{d}t}$，有时生物学家把 $\frac{\mathrm{d}x}{\mathrm{d}t}$ 与 x 之比，即

$$\frac{1}{x}\cdot\frac{\mathrm{d}x}{\mathrm{d}t}$$

称为相对生长速度，或称为种群数量的相对变化率．为什么要研究相对变化率呢？例如，假定某动物按每 24h 48g 的常速增长，即每小时增长 2g，这样的速度是大还是小呢？答案是与动物当前重量有关，如果当前重量为 24g，那么这就是很快的生长速度了，如果当前重量 100kg，那么这就是很慢的速度．因此，相对生长速度比绝对生长速度包含更多的信息．

例 9 已知某种群数量 N 是时间 t 的函数．

$$N=N_0\mathrm{e}^{rt},$$

求其种群相对增长率．

解 $\frac{\mathrm{d}N}{\mathrm{d}t}=rN_0\mathrm{e}^{rt}$，

种群的相对增长率就是

$$\frac{\frac{\mathrm{d}N}{\mathrm{d}t}}{N}=\frac{rN_0\mathrm{e}^{rt}}{N_0\mathrm{e}^{rt}}=r,$$

故知相对增长率为常数 r.

像 $N=N_0\mathrm{e}^{rt}$这种变化规律称为指数变化规律，它具有不变的相对增长率．

2. 边际分析

导数在经济领域的应用也取得了令人瞩目的成就，近 30 年来，诺贝尔经济学奖多次颁发给数学家就是很好的例证．在经济领域的应用与研究中，产品成本、销售收入以及利润都是产品数量 Q 的函数，分别记为成本函数 $C(Q)$、收入函数 $R(Q)$和利润函数 $L(Q)$. 而对应的导数在经济学中有专门的名称：边际函数．

$C'(Q)$称为**边际成本**，记为 $M_c(Q)$；$R'(Q)$称为**边际收入**，记为 $M_r(Q)$；$L'(Q)$称为**边际利润**，记为 $M_l(Q)$.

要对经济体与企业的经营管理进行数量分析，“边际”是个重要概念，以成本为例加以说明.

在设备不变的前提下，设总成本 $C(Q)$为产量 Q 的函数．若在得出任一产量 Q 的总成本 $C(Q)$之后，把着眼点放在平均每增加一单位产量所需要的成本增加量，就得到平均意义下的边际成本．这个值可以这样表示，设产量由 Q 增加到 $Q+\Delta Q$，平均意义下的边际成本为

$$\frac{\Delta C}{\Delta Q}=\frac{C(Q+\Delta Q)-C(Q)}{\Delta Q}.$$

这一平均意义下的边际成本不但与 Q 有关，也与产量 Q 的增量 ΔQ 有关．在经济学中，将刻画产量为 Q 时成本增量与相应产量增量之比的量称为边际成本．自然，这个边际成本可表示为

$$\lim_{\Delta Q\to 0}\frac{\Delta C}{\Delta Q}=\frac{\mathrm{d}C(Q)}{\mathrm{d}Q}=C'(Q),$$

即边际成本是总成本 C 关于产量 Q 的导数．也可类似定义边际收入、边际利润，而据此进行的有关成本、收入、利润等方面的分析称为**边际分析**．

习 题 3.1

1. 将一物体垂直上抛，其运动方程为 $s=16.2t-4.9t^2$，式中各量均采用国际单位制，

试求：

(1)从 1s 末至 2s 末这一段时间内的平均速度；

(2)在 1s 末与 2s 末的瞬时速度．

2. 根据导数定义求下列函数的导数：

(1)$y=ax^2+bx+c$；　　　　(2)$y=\sqrt{1+x}$.

§3.2　求导法则

一、函数和、差、积、商的求导法则

定理 3.2.1　若函数 $u(x)$，$v(x)$ 在 x 处可导，则函数 $u(x)\pm v(x)$，$u(x)\cdot v(x)$，$\dfrac{u(x)}{v(x)}(v(x)\neq 0)$ 在该点也可导，且有

(1)$[u(x)\pm v(x)]'=u'(x)\pm v'(x)$；

(2)$[u(x)\cdot v(x)]'=u'(x)v(x)+u(x)v'(x)$；

(3)$\left[\dfrac{u(x)}{v(x)}\right]'=\dfrac{u'(x)v(x)-u(x)v'(x)}{[v(x)]^2}$.

证明　只证(2)：令 $y=u(x)\cdot v(x)$，则有

$$\begin{aligned}\Delta y&=u(x+\Delta x)\cdot v(x+\Delta x)-u(x)\cdot v(x)\\&=[u(x+\Delta x)-u(x)]\cdot v(x+\Delta x)+u(x)[v(x+\Delta x)-v(x)]\\&=\Delta u\cdot v(x+\Delta x)+u(x)\cdot\Delta v,\end{aligned}$$

由此可得
$$\frac{\Delta y}{\Delta x}=\frac{\Delta u}{\Delta x}\cdot v(x+\Delta x)+u(x)\cdot\frac{\Delta v}{\Delta x}.$$

注意 $v(x)$ 在点 x 可导，所以在点 x 连续，故有

$$\lim_{\Delta x\to 0}v(x+\Delta x)=v(x),$$

于是
$$\begin{aligned}y'&=\lim_{\Delta x\to 0}\frac{\Delta y}{\Delta x}=\lim_{\Delta x\to 0}\frac{\Delta u}{\Delta x}\cdot\lim_{\Delta x\to 0}v(x+\Delta x)+\lim_{\Delta x\to 0}u(x)\cdot\lim_{\Delta x\to 0}\frac{\Delta v}{\Delta x}\\&=u'(x)\cdot v(x)+u(x)\cdot v'(x),\end{aligned}$$

即
$$[u(x)\cdot v(x)]'=u'(x)\cdot v(x)+u(x)\cdot v'(x).$$

这就是说，两个可导函数乘积的导数等于第一个因子的导数乘第二个因子，加上第一个因子乘第二个因子的导数．

特殊地，如果 $v(x)=C$(常数)，则

$$[C\cdot u(x)]'=C\cdot u'(x),$$

这就是说，常数因子可以提到求导符号外面去．

同理可证
$$[u(x)\pm v(x)]'=u'(x)\pm v'(x).$$

这就是说：两个可导函数的和(差)的导数等于这两个函数的导数的和(差).

$$\left(\frac{u(x)}{v(x)}\right)'=\frac{u'(x)\cdot v(x)-u(x)\cdot v'(x)}{[v(x)]^2},$$

这就是说，两个可导函数之商的导数等于分子的导数与分母的乘积减去分子与分母导数的乘积，再除以分母的平方．

特殊地，如果 $u(x)=C$(常数)，则

$$\left[\frac{C}{v(x)}\right]'=-\frac{Cv'(x)}{v^2(x)}.$$

例 1 设 $y=x^2-\frac{3}{x}+\sqrt{x}+\ln 2$，求 y'.

解 $y'=(x^2)'-\left(\frac{3}{x}\right)'+(\sqrt{x})'+(\ln 2)'$

$=2x+\frac{3}{x^2}+\frac{1}{2\sqrt{x}}.$

例 2 设 $y=10x^5\ln x$，求 y'.

解 $y'=(10x^5\ln x)'=10(x^5\ln x)'$

$=10\left(5x^4\ln x+x^5\cdot\frac{1}{x}\right)$

$=10x^4(5\ln x+1).$

例 3 求 $\tan x$，$\sec x$ 的导数.

解 $(\tan x)'=\left(\frac{\sin x}{\cos x}\right)'=\frac{(\sin x)'\cos x-\sin x(\cos x)'}{\cos^2 x}$

$=\frac{\cos^2 x+\sin^2 x}{\cos^2 x}=\frac{1}{\cos^2 x}=\sec^2 x.$

$(\sec x)'=\left(\frac{1}{\cos x}\right)'=-\frac{(\cos x)'}{\cos^2 x}$

$=\frac{\sin x}{\cos^2 x}=\tan x\cdot\sec x.$

类似可证 $(\cot x)'=-\csc^2 x$，$(\csc x)'=-\cot x\cdot\csc x$.

例 4 设 $y=\log_a x\,(a\neq 1,\ a>0)$，求 y'.

解 因为 $y=\log_a x=\frac{\ln x}{\ln a}$，所以

$$y'=(\log_a x)'=\left(\frac{\ln x}{\ln a}\right)'=\frac{1}{\ln a}\cdot\frac{1}{x}=\frac{1}{x\ln a}.$$

二、反函数求导法则

先从几何直观上看，设 $y=f(x)$ 与 $x=\varphi(y)$ 互为反函数，在图 3-3 中，它们表示同一条曲线，而

$$\tan\alpha=f'(x)=\frac{\mathrm{d}y}{\mathrm{d}x},\ \tan\beta=\varphi'(y)=\frac{\mathrm{d}x}{\mathrm{d}y}.$$

由于 $\alpha+\beta=\frac{\pi}{2}$，所以

$$\tan\alpha=\tan\left(\frac{\pi}{2}-\beta\right)=\cot\beta=\frac{1}{\tan\beta},$$

即
$$f'(x)=\frac{1}{\varphi'(y)}.$$

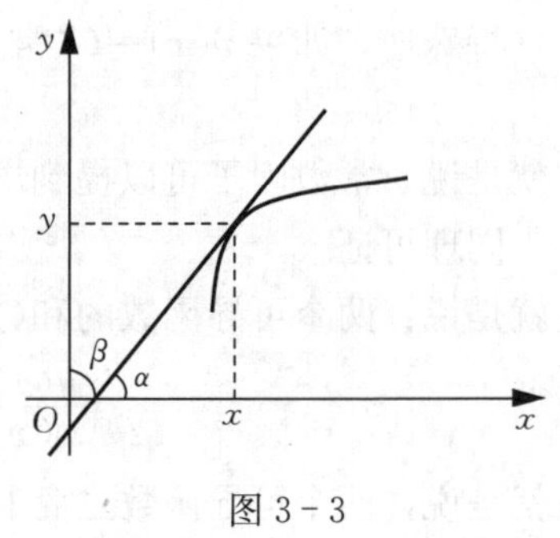

图 3-3

我们把这种直观认识上升到理性认识，这就是下面的

定理.

定理 3.2.2　设函数 $y=f(x)$ 为函数 $x=\varphi(y)$ 的反函数，若 $\varphi(y)$ 在点 y 的某邻域内可导、严格单调，且 $\varphi'(y)\neq 0$，则 $f(x)$ 在对应的 x 处可导，且

$$f'(x)=\frac{1}{\varphi'(y)}.$$

例 5　求反三角函数 $y=\arcsin x$ 的导数.

解　$y=\arcsin x$，$x\in(-1, 1)$ 是 $x=\sin y$，$y\in\left(-\frac{\pi}{2}, \frac{\pi}{2}\right)$ 的反函数，所以

$$(\arcsin x)'=\frac{1}{(\sin y)'}=\frac{1}{\cos y}=\frac{1}{\sqrt{1-\sin^2 y}}=\frac{1}{\sqrt{1-x^2}}.$$

因为 $y\in\left(-\frac{\pi}{2}, \frac{\pi}{2}\right)$，所以 $\cos y>0$，故根号前取正号.

类似可证 $(\arccos x)'=-\frac{1}{\sqrt{1-x^2}}$.

例 6　求反三角函数 $y=\arctan x$ 的导数.

解　$y=\arctan x$，$x\in(-\infty, +\infty)$ 是 $x=\tan y$，$y\in\left(-\frac{\pi}{2}, \frac{\pi}{2}\right)$ 的反函数，所以

$$(\arctan x)'=\frac{1}{(\tan y)'}=\frac{1}{\sec^2 y},$$

但

$$\sec^2 y=1+\tan^2 y=1+x^2,$$

故

$$(\arctan x)'=\frac{1}{1+x^2}.$$

类似可证 $(\text{arccot}\, x)'=-\frac{1}{1+x^2}$.

例 7　求指数函数 $y=a^x$ 的导数.

解　因 $y=a^x$ 是 $x=\log_a y$ 的反函数，所以

$$(a^x)'=\frac{1}{(\log_a y)'}=\frac{1}{\frac{1}{y\ln a}}=y\cdot\ln a=a^x\ln a.$$

三、复合函数求导法则

定理 3.2.3　设函数 $y=f[\varphi(x)]$ 由 $y=f(u)$ 及 $u=\varphi(x)$ 复合而成，若函数 $u=\varphi(x)$ 在点 x 处可导，$y=f(u)$ 在对应点 u 处也可导，则复合函数 $y=f[\varphi(x)]$ 在点 x 处可导，且

$$\frac{dy}{dx}=\frac{dy}{du}\cdot\frac{du}{dx},$$

或写成 $y'_x=y'_u\cdot u'_x$ 或 $y'_x=f'(u)\varphi'(x)$.

例 8　已知 $y=\sin 3x$，求 $\frac{dy}{dx}$.

解　将 $y=\sin 3x$ 看成 $y=\sin u$ 与 $u=3x$ 复合而成的函数，故

$$\frac{dy}{dx}=\frac{dy}{du}\cdot\frac{du}{dx}=(\sin u)'\cdot(3x)'=\cos u\cdot 3=3\cos 3x.$$

例 9 设 $y=(3x+5)^3$，求$\frac{\mathrm{d}y}{\mathrm{d}x}$.

解 将 $y=(3x+5)^3$ 看成 $y=u^3$ 与 $u=3x+5$ 复合而成的函数，故

$$\frac{\mathrm{d}y}{\mathrm{d}x}=(u^3)'\cdot(3x+5)'=3u^2\cdot 3=9(3x+5)^2.$$

在熟悉了复合函数的求导法则后，中间变量不必写出来.

例 10 设 $y=\arctan\frac{1}{x}$，求 y'.

解 $y'=\frac{1}{1+\left(\frac{1}{x}\right)^2}\cdot\left(\frac{1}{x}\right)'=\frac{x^2}{x^2+1}\cdot\left(-\frac{1}{x^2}\right)=\frac{-1}{x^2+1}$.

例 11 求幂函数 $y=x^\alpha$（α 为实数）的导数.

解 $y=x^\alpha=\mathrm{e}^{\alpha\ln x}$,

$$y'=\mathrm{e}^{\alpha\ln x}\cdot(\alpha\ln x)'=\mathrm{e}^{\alpha\ln x}\cdot\alpha\cdot\frac{1}{x}=x^\alpha\cdot\frac{\alpha}{x}=\alpha x^{\alpha-1}.$$

复合函数的求导法则可以推广到多个中间变量的情形.

例 12 设 $y=\ln(x+\sqrt{x^2+1})$，求 y'.

解 $y'=[\ln(x+\sqrt{x^2+1})]'$

$$=\frac{1}{x+\sqrt{x^2+1}}(x+\sqrt{x^2+1})'$$

$$=\frac{1}{x+\sqrt{x^2+1}}\left(1+\frac{x}{\sqrt{x^2+1}}\right)$$

$$=\frac{1}{\sqrt{x^2+1}}.$$

四、隐函数求导法则

若变量 x、y 之间的函数关系是由一个方程

$$F(x, y)=0$$

所确定，则称这种函数为隐函数，有些隐函数可以解出 y 后化为显函数形式再求导，但有些隐函数不能解出 y. 而隐函数求导法是指：不从方程 $F(x, y)=0$ 中解出 y，而把 y 看成是 x 的函数，在方程两边直接对 x 求导就行了.

例 13 方程 $xy-\mathrm{e}^x+\mathrm{e}^y=0$ 确定了隐函数 $y=y(x)$，求 y'.

解 在方程两边对 x 求导时，要注意，e^y 是 y 的函数，而 y 又是 x 的函数，因此，e^y 是 x 的复合函数，于是有

$$(xy-\mathrm{e}^x+\mathrm{e}^y)'_x=(0)'_x,$$
$$(xy)'_x-(\mathrm{e}^x)'_x+(\mathrm{e}^y)'_x=0,$$
$$y+xy'-\mathrm{e}^x+\mathrm{e}^y\cdot y'=0,$$

解出 y'，得

$$y'=\frac{\mathrm{e}^x-y}{\mathrm{e}^y+x}.$$

在 y' 的表达式中，允许保留 y，而且 y 仍要看作是 x 的函数．

例 14　求由方程 $y^5+2y-x-3x^7=0$ 所确定的隐函数 $y=y(x)$，在 $x=0$ 处的导数 $y'(0)$．

解　在方程两边对 x 求导，得

$$5y^4y'+2y'-1-21x^6=0,$$

得

$$y'=\frac{1+21x^6}{5y^4+2}.$$

由原方程可知，当 $x=0$ 时，方程的实数根 $y(0)=0$，将 $x=0$，$y=0$ 代入可得

$$y'(0)=\frac{1}{2}.$$

五、对数求导法

对某些特殊类型的函数求导，使用"对数求导法"较简便，这种方法是：首先在函数 $y=f(x)$ 的两边取自然对数，然后利用隐函数求导法求出 y 的导数．

例 15　求 $y=x^{\sin x}(x>0)$ 的导数．

解　两边取对数，得

$$\ln y=\sin x\ln x,$$

两边对 x 求导，得

$$\frac{1}{y}\cdot y'=\cos x\ln x+\sin x\cdot\frac{1}{x}$$

$$y'=y\left(\cos x\cdot\ln x+\frac{\sin x}{x}\right)$$

$$=x^{\sin x}\left(\cos x\ln x+\frac{\sin x}{x}\right).$$

由此例可见，对数求导法可用于幂指函数 $y=u(x)^{v(x)}$ 的求导．

例 16　设 $y=\sqrt{\dfrac{(x-1)(x-2)}{(x-3)(x-4)}}$，求 y'．

解　在等式两边取对数(假定 $x>4$)，得

$$\ln y=\frac{1}{2}[\ln(x-1)+\ln(x-2)-\ln(x-3)-\ln(x-4)],$$

两边对 x 求导，得

$$\frac{1}{y}y'=\frac{1}{2}\left(\frac{1}{x-1}+\frac{1}{x-2}-\frac{1}{x-3}-\frac{1}{x-4}\right),$$

$$y'=\frac{1}{2}y\left(\frac{1}{x-1}+\frac{1}{x-2}-\frac{1}{x-3}-\frac{1}{x-4}\right)$$

$$=\frac{1}{2}\sqrt{\frac{(x-1)(x-2)}{(x-3)(x-4)}}\left(\frac{1}{x-1}+\frac{1}{x-2}-\frac{1}{x-3}-\frac{1}{x-4}\right).$$

当 $x<1$ 时，$y=\sqrt{\dfrac{(1-x)(2-x)}{(3-x)(4-x)}}$；当 $2<x<3$ 时，$y=\sqrt{\dfrac{(x-1)(x-2)}{(3-x)(4-x)}}$．用同样的方法可得与上面相同的结果．

由上例可知，对数求导法也适用于函数的表达式为多个因式的积、商、幂的形式．

六、相关变化率

在实际问题中，变量与变量之间的函数关系一般是比较复杂的，往往是由几个相关的函数确定的．因而，函数的变化率往往也需要由几个相关的函数的变化率来确定．

例 17 将一块石头扔进平静的池塘后，水面会泛起一阵涟漪，假定它是一组以石头落水位置为圆心的同心圆，如果最外层的圆的半径 r 以 0.3m/s 的速度向外扩展，问当这个圆的半径是 2m 时，圆面积 A 增长的速度是多少？

解 这一问题的数学提法是：

已知(1)圆面积 $A=\pi r^2$；

(2)在 $r=2$m 时变量 r 关于时间 t 的变化率是

$$\left.\frac{\mathrm{d}r}{\mathrm{d}t}\right|_{r=2}=0.3\mathrm{m/s},$$

求在 $r=2$m 时，A 关于时间 t 的变化率$\frac{\mathrm{d}A}{\mathrm{d}t}$.

这是一个复合函数的变化率问题，应用链式法则有

$$\frac{\mathrm{d}A}{\mathrm{d}t}=\frac{\mathrm{d}(\pi r^2)}{\mathrm{d}t}=\frac{\mathrm{d}(\pi r^2)}{\mathrm{d}r}\cdot\frac{\mathrm{d}r}{\mathrm{d}t}=2\pi r\cdot\frac{\mathrm{d}r}{\mathrm{d}t},$$

代入 $r=2$m 得

$$\left.\frac{\mathrm{d}A}{\mathrm{d}t}\right|_{r=2}=2\pi\times2\times0.3=1.2\pi(\mathrm{m^2/s}),$$

因此，当圆半径是 2m 时，圆面积 A 的增长速度是 $1.2\pi\mathrm{m^2/s}$.

例 18 已知桥面高出河的水面 25m，桥下有一小船以 13m/s 的速度出发向远处直线驶去．求当小船驶出 60m 时，小船与桥面的距离关于时间的变化率．

解 设小船行驶的时间为 t，驶出的路程为 x，小船与桥面的距离为 s，显然，s 作为 t 的函数，可表示为

$$s=s(x)=\sqrt{25^2+x^2}$$

$$x=x(t),$$

所求的变化率$\frac{\mathrm{d}s}{\mathrm{d}t}$可以由相关的变化率$\frac{\mathrm{d}s}{\mathrm{d}x}\cdot\frac{\mathrm{d}x}{\mathrm{d}t}$确定．其中

$$\left.\frac{\mathrm{d}s}{\mathrm{d}x}\right|_{x=60}=\left.\frac{x}{\sqrt{25^2+x^2}}\right|_{x=60}=\frac{12}{13},$$

$$\frac{\mathrm{d}x}{\mathrm{d}t}=13,$$

由此可知

$$\left.\frac{\mathrm{d}s}{\mathrm{d}t}\right|_{x=60}=12,$$

即此时小船与桥面的距离关于时间的变化率为 12m/s.

习　题　3.2

求下列函数的导数：

(1) $y=2\sin x-\ln x+3\sqrt{x}-5$；　　(2) $y=\dfrac{x}{2}-\dfrac{2}{x}$；

(3) $y=x^2\cos x$；　　(4) $y=\dfrac{x-1}{x+1}$；

(5) $y=(4x+1)^5$；　　(6) $y=\dfrac{1}{\sqrt{1-x^2}}$；

(7) $y=\sin(x^3)$；　　(8) $y=\sec^2 x$；

(9) $\sqrt{x}+\sqrt{y}=\sqrt{a}$；　　(10) $x^3+y^3-3axy=0$.

§3.3　高阶导数

变速直线运动的速度 $v(t)$ 是路程函数 $s(t)$ 对时间 t 的导数，即

$$v(t)=\frac{\mathrm{d}s}{\mathrm{d}t}\text{或 } v=s'(t),$$

而加速度 a 是速度 $v(t)$ 对时间 t 的导数，即

$$a=\frac{\mathrm{d}v}{\mathrm{d}t}=\frac{\mathrm{d}}{\mathrm{d}t}\left(\frac{\mathrm{d}s}{\mathrm{d}t}\right)\text{或 } a=[s'(t)]',$$

这种导数的导数 $[s'(t)]'$ 叫作 s 对 t 的二阶导数，记作 $\dfrac{\mathrm{d}^2s}{\mathrm{d}t^2}$ 或 $s''(t)$. 所以，变速直线运动的加速度 a 是路程函数 $s(t)$ 对时间 t 的二阶导数.

定义 3.3.1　若函数 $y=f(x)$ 的导数 $f'(x)$ 在点 x 处可导，则称 $f'(x)$ 在点 x 处的导数为函数 $y=f(x)$ 在点 x 处的**二阶导数**，记作 $f''(x)$，y'' 或 $\dfrac{\mathrm{d}^2y}{\mathrm{d}x^2}$，即

$$f''(x)=\lim_{\Delta x\to 0}\frac{f'(x+\Delta x)-f'(x)}{\Delta x}.$$

类似地，可由二阶导数 $f''(x)$ 定义三阶导数 $f'''(x)$，由三阶导数 $f'''(x)$ 定义四阶导数 $f^{(4)}(x)$，一般地，可由 $n-1$ 阶导数 $f^{(n-1)}(x)$ 定义 n 阶导数，记作 $f^{(n)}(x)$，$y^{(n)}$ 或 $\dfrac{\mathrm{d}^ny}{\mathrm{d}x^n}$，即

$$f^{(n)}(x)=[f^{(n-1)}(x)]'.$$

二阶或二阶以上的导数统称为高阶导数.

若函数 $y=f(x)$ 具有 n 阶导数，则称函数 $f(x)$ n 阶可导.

由高阶导数定义可知，只要利用前面学过的求导方法就可求函数的**高阶导数**.

例 1　求 n 次多项式 $y=a_nx^n+a_{n-1}x^{n-1}+\cdots+a_0$ 的各阶导数.

解　$y'=na_nx^{n-1}+(n-1)a_{n-1}x^{n-2}+\cdots+a_1$，

$y''=n(n-1)a_nx^{n-2}+(n-1)(n-2)a_{n-1}x^{n-3}+\cdots+2a_2$，

……

$y^{(n)}=n(n-1)(n-2)\cdots 3\cdot 2\cdot 1\cdot a_n=n!\ a_n$，

$$y^{(n+1)}=y^{(n+2)}=\cdots=0.$$

例 2 求 $y=\frac{1}{x}$ 的 n 阶导数.

解 $y'=-x^{-2}$,

$$y''=(-1)(-2)x^{-3}=(-1)^2 2!\ x^{-3},$$

$$y'''=(-1)(-2)(-3)x^{-4}=(-1)^3 3!\ x^{-4},$$

$$\cdots\cdots$$

$$y^{(n)}=(-1)^n n!\ x^{-(n+1)}.$$

由此可知，求 n 阶导数时，常常将各阶导数保持一定的形式，这样便于总结规律，写出高阶导数的一般形式.

例 3 求 $y=\sin x$ 的 n 阶导数.

解 $y'=\cos x=\sin\left(x+\frac{\pi}{2}\right)$,

$$y''=\cos\left(x+\frac{\pi}{2}\right)=\sin\left(x+2\cdot\frac{\pi}{2}\right),$$

$$y'''=\cos\left(x+2\cdot\frac{\pi}{2}\right)=\sin\left(x+3\cdot\frac{\pi}{2}\right),$$

$$\cdots\cdots$$

$$y^{(n)}=\sin\left(x+n\cdot\frac{\pi}{2}\right).$$

例 4 求 $y=\ln(1+x)$ 的 n 阶导数.

解 $y'=\frac{1}{1+x}$, $y''=\frac{-1}{(1+x)^2}$,

$$y'''=\frac{1\cdot 2}{(1+x)^3},\ y^{(4)}=-\frac{1\cdot 2\cdot 3}{(1+x)^4},$$

$$\cdots\cdots$$

$$y^{(n)}=(-1)^{n-1}\frac{(n-1)!}{(1+x)^n}.$$

习 题 3.3

1. 求下列函数的二阶导数：

(1) $y=2^x+x^2$； (2) $y=x\cos x$；

(3) $y=\tan x$； (4) $y=\ln\cos x$.

2. 求下列方程确定的隐函数 $y=y(x)$ 的二阶导数：

(1) $x^2-y^2=a^2$； (2) $y=\sin(x+y)$.

3. 求下列函数的 n 阶导数 $y^{(n)}$：

(1) $y=\frac{1-x}{1+x}$； (2) $y=xe^x$.

§3.4 微分及其应用

在许多实际问题中，不仅需要知道由自变量变化引起函数变化的快慢程度问题，而且还需要计算当自变量在某一点取得一个微小增量时，函数取得相应增量的大小．一般来说，计算 $f(x)$ 的增量 Δy 的精确值是较烦琐的，实际中往往只需算出它的近似值就可以了．微分概念就由此而产生的．

一、微分概念

先看一个例子．一个正方形若边长由 x_0 变到 $x_0+\Delta x$，则面积 A 相应的增量 ΔA 就是以 x_0 与 $x_0+\Delta x$ 为边的两个正方形面积之差，即

$$\Delta A=(x_0+\Delta x)^2-x_0^2=2x_0\Delta x+(\Delta x)^2.$$

从上式可看出，ΔA 由两部分组成：第一项是关于 Δx 的线性函数，第二项是关于 Δx 的二次函数，当 $|\Delta x|\to 0$ 时，它是比 Δx 高阶的无穷小量．因此，当 $|\Delta x|$ 很小时，可以用第一部分 $2x_0\Delta x$ 作为 ΔA 的近似值．这种作法实际上包含了一个重要思想——线性化，这是因为线性函数是最简单的函数，同时我们还注意到第一项中 Δx 的系数恰好是面积 $A(x)=x^2$ 的导数值，$A'(x_0)=2x_0$，而且第一项结构要比 ΔA 简单得多，因此，有必要进行详细讨论．

数学上，把 ΔA 的第一项：Δx 的线性函数 $2x_0\Delta x$ 称为面积 $A(x)$ 的微分，记为 $\mathrm{d}A=2x_0\Delta x$，即 $\mathrm{d}A=A'(x_0)\Delta x$.

对于一般函数，我们有

定义 3.4.1 设函数 $y=f(x)$ 在点 x 可导，则称 $f'(x)\Delta x$ 为函数 $f(x)$ 在点 x 的**微分**，记为 $\mathrm{d}y$ 或 $\mathrm{d}f(x)$，即

$$\mathrm{d}y=f'(x)\Delta x \text{ 或 } \mathrm{d}f(x)=f'(x)\Delta x.$$

显然，函数 $f(x)$ 的微分 $\mathrm{d}y=f'(x)\Delta x$ 不仅依赖于 Δx，而且也依赖于 x.

例 1 设 $y=f(x)=x^2+1$，$x=1$，$\Delta x=0.1$，求函数的改变量与微分．

解 函数改变量为

$$\begin{aligned}\Delta y&=f(x+\Delta x)-f(x)=f(1.1)-f(1)\\&=1.1^2+1-(1^2+1)=0.21.\end{aligned}$$

而由微分定义

$$\mathrm{d}y=f'(x)\Delta x=2x\cdot\Delta x,$$

将 $x=1$，$\Delta x=0.1$ 代入，得

$$\mathrm{d}y=2\times1\times0.1=0.2.$$

$\mathrm{d}y$ 与 Δy 之差为 0.01，当 $|\Delta x|$ 很小时，可用 $\mathrm{d}y$ 近似代替 Δy.

例 2 设 $y=f(x)=x^3+2x^2+4x+10$，$x=2$，$\Delta x=0.01$，求函数的改变量与微分．

解
$$\begin{aligned}\Delta y&=f(x+\Delta x)-f(x)=f(2.01)-f(2)\\&=2.01^3+2\times2.01^2+4\times2.01+10-(2^3+2\times2^2+4\times2+10)\\&=0.240801.\end{aligned}$$

$$\mathrm{d}y=f'(x)\Delta x=(3x^2+4x+4)\Delta x,$$

将 $x=2$，$\Delta x=0.01$ 代入，得

$$\mathrm{d}y=(3\times2^2+4\times2+4)\times0.01=0.240.$$

比较 $\mathrm{d}y$ 与 Δy，小数点后前三位一致，可见 $|\Delta x|$ 很小时，近似程度很高．

当 $y=x$ 时，$\mathrm{d}y=(x)'\Delta x=1\cdot\Delta x=\Delta x$,

即自变量 x 的微分 dx 等于自变量 x 的改变量 Δx，即 $dx=\Delta x$，于是 $f(x)$在点 x 的微分 dy 可写成：

$$dy=f'(x)dx.$$

过去我们把$\frac{dy}{dx}$看作一个记号，表示函数 y 的导数，有了微分的概念，就可以把它看作一个比值．因此，函数 $y=f(x)$的导数就是函数的微分与自变量的微分的商，所以有时也把导数叫作**微商**．

应该注意，微分与导数有密切的联系，可导⇔可微，但是，二者又有区别：函数 $f(x)$在点 x_0 的导数 $f'(x_0)$是一个定数，而 $f(x)$在点 x_0 的微分 $dy=f'(x_0)(x-x_0)$是 x 的线性函数，且当 $x\to x_0$ 时，dy 是无穷小．

下面来研究微分的几何意义，函数 $y=f(x)$在点 x_0 处的导数 $f'(x_0)$是点 $M(x_0, y_0)$处的切线 MT 的斜率，即 $\tan\alpha=f'(x_0)$，当自变量在点 x_0 处取得增量 Δx 时，相应的函数增量 $\Delta y=NP$，而在点 $M(x_0, y_0)$处的切线 MT 上纵坐标的增量：

$$NT=\tan\alpha\cdot MN=f'(x_0)\cdot\Delta x=dy.$$

可见微分的几何意义是，函数的微分 dy 就是曲线在点$M(x_0, y_0)$处切线 MT 的纵坐标的增量．因此，用微分近似代替增量 Δy，就是用函数曲线在点 $M(x_0, y_0)$处的切线纵坐标的增量 NT 近似代替曲线 $y=f(x)$的纵坐标的增量 NP(图 3－4)．

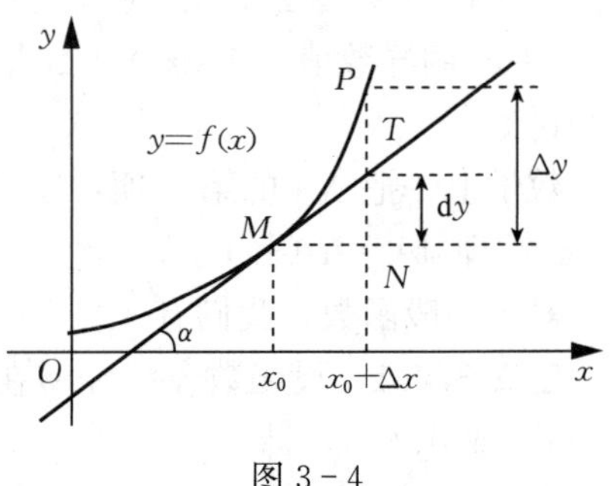

图 3－4

二、微分的运算

1. 基本微分公式

由关系式 $dy=f'(x)dx$ 可知，只要知道函数的导数，就能立刻写出它的微分．因此，由基本导数公式容易得出相应的基本微分公式：

(1) $d(c)=0$；

(2) $d(x^\alpha)=\alpha x^{\alpha-1}dx$；

(3) $d(\sin x)=\cos x dx$；

(4) $d(\cos x)=-\sin x dx$；

(5) $d(\tan x)=\sec^2 x dx$；

(6) $d(\cot x)=-\csc^2 x dx$；

(7) $d(\sec x)=\sec x\tan x dx$；

(8) $d(\csc x)=-\csc x\cot x dx$；

(9) $d(a^x)=a^x\ln a dx (a>0$，且 $a\neq1)$；

(10) $d(e^x)=e^x dx$；

(11) $d(\log_a x)=\frac{1}{x\ln a}dx (a>0$，且 $a\neq1)$；

(12) $d(\ln x)=\frac{1}{x}dx$；

(13) $d(\arcsin x)=\frac{1}{\sqrt{1-x^2}}dx$；

(14) $d(\arccos x)=-\frac{1}{\sqrt{1-x^2}}dx$；

(15) $d(\arctan x)=\frac{1}{1+x^2}dx$；

(16) $d(\text{arccot} x)=-\frac{1}{1+x^2}dx$.

微分法则

(1) $d(u\pm v)=du\pm dv$；

(2) $d(uv)=udv+vdu$，$d(Cu)=Cdu$；

(3) $d\left(\frac{u}{v}\right)=\frac{vdu-udv}{v^2}(v\neq 0)$.

证明　只证(2)：设 $f(x)=u(x)v(x)=uv$，则由微分定义有

$$\begin{aligned}d(uv)&=df(x)=f'(x)dx=(uv)'dx\\&=(u'v+uv')dx=vdu+udv.\end{aligned}$$

2. 微分形式不变性

对于 $y=f(u)$，当 u 为自变量时，则按定义，其微分形式为

$$dy=f'(u)du.$$

对于复合函数 $y=f(u)$，$u=\varphi(x)$，此时 u 为中间变量，则由微分定义及复合函数求导法则，有

$$dy=f'(u)\varphi'(x)dx,$$

但 $\varphi'(x)dx=du$，所以，$dy=f'(u)du$ 仍成立，可见，无论 u 是自变量还是中间变量，$y=f(u)$的微分形式总可以写为

$$dy=f'(u)du,$$

这一性质叫作**微分形式不变性**.

由于有微分形式不变性，计算复合函数的微分变得更加方便了.

例 3　求函数 $y=\ln\sin 2x$ 的微分.

解　$dy=\frac{1}{\sin 2x}d(\sin 2x)=\frac{1}{\sin 2x}\cos 2x d(2x)=2\cot 2x dx$.

例 4　求函数 $y=5^{\ln(\tan x)}$ 的微分.

解　$dy=(5^{\ln(\tan x)})'dx=5^{\ln(\tan x)}\ln 5\,\frac{1}{\tan x}\cdot\sec^2 x dx$

$=5^{\ln(\tan x)}\ln 5\,\frac{2}{\sin 2x}dx.$

也可利用微分形式不变性来求：

$$\begin{aligned}dy&=5^{\ln(\tan x)}\ln 5\cdot d\ln(\tan x)\\&=\ln 5\cdot 5^{\ln(\tan x)}\frac{1}{\tan x}d\tan x\\&=\ln 5\cdot 5^{\ln(\tan x)}\frac{1}{\tan x}\cdot\sec^2 x dx\\&=\ln 5\cdot 5^{\ln(\tan x)}\cdot\frac{2}{\sin 2x}dx.\end{aligned}$$

例 5　求由方程 $y-x-\sin y=0$ 所确定的函数 $y=f(x)$的微分 dy.

解　对方程两边求微分，得

$$dy-dx-d\sin y=0,$$

$$dy-dx-\cos y dy=0,$$

$$dy=\frac{1}{1-\cos y}dx.$$

例 6　求函数 $y=e^{1-3x}\cdot\cos x$ 的微分.

解　$dy=d(e^{1-3x}\cos x)$

$=\cos x\cdot de^{1-3x}+e^{1-3x}\cdot d\cos x$

$$=\cos x\cdot e^{1-3x}d(1-3x)+e^{1-3x}\cdot(-\sin x)dx$$
$$=-e^{1-3x}(3\cos x+\sin x)dx.$$

三、微分的应用

求用参数方程表示的函数导数：设变量 x、y 之间的函数关系由参数方程

$$\begin{cases}x=x(t),\\y=y(t)\end{cases}$$

表示，试求 $\frac{dy}{dx}$.

根据微分定义，有

$$dx=x'(t)dt,$$
$$dy=y'(t)dt,$$

若 $x'(t)\neq 0$，则

$$\frac{dy}{dx}=\frac{y'(t)}{x'(t)},$$

这就是参数方程表示的函数求导公式．

若要计算二阶导数 $\frac{d^2y}{dx^2}$，则有

$$\frac{d^2y}{dx^2}=\frac{d\left(\frac{dy}{dx}\right)}{dx}=\frac{\left(\frac{y'(t)}{x'(t)}\right)'\cdot dt}{x'(t)dt}=\frac{y''(t)\cdot x'(t)-x''(t)\cdot y'(t)}{(x'(t))^3}.$$

例 7 求由参数方程 $\begin{cases}x=a\cos t,\\y=b\sin t\end{cases}$ 所确定的函数的一阶、二阶导数．

解 $\frac{dy}{dx}=\frac{(b\sin t)'}{(a\cos t)'}=\frac{b\cos t}{-a\sin t}=-\frac{b}{a}\cot t,$

$$\frac{d^2y}{dx^2}=\frac{\left(-\frac{b}{a}\cot t\right)'dt}{(a\cos t)'dt}=\frac{\frac{b}{a}\csc^2 t}{-a\sin t}=-\frac{b}{a^2}\cdot\frac{1}{\sin^3 t}.$$

例 8 计算由参数方程

$$\begin{cases}x=a(t-\sin t),\\y=a(1-\cos t)\end{cases}(0<t<2\pi)$$

给出的函数的导数．

解 函数的图像称为旋轮线、摆线或速降曲线，它的最直接的来源是，半径为 a 的圆沿着一条直线滚动，其上任意一点运动的轨迹．

$$\frac{dy}{dx}=\frac{(a-a\cos t)'}{(at-a\sin t)'}=\frac{\sin t}{1-\cos t}.$$

在实际问题中，经常利用微分作近似计算，如果 $y=f(x)$ 在点 x_0 处的导数 $f'(x_0)\neq 0$，且 $|\Delta x|$ 很小时，有近似公式

$$\Delta y\approx dy=f'(x_0)\Delta x,$$

即

$$f(x_0+\Delta x)-f(x_0)\approx f'(x_0)\Delta x,$$

所以
$$f(x_0+\Delta x)\approx f(x_0)+f'(x_0)\Delta x,$$
这个公式可用来求函数 $f(x)$ 在点 $x_0+\Delta x$ 处的近似值，当 $|\Delta x|$ 越小，近似程度就越好．

例 9　求 $\sqrt{0.97}$ 的近似值．

解　取 $f(x)=\sqrt{x}$，则 $f'(x)=\dfrac{1}{2\sqrt{x}}$，且
$$f(x_0+\Delta x)\approx\sqrt{x_0}+\frac{1}{2\sqrt{x_0}}\cdot\Delta x,$$
令 $x_0=1$，$\Delta x=-0.03$，于是
$$\sqrt{0.97}\approx\sqrt{1}+\frac{1}{2\sqrt{1}}\times(-0.03)=0.985.$$

在实际应用中，经常取 $x_0=0$，这时 $\Delta x=x$，于是有
$$f(x)\approx f(0)+f'(0)\cdot x.$$

习　题　3.4

1. $f(x)$ 在 x_0 处可导是 $f(x)$ 在 x_0 处可微的(　　)条件．

(A)充分；　(B)必要；　(C)充要；　(D)无关．

2. 求下列各函数的微分：

(1) $y=x^3-3x^2+3x$；(2) $y=x\ln x$.

3. 求 $\sin 31°$ 的近似值．

习　题　三

1. $f(x)$ 在 $(a,\ b)$ 内连续，对于 $(a,\ b)$ 内某一点 x_0(　　).

(A) $\lim\limits_{x\to x_0}f(x)$ 存在且可导；　(B) $\lim\limits_{x\to x_0}f(x)$ 存在但不一定可导；

(C) $\lim\limits_{x\to x_0}f(x)$ 不一定存在但可导；　(D) $\lim\limits_{x\to x_0}f(x)$ 不一定存在也不一定可导．

2. $f(x)$ 在 x_0 处可导，则 $|f(x)|$ 在 x_0 处(　　).

(A)可导；　(B)连续；　(C)不可导；　(D)不连续．

3. $f(x)$ 在 a 的某邻域有定义，以下四个条件哪个能推出 $f(x)$ 在 a 处可导(　　).

(A) $\lim\limits_{h\to+\infty}h\left(f\left(a+\dfrac{1}{h}\right)-f(a)\right)$ 存在；　(B) $\lim\limits_{h\to 0}\dfrac{f(a+h)-f(a-h)}{h}$ 存在；

(C) $\lim\limits_{h\to 0}\dfrac{f(a)-f(a-h)}{h}$ 存在；　(D) $\lim\limits_{h\to 0}f(a+h)-f(a)=0$.

4. 函数 $f(x)$ 在区间 $[-1,\ 1]$ 内有定义，且 $\lim\limits_{x\to 0}f(x)=0$，则(　　).

(A)当 $\lim\limits_{x\to 0}\dfrac{f(x)}{\sqrt{|x|}}=0$ 时，$f(x)$ 在 $x=0$ 处可导；

(B)当 $\lim\limits_{x\to 0}\dfrac{f(x)}{x^2}=0$ 时，$f(x)$ 在 $x=0$ 处可导；

(C)当 $f(x)$ 在 $x=0$ 处可导时，$\lim\limits_{x\to 0}\dfrac{f(x)}{\sqrt{|x|}}=0$；

(D)当 $f(x)$在 $x=0$ 处可导时，$\lim\limits_{x\to 0}\dfrac{f(x)}{x^2}=0$.

5. 设函数 $f(x)$在点 x_0 不可导，则(　　).

(A)$f(x)$在点 x_0 没有切线；　　(B)$f(x)$在点 x_0 有铅直切线；

(C)$f(x)$在点 x_0 有水平切线；　　(D)有无切线不一定.

6. 求下列曲线在指定点的切线方程和法线方程：

(1)$y=2x-x^3$ 在点(1，1)处；　　(2)$y=\ln x$ 在点(1，0)处.

7. 求过原点(0，0)与曲线 $y=e^x$ 相切的直线方程.

8. 证明：双曲线 $xy=a^2$ 上任一点处的切线与两坐标轴构成的三角形的面积都等于 $2a^2$.

9. 讨论下列函数在 $x=0$ 处的连续性与可导性：

(1)$y=e^{|x|}$；　　(2)$y=\sqrt[3]{x^2}$；

(3)$y=\begin{cases}\sin x, & x\geqslant 0,\\ x-1, & x<0;\end{cases}$　　(4)$y=\begin{cases}x^2\sin\dfrac{1}{x}, & x<0,\\ \ln(1+x^2), & x\geqslant 0.\end{cases}$

10. 设函数 $f(x)=\begin{cases}x^2, & x\leqslant 1,\\ ax+b, & x>1,\end{cases}$ 为了使函数 $f(x)$在 $x=1$ 处连续且可导，应当怎样选定系数 a、b.

11. 若 $f(x)$在点 x_0 处 $f'(x_0)$存在，试根据导数定义求下列极限：

(1)$\lim\limits_{x\to x_0}\dfrac{f(x)-f(x_0)}{x-x_0}$；　　(2)$\lim\limits_{h\to 0}\dfrac{f(x_0+\alpha h)-f(x_0-\beta h)}{h}$.

12. 求下列函数的导数：

(1)$y=x^a+a^x+a^a$；　　(2)$y=(1+ax^b)(1+bx^a)$；

(3)$y=\dfrac{\cos x}{x^2}$；　　(4)$y=\dfrac{x^2}{x^2+1}$；

(5)$y=\sin x\cdot 10^{10}$；　　(6)$y=\dfrac{1}{1+x+x^2}$；

(7)$y=e^x\sin x\cdot\ln x$；　　(8)$y=\dfrac{x\sin x}{1+\tan x}$.

13. 求下列函数的导数：

(1)$y=\sqrt{\dfrac{1+t}{1-t}}$；　　(2)$y=\sqrt{1+8x}$；

(3)$y=\sin\sqrt{1+x^2}$；　　(4)$y=\ln[\ln(\ln x)]$；

(5)$y=e^{ex}$；　　(6)$y=2^{\frac{x}{\ln x}}$；

(7)$y=(\arcsin x)^2$；　　(8)$y=\arctan\dfrac{1-x}{1+x}$；

(9)$y=\ln\arccos 2x$；　　(10)$y=\sqrt{\tan\dfrac{x}{2}}$.

14. 求下列函数的导数：

(1)已知 $f(t)=\sqrt{1+\cos^2 t^2}$，求 $f'\left(\dfrac{\sqrt{\pi}}{2}\right)$；

(2)已知 $f(t)=\sin t\cos t$，求 $f'\left(\frac{\pi}{4}\right)$；

(3)已知 $f(x)=\arcsin\frac{x+1}{x}$，求 $f'(-5)$.

15. 设 $f(x)$ 可导，试求下列函数的导数：

(1) $y=f(x^2)$；　　(2) $y=f(e^{-x}+\sin x)$；

(3) $y=f(\sin^2 x)+f(\cos^2 x)$；　　(4) $y=f(\ln x)\ln f(x)$.

16. 求下列方程确定的隐函数 $y=y(x)$ 的导数 y'：

(1) $x=y+\arctan y$；　　(2) $\arctan\frac{y}{x}=\ln\sqrt{x^2+y^2}$.

17. 求下列方程确定的隐函数 $y=y(x)$ 在指定点的导数：

(1)设 $x\ln y-y\ln x=1$，求 $y'(1)$；

(2)设 $e^{xy}-x^2+y^3=0$，求 $y'(0)$.

18. 用对数求导法，求下列函数的导数：

(1) $y=\left(\frac{x}{1+x}\right)^x$；　　(2) $y=(\tan 2x)^{\cot\frac{x}{2}}$.

19. 求下列函数的二阶导数：

(1) $y=(1+x^2)\arctan x$；　　(2) $y=\ln(x+\sqrt{1+x^2})$；

(3) $y=e^{\sqrt{\sin x}}$；　　(4) $y=x|x|$.

20. 设 $f(x)$ 二阶可导，求下列函数的二阶导数：

(1) $y=f(e^x)$；　　(2) $y=xf\left(\frac{1}{x}\right)$.

(3) $\arctan y=x+y$；　　(4) $x^2+xy+y^2=a^2$.

21. 求下列函数的 n 阶导数 $y^{(n)}$：

(1) $y=\sin^2 x$；　　(2) $y=x^2\ln x$.

22. 求下列各函数的微分：

(1) $y=2x-\sin 2x$；　　(2) $y=\frac{a}{x}+\arctan\frac{a}{x}$；

(3) $y=e^{-x}\cos(3-x)$；　　(4) $y=\arctan\frac{1-x^2}{1+x^2}$；

(5) $y=e^{\sin x^2}$；　　(6) $y=5^{\ln(\tan x)}$.

23. 求隐函数的微分 dy：

(1) $x+\sqrt{xy+y}=4$；　　(2) $y=\tan(x+y)$.

24. 填空：

(1) $d(\quad)=2dx$；　　(2) $d(\quad)=3xdx$；

(3) $d(x)=\frac{dx}{\sqrt{x}}$；　　(4) $d(x)=\frac{dx}{1+x}$；

(5) $d(\quad)=\sec^2 x dx$；　　(6) $d(\quad)=\frac{1}{1+x^2}dx$.

25. 求下列参数方程表示的函数的导数 $\frac{dy}{dx}$：

(1) $\begin{cases} x=at^2, \\ y=bt^3; \end{cases}$ (2) $\begin{cases} x=a(t-\sin t), \\ y=a(1-\cos t); \end{cases}$

(3) $\begin{cases} x=\theta(1-\sin\theta), \\ y=\theta\cos\theta; \end{cases}$ (4) $\begin{cases} x=\mathrm{e}^{2t}, \\ y=\mathrm{e}^{3t}. \end{cases}$

26. 求下列参数方程表示的函数的二阶导数$\frac{\mathrm{d}^2y}{\mathrm{d}x^2}$：

(1) $\begin{cases} x=\frac{t^2}{2}, \\ y=1-t; \end{cases}$ (2) $\begin{cases} x=3\mathrm{e}^{-t}, \\ y=2\mathrm{e}^{t}; \end{cases}$

(3) $\begin{cases} x=\cos t, \\ y=\sin t; \end{cases}$ (4) $\begin{cases} x=2(1-\sin\theta), \\ y=4\cos\theta. \end{cases}$

27. 有一深度与上顶直径都是 8m 的圆锥形容器，现以 $4\mathrm{m}^3/\mathrm{min}$ 的速率注水，求当水深为 5m 时，其表面上升的速率为多少 .

28. 一气球从离开观察员 500m 处由地面铅直上升，其速率为 140m/min，当气球高度为 500m 时，观察员视线的仰角增加的速率是多少 .

29.（边际收入）设某商品的需求函数为 $D(x)=100-5x$，其中 x 为价格，$D(x)$为需求量，试求边际收入，以及当 $D=20$，50，70 个单位时的边际收入，并解释其经济意义 .

30.（逻辑斯谛增长曲线）生物学家观察到细菌种群的数量 $w(t)$是按照逻辑斯谛曲线增长的，即 $w(t)=\frac{500}{1+49\mathrm{e}^{-\lambda t}}$，其中 t 是时间（以日计算），试求细菌种群数量 w 的变化率，并验证细菌种群数量的相对生长速度为$\frac{1}{w}\frac{\mathrm{d}w}{\mathrm{d}t}=\lambda\left(1-\frac{w}{500}\right)$.

31. 植物产量曲线，植物生长科学中一个有趣的现象是：在种植密度达到一定程度后植物产量随种植密度的增加反而减少，描述这一现象的函数模型是：$y(\rho)=c(1-\mathrm{e}^{-\frac{d}{\rho}})$，其中，$c$、$d$ 是常数，y 是产量，ρ 是种植密度，试求产量 y 关于种植密度 ρ 的变化率 .

❖ 演示与实验三

本部分主要应用 Mathematica 加强对导数定义的理解以及如何用 Mathematica 求导数 .

一、导数的定义

为了帮助大家加强对导数定义的理解，将从三个方面进行演示与说明 .

第一，数值演示 . 从切线的定义中知道，一条曲线 C 在点 M 处的切线是过该点的割线 MN，当点 N 沿着曲线 C 趋向点 M 时，割线 MN 绕 M 点旋转所趋向的极限位置，那么切线的斜率也就是过点 M 的割线 MN 的斜率的极限 . 任取一个函数 $f(x)=x^3$，考虑在 0.5 处的导数的逼近过程，当 x 从 1.5 逼近 0.5 时，通过如下的割线斜率表发现：割线的斜率确实趋向切线的斜率 . 输入

```
Table[(x^3-0.5^3)/(x-0.5), {x, 1.5, 0.5, -0.02}]
```

得到：

{3.25，3.1804，3.1116，3.0436，2.9764，2.91，2.8444，2.7796，2.7156，2.6524，2.59，2.5284，2.4676，2.4076，2.3484，2.29，2.2324，2.1756，2.1196，2.0644，2.01，1.9564，1.9036，1.8516，1.8004，1.75，1.7004，1.6516，1.6036，1.5564，1.51，1.4644，1.4196，1.3756，1.3324，1.29，1.2484，1.2076，1.1676，1.1284，1.09，1.0524，1.0156，0.9796，0.9444，0.91，0.8764，0.8436，0.8116，0.7804，Indeterminate}

而 $f'(0.5)=0.75$.

第二，图形演示绘制 f 在 0.5 处的切线图及 f 在[0.5，2.5]间的割线束图，然后合并显示(图 3-5)，从图中不难发现切线确实为一系列的割线运动极限位置.

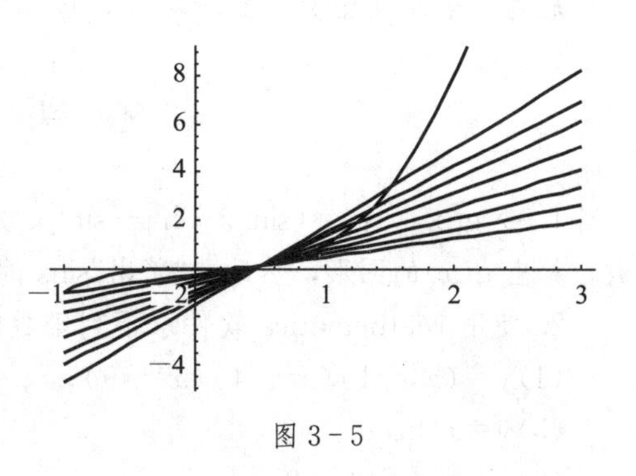

图 3-5

第三，动画演示为了让大家更直观地了解切线为一系列割线运动的极限位置，可以先选中上面的所有图形，并选择 Graph－>Animate Selected Graphics 菜单演示动画. 从中注意观察割线逼近切线的过程及割线斜率逼近导数的过程.

二、求导数、微分

1. 求导数

D[〈待求导函数〉，{〈变量〉，〈求导的阶数 n〉}].

例 1　求 y=sinx 的一阶、三阶导数.

解　求一阶导数时可将求导的阶数省略，

输入 D[Sin[x]，x]

输出 Cos[x]

求三阶导数

输入 D[Sin[x]，{x，3}]

输出－Cos[x]

2. 求微分

Dt[〈待求微分函数〉]

例 2　求 $y=x\ln x$ 的微分.

解　输入 Dt[x * Log[x]]

输出 D[x]+Dt[x]Log[x]

注：软件中输出的 Dt[x]表示的是 dx.

例 3　设方程 $y=\tan(x+y)$ 确定了函数 $y=y(x)$，求 $y'(x)$.

(1)分析. 求隐函数 $y=y(x)$ 的导数 $y'(x)$，可将 y 看作 x 的函数，在等式两端同时对 x 求导，得到一个关于 $y'(x)$ 的方程，解方程即可.

(2)实验步骤. 把 y 视为 x 的函数，记为 $y(x)$，等式两端同时对 x 求导.

输入 D[y[x]－Tan[x+y[x]]==0，x]

输出 y′[x]－Sec[x+y[x]]^2(1+y′[x])==0

得到了关于 y′(x)的方程，解方程即可．

输入 Solve[y′[x]−Sec[x+y[x]]^2(1+y′[x])==0，y′[x]]

输出 $\left\{\left\{y'[x]\to -\frac{\mathrm{Sec}[x+y[x]]^2}{-1+\mathrm{Sec}[x+y[x]]^2}\right\}\right\}$

最后的结果为 $y'(x)=-\frac{\sec(x+y)^2}{-1+\sec(x+y)^2}$

注：Solve[f(x)==0，x]表示求解以 x 为未知量的方程 $f(x)=0$.

思考 若求隐函数的高阶导数，应如何进行？

❖ 实 验 习 题 三

1. 令 g[x_]：=(sin[x+h]−sin[x])/h，对 h=1，0.5，0.2，0.1，0.01. 利用 Plot 函数，给出 $g(x)$的图形，然后，“猜出”sinx 的导数(提示：可将 5 个图形放在一张图上进行比较).

2. 使用 Mathematica 软件求下列函数的导数：

(1)$y=(x^2-1)(x^2-4)(x^2-9)$； (2)$y=x^x$；

(3)$y=x^x\ln x$； (4)$y=\sin(2^x)$；

(5)$y=\sin[\sin(\sin 2x)]$； (6)$y=\ln(\arccos 2x)$；

(7)$y=x^3f(x^2)$； (8)$y=f(e^x)e^{f(x)}$.

3. 使用 Mathematica 软件求下列函数的三阶导数：

(1)$y=e^x\sin x$； (2)$y=\ln(1-x^2)$；

(3)$y=(1+x^2)\arctan x$； (4)$y=x^3f(x^2)$.

数学家的故事

“数学王子”高斯

高斯，德国数学家、物理学家、天文学家．1777 年 4 月 30 日生于不伦瑞克，1855 年 2 月 23 日卒于格丁根．高斯是近代数学奠基者之一，在历史上影响之大，可以和阿基米德、牛顿、欧拉并列，有“数学王子”之称．

他幼年时就表现出超人的数学天才．1795 年进入格丁根大学学习．第二年他就发现正十七边形的尺规作图法．并给出可用尺规作出的正多边形的条件，解决了欧几里得以来悬而未决的问题．1798 年转入黑尔姆施泰特大学，1799 年获博士学位．1807 年以后一直在格丁根大学任教授．

高斯的数学研究几乎遍及所有领域，在数论、代数学、非欧几何、复变函数和微分几何等方面都做出了开创性的贡献．他还把数学应用于天文学、大地测量学和磁学的研究，发明了最小二乘法原理．高斯的数论研究总结在《算术研究》(1801)中，这本书奠定了近代数论的基础，它不仅是数论方面的划时代之作，也是数学史上不可多得的经典著作之一．高斯对代数学的重要贡献是证明了代数基本定理，他的存在性证明开创了数学研究的新途径．高斯在 1816 年左右就得到非欧几何的原理．他还深入研究复变函数，建立了一些基本概念，并发现了著名的柯西积分定理．他还发现椭圆函数的双周期性，但这些工作在他生前都没发表出来．1828年高斯出版了《关于曲面的一般研究》，全面系统地阐述了空间曲面的微分几何学，并提出内蕴曲面理论．高斯的曲面理论后来由黎曼发展．

高斯一生共发表155篇论文，他对待学问十分严谨，只是把他自己认为是十分成熟的作品发表出来．其著作还有《地磁概念》和《论与距离平方成反比的引力和斥力的普遍定律》(1840)等．

高斯最出名的故事就是他10岁时，小学老师出了一道算术难题，计算1＋2＋3＋…＋100. 这可难为初学算术的学生，但是高斯却在几秒后将答案解了出来，他利用算术级数(等差级数)的对称性，然后就像求得一般算术级数和的过程一样，把数目一对对的凑在一起：1＋100，2＋99，3＋98，…，49＋52，50＋51，而这样的组合有50组，所以答案很快就可以求出：101×50＝5050.

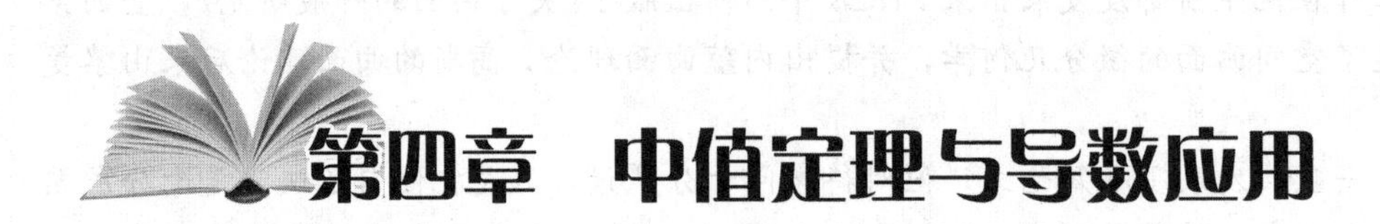

第四章　中值定理与导数应用

在前面的学习中，我们研究了导数的概念及基本运算．可以说，在微积分这门学科中，导数概念的引出具有重大的意义．导数的概念及应用涉及几何学、物理学、化学、生物学、经济学等多种学科，并在这些学科的多个领域的研究和发展中发挥着重要的作用．

本章首先介绍有关导数的两个基本定理，然后对导数在各领域的应用进行叙述，并着重探讨最值问题在社会实践中的应用．希望通过本章的学习，我们可以较为全面地了解用导数来解决实际问题的方法．

§4.1　中值定理

微分学中有三个重要的定理：罗尔定理、拉格朗日中值定理和柯西中值定理．本节将讲述前两个定理的基本内容，并介绍它们的几何意义及应用，至于定理本身的证明问题，有兴趣的读者可查阅有关资料，这里就不作叙述．

定理 4.1.1（**罗尔定理**）　**如果** $y=f(x)$ **满足：**

(1)**在闭区间** $[a, b]$ **上连续；**

(2)**在开区间** (a, b) **内可导；**

(3) $f(a)=f(b)$.

则在开区间 (a, b) **内至少存在一点** $c(a<c<b)$，**使得** $f'(c)=0$.

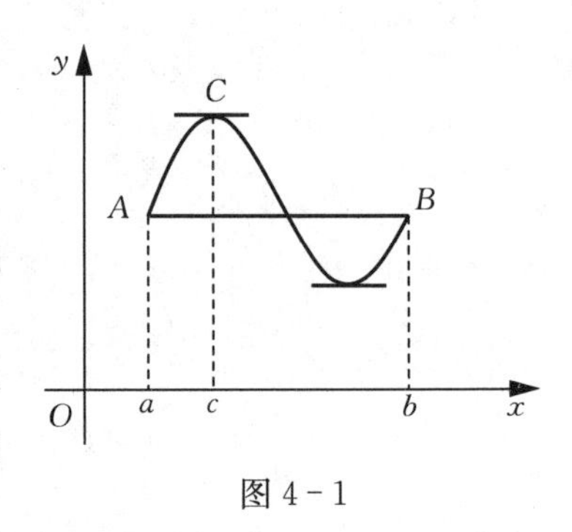

图 4-1

罗尔定理的几何意义是：在连接高度相同的两点的一段连续曲线上，如果每一点都有不垂直于 x 轴的切线，那么至少有一点上的切线是平行于 x 轴的（图 4-1）.

关于罗尔定理，需注意如下几点：

(1)罗尔定理的三个前提条件缺一不可，当缺少其中一个条件时，罗尔定理将不一定成立，这一点读者可以举例说明．

(2)罗尔定理的结论只强调点 c 的存在性，至于该点究竟在区间 (a, b) 内的什么位置，有时并不需要研究．

(3)罗尔定理结论中满足 $f'(c)=0$ 的点 c 并不一定是唯一的．这一点通过图 4-1 可以清晰地看到．

例 1　设物体做直线运动，其运动方程为 $y=f(t)$，如果物体在两个不同时刻 $t=t_1$ 和 $t=t_2$ 时处于同一位置，即 $f(t_1)=f(t_2)$，并且物体的运动方程 $f(t)$ 连续，可导，那么根据罗尔定理，在时刻 $t=t_1$ 和 $t=t_2$ 之间，必定有某一时刻 $t=t^*$，在该时刻，物体的运动速度为 0，即 $f'(t^*)=0$，上抛运动、弹簧的振动等问题中都有这个结果．

定理 4.1.2(**拉格朗日中值定理**)　**如果** $y=f(x)$ **满足**:

(1)**在闭区间**$[a, b]$**上连续**;

(2)**在开区间**(a, b)**内可导**,

则在(a, b)**内至少存在一点** c,**使得**

$$f'(c)=\frac{f(b)-f(a)}{b-a}.$$

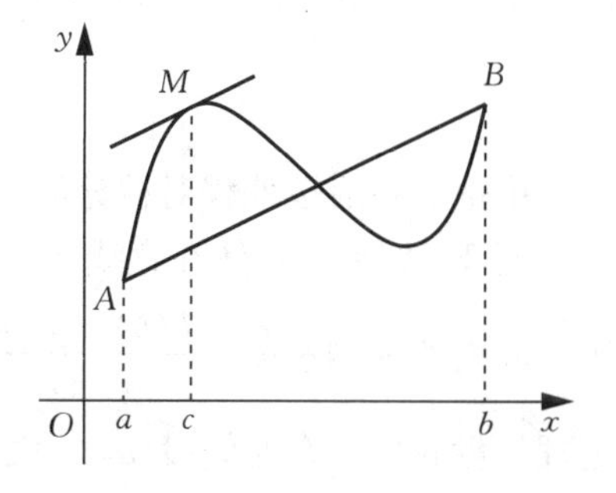

图 4-2

拉格朗日中值定理的几何意义:如图 4-2 所示,显然,点 A 的坐标是$(a, f(a))$,点 B 的坐标是$(b, f(b))$,因此,连接 A,B 两点的直线斜率为

$$\frac{f(b)-f(a)}{b-a}.$$

拉格朗日中值定理告诉我们,在连接 A,B 两点的一条连续曲线上,如果过每一点,曲线都有不垂直于 x 轴的切线,则曲线上至少有一点$(c, f(c))$,过该点的切线平行于直线 AB.

拉格朗日中值定理是比较重要的一条定理,关于该定理,作如下说明:

(1)拉格朗日中值定理是罗尔定理的推广,罗尔定理是拉格朗日中值定理的一个特例,在拉格朗日中值定理中,如果令 $f(a)=f(b)$,就得到了罗尔定理.

(2)拉格朗日中值定理的结论是"存在一点 c",着重强调点 c 的存在性,通常并不要求找到点 c 具体的值,也不要求满足"$f'(c)=\frac{f(b)-f(a)}{b-a}$"的点 c 的唯一性.

拉格朗日中值定理有两个重要推论:

推论 1　**如果对于任意的** $x\in(a, b)$,**都有** $f'(x)=0$,**则** $f(x)$**在**(a, b)**内恒等于常数**.

证明　对于任意两点 x_1,$x_2\in(a, b)$,不妨设 $x_1<x_2$,由于 $f(x)$在(a, b)内恒有 $f'(x)=0$,故 $f(x)$在$[x_1, x_2]$连续,在(x_1, x_2)可导,由拉格朗日中值定理,存在点 $c\in(x_1, x_2)$,使得

$$f'(c)=\frac{f(x_2)-f(x_1)}{x_2-x_1}.$$

又由于 $c\in(a, b)$,故 $f'(c)=0$,从而

$$\frac{f(x_2)-f(x_1)}{x_2-x_1}=0,$$

于是

$$f(x_2)=f(x_1).$$

这就说明 $f(x)$在(a, b)内任意两点处的函数值都相等,于是 $f(x)$在(a, b)内恒为常数.

推论 2　**若对任意的** $x\in(a, b)$,**都有** $f'(x)=g'(x)$,**则必有** $f(x)=g(x)+C$(C **为常数**).

证明　令 $h(x)=f(x)-g(x)$,由于 $f(x)$,$g(x)$在(a, b)上存在导数,故 $h(x)$在(a, b)上也可导,且

$$h'(x)=[f(x)-g(x)]'=f'(x)-g'(x)=0.$$

由推论 1，对于任意 $x\in(a, b)$，有

$$h(x)=C,$$

于是
$$f(x)=g(x)+C.$$

推论 2 在后续课程对积分的研究中有着重要的作用．

例 2 如果一物体在直线上运动，它的路程函数为 $s=f(t)$，那么它在 $t=a$ 到 $t=b$ 这一段时间内的平均速度为 $\frac{f(b)-f(a)}{b-a}$，而它在时刻 $t=c$ 的瞬时速度为 $f'(c)$，拉格朗日中值定理告诉我们，在时间段 (a, b) 之间，必定有某个时刻 $t=c$，物体在该时刻的瞬时速度恰好等于整段时间上的平均速度．例如，如果一辆汽车在两小时内行驶了 180km，那么车速表上的指针至少有一次扫过 90km 的刻度．

例 3 求证：$\arcsin x+\arccos x=\frac{\pi}{2}$.

证明 令 $f(x)=\arcsin x+\arccos x$，则

$$f'(x)=(\arcsin x+\arccos x)'=\frac{1}{\sqrt{1-x^2}}-\frac{1}{\sqrt{1-x^2}}=0,$$

由推论 1，有
$$f(x)=C.$$

又由于
$$f(0)=\arcsin 0+\arccos 0=\frac{\pi}{2},$$

故
$$C=\frac{\pi}{2},$$

于是
$$\arcsin x+\arccos x=\frac{\pi}{2}.$$

习　题　4.1

1. 试举例说明不满足罗尔定理三个条件之一，罗尔定理就不成立．
2. 罗尔中值定理是拉格朗日中值定理在(　　)时的特殊形式．
3. 下列函数中，在 $[-1, 1]$ 上满足罗尔定理条件的函数是(　　)．

(A) $y=e^x$；　(B) $y=|x|$；　(C) $y=x^2$；　(D) $y=\arctan x$.

4. 试证明 $\frac{1}{x+1}<\ln(x+1)-\ln x<\frac{1}{x}$.

§4.2　洛必达法则

在第二章关于极限的讨论中，我们介绍了函数极限的四则运算法则，如果函数是分式 $\frac{f(x)}{g(x)}$ 的形式，而分母 $g(x)$ 又趋向于 0，则简单应用极限运算法则无法解决．此时，如果 $f(x)$ 趋向于某一常数 $(\neq 0)$，则函数趋向于无穷大，如果 $f(x)$ 也趋向于 0，则将 $\frac{f(x)}{g(x)}$ 的极限问题称为 $\frac{0}{0}$ 型未定式，类似的未定式还有 $\frac{\infty}{\infty}$ 型等，本节将先介绍洛必达法则，然后介绍

如何利用洛必达法则求解$\frac{0}{0}$型及$\frac{\infty}{\infty}$型未定式，最后对于可以化为$\frac{0}{0}$型及$\frac{\infty}{\infty}$型的其他类型的未定式加以讨论．

一、洛必达法则

定理 4.2.1（洛必达法则Ⅰ）　如果 $f(x)$和 $g(x)$满足下列条件：

(1)在 x_0 的某一去心邻域内可导，且 $g'(x)\neq 0$；

(2) $\lim\limits_{x\to x_0}f(x)=0$，$\lim\limits_{x\to x_0}g(x)=0$；

(3) $\lim\limits_{x\to x_0}\frac{f'(x)}{g'(x)}=A$，

则有

$$\lim_{x\to x_0}\frac{f(x)}{g(x)}=\lim_{x\to x_0}\frac{f'(x)}{g'(x)}=A.$$

洛必达法则Ⅰ给出了利用导数这一工具求解$\frac{0}{0}$型未定式的方法，值得说明的是从计算的角度讲，如果把定理中的所有 x_0 换为∞，甚至换为 x_0^+、x_0^-、$-\infty$、$+\infty$等，只要把定理的条件(1)改为相应邻域，定理仍然成立．此定理的证明，这里我们就不叙述了，有兴趣的读者可参阅有关书籍．

定理 4.2.2（洛必达法则Ⅱ）　如果 $f(x)$和 $g(x)$满足下列条件：

(1)在 x_0 的某去心邻域内可导，且 $g'(x)\neq 0$；

(2) $\lim\limits_{x\to x_0}f(x)=\infty$，$\lim\limits_{x\to x_0}g(x)=\infty$；

(3) $\lim\limits_{x\to x_0}\frac{f'(x)}{g'(x)}=A$，

则有

$$\lim_{x\to x_0}\frac{f(x)}{g(x)}=\lim_{x\to x_0}\frac{f'(x)}{g'(x)}=A.$$

洛必达法则Ⅱ给出的是未定式$\frac{\infty}{\infty}$的求法，对于 x 趋向于∞，x_0^+，x_0^-，$-\infty$，$+\infty$的情形，与法则Ⅰ一样，定理仍然成立．

洛必达法则Ⅰ与Ⅱ告诉我们，只要满足定理条件，那么无论$\frac{0}{0}$型还是$\frac{\infty}{\infty}$型的未定式问题，都可经由$\frac{f'(x)}{g'(x)}$的极限，来求$\frac{f(x)}{g(x)}$的极限．由于两个法则的这种类似性，以后我们把法则Ⅰ与Ⅱ均称为**洛必达法则**．

运用洛必达法则求解极限问题时，需注意以下几点：

(1)当将法则中的 A 均换为∞时，法则成立(见例 3)．

(2)当 $\lim\frac{f'(x)}{g'(x)}$仍然是未定式时，可继续运用洛必达法则(见例 4)．

(3)当 $\lim\frac{f'(x)}{g'(x)}$不存在时，不能得出 $\lim\frac{f(x)}{g(x)}$也不存在的结论(见例 5)．

(4)有的极限问题，虽属未定式，但用洛必达法则可能无法直接解出(见例 6)，或即便能解出也太过烦琐，这时我们通常选择其他方法．

二、$\frac{0}{0}$型和$\frac{\infty}{\infty}$型未定式的计算

例 1 $\lim\limits_{x\to-1}\frac{x^6-1}{x^4-1}$.

解 这是$\frac{0}{0}$型未定式，应用洛必达法则，有

$$\lim_{x\to-1}\frac{x^6-1}{x^4-1}=\lim_{x\to-1}\frac{(x^6-1)'}{(x^4-1)'}=\lim_{x\to-1}\frac{6x^5}{4x^3}=\lim_{x\to-1}\frac{3}{2}x^2=\frac{3}{2}.$$

例 2 $\lim\limits_{x\to+\infty}\frac{\ln x}{x}$.

解 这是$\frac{\infty}{\infty}$型未定式，

$$\lim_{x\to+\infty}\frac{\ln x}{x}=\lim_{x\to+\infty}\frac{(\ln x)'}{x'}=\lim_{x\to+\infty}\frac{1}{x}=0.$$

例 3 $\lim\limits_{x\to+\infty}\frac{e^x}{x}$.

解 $\lim\limits_{x\to+\infty}\frac{e^x}{x}=\lim\limits_{x\to+\infty}\frac{(e^x)'}{(x)'}=\lim\limits_{x\to+\infty}e^x=+\infty$.

例 4 $\lim\limits_{x\to0}\frac{e^x-1-x}{x^2}$.

解 $\lim\limits_{x\to0}\frac{e^x-1-x}{x^2}=\lim\limits_{x\to0}\frac{(e^x-1-x)'}{(x^2)'}=\lim\limits_{x\to0}\frac{e^x-1}{2x}$,

这仍是一个$\frac{0}{0}$型未定式，继续应用洛必达法则，有

$$\text{原式}=\lim_{x\to0}\frac{(e^x-1)'}{(2x)'}=\lim_{x\to0}\frac{e^x}{2}=\frac{1}{2}.$$

例 5 $\lim\limits_{x\to\infty}\frac{x-\sin x}{x+\sin x}$.

解 应用洛必达法则，有

$$\lim_{x\to\infty}\frac{x-\sin x}{x+\sin x}=\lim_{x\to\infty}\frac{1-\cos x}{1+\cos x},$$

这个极限不存在，不一定说明原极限不存在.

$$\lim_{x\to\infty}\frac{x-\sin x}{x+\sin x}=\lim_{x\to\infty}\frac{1-\frac{\sin x}{x}}{1+\frac{\sin x}{x}}=1.$$

这个问题运用洛必达法则得到了错误的结论，这个未定式问题不满足洛必达法则的条件(3)，因此不能应用洛必达法则.

例 6 $\lim\limits_{x\to+\infty}\frac{e^x+e^{-x}}{e^x-e^{-x}}$.

解 应用洛必达法则

$$\lim_{x\to+\infty}\frac{e^x+e^{-x}}{e^x-e^{-x}}=\lim_{x\to+\infty}\frac{e^x-e^{-x}}{e^x+e^{-x}}=\lim_{x\to+\infty}\frac{e^x+e^{-x}}{e^x-e^{-x}},$$

继续做下去，势必陷入无限的循环，这是一个满足洛必达法则的三个条件，但无法直接利用

洛必达法则计算的例子.

这个极限可求解如下:

$$\lim_{x\to+\infty}\frac{e^{x}+e^{-x}}{e^{x}-e^{-x}}=\lim_{x\to+\infty}\frac{1+e^{-2x}}{1-e^{-2x}}=1.$$

三、其他类型未定式的计算

除了$\frac{0}{0}$型和$\frac{\infty}{\infty}$型两种未定式外，我们经常遇到的未定式还有$\infty-\infty$，$0\cdot\infty$，0^{0}，∞^{0}，1^{∞}等. 这些未定式的计算通常先化为$\frac{0}{0}$型或$\frac{\infty}{\infty}$型未定式，然后再利用洛必达法则求解. 下面我们通过例题来说明这几种未定式的处理方法.

例 7　$\lim\limits_{x\to\frac{\pi}{2}}(\sec x-\tan x)$.

解　这是一个$\infty-\infty$型的未定式，我们可以先通过三角公式将它化为$\frac{0}{0}$型或$\frac{\infty}{\infty}$型，然后再求解.

$$\lim_{x\to\frac{\pi}{2}}(\sec x-\tan x)=\lim_{x\to\frac{\pi}{2}}\left(\frac{1}{\cos x}-\frac{\sin x}{\cos x}\right)=\lim_{x\to\frac{\pi}{2}}\frac{1-\sin x}{\cos x},$$

这是一个$\frac{0}{0}$型未定式，求解得

$$\text{原式}=\lim_{x\to\frac{\pi}{2}}\frac{(1-\sin x)'}{(\cos x)'}=\lim_{x\to\frac{\pi}{2}}\frac{-\cos x}{-\sin x}=0.$$

例 8　$\lim\limits_{x\to0^{+}}\sqrt{x}\ln x$.

解　这是一个$0\cdot\infty$型未定式，可先将它变为分式形式，然后再求解:

$$\lim_{x\to0^{+}}\sqrt{x}\ln x=\lim_{x\to0^{+}}\frac{\ln x}{x^{-\frac{1}{2}}}=\lim_{x\to0^{+}}\frac{\frac{1}{x}}{-\frac{1}{2}x^{-\frac{3}{2}}}$$

$$=\lim_{x\to0^{+}}-2x^{\frac{1}{2}}=0.$$

例 9　$\lim\limits_{x\to0^{+}}x^{\sin x}$.

这是一个0^{0}型未定式，对于0^{0}，1^{∞}和∞^{0}型未定式，我们均可用如下方法求解.

由于$u^{v}=e^{\ln u^{v}}=e^{v\ln u}$，而$e^{x}$为连续函数，故$u^{v}$的极限取决于$v\ln u$的极限，对于$0^{0}$，$1^{\infty}$，$\infty^{0}$三种未定式，$v\ln u$均为$0\cdot\infty$型未定式，即$0^{0}$，$1^{\infty}$，$\infty^{0}$三种未定式均可通过变换，从而化为$0\cdot\infty$型未定式，进而求解，对于例 9，由于

$$x^{\sin x}=e^{\ln x^{\sin x}}=e^{\sin x\ln x},$$

而
$$\lim_{x\to0^{+}}\sin x\ln x=\lim_{x\to0^{+}}\frac{\ln x}{\csc x}=\lim_{x\to0^{+}}\frac{\frac{1}{x}}{-\csc x\cot x}$$

$$=\lim_{x\to0^{+}}-\frac{\sin x\tan x}{x}=\lim_{x\to0^{+}}-\left(\frac{\sin x}{x}\right)\cdot\tan x=0,$$

故
$$\lim_{x\to0^{+}}x^{\sin x}=\lim_{x\to0^{+}}e^{\sin x\ln x}=e^{\lim\limits_{x\to0^{+}}\sin x\ln x}=e^{0}=1.$$

例 10 $\lim\limits_{x\to 0}(\cot x)^{\sin x}$.

解 这是一个∞^0 型未定式，运用例 9 的方法，有

$$(\cot x)^{\sin x}=e^{\ln(\cot x)^{\sin x}}=e^{\sin x\ln\cot x},$$

其中，
$$\lim_{x\to 0}\sin x\ln\cot x=\lim_{x\to 0}\frac{\ln\cot x}{\csc x}=\lim_{x\to 0}\frac{\tan x\cdot(-\csc^2 x)}{-\csc x\cot x}=\lim_{x\to 0}\frac{\sin x}{\cos^2 x}=0,$$

于是
$$\lim_{x\to 0}(\cot x)^{\sin x}=e^0=1.$$

习 题 4.2

计算下列极限：

(1) $\lim\limits_{x\to 0}\dfrac{e^x-e^{-x}}{\sin x}$；　(2) $\lim\limits_{x\to e}\dfrac{\ln x-1}{x-e}$；

(3) $\lim\limits_{x\to 1}\left(\dfrac{1}{\ln x}-\dfrac{1}{x-1}\right)$；(4) $\lim\limits_{x\to 0}\left(\dfrac{1}{x}-\dfrac{1}{e^x-1}\right)$.

§4.3 导数在几何上的应用

在前面的学习中，我们能够运用数学软件 Mathematica 方便地绘出一元函数的图像，但这样绘出的图像却很难精确地显示该函数所具有的几何性质，例如，函数的单调性、最值以及函数图像在某一部分的变化特征等．本节我们将利用导数这一工具，讨论函数有关的几何性质，从而了解该函数所表达的曲线的若干几何特性．

一、函数的单调性

我们以函数 $y=x^2$ 为例(图 4-3)，画出了曲线 $y=x^2$ 上若干点的切线，结合各点的切线来考察函数的单调性，我们看到：函数 $y=x^2$ 在$(0，+\infty)$单调递增，并且在$(0，+\infty)$上各点处的切线斜率均大于 0；函数在$(-\infty，0)$单调递减，并且在$(-\infty，0)$上的各点处的切线斜率均小于 0.

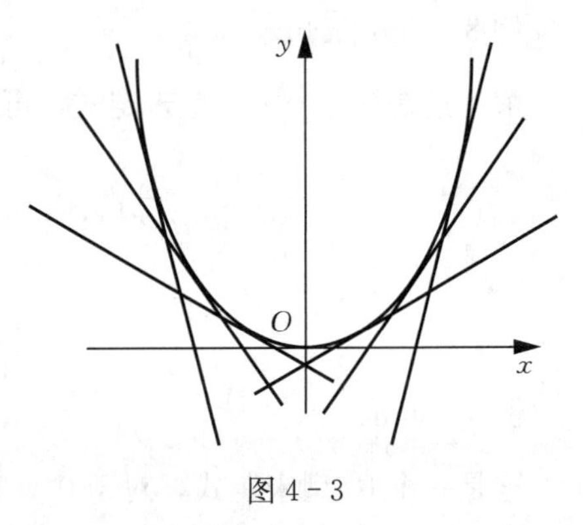

图 4-3

一般地，我们有以下定理：

定理 4.3.1 **设函数 $y=f(x)$在$[a，b]$上连续，在$(a，b)$内可导．**

(1)**如果在$(a，b)$内 $f'(x)>0$，则函数 $y=f(x)$在$[a，b]$上单调增加．**

(2)**如果在$(a，b)$内 $f'(x)<0$，则函数 $y=f(x)$在$[a，b]$上单调减少．**

定理 4.3.1 中的$[a，b]$换成其他区间也是成立的．

由定理 4.3.1 可见，为了考察函数 $y=f(x)$的单调性，只需找到 $y'=f'(x)$的正负区间加以判断就可以了．

例 1 考察函数 $f(x)=2x^3+9x^2+12x$ 的单调性．

解 为了考察该函数的单调性，我们先来求该函数的导数

$$f'(x)=6x^2+18x+12=6(x^2+3x+2)=6(x+1)(x+2).$$

显然，当 $x>-1$ 时，$f'(x)>0$，即$[-1，+\infty)$为 $f(x)$的单调增区间；

当$-2<x<-1$ 时，$f'(x)<0$，即$[-2，-1]$为 $f(x)$的单调减区间；

当 $x<-2$ 时，$f'(x)>0$，即$(-\infty，-2]$为 $f(x)$的单调增区间．

在例 1 的求解过程中，我们看到，$x=-1$ 和 $x=-2$ 是两个很重要的点，它们把区间$(-\infty，+\infty)$分成了三部分，完成了对函数单调性的判断，并且在 $x=-1$ 和 $x=-2$ 处均有 $f'(x)=0$.

一般地，使得函数 $f(x)$的导数 $f'(x)=0$ 的点，称为该函数的驻点．$x=-1$ 和 $x=-2$ 就是 $f(x)=2x^3+9x^2+12x$ 的驻点．

在多数情况下，函数在单调增区间内导数大于零，在单调减区间内导数小于零，而在驻点处导数等于零．因而，单调增和单调减区间通常以驻点为分界点，但情形并非总是如此，我们看以下特例．

例 2　考察 $f(x)=x^3$ 的单调性．

解　由于 $f'(x)=3x^2$，当 $x=0$ 时，$f'(x)=0$，即 $x=0$ 为 $f(x)$的驻点，但对于任何 $x\neq0$的点，均有 $f'(x)>0$，即 $f(x)$在$(-\infty，+\infty)$上单调增(图 4-4)，$x=0$ 虽然是 $f(x)$的驻点，但由于其左右两侧均为单增区间，因此 $x=0$ 并没有成为增减区间的分界点．

例 3　考察函数 $f(x)=x^{\frac{2}{3}}$ 的单调性．

解　由于 $f'(x)=\dfrac{2}{3}x^{-\frac{1}{3}}=\dfrac{2}{3}\dfrac{1}{\sqrt[3]{x}}$，因此，当 $x>0$ 时，$f'(x)>0$，函数单调增，当 $x<0$ 时，$f'(x)<0$，函数单调减，$x=0$ 为函数增减区间的分界点，但在 $x=0$ 处，$f'(x)$无意义，因而 $x=0$ 是一个非驻点的分界点(图 4-5).

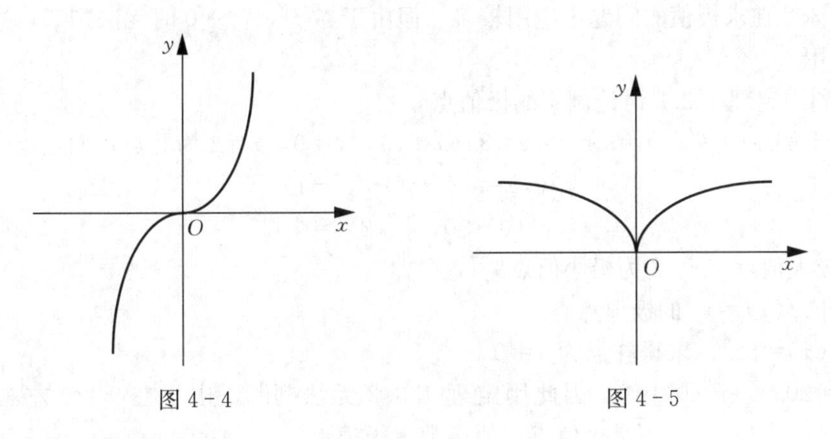

图 4-4　　　　图 4-5

二、函数的极值与最值

通过以上的讨论，我们看到，函数的单调区间通常以驻点，或函数有定义，但一阶导数不存在的点为分界点，我们把这两类点统称为**临界点**．考察函数单调性的时候，一般先求出该函数的所有临界点，用这些临界点把函数的定义域划分为若干区间，并根据各区间上函数一阶导数的符号，来判断函数的单调性．

临界点是很重要的一个概念，通过前文的叙述，我们看到，临界点经常是单调增区间和单调减区间的分界点，如果在临界点的左侧，函数单调增，而在临界点的右侧，函数单调减，则显然在临界点处的函数值比其左右两侧的函数值都要大，此时称该临界点为**极大值**

点，该点对应的函数值称为**极大值**．如果在临界点左侧单调减而右侧单调增，则显然临界点处的函数值比左右两侧都要小，此时称临界点为**极小值点**，相应的函数值为**极小值**．

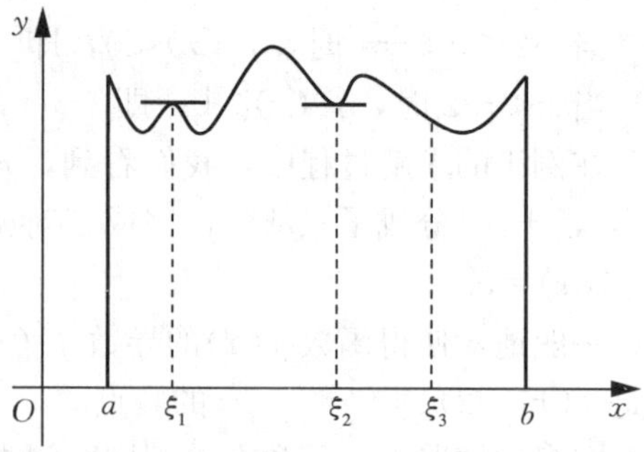

图 4-6

根据极值点的定义，求一个函数的极值点只需求出该函数的所有临界点，并对各临界点左右两侧的单调性作出判断就可以了．

例 4 求函数 $f(x)=x^3-3x^2+7$ 的极值．

解 由于 $f'(x)=3x^2-6x=3x(x-2)$，故该函数的临界点为 $x=0$ 和 $x=2$．

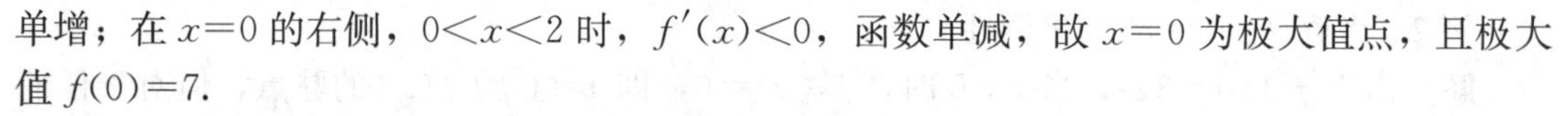

在 $x=0$ 的左侧，$x<0$ 时，$f'(x)>0$，函数单增；在 $x=0$ 的右侧，$0<x<2$ 时，$f'(x)<0$，函数单减，故 $x=0$ 为极大值点，且极大值 $f(0)=7$．

在 $x=2$ 左侧，$0<x<2$ 时，$f'(x)<0$，函数单减；在 $x=2$ 右侧，$x>2$ 时，$f'(x)>0$，函数单增，故 $x=2$ 为极小值点，且极小值 $f(2)=3$．

对于临界点是驻点的情况，我们有如下判别法：

定理 4.3.2 若 $f(x)$ 在 $x=x_0$ 及其附近有二阶导数，且 $f'(x_0)=0$，则

(1)若 $f''(x_0)>0$，则 x_0 为极小值点；

(2)若 $f''(x_0)<0$，则 x_0 为极大值点；

(3)若 $f''(x_0)=0$，则无法判别 x_0 是否为极值点，此时只能用定义判别．

定理 4.3.2 在求极值的问题中应用较多，但由于当 $f''(x_0)=0$ 时无法判断，故有时需与定义联合使用．

例 5 利用定理 4.3.2 讨论例 4 的极值点．

解 由于例 4 中 $f'(x)=3x^2-6x=3x(x-2)$，$x=0$，$x=2$ 为驻点，而

$$f''(x)=6x-6=6(x-1),$$

且

$$f''(0)<0,\ f''(2)>0,$$

故 $x=0$ 为极大值点，$x=2$ 为极小值点．

例 6 求 $f(x)=x^5$ 的极值点．

解 $f'(x)=5x^4$，求得驻点为 $x=0$．

$f''(x)=20x^3$，$f''(0)=0$，因此用定理 4.3.2 无法判断，由于在 $x=0$ 左右两侧均有 $f'(x)=5x^4>0$，故 $x=0$ 不是极值点，原函数无极值点．

在对实际问题的讨论中，我们经常要考虑一个函数的最值，最值就是某区间上函数的最大值或最小值．最值与极值的最大差别在于，最值是一个整体概念，由极值的定义可知，如果在某开区间(或无穷区间)上函数有唯一极值，那么该极值就是函数的最值．闭区间的情形有些特殊，由于极值不会出现在闭区间的端点，因而考虑闭区间的最值时，除了闭区间内部的极值点外，还要考虑闭区间的端点，将端点的函数值与极值进行比较后，求出函数在整个闭区间上的最值．

例 7 求函数 $f(x)=2x^3-9x^2+12x-3$ 在区间[-2，3]上的最值．

解 $f'(x)=6x^2-18x+12=6(x-1)(x-2)$，

$f''(x)=12x-18=6(2x-3)$，

$f''(1)<0$，$f''(2)>0$，

故 $f(x)$ 在 $[-2, 3]$ 上有极大值 $f(1)=2$，极小值 $f(2)=1$，又由于 $[-2, 3]$ 为闭区间，$f(-2)=-79$，$f(3)=6$，因而 $f(x)$ 在 $[-2, 3]$ 上的最小值为 -79，最大值为 6.

对于最值问题，我们有如下结论：

如果一个实际问题可以预先断定必存在最值，并且函数在定义域内只有唯一临界点，则无需判别即可断定，该临界点的函数值必为所求最值．这个结论在实际问题中有着非常广泛的应用，我们将在后面的学习中看到这一点．

三、函数的凹凸性和拐点

一个函数的图像，除了需要了解它在各区间的单调性之外，还需要了解它的凹凸性，如图 4-7 和图 4-8 所示．

在图 4-7 中，该曲线上任一点的切线均在曲线的下侧，这条曲线叫作凹的，在图 4-8 中，该曲线上任一点处的切线均在曲线的上侧，这样的曲线叫作凸的．

一个函数的几何曲线上可能有的区间是凹的，这样的区间称为曲线的**凹区间**；有的区间是凸的，这样的区间称为曲线的**凸区间**．连接曲线上凹凸区间的点，称为曲线的**拐点**．

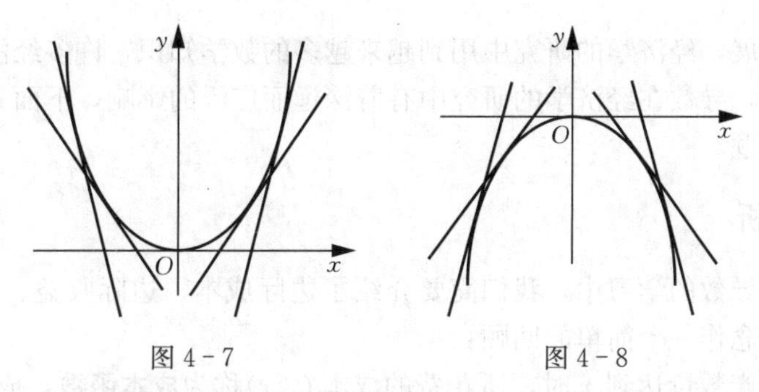

图 4-7　　　　图 4-8

那么，如何判断曲线的凹凸性以及寻求拐点呢？假定我们讨论的函数 $f(x)$ 在区间 (a, b) 上具有二阶导数，且 $f''(x)>0$，这说明一阶导数 $f'(x)$ 是单调增加的(图 4-7)．此时，随着 x 的增大，曲线上各点的切线斜率也增大，曲线是凹的．反之，如果 $f''(x)<0$，则一阶导数 $f'(x)$ 是单调减少的(图 4-8)，此时随着 x 的增大，曲线上各点的切线斜率反而减小，曲线是凸的，既然曲线的凹凸性由 $f(x)$ 的二阶导数的正负情况决定，那么可以猜测，在连接曲线的凹凸区间的拐点处，应该有 $f''(x)=0$(或 $f''(x)$ 不存在)，这种猜测是正确的，对于凹凸区间的判别及拐点的确定，我们不加证明的引入如下定理：

定理 4.3.3　若函数 $f(x)$ 在区间 (a, b) 上有 $f''(x)>0$，则曲线 $y=f(x)$ 在区间 (a, b) 上是凹的；如果有 $f''(x)<0$，则曲线 $y=f(x)$ 在区间 (a, b) 上是凸的，如果 $f(x)$ 在某点 x_0 有定义，$f''(x_0)=0$ 或 $f''(x_0)$ 不存在，且在 x_0 左右两侧 $f''(x)$ 符号不同，则 $(x_0, f(x_0))$ 为曲线 $y=f(x)$ 的拐点．

例 8　求 $f(x)=x^3-5x^2+3x+5$ 的拐点．

解　$f'(x)=3x^2-10x+3$，

$f''(x)=6x-10=2(3x-5)$，

故当$x>\frac{5}{3}$，即$x\in\left(\frac{5}{3},+\infty\right)$时，$f''(x)>0$曲线是凹的；当$x<\frac{5}{3}$，即$x\in\left(-\infty,\frac{5}{3}\right)$时，$f''(x)<0$，曲线是凸的；当$x=\frac{5}{3}$时，$f''(x)=0$，$f(x)=\frac{20}{27}$，于是$\left(\frac{5}{3},\frac{20}{27}\right)$为曲线的拐点．

习 题 4.3

1 如果$f'(x_0)=0$，则x_0一定是(　　).

(A)极小值点；　(B)极大值点；　(C)驻点；　(D)拐点．

2. 证明当$x>0$时，$1+\frac{1}{2}x>\sqrt{1+x}$.

3. 求下列函数的极值：

(1)$y=x^3-3x^2+7$；　(2)$y=x-\sin x$；

(3)$y=\frac{x^2}{1+x}$；　(4)$y=\frac{3x}{1+x^2}$；

(5)$y=\sqrt{2x-x^2}$；　(6)$y=x^2\mathrm{e}^{-x^2}$.

§4.4 经济学中的最值问题

随着经济的发展，经济学的研究中用到越来越多的数学知识，许多经济学的概念、理论都与数学密切相关，导数在经济学的研究中有着深远而广泛的影响，下面我们来研究导数在经济学中的应用问题．

一、边际分析

在第三章关于导数的学习中，我们简要介绍了边际成本、边际收益、边际利润等概念，下面我们对这些概念作一个简单的回顾：

一种产品在生产数量达到x时，所花费的成本$C(x)$称为**成本函数**，成本函数$C(x)$的变化率，即$C'(x)$，称为**边际成本函数**，记为M_C.

在估计产品销售量为x时，给产品所定的价格$P(x)$称为**价格函数**，可以期望$P(x)$应是x的递减函数．当产品售出x单位，而价格为$P(x)$时，总收益(销售额)$R(x)=xP(x)$称为**收益(销售额)函数**，而$R(x)$的导数$R'(x)$称为**边际收益(销售额)函数**，记为M_R.

称$L(x)=R(x)-C(x)$为**利润函数**，$L(x)$的导数$L'(x)$称为**边际利润函数**，记为M_L.

在经济活动中，有时我们追求最低成本，有时我们追求最大收益，但更多的时候，我们追求的是最大利润，结合上一节学习的求函数极值和最值的有关方法，我们知道，为了求最大利润，可以令

$$L'(x)=R'(x)-C'(x)=0,$$

从而得到

$$R'(x)=C'(x).$$

但我们知道$L'(x)=0$只是取极值的必要条件，根据定理4.3.2，为确保$L(x)$在此条件下达到最大，我们希望还有

$$L''(x)=R''(x)-C''(x)<0,$$

所以我们得到这样的结论：当 $R'(x)=C'(x)$ 且 $R''(x)<C''(x)$ 时，利润达到最大值．当然，在问题明显存在最值，并且仅有唯一驻点的情况下，也可以做直接判断．

例 1　设某产品的成本函数和价格函数分别为

$$C(x)=3800+5x-\frac{x^2}{1000},\ P(x)=50-\frac{x}{100},$$

试决定产品的生产量 x，以使利润达到最大．

解　收益函数为

$$R(x)=xP(x)=50x-\frac{x^2}{100},$$

令 $R'(x)=C'(x)$，则

$$50-\frac{x}{50}=5-\frac{x}{500},$$

求得 $x=2500$，又因为

$$R''(2500)=-\frac{1}{50}<-\frac{1}{500}=C''(2500),$$

所以生产量为 2500 单位时，利润达到最大．

例 2　某商店以每台 350 元的价格每周可售出唱机 200 台，市场调查指出，当价格每降低 10 元时，一周的销售量可增加 20 台，求出价格函数和收益函数，商店若要达到最大收益，应把价格降低多少元？

解　设调价后每周能售出 x 台唱机，那么每周增加的销售量为 $x-200$，按每多售 20 台，价格降低 10 元的比例，每多售一台，价格降低 $\frac{1}{20}\times 10$ 元，所以价格函数为

$$P(x)=350-\frac{10}{20}(x-200)=450-\frac{1}{2}x,$$

收益函数为

$$R(x)=xP(x)=450x-\frac{x^2}{2},$$

它的图像是一个开口向下的抛物线，所以有唯一的极大值，令

$$R'(x)=450-x=0,$$

所以当 $x=450$ 时，销售额达到最大，这时对应的价格为

$$P(450)=450-\frac{1}{2}\times 450=225,$$

这说明若价格降低 $350-225=125$ 元，收益可达到最大：101250 元．

二、税收问题

随着经济的发展，税收问题越来越贴近人们的生活，与边际分析不同，税收问题不仅仅涉及商家的利益，还涉及国家的利益．工厂想赚钱，政府要收税，因此，如何选定一个合适的税率，使得既不妨碍商家生产的积极性，使商家可以达到允许范围内的最大利润，又能使政府征税收益达到最大，就成为一个重要的问题，下面利用所学过导数知识来探讨这个问题.

假设工厂以追求最大利润为目标而控制它的产量 x，政府对其产品征税的税率(单位产

品的税收金额)为 t，我们的任务是，确定一个适当的税率，使政府征税收益达到最大.

现已知工厂纳税前的收益函数和成本函数分别为 $R(x)$，$C(x)$，由于每单位产品要纳税 t，故纳税后的成本函数变为

$$C_t(x)=C(x)+tx,$$

而收益函数不变，从而利润函数是：

$$L_t(x)=R(x)-C_t(x)=R(x)-C(x)-tx,$$

令 $\dfrac{\mathrm{d}L_t(x)}{\mathrm{d}x}=0$，有

$$\frac{\mathrm{d}R(x)}{\mathrm{d}x}=\frac{\mathrm{d}C(x)}{\mathrm{d}x}+t,$$

这就是在征税的情况下获得最大利润的必要条件.

政府征税得到的收益是：

$$T=tx.$$

显然，收益与产量和税率两个量相关，税率过低，固然会减少政府收益，但税率过高，导致价格增长，需求量下降，同样会影响政府收益.因此税率的确定有着明显的现实意义，我们通过一个实例来说明这个问题.

例 3 已知厂商的收益函数和成本函数分别表达为 $R(x)=30x-3x^2$ 和 $C(x)=x^2+2x+2$，厂商追求最大利润，政府对产品征税，求：

(1)征税收益的最大值及此时的税率 t；

(2)厂商纳税前后的最大利润及价格.

解 (1)由纳税后厂商获得最大利润的必要条件，知

$$\frac{\mathrm{d}R(x)}{\mathrm{d}x}=\frac{\mathrm{d}C(x)}{\mathrm{d}x}+t,$$

即
$$30-6x=2x+2+t,$$

于是
$$x=\frac{1}{8}(28-t).$$

根据实际问题判断，x 就是纳税后厂商获得最大利润的产出水平，因此，这是政府的征税收益函数为

$$T=tx=\frac{1}{8}(28t-t^2),$$

要使税收达到最大值，令 $\dfrac{\mathrm{d}T}{\mathrm{d}t}=0$，得到

$$\frac{1}{8}(28-2t)=0,$$

解得
$$t=14.$$

根据实际问题可以断定此问题必有最大值，本题只有一个驻点，因而可以说，当 $t=14$ 时，T 的值最大，此时的产出水平为

$$x=\frac{1}{8}(28-t)=1.75,$$

最大征税收益为

$$T=tx=14\times1.75=24.5.$$

(2)容易算得纳税前，当产出水平 $x=3.5$ 时，可获得最大利润 $L=47$，此时价格 $P(3.5)=\dfrac{R(3.5)}{3.5}=19.5$；将 $x=1.75$，$t=14$ 代入到纳税后的利润函数中，有

$$L_t(x)=R(x)-C(x)-tx=-4x^2+(28-t)x-2=10.25,$$

此时产品价格为

$$P(1.75)=\frac{R(1.75)}{1.75}=24.75,$$

可见，因产品纳税，产出水平由3.5下降到1.75，价格由19.5上升到24.5，最大利润由47下降到10.25.

习　题　4.4

1. 一电视机制造商以每台450元的价格出售电视机，每周可售出1000台，当价格每降低10元时，每周可多售出100台，

(1)求价格函数；

(2)如要达到最大收益，应降价多少；

(3)假如周成本函数为 $C(x)=68000+150x$，应降价多少，以获得最大利润.

2. 某厂每批生产 A 商品 x 台的费用为 $C(x)=5x+200$(万元)，得到的收入为 $R(x)=10x-0.01x^2$(万元)，问每批生产多少台，才能使利润最大？

§4.5　导数在其他问题中的应用

本节我们将以例题的方式来考查导数在其他问题中的应用.

例1　某车间要靠一面墙壁盖一间长方形小屋，现在存砖只够砌20m长的墙壁，问应围成怎样的长方形才能使小屋的面积最大?

解　如图4-9所示，假设所砌围墙与原墙壁平行的方向长度为 $x(0<x<20)$，则与原墙壁垂直的方向长度为 $\dfrac{20-x}{2}$，因而面积为

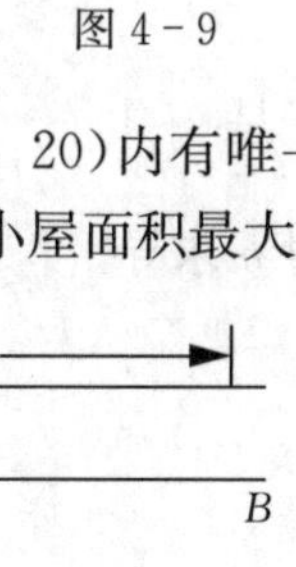

$$S(x)=x\times\frac{20-x}{2}=10x-\frac{1}{2}x^2,$$

图4-9

为了求面积的最大值，对 x 求导，有

$$S'(x)=10-x,$$

因而得到驻点 $x=10$，由于本问题中最大面积(最值)必然存在，且开区间(0，20)内有唯一驻点，故 $x=10$ 为最大值点，即当与原墙壁平行的方向长为10m时，长方形小屋面积最大.

例2　某人正处在森林地带中距公路2km的 A 处，在公路右方8km处有一个车站 B(图4-10). 假定此人在森林地带中步行的速度为6km/h，沿公路行走的速度为8km/h，为了尽快赶到车站，他选择 $A\to C\to B$ 的路径，问点 C 应在公路右方多少？他最快能在多少时间内到达车站 B?

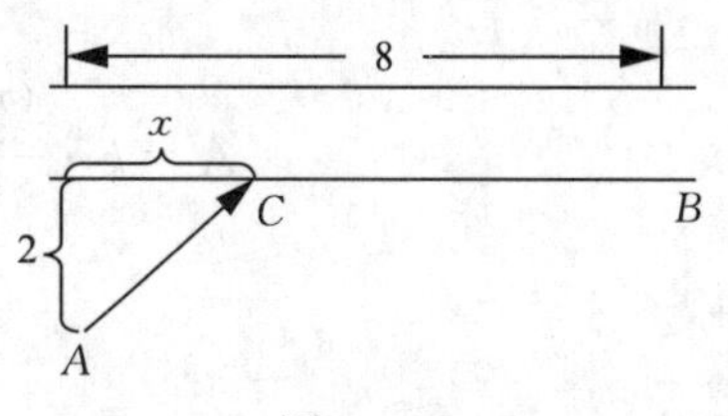

图4-10

解 设 C 点在公路右方 x 处($0\leqslant x\leqslant 8$)，则

$$AC=\sqrt{x^2+4},\ CB=8-x,$$

行走的时间为

$$T(x)=\frac{\sqrt{x^2+4}}{6}+\frac{8-x}{8},$$

$$T'(x)=\frac{x}{6\sqrt{x^2+4}}-\frac{1}{8}=\frac{4x-3\sqrt{x^2+4}}{24\sqrt{x^2+4}}=0,$$

求得 $T(x)$的唯一驻点

$$x_0=\frac{6}{\sqrt{7}}\approx 2.268,$$

$$T(x_0)=1+\frac{\sqrt{7}}{12}\approx 1.22.$$

由于最小值也可能出现在闭区间的端点上，我们检查一下端点的函数值：

$$T(0)=4/3\approx 1.33,\ T(8)=\sqrt{68}/6\approx 1.37,$$

可见 $T(x_0)$为最小值，所以 C 点在公路右方 2.268km 处，赶到车站的最少时间为 1.22h.

例 3 一个灯泡悬吊在半径为 r 的圆桌的正上方，桌上任一点受到的照度与光线的入射角的余弦值成正比(入射角是光线与桌面的垂线之间的夹角)，而与光源的距离的平方成反比，欲使桌子的边缘得到最强的照度，问灯泡应挂在桌面上方多高?

解 在桌子边缘的照度

$$A=\frac{k\cos\theta}{R^2},$$

其中 k 为比例常数，R 为灯到桌子边缘的距离，θ 为入射角，设 h 为灯到桌面的垂直距离，则

$$R^2=r^2+h^2,\ \cos\theta=\frac{h}{R}=\frac{h}{\sqrt{r^2+h^2}},$$

于是

$$A=k\frac{h}{(r^2+h^2)^{\frac{3}{2}}},$$

对 h 求导

$$A'=k\cdot\frac{(r^2+h^2)^{\frac{3}{2}}-h\cdot\frac{3}{2}(r^2+h^2)^{\frac{1}{2}}\cdot 2h}{(r^2+h^2)^3}=0,$$

得

$$r^2+h^2-3h^2=0,$$

解得

$$h=\frac{\sqrt{2}}{2}r.$$

容易验证此时 A 取得最大值，因此，当灯挂在桌面上方$\frac{\sqrt{2}}{2}r$处时，桌子边缘的照度最大.

习　题　4.5

1. 要做一批圆柱形无盖铁桶，铁桶的容积为定值 V 时，问怎样设计铁桶的直径和高度才能使材料最省？

2. 试求内接于半径为 R 的球面，而体积最大的圆锥体的高 h.

习　题　四

1. 若函数 $f(x)$在点 a 处取得极值则(　　).

(A)$f'(a)=0$；　(B)$f'(a)$不存在；

(C)$f(a)$一定也是最值；　(D)如果 $f'(a)$存在，则必有 $f'(a)=0$.

2. 若函数 $f(x)$在区间$[a, b]$上某点 c 处取得最大值，则(　　).

(A)该点必然也是极大值点；

(B)若 $c\in(a, b)$，则 $f'(c)=0$；

(C)若 $c\in(a, b)$，则 $f''(c)<0$；

(D)若 $c\in(a, b)$，则该点必然也是极大值点.

3. 函数 $f(x)$在某点处的一阶导数、二阶导数都是正数，当 $\Delta x>0$ 时，(　　).

(A)$0<\Delta y<\mathrm{d}y$；　(B)$\mathrm{d}y<0<\Delta y$；

(C)$0<\mathrm{d}y<\Delta y$；　(D)$\mathrm{d}y<\Delta y<0$.

4. 当 $x\to0$ 时 $x-\tan x$ 是 x^3 的________阶无穷小.

5. 试证明$|\arctan a-\arctan b|\leqslant|a-b|$.

6. 计算下列极限：

(1)$\lim\limits_{x\to a}\dfrac{x^m-a^m}{x^n-a^n}$；　(2)$\lim\limits_{x\to3}\dfrac{\sqrt{x+1}-2}{x-3}$；

(3)$\lim\limits_{x\to+\infty}\dfrac{\ln\left(1+\dfrac{1}{x}\right)}{\arctan x}$；　(4)$\lim\limits_{x\to0^+}\dfrac{\ln x}{\ln\sin x}$；

(5)$\lim\limits_{x\to\frac{\pi}{2}}\dfrac{\tan x}{\tan3x}$；　(6)$\lim\limits_{x\to+\infty}\dfrac{2x^3}{\mathrm{e}^{\frac{x}{5}}}$；

(7)$\lim\limits_{x\to a}\dfrac{a^x-x^a}{x-a}(a>0)$；　(8)$\lim\limits_{x\to0}\left(\dfrac{1}{x\sin x}-\dfrac{1}{x^2}\right)$；

(9)$\lim\limits_{x\to1}\left(\dfrac{x}{1-x}-\dfrac{1}{\ln x}\right)$；　(10)$\lim\limits_{x\to0^+}x\ln x$；

(11)$\lim\limits_{x\to+\infty}(\pi-2\arctan x)\ln x$；　(12)$\lim\limits_{x\to0}\left(\dfrac{\sin x}{x}\right)^{\frac{1}{x^2}}$；

(13)$\lim\limits_{x\to\infty}\left(\dfrac{2^{\frac{1}{x}}+3^{\frac{1}{x}}}{2}\right)^x$；　(14)$\lim\limits_{x\to0^+}x^{\sin x}$；

(15) $\lim\limits_{x\to 0^+} x^{\frac{1}{\ln(e^x-1)}}$； (16) $\lim\limits_{x\to 0^+} (\cot x)^{\frac{1}{\ln x}}$.

7. 求下列函数的单调区间：

(1) $y=x^3-3x^2-9x+14$； (2) $y=2x^2-\ln x$；

(3) $y=\arctan x-x$； (4) $y=\sqrt{x^2-1}$.

8. 求下列函数在给定区间上的最大值与最小值：

(1) $y=x^4-2x^2+5$，$[-2, 2]$；

(2) $y=2x^3-3x^2$，$[-1, 4]$；

(3) $y=x+\sqrt{1-x}$，$[-5, 1]$.

9. 求下列函数的凹凸区间与拐点：

(1) $y=3x^4+8x^3+6x^2+1$； (2) $y=\ln(x^2+1)$；

(3) $y=\dfrac{x}{x^2-1}$； (4) $y=x^3+\dfrac{1}{4}x^4$.

10. 设某商品的成本函数为 $C=1000+3Q$，需求函数 $Q=-100p+1000$，其中 p 为该商品单价，Q 为单价为 p 时的需求量，C 为产量为 Q 时的成本，求能使利润最大的 p 值.

11. 设需求函数 Q 关于价格 p 的函数为 $Q=ae^{-bp}$，求收入的函数及边际收入函数.

12. 设排水沟的横断面面积一定，断面的上部是一半圆，下部是矩形，问圆的半径和矩形高的比为何值时所用材料最省?

13. 有一半径为 2km 的圆形湖，A，C 两码头恰好位于一条直径的两端，有人要从 A 到 C 处去，假设他只能在 A 码头上船，但可以要求船家在岸边任意处下船，若沿湖岸步行速度为 4km/h，而划船的速度为 2km/h，他最少用多少时间能到达 C 处? 如何走?

演示与实验四

本部分主要是介绍运用 Mathematica 软件求极值的几种常用方法与程序，关于极值的计算问题，在实际中有着较为广泛的应用.

一、运用导数知识求一元函数极值

运用函数的导数求出该函数驻点，并通过驻点处二阶导数的符号，从而判断函数极值情况，这一方法也可以通过 Mathematica 软件来实现，通过例题来说明.

例 1 求一元函数 $y=2x^3-6x^2-18x+7$ 的极值.

解 (1)定义函数：f[x_]=2x^3-6x^2-18x+7；

(2)求导：diff=D[f[x], x]；

(3)求驻点：Solve[diff==0, x]，求得其两根为−1 和 3；

(4)求函数的二阶导数：diff2[x_]=D[f[x], {x, 2}]；

(5)计算驻点处的二阶导数值：diff2[−1]，diff2[3]；

(6)根据驻点处的二阶导数值判断其极大、极小值点；

(7)计算极值：f[−1]，f[3].

通过以上各命令的计算，得到结果：极小值为 $f(3)=-47$，极大值为 $f(-1)=17$. 以上各命令可依次输入并运行.

例 2　现在要求设计一张单栏的竖向张贴的海报，它的面积是 128dm^2，上下空白各 2dm，左右空白各 1dm，如何设计尺寸可以使四周空白面积最小？

解　设海报的长为 x，则宽为 $\frac{128}{x}$，空白面积 $f(x)=\frac{512}{x}+2x-8(x>0)$，这个问题是求函数 $f(x)$ 的极值问题．

依次输入

```
f[x_]=512/x+2*x-8
diff=D[f[x], x]
Solve[diff==0, x]
```

求得其两根为 16 和 −16(舍去).

```
diff2[x_]=D[f[x], {x, 2}]
diff2[16]
```

得 $\frac{1}{4}>0$，开区间上唯一驻点取得最值，因此 x=16 是最小值点．

```
f[16]
```

结果为 56.

依据结果和实际问题有：海报长为 16dm、宽为 8dm 时，空白面积最小，为 56dm^2.

二、Mathematica 中求极值的命令

在通用数学软件 Mathematica 中，求函数极值的命令格式为

FindMinimum[f(x), {x, x_0}](极小值)

FindMaximum[f(x), {x, x_0}](极大值)

其中，$f(x)$ 为目标函数，x_0 为初始值，表达所求极值由 x_0 点开始搜索．

例 3　求函数 $y=\sin x+\frac{x}{5}$ 在区间[−4, 4]的极值．

解　为确定搜索初值点 x_0，可以首先将 $y=\sin x+\frac{x}{5}$ 在区间[−4, 4]的图像画出，

输入　Plot[Sin[x]+x/5, {x, −5, 5}]

输出(见图 4－11)

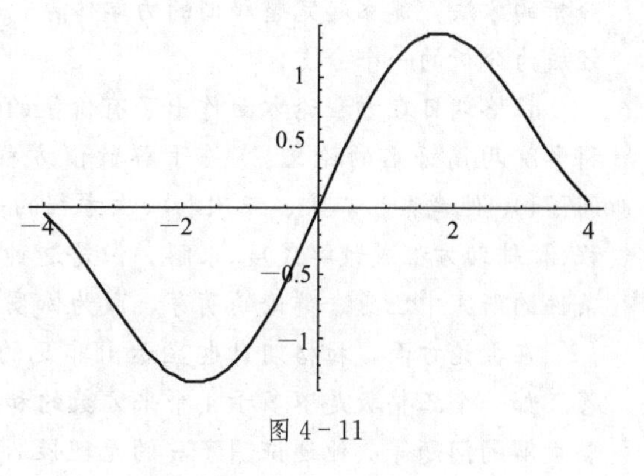

图 4－11

可以看到，极小值点在 $x=-2$ 附近，因此以 $x=-2$ 作为搜索初值点，

输入 FindMinimum[Sin[x]+x/5, {x, −2}]

输出{−1. 33423, {x−>−1. 77215}}

运行结果说明在 $x=-1.77215$ 处，函数取得极小值 $y=-1.33243$.

输入 FindMaximum[Sin[x]+x/5, {x, −2}]

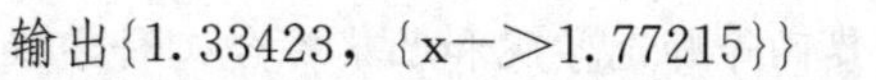
输出{1. 33423, {x−>1. 77215}}

运行结果说明在 $x=1.77215$ 处，函数取得极大值 $y=1.33243$.

由 $\sin x$ 的周期性，我们知道，该函数有无穷多个极小值点．因而，此命令仅能求得函数在某个区间内的局部极小值，在实际应用中有一定的局限性．

思考 (1)用 FindMinimum 命令能否求出 $y=\sin x+\frac{x}{5}$ 在区间$[-4, 4]$的极大值？

(2)你能利用命令 FindMinimum 和函数作图求解例 2 吗？

实验习题四

1. 编制程序，利用一阶导数求函数 $f(x)=800-1120x+354x^2-35x^3+x^4$ 在区间$[0, 15]$上的最大值和最小值．

2. 计算函数 $f(x)=2x^2+4x-1$ 在区间$[-2, 0]$上的极值．

数学家的故事

拉格朗日

拉格朗日(Joseph - Louis Lagrange，1736—1813)，法国数学家．1736 年 1 月 25 日生于意大利西北部的都灵，1813 年 4 月 10 日卒于巴黎．他 19 岁就在都灵的皇家炮兵学校当数学教授．他少年时读了哈雷介绍牛顿的微积分的著作，开始钻研数学，与欧拉经常通信，在探讨数学难题“等周问题”的过程中，他用纯分析的方法发展了欧拉所开创的变分法，为变分法奠定了理论基础．他的论著使他成为当时欧洲公认的一流数学家．1764 年，法国科学院悬赏征文，要求用万有引力解释月球天平动问题．他的研究获奖，接着又成功地运用微分方程理论和近似解法研究了科学院提出的一个复杂的六体问题(木星的四个卫星的运动问题)，为此于 1766 年再次获奖．

1766 年德国的腓特烈大帝向拉格朗日发出邀请时说，在“欧洲最大的王”的宫廷中应有“欧洲最大的数学家”．他应邀去柏林，居住达 20 年之久．在此期间，他完成了《分析力学》(1788)一书，这是牛顿之后的一部重要的经典力学著作．书中运用变分原理和分析的方法，建立起完整和谐的力学体系，使力学分析化了．他在序言中宣称：力学已经成为分析的一个分支．

拉格朗日在方程论方面作出了有价值的贡献，推动了代数学的发展．他提交给柏林科学院两篇著名的论文：《关于解数值方程》(1767)和《关于方程的代数解法的研究》(1771)．他考察了二次、三次和四次方程的一种普遍性解法，即把方程化为低一次的方程(称辅助方程或预解式)以求解．但是这种方法不能用于五次方程．在他关于方程求解条件的研究中已蕴含群论的萌芽，成为伽罗瓦建立群论的先导．

在数论方面，拉格朗日也显示出非凡的才能．他对费马提出的许多问题作出了解答．如一个正整数是不多于 4 个平方数的和的问题；求方程(A 是一个非平方数)的全部整数解的问题等．他还证明了 π 的无理性．这些研究成果丰富了数论的内容．1786 年腓特烈大帝去世以后，他接受了法王路易十六的邀请，定居巴黎(1787)，直至去世．这期间，他曾出任法国米制委员会主任，又先后在巴黎高等师范学院和巴黎综合工科学校任数学教授．他相继完成了《解析函数论》(1797)和《函数计算讲义》(1801)两部重要著作，总结了那一时期的特别是他自己的一系列研究工作．

在《解析函数论》以及他早在1772年的一篇论文(也收入此书)中，在为微积分奠定理论基础方面作了独特的尝试，他企图把微分运算归结为代数运算，从而抛弃自牛顿以来一直令人困惑的无穷小量．他把函数$f(x)$导数定义为$f(x+h)$的泰勒展开式中的h项的系数，并想由此出发建立全部分析学．但是由于他没有考虑到无穷级数的收敛性问题，他自以为摆脱了极限概念，其实只是回避了极限概念，并没有能达到他想使微积分代数化、严密化的目的．不过，他用幂级数表示函数的处理方法对分析学的发展产生了影响，成为实变函数论的起点．

近百余年来，数学领域的许多新成就都可以直接或间接地溯源于拉格朗日的工作．所以他在数学史上被认为是对分析数学的发展产生全面影响的数学家之一．

第五章 积 分

前几章讲了导数、微分的概念和应用，从这章开始讲述积分概念，积分是导数和微分的逆运算，它和导数、微分一起组成微积分学，是我们学习的重点内容之一．本章主要讲述积分的基本概念和计算方法以及用 Mathematica 求积分．

§5.1 定积分的概念

一、如何测定走过的距离

如果已知速度为一常数，则走过的距离可以通过下面的公式计算：

$$距离=速度\times时间.$$

那么，如果物体运动的速度不是常数，应如何计算该物体所运动的距离呢？下面以自由落体为例计算物体所走过的距离．

设一物体在某时刻处于某一高度，开始自由下落，在下落过程中不考虑风速和空气的阻力．物体在下落初始时刻 $t=0$ 时，速度为零，在下落过程中，物体运动的重力加速度是不变的，又假设物体在下落 5s 后落地，现计算物体运动的距离．

根据物理学上物体运动的规律，可知在 t 时刻物体运动的速度为 $v=gt$，在任意时刻物体运动的速度都是不同的，所以在计算物体运动的距离时不能按照匀速运动的公式计算．这里将时间人为地分成 5 个时间段，假设每一时间段物体的运动是匀速的，为了计算方便取开始时刻速度为每一秒内速度的平均值，计算各个时刻的速度(表 5－1).

表 5－1 物体运动每秒开始时的速度

时间(s)	0	1	2	3	4	5
速度(m/s)	0	9.8	19.6	29.4	39.2	49

物体下落的距离为

$$0+9.8+19.6+29.4+39.2=98(\text{m}).$$

显然，由此所计算的物体下落距离比实际距离要小一些．

如果将时间段的长度取为 0.5s，仍取开始时刻速度为每半秒内速度的平均值，则各时刻物体下落的速度见表 5－2.

表 5－2 物体运动每半秒开始时的速度

时间(s)	0	0.5	1	1.5	2	2.5	3	3.5	4	4.5	5
速度(m/s)	0	4.9	9.8	14.7	19.6	24.5	29.4	34.3	39.2	44.1	49

由此可以计算出物体下落距离为 110.25m. 如果将时间段的长度变为 $\frac{1}{4}$s，则物体下落

的距离为 116.375m. 依此类推，随着时间长度缩小，所计算的物体下落距离越接近实际值（表 5－3）.

表 5－3　不同时间长度物体下落距离的近似计算值

时间段长度(s)	1	0.5	0.25	0.125
下落距离(m)	98	110.25	116.375	119.4375

假设将 5s 平分成 $2^n\times5(n=0, 1, 2, \cdots)$份，则每一份的长度为$\frac{1}{2^n}$s，所取的分点为 0，$\frac{1}{2^n}$，$\frac{2}{2^n}$，…，$\frac{2^n\times5}{2^n}$，设每个分段内物体的下落是匀速的，取每个分段内开始时刻的速度为这一段的平均速度，则距离的估计值：

$$\begin{aligned}
s_n &= \frac{1}{2^n}\left(0+\frac{1}{2^n}g+\frac{2}{2^n}g+\cdots+\frac{2^n\times5-1}{2^n}g\right)\\
&= \left(\frac{1}{2^n}\right)^2 g[0+1+2+\cdots+(2^n\times5-1)]\\
&= \left(\frac{1}{2^n}\right)^2 g\frac{(2^n\times5-1)(2^n\times5)}{2}\\
&= \frac{1}{2}g\left(25-\frac{5}{2^n}\right),
\end{aligned}$$

随着 n 的增长(也就是随着每个时间长度的缩短)，距离的估计值将越来越接近某一常数．

$$\lim_{n\to+\infty} s_n=\lim_{n\to+\infty}\frac{1}{2}g\left(25-\frac{5}{2^n}\right)=\frac{1}{2}g\times25,$$

这就是物体运动的精确距离．

二、曲边梯形面积的计算

任意曲线所围成的平面图形面积的计算，可以归结为曲边梯形面积的计算．所以，首先研究曲边梯形的面积．

由曲线 $y=f(x)$(假定 $f(x)\geqslant0$)，直线 $x=a$，$x=b$ 及 x 轴所围成的图形叫做曲边梯形（图 5－1)，下面介绍求其面积 S 的计算方法．

(1)分割．用分点 $a=x_0<x_1<x_2<\cdots<x_{n-1}<x_n=b$，将区间$[a, b]$分成 n 个小区间$[x_{i-1}, x_i](i=1, 2, \cdots, n)$，其长度分别为

$$\Delta x_i=x_i-x_{i-1}(i=1, 2, \cdots, n),$$

过每个点 $x_i(i=1, 2, \cdots, n-1)$作 x 轴的垂线，把曲边梯形分成 n 个小曲边梯形，用 ΔS_i 表示第 i 个小曲边梯形的面积，则有：$S=\sum\limits_{i=1}^{n}\Delta S_i$.

(2)近似求和．在每个小区间$[x_{i-1}, x_i]$内任取一点$\xi_i(x_{i-1}\leqslant\xi_i\leqslant x_i)$，过$\xi_i$ 作 x 轴的垂线与曲边交于点 $P_i(\xi_i, f(\xi_i))$，以 Δx_i 为底，以 $f(\xi_i)$为高作小矩形，取这个小矩形的面积 $f(\xi_i)\Delta x_i$ 作为 ΔS_i 的近似值(图 5－2)，即

$$\Delta S_i\approx f(\xi_i)\Delta x_i(i=1, 2, \cdots, n),$$

作总和，它应是曲边梯形面积 S 的近似值，即

$$S \approx S_n = \sum_{i=1}^{n} f(\xi_i)\Delta x_i.$$

(3)取极限．令 $\lambda=\max\limits_{i\leqslant 1\leqslant n}\{\Delta x_i\}$，当分点数 n 无限增大且 $\lambda\to 0$ 时，总和 S_n 的极限就定义为曲边梯形的面积，即

$$S=\lim_{\lambda\to 0}S_n=\lim_{\lambda\to 0}\sum_{i=1}^{n}f(\xi_i)\Delta x_i.$$

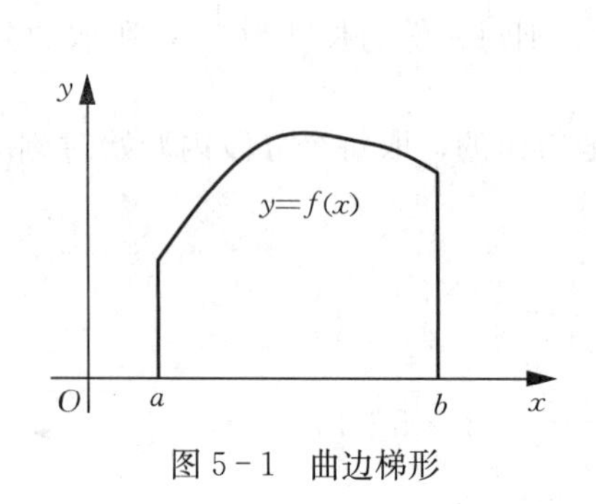

图 5－1　曲边梯形

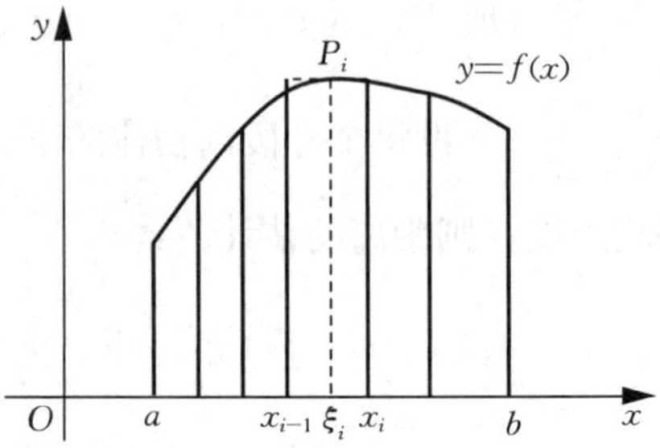

图 5－2　曲边梯形面积的计算

三、定积分的定义

类似于距离的计算和曲边梯形面积的求解，还有许多其他实际问题，例如，引力问题、旋转体的体积问题、曲线的弧长问题等，都属于求与某个变化范围内的变量有关的总量问题．它们可以归结为求某种和式的极限，把处理这些问题的数学思维方法加以概括和抽象，便得到定积分的概念．

定义 5.1.1　设函数 $y=f(x)$ 在区间 $[a, b]$ 上有定义，用分点

$$a=x_0<x_1<x_2\cdots x_{i-1}<x_i\cdots<x_{n-1}<x_n=b$$

将区间 $[a, b]$ 任意分成 n 个小区间，每个小区间的长度为 $\Delta x_i=x_i-x_{i-1}(i=1, 2, \cdots, n)$，记 $\lambda=\max\limits_{i\leqslant 1\leqslant n}\{\Delta x_i\}$，在每个小区间 $[x_{i-1}, x_i]$ 上任取一点 $\xi_i\,(x_{i-1}\leqslant\xi_i\leqslant x_i)$，作乘积：$f(\xi_i)\Delta x_i(i=1, 2, \cdots, n)$，将这些乘积相加，得到和式：

$$S_n=\sum_{i=1}^{n}f(\xi_i)\Delta x_i,$$

这个和称为函数 $y=f(x)$ 在区间 $[a, b]$ 上**积分和**．

令 $\lambda\to 0$，若积分和 S_n 有极限 I，则称此极限值为 $y=f(x)$ 在 $[a, b]$ 上的**定积分**，记作

$$I=\lim_{\lambda\to 0}\sum_{i=1}^{n}f(\xi_i)\Delta x_i=\int_a^b f(x)\mathrm{d}x,$$

记号“$\int$”为积分符号，来自字母“S”的一种古老写法，它表示“sum”(和)，与“$\sum$”一样；积分中的“$\mathrm{d}x$”从因子 Δx 变来的；a 和 b 分别称为**定积分的下限和上限**，$[a, b]$ 称为**积分区间**，$f(x)$ 为**被积函数**，$f(x)\mathrm{d}x$ 为**被积表达式**．

定积分的这个定义，在历史上首先由黎曼(Riemann)给出的，为了纪念他，上述的积分和也称为**黎曼和**．在上述意义下的定积分也称**黎曼积分**．若 $f(x)$ 在 $[a, b]$ 的定积分存在，则称 $f(x)$ 在 $[a, b]$ 上(**黎曼**)**可积**；否则，称为不可积．

定积分作为和式的极限，是解决大量“求总量问题”的数学模型．这种和式极限的方法是

通过化整为零，在足够小的局部范围内用初等数学的方法求出部分量的近似值，再把这 n 个部分量的近似值用初等数学方法加起来，于是得到总量的近似值．但只要 n 是有限数，不管它多么大，部分量之和还是总量的近似值，初等数学再也无能为力了．只有对总量无限细分，即当 $n\to+\infty$(同时 $\lambda=\max\limits_{1\leqslant i\leqslant n}\{\Delta x_i\}\to 0$)时，总量的近似值才能转化为总量的精确值．可见求定积分的过程充分体现了整体与局部、总量和部分量、变量和常量、近似与精确、量变与质变等矛盾对立统一的辩证法．

有了定积分的概念以后，那么曲边梯形的面积 S 就是函数 $y=f(x)$ 在区间 $[a, b]$ 上的定积分，即

$$S=\int_a^b f(x)\mathrm{d}x(f(x)\geqslant 0),$$

所以，当 $f(x)\geqslant 0$ 时，定积分 $\int_a^b f(x)\mathrm{d}x$ 表示由曲线 $y=f(x)$，直线 $x=a$，$x=b$ 以及 x 轴所围成的曲边梯形的面积 S. 若 $f(x)\leqslant 0$ 时，则 $f(\xi_i)\leqslant 0(i=1, 2, \cdots, n)$. 因此曲边梯形的面积为

$$S=\lim_{\lambda\to 0}\sum_{i=1}^{n}[-f(\xi_i)]\Delta x_i=-\lim_{\lambda\to 0}\sum_{i=1}^{n}f(\xi_i)\Delta x_i=-\int_a^b f(x)\mathrm{d}x,$$

即 $\int_a^b f(x)\mathrm{d}x=-S$，这说明，当 $f(x)\leqslant 0$ 时，定积分 $\int_a^b f(x)\mathrm{d}x$ 的几何意义是：它等于曲边梯形面积加上一个负号．

定积分是一个数，它仅仅取决于被积函数以及积分的上、下限，而与积分变量采用什么字母无关，即有

$$\int_a^b f(x)\mathrm{d}x=\int_a^b f(t)\mathrm{d}t=\int_a^b f(u)\mathrm{d}u,$$

也就是说，定积分的值不依赖于积分变量的选择．

为了今后使用方便，规定：

(1)当 $a\neq b$ 时，$\int_a^b f(x)\mathrm{d}x=-\int_b^a f(x)\mathrm{d}x$.

(2)当 $a=b$ 时，$\int_b^a f(x)\mathrm{d}x=0$.

另外，对已给函数 $f(x)$ 在什么条件下其定积分存在，有如下重要定理．

定理 5.1.1　**若 $f(x)$ 在有限区间 $[a, b]$ 上连续，则 $f(x)$ 在 $[a, b]$ 上可积．**

四、定积分的基本性质

性质 1　**若函数 $f(x)$，$g(x)$ 在区间 $[a, b]$ 上可积，则 $k_1f(x)+k_2g(x)$ 在 $[a, b]$ 上也可积，且**

$$\int_a^b[k_1f(x)+k_2g(x)]\mathrm{d}x=k_1\int_a^b f(x)\mathrm{d}x+k_2\int_a^b g(x)\mathrm{d}x,$$

其中 k_1 和 k_2 为两个任意常数．

性质 2　**设函数 $f(x)$ 从 a 到 b，从 a 到 c 以及从 c 到 b 都可积，则有**

$$\int_a^b f(x)\mathrm{d}x=\int_a^c f(x)\mathrm{d}x+\int_c^b f(x)\mathrm{d}x.$$

例 1 由曲线 $y=f(x)$ 及直线 $x=a$，$x=b$，x 轴所围成的平面图形的面积为

$$A=\int_a^b |f(x)|\,\mathrm{d}x.$$

这是因为在图 5-3 中有关系式

$$\begin{aligned}S=S_1+S_2+S_3&=-\int_a^{c_1} f(x)\mathrm{d}x+\int_{c_1}^{c_2} f(x)\mathrm{d}x-\int_{c_2}^{b} f(x)\mathrm{d}x\\&=\int_a^{c_1}[-f(x)]\mathrm{d}x+\int_{c_1}^{c_2} f(x)\mathrm{d}x+\int_{c_2}^{b}[-f(x)]\mathrm{d}x\\&=\int_a^{c_1}|f(x)|\,\mathrm{d}x+\int_{c_1}^{c_2}|f(x)|\,\mathrm{d}x+\int_{c_2}^{b}|f(x)|\,\mathrm{d}x\\&=\int_a^b|f(x)|\,\mathrm{d}x.\end{aligned}$$

性质 3 若 $f(x)=1$，则有

$$\int_a^b f(x)\mathrm{d}x=b-a.$$

这是由于 $$\int_a^b f(x)\mathrm{d}x=\lim_{\lambda\to 0}\sum_{i=1}^{n}1\cdot\Delta x_i=b-a.$$

性质 4 若 $f(x)$ 在 $[a,\ b]$ 上可积，则

$$\left|\int_a^b f(x)\mathrm{d}x\right|\leqslant\int_a^b|f(x)|\,\mathrm{d}x.$$

性质 5（积分中值定理） 若 $f(x)$ 在 $[a,\ b]$ 上连续，则在 $(a,\ b)$ 内至少存在一点 ξ，使得

$$\int_a^b f(x)\mathrm{d}x=f(\xi)(b-a)(a<\xi<b). \tag{5.1}$$

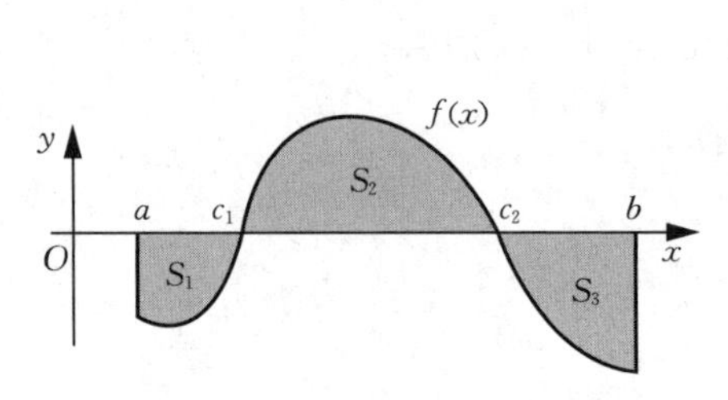

图 5-3 定积分的几何意义

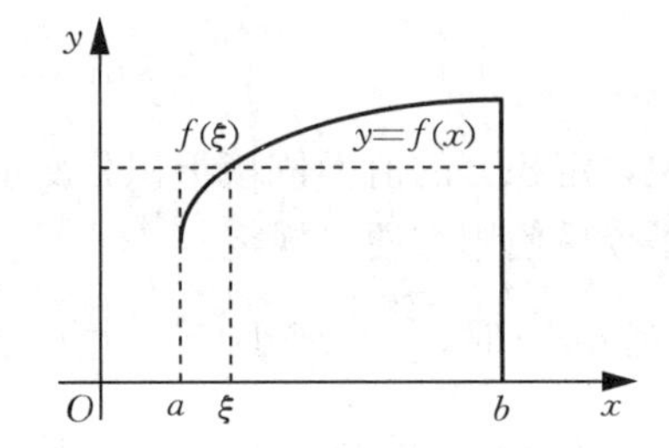

图 5-4 积分中值定理的几何意义

等式(5.1)的几何意义是：曲线 $y=f(x)$，直线 $x=a$，$x=b$，x 轴所围成的曲边梯形的面积等于以区间 $[a,\ b]$ 为底，以这个区间内的某一点处曲线 $f(x)$ 的纵坐标 $f(\xi)$ 为高的矩形的面积(图 5-4)．$\dfrac{1}{b-a}\displaystyle\int_a^b f(x)\mathrm{d}x$ 称为函数 $f(x)$ 在区间 $[a,\ b]$ 上的平均值．例如，函数 $f(x)=x$ 在区间 $[0,\ 1]$ 上的平均值为 $\dfrac{1}{1-0}\displaystyle\int_0^1 x\mathrm{d}x=\dfrac{1}{2}$.

习　题　5.1

1. 用定积分的几何意义计算下列定积分：

(1) $\int_1^2 x\mathrm{d}x$；　　(2) $\int_0^1\sqrt{1-x^2}\,\mathrm{d}x$.

2. 将由 $y=\sin x$，$x=\dfrac{\pi}{2}$，$y=0$ 围成图形的面积写成定积分的形式．

§5.2　定积分与不定积分

一、积分基本定理

虽然定积分的计算可以直接用定积分的定义，但这样解决定积分的计算，即使是对于被积函数很简单的定积分也是十分麻烦的．下面用求变速直线运动路程的例子，来研究计算定积分的方法．

设物体沿直线运动，速度为 $v(t)$，求从时刻 $t=a$ 到 $t=b$ 这段时间所经过的路程 s.

仍用上一节定积分概念的求解思路．

用分点 $a=t_0<t_1<\cdots<t_{i-1}<t_i<\cdots<t_{n-1}<t_n=b$，将时间区间 $[a, b]$ 分成 n 个小区间：

$$[t_0, t_1], \cdots, [t_{i-1}, t_i], \cdots, [t_{n-1}, t_n].$$

设 $\Delta t_i=t_i-t_{i-1}$，$\xi_i\in[t_{i-1}, t_i](i=1, 2, \cdots, n)$，并记物体在时间间隔 $[t_{i-1}, t_i]$ 所走的路程为 Δs_i，将物体在 $[t_{i-1}, t_i]$ 内的变速运动近似地看成速度为 $v(\xi_i)$ 的匀速运动，则

$$\Delta s_i\approx v(\xi_i)\Delta t_i(i=1, 2, \cdots, n).$$

物体在时间区间 $[a, b]$ 上所走过的路程的近似值为

$$s=\sum_{i=1}^{n}\Delta s_i\approx\sum_{i=1}^{n}v(\xi_i)\Delta t_i.$$

可以看出，分割越细，$v(\xi_i)$ 就越接近瞬时速度，上述近似代替的误差也就越小．当分点数 n 无限增大，且当 $\lambda=\max\limits_{1\leqslant i\leqslant n}\{\Delta t_i\}\to 0$ 时，和式 $\sum\limits_{i=1}^{n}v(\xi_i)\Delta t_i$ 的极限是物体在时间区间 $[a, b]$ 上所走过的路程，即

$$s=\lim_{\lambda\to 0}\sum_{i=1}^{n}v(\xi_i)\Delta t_i.$$

按照定积分的定义，上述和式的极限正好是 $v(t)$ 在 $[a, b]$ 上的定积分，即

$$\int_a^b v(t)\mathrm{d}t=\lim_{\lambda\to 0}\sum_{i=1}^{n}v(\xi_i)\Delta t_i.$$

另一方面，$t=a$ 时，路程为 $s(a)$；$t=b$ 时，路程为 $s(b)$．因此，物体在时间区间 $[a, b]$ 上（也就是从时刻 $t=a$ 到时刻 $t=b$ 这段时间内）所走的路程为

$$s=s(b)-s(a),$$

于是

$$\int_a^b v(t)\mathrm{d}t=s(b)-s(a).$$

由导数的定义已经知道，路程函数 $s(t)$ 与速度 $v(t)$ 之间有如下的关系：

$$s'(t)=v(t).$$

推而广之，就有如下定理．

定理 5.2.1　设 $f(x)$ 是区间 $[a, b]$ 上的连续函数，$f(x)$ 是函数 $F(x)$ 的导数，即 $F'(x)=f(x)$，则 $\int_a^b f(x)\mathrm{d}x=F(x)\Big|_a^b=F(b)-F(a)$.

证明　用分点 $a=x_0<x_1<x_2<\cdots<x_{i-1}<x_i<\cdots<x_{n-1}<x_n=b$ 将区间 $[a, b]$ 分为 n 部分，记 $\Delta x_i=x_i-x_{i-1}$，$\lambda=\max\limits_{1\leqslant i\leqslant n}\{\Delta x_i\}$，则

$F(b)-F(a)=F(x_n)-F(x_0)$

$$= [F(x_n)-F(x_{n-1})]+[F(x_{n-1})-F(x_{n-2})]+\cdots+ [F(x_i)-F(x_{i-1})]+\cdots+[F(x_1)-F(x_0)]$$

$$= \sum_{i=1}^{n}[F(x_i)-F(x_{i-1})].$$

由拉格朗日中值定理，在每个小区间(x_{i-1}, x_i)内一定存在一点ξ_i，使得

$$F(x_i)-F(x_{i-1})=F'(\xi_i)\Delta x_i=f(\xi_i)\Delta x_i,$$

代入上面的和式中有

$$F(b)-F(a)=\sum_{i=1}^{n}f(\xi_i)\Delta x_i,$$

令$\lambda\to 0$，由定积分定义得

$$F(b)-F(a)=\lim_{\lambda\to 0}\sum_{i=1}^{n}f(\xi_i)\Delta x_i=\int_a^b f(x)\mathrm{d}x.$$

这个公式又叫作牛顿—莱布尼茨公式.

二、原函数与不定积分

已知函数$f(x)=x^2$，由于$2x=(x^2)'$，则称$2x$是x^2的导数，已知函数$f(x)=\mathrm{e}^{-x}$，由于$-\mathrm{e}^{-x}=(\mathrm{e}^{-x})'$，则称函数$-\mathrm{e}^{-x}$是函数$\mathrm{e}^{-x}$的导数．一般地设函数$y=f(x)$，则函数$f'(x)$称为函数$f(x)$的导数．既然称$f'(x)$是$f(x)$的导数，那么应该称$f(x)$是$f'(x)$的什么呢？下面的定义给出了这种称谓.

定义 5.2.1 设函数$y=f(x)$，$x\in(a, b)$．如果在区间(a, b)内存在某函数$F(x)$，满足：

$$F'(x)=f(x),$$

则称函数$F(x)$是函数$f(x)$在区间(a, b)内的一个**原函数**.

由这个定义，可以称x^2是$2x$的一个原函数，e^{-x}是$-\mathrm{e}^{-x}$的一个原函数．这样满足等式$F'(x)=f(x)$的两个函数$f(x)$与$F(x)$相互之间的称谓就全面了，$f(x)$称为$F(x)$的导数，$F(x)$称为$f(x)$的原函数.

检验函数$F(x)$是否为$f(x)$的原函数，只有一个标准，那就是看$F(x)$的导数是否等于$f(x)$．若$F'(x)=f(x)$，则$F(x)$就是$f(x)$的原函数，若$F'(x)\neq f(x)$，则$F(x)$就不是$f(x)$的原函数.

由于$(x^2+C)'=2x$，$(\mathrm{e}^{-x}+C)'=-\mathrm{e}^{-x}$，故$x^2+C$是$2x$的原函数，$\mathrm{e}^{-x}+C$是$-\mathrm{e}^{-x}$的原函数.

一般地，若$F(x)$是$f(x)$的一个原函数，对于任意常数C，由于$(F(x)+C)'=F'(x)=f(x)$，故$F(x)+C$是$f(x)$的原函数，也就是说一个函数有无穷个原函数，那么$F(x)+C$是否是$f(x)$的所有原函数？见下面定理.

定理 5.2.2 如果$F(x)$是$f(x)$的一个原函数，则$F(x)+C$(C任意常数)就表示了函数$f(x)$的原函数的全体.

证明 设$G(x)$为$f(x)$的另一个原函数，则有$G'(x)=f(x)$，从而$[G(x)-F(x)]'=f(x)-f(x)=0$，由拉格朗日中值定理的推论，有$G(x)-F(x)=C$，从而$G(x)=F(x)+C$，这说明$f(x)$的任一原函数均可以表示为$F(x)+C$的形式，从而$F(x)+C$就代表了$f(x)$

的原函数的全体.

定义 5.2.2　函数 $f(x)$的原函数的全体 $F(x)+C$ 称为函数 $f(x)$的**不定积分**，记为

$$\int f(x)\mathrm{d}x = F(x) + C,$$

其中$\int$为**不定积分号**，$f(x)$为**被积函数**，$f(x)\mathrm{d}x$ 为**被积表达式**，x 为**积分变量**，C 为**积分常数**.

由这个定义，前面的几个例子就可以表示为

由于$(x^2)'=2x$，故$\int 2x\mathrm{d}x = x^2 + C$；

由于$(\mathrm{e}^{-x})'=-\mathrm{e}^{-x}$，故$\int(-\mathrm{e}^{-x})\mathrm{d}x = \mathrm{e}^{-x} + C$.

例 1　求$\int 4x^3\mathrm{d}x$.

解　因为$(x^4)'=4x^3$，故 x^4+C 是 $4x^3$ 的所有原函数，于是有

$$\int 4x^3\mathrm{d}x = x^4 + C.$$

例 2　求$\int \frac{1}{x}\mathrm{d}x$.

解　当 $x>0$ 时，$(\ln x)'=\frac{1}{x}$；

当 $x<0$ 时，$(\ln|x|)'=(\ln(-x))'=\frac{1}{x}$，

所以

$$\int \frac{1}{x}\mathrm{d}x = \ln|x| + C.$$

三、不定积分的性质

性质 1　$\left(\int f(x)\mathrm{d}x\right)' = f(x)$ **或** $\mathrm{d}\int f(x)\mathrm{d}x = f(x)\mathrm{d}x$.

性质 2　$\int F'(x)\mathrm{d}x = F(x) + C$ **或**$\int \mathrm{d}F(x) = F(x) + C$.

性质 3　$\int(f(x)\pm g(x))\mathrm{d}x = \int f(x)\mathrm{d}x \pm \int g(x)\mathrm{d}x$.

这个性质可以推广到有限多个函数代数和的情况.

性质 4　$\int kf(x)\mathrm{d}x = k\int f(x)\mathrm{d}x$(其中 k 是不为零任意常数).

性质 3 与性质 4 可以综合成如下的式子：

$$\int(k_1f_1(x)\pm k_2f_2(x))\mathrm{d}x = k_1\int f_1(x)\mathrm{d}x \pm k_2\int f_2(x)\mathrm{d}x \text{ (其中 } k_1\text{，} k_2 \text{ 是常数)}$$

四、不定积分的几何意义

函数 $f(x)$的任一个原函数 $F(x)$的图形叫作 $f(x)$的**积分曲线**，它的方程是 $y=F(x)$. 由于对于任意常数 C，$F(x)+C$ 都是 $f(x)$的原函数，故 $f(x)$的积分曲线有无穷多条，它们

中的任一条，都可以通过把积分曲线 $y=F(x)$ 沿 y 轴的方向平行移动一段距离而得到，所以一个函数 $f(x)$ 的不定积分的图形就是其全部积分曲线所构成的曲线族，这个积分曲线族的方程就是 $y=F(x)+C$，由于 $(F(x)+C)'=F'(x)=f(x)$，由导数的几何意义可知，$f(x)$ 正是积分曲线的切线斜率，在每一条积分曲线上横坐标为 x_0 的点处作切线，由于这些切线的斜率皆为 $f'(x_0)$，故这些切线是彼此平行的(图 5-5).

例 3 已知某曲线在任意点处的切线斜率为 $2x$，且曲线过点(0，1)，求该曲线方程.

解 由不定积分的几何意义，切线斜率为 $2x$ 的曲线族为

$$y=\int 2x\mathrm{d}x,$$

由于 $(x^2)'=2x$，故

$$y=\int 2x\mathrm{d}x=x^2+C.$$

由于曲线经过点(0，1)，将 $x=0$，$y=1$ 代入上式，有

$$1=0^2+C,\ C=1,$$

故所求曲线方程为 $y=x^2+1$(图 5-6)，切线斜率为 $2x$ 的曲线是一族可以经过平移而得到的积分曲线，而经过点(0，1)的曲线是图中所示的抛物线.

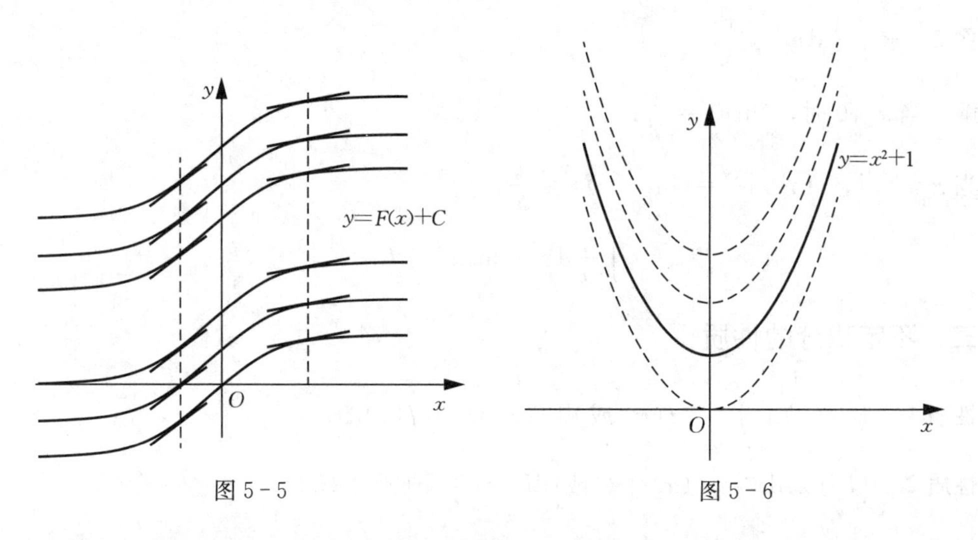

图 5-5　　图 5-6

习 题 5.2

1. $F(x)$ 是一个可导的函数，则 $\int F'(x)\mathrm{d}x=$ ________.

2. $\int f(x)\mathrm{d}x$ 指的是 $f(x)$ 的(　　).

(A)某个原函数；　(B)任意一个原函数；

(C)所有原函数；　(D)唯一的原函数.

3. 设函数 $f(x)$ 的一个原函数是 $\frac{1}{x}$，则 $f'(x)$ 为(　　).

(A)$\frac{1}{x}$；　(B)$\ln|x|$；　(C)$\frac{2}{x^3}$；　(D)$-\frac{1}{x^2}$.

4. 比较下列定积分的大小：

(1) $\int_0^{\frac{\pi}{2}} \cos x \mathrm{d}x$，$\int_0^{\frac{\pi}{2}} \cos^2 x \mathrm{d}x$；

(2) $\int_1^{\mathrm{e}} \ln x \mathrm{d}x$，$\int_1^{\mathrm{e}} \ln^2 x \mathrm{d}x$；

(3) $\int_{\mathrm{e}}^3 \ln x \mathrm{d}x$，$\int_{\mathrm{e}}^3 \ln^2 x \mathrm{d}x$.

§5.3 不定积分的计算

一、不定积分计算的基本公式

由于求导数或微分的运算与不定积分互为逆运算，所以对于每一个基本初等函数的求导公式就相应有一个求不定积分的公式，归纳起来，有下面不定积分的基本公式．

(1) $\int 0 \mathrm{d}x = C$；

(2) $\int x^\alpha \mathrm{d}x = \frac{1}{\alpha+1} x^{\alpha+1} + C(\alpha \neq -1)$；

(3) $\int \frac{1}{x} \mathrm{d}x = \ln|x| + C$；

(4) $\int a^x \mathrm{d}x = \frac{1}{\ln a} a^x + C(a > 0, a \neq 1)$；

(5) $\int \mathrm{e}^x \mathrm{d}x = \mathrm{e}^x + C$；

(6) $\int \sin x \mathrm{d}x = -\cos x + C$；

(7) $\int \cos x \mathrm{d}x = \sin x + C$；

(8) $\int \frac{1}{\cos^2 x} \mathrm{d}x = \tan x + C$；

(9) $\int \frac{1}{\sin^2 x} \mathrm{d}x = -\cot x + C$；

(10) $\int \frac{1}{\sqrt{1-x^2}} \mathrm{d}x = \arcsin x + C$；

(11) $\int \frac{1}{1+x^2} \mathrm{d}x = \arctan x + C$.

二、不定积分计算的基本方法

1. 直接积分法

不定积分基本公式是计算不定积分的出发点．有些初等函数的不定积分，虽然不能直接利用不定积分基本公式，但可通过适当的代数恒等变形，利用不定积分的性质，化为基本公式的类型，从而得出结果，由于其计算比较简单，故一般称这种不定积分计算方法为直接积分法．

例 1 求 $\int(2x-1)^2\mathrm{d}x$.

解
$$\begin{aligned}\int(2x-1)^2\mathrm{d}x&=\int(4x^2-4x+1)\mathrm{d}x\\&=4\int x^2\mathrm{d}x-4\int x\mathrm{d}x+\int\mathrm{d}x\\&=\frac{4}{2+1}x^{2+1}-\frac{4}{1+1}x^{1+1}+x+C\\&=\frac{4}{3}x^3-2x^2+x+C.\end{aligned}$$

例 2 求 $\int\left(\frac{1}{\sqrt{x}}-\sqrt[3]{x}+\frac{1}{x^2}\right)\mathrm{d}x$.

解
$$\begin{aligned}\int\left(\frac{1}{\sqrt{x}}-\sqrt[3]{x}+\frac{1}{x^2}\right)\mathrm{d}x&=\int\frac{1}{\sqrt{x}}\mathrm{d}x-\int\sqrt[3]{x}\mathrm{d}x+\int\frac{1}{x^2}\mathrm{d}x\\&=\frac{1}{-\frac{1}{2}+1}x^{-\frac{1}{2}+1}-\frac{1}{\frac{1}{3}+1}x^{\frac{1}{3}+1}+\frac{1}{-2+1}x^{-2+1}+C\\&=2\sqrt{x}-\frac{3}{4}x\sqrt[3]{x}-\frac{1}{x}+C.\end{aligned}$$

例 3 求 $\int\frac{x^2}{1+x^2}\mathrm{d}x$.

解
$$\begin{aligned}\int\frac{x^2}{1+x^2}\mathrm{d}x&=\int\frac{x^2+1-1}{1+x^2}\mathrm{d}x=\int\left(1-\frac{1}{1+x^2}\right)\mathrm{d}x\\&=\int x^0\mathrm{d}x-\int\frac{1}{1+x^2}\mathrm{d}x=x-\arctan x+C.\end{aligned}$$

例 4 求 $\int\tan^2x\mathrm{d}x$.

解
$$\begin{aligned}\int\tan^2x\mathrm{d}x&=\int\left(\frac{1}{\cos^2x}-1\right)\mathrm{d}x=\int\frac{1}{\cos^2x}\mathrm{d}x-\int\mathrm{d}x\\&=\tan x-x+C.\end{aligned}$$

例 5 求 $\int\frac{\sqrt{1-x^2}-x}{x\sqrt{1-x^2}}\mathrm{d}x$.

解
$$\begin{aligned}\int\frac{\sqrt{1-x^2}-x}{x\sqrt{1-x^2}}\mathrm{d}x&=\int\left(\frac{1}{x}-\frac{1}{\sqrt{1-x^2}}\right)\mathrm{d}x\\&=\ln|x|-\arcsin x+C.\end{aligned}$$

2. 换元积分法

利用直接积分法求不定积分的范围是很有限的，例如，对于简单的初等函数 e^{3x}，求其不定积分，直接积分法就解决不了．这里介绍另外一种积分法，是将较困难的不定积分计算问题转化为能够利用不定积分基本公式的形式，从而得到结果．为了说明这种方法，先看几个例子．

例 6 求 $\int\mathrm{e}^{3x}\mathrm{d}x$.

该积分与公式(5)不完全相同，不能直接利用积分公式，但是，比较一下它与公式(5)的

区别，只是被积函数 e^{3x} 与 e^x 在幂次上相差一个常数，那么

$$\int e^{3x}dx = \int e^{3x} \cdot \frac{1}{3}d(3x) = \frac{1}{3}\int e^{3x}d(3x).$$

若令 $u=3x$，则上式最后一个积分变为

$$\int e^{3x}d(3x) = \int e^u du,$$

这样，就可以利用基本积分公式(5)：

$$\int e^u du = e^u + C.$$

由于原不定积分的积分变量是 x，要将变量替换 $u=3x$ 代入上式右端，这样就得到了原不定积分的结果，整个计算过程可以表述为

$$\begin{aligned}\int e^{3x}dx &= \frac{1}{3}\int e^{3x}d(3x) \xlongequal{u=3x} \frac{1}{3}\int e^u du \\ &= \frac{1}{3}e^u + C \xlongequal{u=3x} \frac{1}{3}e^{3x} + C.\end{aligned}$$

例 7　求 $\int (2x+1)^{20}dx$.

解　如果用二项式定理将被积函数展开，然后利用不定积分运算性质及基本积分公式来计算，那是相当麻烦的，与上例方法类似，可对被积表达式凑上一个适当的常数，使得积分成为便于应用基本积分公式的形式．

由于 $dx=\frac{1}{2}d(2x+1)$，这样原积分变为

$$\begin{aligned}\int (2x+1)^{20}dx &= \frac{1}{2}\int (2x+1)^{20}d(2x+1) \xlongequal{u=2x+1} \frac{1}{2}\int u^{20}du = \frac{1}{42}u^{21} + C \\ &\xlongequal{u=2x+1} \frac{1}{42}(2x+1)^{21} + C.\end{aligned}$$

例 8　求 $\int \sin^2 x\cos x dx$.

解　该不定积分也不能直接利用积分公式，但

$$\cos x dx = d\int \cos x dx = d\sin x,$$

这样就有

$$\begin{aligned}\int \sin^2 x\cos x dx &= \int \sin^2 x d\sin x = \int u^2 du(u=\sin x) \\ &= \frac{1}{3}u^3 + C = \frac{1}{3}\sin^3 x + C.\end{aligned}$$

由此看来，虽然上述 3 个例题的结果不同，但所使用的方法是类似的，将不便于直接应用基本积分公式的不定积分对其被积表达式 $f(x)dx$ 凑上适当的常数或者进行微分式的变形，使得能应用基本积分公式．这里的关键是从被积函数中拿出来某因子 $g(x)$ 与 dx 结合起来，化成某个所需要函数的微分，即 $g(x)dx=d(\quad)$，这正是在不定积分的性质 1 中讨论过的问题，在括号中填上 $\int g(x)dx$ 即可，这实际上是先进行局部的不定积分，以达到凑成函数的微分，故这种方法一般称为**凑微分法**．

定理 5.3.1 如果已知 $\int f(u)\mathrm{d}u = F(u)+C$，且 $u=\varphi(x)$ 可导，则

$$\int f(\varphi(x))\varphi'(x)\mathrm{d}x = F(\varphi(x)) + C.$$

这个定理实质上做的是一个不定积分计算的转化工作，即将较难的不定积分 $\int f(\varphi(x))\varphi'(x)\mathrm{d}x$ 通过凑微分 $\varphi'(x)\mathrm{d}x=\mathrm{d}\varphi(x)$ 及换元 $u=\varphi(x)$ 化为较易计算的不定积分 $\int f(u)\mathrm{d}u$，利用这个积分的计算结果 $F(u)+C$ 就可以得到原来不定积分的计算结果 $F(\varphi(x))+C$. 数学方法通常都是做的这种化难为易、化繁为简的工作.

这个定理表达的整个计算过程可表述为

$$\int f(\varphi(x))\varphi'(x)\mathrm{d}x = \int f(\varphi(x))\mathrm{d}\varphi(x) = \int f(u)\mathrm{d}u$$
$$= F(u) + C = F(\varphi(x)) + C.$$

例 9 求 $\int x\sqrt{1+x^2}\,\mathrm{d}x$.

解 因为 $x=\frac{1}{2}(1+x^2)'$，取 $u=\varphi(x)=(1+x^2)$，所以

$$f(\varphi(x))=\frac{1}{2}\sqrt{1+x^2},$$

则

$$\begin{aligned}\int x\sqrt{1+x^2}\,\mathrm{d}x &= \frac{1}{2}\int\sqrt{1+x^2}\,\mathrm{d}(1+x^2)\\ &= \frac{1}{2}\int\sqrt{u}\,\mathrm{d}u(u=\varphi(x)=1+x^2)\\ &= \frac{1}{2}\cdot\frac{2}{3}u^{\frac{3}{2}}+C\\ &= \frac{1}{3}(1+x^2)^{\frac{3}{2}}+C.\end{aligned}$$

例 10 求 $\int\frac{\mathrm{e}^x}{1+\mathrm{e}^x}\mathrm{d}x$.

解 因为 $\mathrm{e}^x\mathrm{d}x=\mathrm{d}\mathrm{e}^x=\mathrm{d}(\mathrm{e}^x+1)$，取 $u=\varphi(x)=1+\mathrm{e}^x$，则

$$f(\varphi(x))=\frac{1}{1+\mathrm{e}^x},$$

所以

$$\int\frac{\mathrm{e}^x}{1+\mathrm{e}^x}=\int\frac{1}{1+\mathrm{e}^x}\mathrm{d}(1+\mathrm{e}^x)=\ln(1+\mathrm{e}^x)+C.$$

例 11 求 $\int\tan x\mathrm{d}x$.

解 因为 $\tan x\mathrm{d}x=\frac{\sin x}{\cos x}\mathrm{d}x$，则将 $\sin x\mathrm{d}x$ 凑成微分形式

$$\sin x\mathrm{d}x=\mathrm{d}\int\sin x\mathrm{d}x=-\mathrm{d}\cos x,$$

于是令 $u=\cos x$，有

$$\int\tan x\mathrm{d}x=\int\frac{\sin x}{\cos x}\mathrm{d}x=-\int\frac{1}{\cos x}\mathrm{d}\cos x$$

$$=-\int \frac{1}{u}du = -\ln|u| + C$$
$$= -\ln|\cos x| + C.$$

例 12 求 $\int \frac{\sin\sqrt{x}}{\sqrt{x}}dx$.

解 将 $\frac{1}{\sqrt{x}}dx$ 凑成微分形式有

$$\frac{1}{\sqrt{x}}dx = d\int \frac{1}{\sqrt{x}}dx = d\int x^{-\frac{1}{2}}dx$$
$$= d(2\sqrt{x}) = 2d\sqrt{x},$$

于是令 $u=\sqrt{x}$，有

$$\int \frac{\sin\sqrt{x}}{\sqrt{x}}dx = 2\int \sin\sqrt{x}\,d\sqrt{x} = 2\int \sin u du$$
$$= -2\cos u + C = -2\cos\sqrt{x} + C.$$

凑微分与换元的目的是为了便于利用基本积分公式，当运算比较熟悉之后，就可以略去设中间变量及换元的步骤，如上例的运算过程可以简化为

$$\int \frac{\sin\sqrt{x}}{\sqrt{x}}dx = 2\int \sin\sqrt{x}\,d\sqrt{x} = -2\cos\sqrt{x} + C.$$

例 13 求 $\int \sin^3 x dx$.

解 $\int \sin^3 x dx = \int \sin^2 x \sin x dx = -\int (1-\cos^2 x) d\cos x$

$$= \int \cos^2 x d\cos x - \int d\cos x = \frac{1}{3}\cos^3 x - \cos x + C.$$

例 14 求 $\int \frac{e^{\frac{1}{x}}}{x^2}dx$.

解 因为 $\frac{1}{x^2}dx = d\int \frac{1}{x^2}dx = d\int x^{-2}dx = -d\left(\frac{1}{x}\right)$，所以

$$\int \frac{e^{\frac{1}{x}}}{x^2}dx = -\int e^{\frac{1}{x}}d\left(\frac{1}{x}\right) = -e^{\frac{1}{x}} + C.$$

例 15 求 $\int \frac{1}{4+9x^2}dx$.

解 $\int \frac{1}{4+9x^2}dx = \int \frac{1}{4\left(1+\frac{9}{4}x^2\right)}dx = \frac{1}{4}\int \frac{1}{1+\left(\frac{3x}{2}\right)^2}dx$

$$= \frac{1}{4}\cdot\frac{2}{3}\int \frac{1}{1+\left(\frac{3x}{2}\right)^2}d\left(\frac{3x}{2}\right)$$
$$= \frac{1}{6}\arctan\frac{3x}{2} + C.$$

例 16 求 $\int \frac{1}{\sqrt{a^2-x^2}}dx\,(a>0)$.

解 $\int\frac{1}{\sqrt{a^2-x^2}}\mathrm{d}x=\int\frac{1}{a\sqrt{1-\left(\frac{x}{a}\right)^2}}\mathrm{d}x=\int\frac{1}{\sqrt{1-\left(\frac{x}{a}\right)^2}}\mathrm{d}\left(\frac{x}{a}\right)$

$$=\arcsin\frac{x}{a}+C.$$

例 17 求$\int\frac{1}{(\ln x+1)x}\mathrm{d}x$.

解 $\frac{1}{x}\mathrm{d}x=\mathrm{d}\int\frac{1}{x}\mathrm{d}x=\mathrm{d}\ln x$，于是

$$\int\frac{1}{(\ln x+1)x}\mathrm{d}x=\int\frac{1}{\ln x+1}\mathrm{d}\ln x=\int\frac{1}{\ln x+1}\mathrm{d}(\ln x+1)=\ln|\ln x+1|+C.$$

为了便于应用，把几种常用的凑微分形式归纳如下：

(1) $\mathrm{d}x=\frac{1}{a}\mathrm{d}(ax+b)(a\neq0)$；

(2) $\frac{1}{x}\mathrm{d}x=\mathrm{d}\ln|x|$；

(3) $\frac{1}{x^2}\mathrm{d}x=-\mathrm{d}\frac{1}{x}$；

(4) $\frac{1}{\sqrt{x}}\mathrm{d}x=2\mathrm{d}\sqrt{x}$；

(5) $\mathrm{e}^x\mathrm{d}x=\mathrm{d}\mathrm{e}^x$；

(6) $\cos x\mathrm{d}x=\mathrm{d}\sin x$；

(7) $\sin x\mathrm{d}x=-\mathrm{d}\cos x$.

如果积分$\int f(x)\mathrm{d}x$的计算用上述方法不易得到结果，可以引进新的积分变量t，令$x=\varphi(t)$，这样，原不定积分化为$\int f(\varphi(t))\varphi'(t)\mathrm{d}t$使之变成能够应用基本积分公式的形式，也就是通过换元$x=\varphi(t)$，把较难计算的不定积分$\int f(x)\mathrm{d}x$化为较易计算的不定积分$\int f(\varphi(t))\varphi'(t)\mathrm{d}t$，通过$\int f(\varphi(t))\varphi'(t)\mathrm{d}t$的计算结果从而得到$\int f(x)\mathrm{d}x$的计算结果.

例 18 求$\frac{1}{1+\sqrt{x}}\mathrm{d}x$.

解 令$\sqrt{x}=t$，$x=\varphi(t)=t^2$，则

$$\mathrm{d}x=\mathrm{d}\varphi(t)=\mathrm{d}t^2=2t\mathrm{d}t,$$

所以

$$\begin{aligned}\int\frac{1}{1+\sqrt{x}}\mathrm{d}x&=\int\frac{2t}{1+t}\mathrm{d}t=2\int\left(1-\frac{1}{1+t}\right)\mathrm{d}t\\&=2\left(\int\mathrm{d}t-\int\frac{1}{1+t}\mathrm{d}(t+1)\right)\\&=2(t-\ln|1+t|+C)\\&=2(\sqrt{x}-\ln(1+\sqrt{x})+C).\end{aligned}$$

例 19 求$\int\frac{1}{x\sqrt{2x-9}}\mathrm{d}x$.

解 令$\sqrt{2x-9}=t$，$2x-9=t^2$，则

$$x=\varphi(t)=\frac{t^2+9}{2},$$

$$\mathrm{d}x=\mathrm{d}\varphi(t)=\mathrm{d}\frac{t^2+9}{2}=t\mathrm{d}t,$$

于是有

$$\int \frac{1}{x\sqrt{2x-9}}\mathrm{d}x = \int \frac{1}{\frac{t^2+9}{2}\cdot t}t\,\mathrm{d}t = 2\int \frac{1}{9+t^2}\mathrm{d}t$$

$$= 2\int \frac{1}{9\left(1+\left(\frac{t}{3}\right)^2\right)}\mathrm{d}t = \frac{2}{3}\int \frac{1}{1+\left(\frac{t}{3}\right)^2}\mathrm{d}\,\frac{t}{3}$$

$$= \frac{2}{3}\arctan\frac{t}{3}+C$$

$$= \frac{2}{3}\arctan\frac{\sqrt{2x-9}}{3}+C.$$

3. 分部积分法

以上用换元法求出了一些函数的不定积分，但是对于有些外形虽然比较简单的不定积分，例如，$\int xe^x\mathrm{d}x$，$\int x\sin x\mathrm{d}x$，$\int x\ln x\mathrm{d}x$ 等，用换元积分法和直接积分法不能求其解，要求解诸如此类的不定积分，需要用到求不定积分的另外一种有效方法，这就是分部积分法，其基本出发点也是通过适当的变换组合将这些较难计算的不定积分化为较易计算的不定积分，同样做的是化难为易的工作．

分部积分法是由二个函数乘积的微分法则推导出来．

定理 5.3.2（分部积分法）　设 $u(x)$，$v(x)$ 是可微的函数，则

$$\int u(x)v'(x)\mathrm{d}x = u(x)v(x) - \int v(x)u'(x)\mathrm{d}x,$$

即

$$\int u(x)\mathrm{d}v(x) = u(x)v(x) - \int v(x)\mathrm{d}u(x).$$

分部积分公式表明，对于给定的不定积分，如果可以凑成积分形式 $\int u(x)\mathrm{d}v(x)$ 则利用分部积分公式可以将其化为不定积分 $\int v(x)\mathrm{d}u(x)$．转化的目的，是要将较难计算的 $\int u(x)\mathrm{d}v(x)$ 化为较易计算的 $\int v(x)\mathrm{d}u(x)$．如果将较难计算的 $\int u(x)\mathrm{d}v(x)$ 化为更难计算的 $\int v(x)\mathrm{d}u(x)$，那就适得其反．因此，应用分部积分公式的关键是如何恰当地选择 $u(x)$ 和 $v(x)$．

例 20　求 $\int xe^x\mathrm{d}x$.

解　第一步，对被积表达式组合凑微分，选择 $u(x)$ 和 $v(x)$：

$$xe^x\mathrm{d}x = x\mathrm{d}e^x,$$

选择 $u(x)=x$，$v(x)=e^x$.

第二步，应用分部积分公式，有

$$\int xe^x\mathrm{d}x = \int x\mathrm{d}e^x = \int u(x)\mathrm{d}v(x)$$

$$= u(x)v(x) - \int v(x)\mathrm{d}u(x)$$

$$= xe^x - \int e^x dx = xe^x - e^x + C.$$

从中可以看出，应用分部积分公式将较难计算的 $\int xe^x dx$ 化为能直接利用基本积分公式 $\int e^x dx = e^x + C$ 的形式，这表明在第一步中选择 $u(x)=x$，$v(x)=e^x$ 是恰当的，否则若将 $xe^x dx$ 凑成 $e^x x dx=\frac{1}{2}e^x dx^2$ 的形式，选取 $u(x)=e^x$，$v(x)=x^2$，应用分部积分公式，则有

$$\begin{aligned}\int xe^x dx &= \frac{1}{2}\int e^x dx^2 = \frac{1}{2}\int u(x)dv(x) \\ &= \frac{1}{2}\left(u(x)v(x) - \int v(x)du(x)\right) \\ &= \frac{1}{2}\left(x^2e^x - \int x^2 de^x\right) \\ &= \frac{1}{2}\left(x^2e^x - \int x^2e^x dx\right).\end{aligned}$$

这样将较难计算的 $\int xe^x dx$ 化为更难计算的 $\int x^2e^x dx$，没有达到化难为易的目的，这表明选取 $u(x)=e^x$，$v(x)=x^2$ 是不恰当的 .

例 21 求 $\int x\ln x dx$.

解 因为 $x\ln x dx=\frac{1}{2}\ln x dx^2$，则取 $u(x)=\ln x$，$v(x)=x^2$，于是

$$\begin{aligned}\int x\ln x dx &= \frac{1}{2}\int \ln x dx^2 = \frac{1}{2}\left(x^2\ln x - \int x^2 d\ln x\right) \\ &= \frac{1}{2}\left(x^2\ln x - \int x dx\right) = \frac{1}{2}\left(x^2\ln x - \frac{1}{2}x^2\right) + C.\end{aligned}$$

例 22 求 $\int x\sin x dx$.

解 因为 $x\sin x dx=-xd\cos x$，则选取 $u(x)=x$，$v(x)=\cos x$，于是

$$\begin{aligned}\int x\sin x dx &= -\int xd\cos x = -\int u(x)dv(x) \\ &= -\left(u(x)v(x) - \int v(x)du(x)\right) \\ &= -\left(x\cos x - \int \cos x dx\right) \\ &= -x\cos x + \sin x + C.\end{aligned}$$

例 23 求 $\int \arctan x dx$.

解 直接选取 $u(x)=\arctan x$，$v(x)=x$，于是

$$\begin{aligned}\int \arctan x &= \int u(x)dv(x) = u(x)v(x) - \int v(x)du(x) \\ &= x\arctan x - \int xd\arctan x\end{aligned}$$

$$= x\arctan x - \int \frac{x}{1+x^2}\mathrm{d}x$$

$$= x\arctan x - \frac{1}{2}\int \frac{1}{1+x^2}\mathrm{d}(1+x^2)$$

$$= x\arctan x - \frac{1}{2}\ln(1+x^2) + C.$$

例 24　求 $\int e^x \sin x\mathrm{d}x$.

解　因为 $e^x \sin x\mathrm{d}x = \sin x\mathrm{d}e^x$，则选取 $u(x)=\sin x$，$v(x)=e^x$，所以

$$\int e^x \sin x\mathrm{d}x = \int \sin x\mathrm{d}e^x = e^x \sin x - \int e^x \mathrm{d}\sin x$$

$$= e^x \sin x - \int e^x \cos x\mathrm{d}x = e^x \sin x - \int \cos x\mathrm{d}e^x$$

$$= e^x \sin x - \left(e^x \cos x - \int e^x \mathrm{d}\cos x\right)$$

$$= e^x \sin x - e^x \cos x - \int e^x \sin x\mathrm{d}x + C,$$

这是一个关于 $\int e^x \sin x\mathrm{d}x$ 的方程，将其解出，得

$$\int e^x \sin x\mathrm{d}x = \frac{1}{2}e^x(\sin x - \cos x) + C.$$

4. 简单有理分式函数的积分

函数$\frac{x}{1-x^2}$，$\frac{x^2}{1+x}$，$\frac{1}{x^2-a^2}$，$\frac{x}{1+x}$等都是有理分式函数．由于它们分子分母的次数不高，形式也比较简单，将类似于这些函数的积分称为简单有理分式函数的积分．这些函数的积分有些可直接利用上述各种方法，有些则先需要对被积函数作简单的恒等变形，然后利用上述方法求解．

例 25　求下列不定积分：

(1) $\int \frac{x}{1-x^2}\mathrm{d}x$；　　(2) $\int \frac{x^2}{1+x}\mathrm{d}x$；

(3) $\int \frac{x}{1+x}\mathrm{d}x$；　　(4) $\int \frac{1}{x^2-a^2}\mathrm{d}x$.

解　(1) $\int \frac{x}{1-x^2}\mathrm{d}x = \frac{1}{2}\int \frac{1}{1-x^2}\mathrm{d}x^2 = -\frac{1}{2}\int \frac{1}{1-x^2}\mathrm{d}(1-x^2)$

$$= -\frac{1}{2}\ln|1-x^2| + C.$$

(2) $\int \frac{x^2}{1+x}\mathrm{d}x = \int \frac{x^2-1+1}{1+x}\mathrm{d}x = \int \left(x-1+\frac{1}{1+x}\right)\mathrm{d}x$

$$= \int x\mathrm{d}x - \int \mathrm{d}x + \int \frac{1}{1+x}\mathrm{d}x = \frac{1}{2}x^2 - x + \int \frac{1}{1+x}\mathrm{d}(1+x)$$

$$= \frac{1}{2}x^2 - x + \ln|1+x| + C.$$

(3) $\int \frac{x}{1+x}\mathrm{d}x = \int \frac{x+1-1}{1+x}\mathrm{d}x = \int \left(1-\frac{1}{1+x}\right)\mathrm{d}x$

$$=\int dx-\int\frac{1}{1+x}d(1+x)$$

$$=x-\ln|1+x|+C.$$

(4) $\int\frac{1}{x^2-a^2}dx=\int\frac{1}{(x+a)(x-a)}dx$

$$=-\frac{1}{2a}\int\left(\frac{1}{x+a}-\frac{1}{x-a}\right)dx$$

$$=-\frac{1}{2a}\left(\int\frac{1}{x+a}d(x+a)-\int\frac{1}{x-a}d(x-a)\right)$$

$$=-\frac{1}{2a}(\ln|x+a|-\ln|x-a|)+C$$

$$=\frac{1}{2a}\ln\left|\frac{x-a}{x+a}\right|+C.$$

例 26 求下列不定积分：

(1) $\int\frac{1}{x^2-2x+5}dx$； (2) $\int\frac{2x-1}{x^2-2x+5}dx$.

解 (1) $\int\frac{1}{x^2-2x+5}dx=\int\frac{1}{(x-1)^2+4}dx=\frac{1}{2}\arctan\frac{x-1}{2}+C.$

(2) $\int\frac{2x-1}{x^2-2x+5}dx=\int\frac{2x-2+1}{x^2-2x+5}dx$

$$=\int\frac{2x-2}{x^2-2x+5}dx+\int\frac{1}{x^2-2x+5}dx$$

$$=\int\frac{1}{x^2-2x+5}d(x^2-2x+5)+\frac{1}{2}\arctan\frac{x-1}{2}$$

$$=\ln|x^2-2x+5|+\frac{1}{2}\arctan\frac{x-1}{2}+C.$$

习 题 5.3

求下列不定积分：

(1) $\int\left(\frac{2}{x}+\frac{x}{3}\right)^2dx$； (2) $\int\sec x dx$；

(3) $\int\frac{\tan\sqrt{x}}{\sqrt{x}}dx$； (4) $\int\frac{1}{2x^2+9}dx$；

(5) $\int\frac{dx}{x\ln x}$； (6) $\int\frac{x^2-5x+9}{x^2-5x+6}dx$；

(7) $\int\arcsin x dx$； (8) $\int x\arctan x dx$.

§5.4 定积分的计算

一、直接积分法

在定积分的计算中，直接应用牛顿—莱布尼茨公式，即首先计算不定积分，再将上下限代入，求出计算结果，这种方法叫作直接积分法．

例 1　计算下列定积分：

(1) $\int_0^1 x\mathrm{d}x$；　　　　(2) $\int_1^2\left(2x+\frac{1}{x}\right)\mathrm{d}x$.

解　(1)先计算 $\int x\mathrm{d}x=\frac{1}{2}x^2+C$，故 $\frac{1}{2}x^2$ 是 x 的一个原函数，于是

$$\int_0^1 x\mathrm{d}x=\frac{1}{2}x^2\Big|_0^1=\frac{1}{2}(1^2-0^2)=\frac{1}{2}.$$

(2) $\int_1^2\left(2x+\frac{1}{x}\right)\mathrm{d}x=(x^2+\ln|x|)\Big|_1^2=2^2+\ln2-(1^2+\ln1)$

$$=4+\ln2-1=3+\ln2.$$

注意：在计算定积分时，只写 $f(x)$ 的一个原函数 $F(x)$，不需要再加上任意常数，这是因为

$$\begin{aligned}(F(x)+C)\Big|_a^b&=(F(b)+C)-(F(a)+C)\\&=F(b)-F(a)=F(x)\Big|_a^b.\end{aligned}$$

例 2　求下列定积分：

(1) $\int_0^{\frac{1}{3}}\mathrm{e}^{3x}\mathrm{d}x$；　　　　(2) $\int_0^2\frac{x}{\sqrt{1+x^2}}\mathrm{d}x$.

解　(1) $\int\mathrm{e}^{3x}\mathrm{d}x=\frac{1}{3}\int\mathrm{e}^{3x}\mathrm{d}3x=\frac{1}{3}\mathrm{e}^{3x}+C$,

于是
$$\int_0^{\frac{1}{3}}\mathrm{e}^{3x}\mathrm{d}x=\left(\frac{1}{3}\mathrm{e}^{3x}\right)\Big|_0^{\frac{1}{3}}=\frac{1}{3}(\mathrm{e}^{3\cdot\frac{1}{3}}-\mathrm{e}^{3\cdot0})=\frac{1}{3}(\mathrm{e}-1).$$

(2) $\int\frac{x}{\sqrt{1+x^2}}\mathrm{d}x=\frac{1}{2}\int(1+x^2)^{-\frac{1}{2}}\mathrm{d}(1+x^2)=\sqrt{1+x^2}+C$,

于是
$$\int_0^2\frac{x}{\sqrt{1+x^2}}\mathrm{d}x=\sqrt{1+x^2}\Big|_0^2=\sqrt{1+2^2}-\sqrt{1+0^2}=\sqrt{5}-1.$$

二、定积分换元积分法

利用换元法求定积分 $\int_a^b f(x)\mathrm{d}x$ 的步骤是：

(1)对积分变量 x 作变换：令 $x=\varphi(t)$.

(2)求出新的被积表达式：

$$f(x)\mathrm{d}x=f(\varphi(t))\mathrm{d}\varphi(t)=f(\varphi(t))\varphi'(t)\mathrm{d}t.$$

(3)利用 $x=\varphi(t)$ 求出新的积分上下限：

当 $x=a$ 时，由 $a=\varphi(\alpha)$，求出 $t=\alpha$；

当 $x=b$ 时，由 $b=\varphi(\beta)$，求出 $t=\beta$.

(4)用牛顿—莱布尼茨公式计算新的定积分：

$$\int_\alpha^\beta f(\varphi(t))\varphi'(t)\mathrm{d}t,$$

该定积分值就是原定积分值，简而言之，就是如下的定积分换元公式：

$$\int_a^b f(x)\mathrm{d}x=\int_\alpha^\beta f(\varphi(t))\varphi'(t)\mathrm{d}t.$$

上述变换的目的是要将较难计算的左端定积分换成较易计算的右端的定积分．

例 3 求$\int_1^{e}\frac{\ln^2 x}{x}dx$.

解 令 $\ln x=t$，即 $x=e^t$，

$$\frac{\ln^2 x}{x}dx=\frac{t^2}{e^t}de^t=\frac{t^2}{e^t}e^t dt=t^2 dt.$$

当 $x=1$ 时，由 $1=e^0$，得 $t=0$；

当 $x=e$ 时，由 $e=e^1$，得 $t=1$，

于是
$$\int_1^{e}\frac{\ln^2 x}{x}dx=\int_0^1 t^2 dt=\frac{1}{3}t^3\Big|_0^1=\frac{1}{3}(1^3-0^3)=\frac{1}{3}.$$

例 4 求$\int_0^{\ln 2}e^x(1+e^x)^2dx$.

解 令 $e^x+1=t$，$x=\ln(t-1)$，则

$$e^x(1+e^x)^2dx=(t-1)t^2 d\ln(t-1)=t^2 dt,$$

由变换式 $x=\ln(t-1)$ 可得，当 $x=0$ 时，$t=2$；$x=\ln 2$ 时，$t=3$，于是

$$\int_0^{\ln 2}e^x(1+e^x)^2dx=\int_2^3 t^2 dt=\frac{1}{3}t^3\Big|_2^3=\frac{1}{3}(3^3-2^3)=\frac{19}{3}.$$

在换元积分法运用熟练后，也可不必写出替换的变量而借助于凑微分进行直接计算．

$$\int_1^{e}\frac{\ln^2 x}{x}dx=\int_1^{e}\ln^2 x d\ln x=\frac{1}{3}\ln^3 x\Big|_1^{e}=\frac{1}{3}(\ln^3 e-\ln^3 1)=\frac{1}{3}.$$

$$\int_0^{\ln 2}e^x(1+e^x)^2dx=\int_0^{\ln 2}(1+e^x)^2 d(1+e^x)=\frac{1}{3}(1+e^x)^3\Big|_0^{\ln 2}$$
$$=\frac{1}{3}(27-8)=\frac{19}{3}.$$

例 5 求$\int_0^1\sqrt{1-x^2}dx$.

解 为了去掉被积函数中的根号，作变量代换

$$x=\sin t,\ t\in\left[0,\ \frac{\pi}{2}\right],$$

则
$$\sqrt{1-x^2}dx=\sqrt{1-\sin^2 t}d\sin t=\cos^2 t dt.$$

当 $x=0$ 时，$t=0$；当 $x=1$ 时，$t=\frac{\pi}{2}$，于是

$$\int_0^1\sqrt{1-x^2}dx=\int_0^{\frac{\pi}{2}}\cos^2 t dt=\frac{1}{2}\int_0^{\frac{\pi}{2}}(1+\cos 2t)dt$$
$$=\frac{1}{2}\left(\int_0^{\frac{\pi}{2}}dt+\frac{1}{2}\int_0^{\frac{\pi}{2}}\cos 2t d2t\right)$$
$$=\frac{1}{2}\left(\frac{\pi}{2}+\frac{1}{2}\sin 2t\Big|_0^{\frac{\pi}{2}}\right)=\frac{\pi}{4}.$$

例 6 设函数 $y=f(x)$ 在$[-a,\ a]$上连续，求证：

(1)若 $f(x)$ 为偶函数，则$\int_{-a}^{a}f(x)dx=2\int_0^{a}f(x)dx$；

(2)若 $f(x)$ 为奇函数，则$\int_{-a}^{a}f(x)dx=0$.

证明　因为
$$\int_{-a}^{a} f(x)\mathrm{d}x = \int_{-a}^{0} f(x)\mathrm{d}x + \int_{0}^{a} f(x)\mathrm{d}x,$$
用定积分换元积分法计算 $\int_{-a}^{0} f(x)\mathrm{d}x$，令 $x=-t$，当 $x=-a$ 时，$t=a$；当 $x=0$ 时，$t=0$.

(1)当 $f(x)$ 为偶函数时，
$$f(x)\mathrm{d}x=f(-t)\mathrm{d}(-t)=-f(t)\mathrm{d}t,$$
于是
$$\int_{-a}^{0} f(x)\mathrm{d}x = \int_{a}^{0}(-f(t))\mathrm{d}t = \int_{0}^{a} f(t)\mathrm{d}t = \int_{0}^{a} f(x)\mathrm{d}x,$$
所以
$$\int_{-a}^{a} f(x)\mathrm{d}x = \int_{0}^{a} f(x)\mathrm{d}x + \int_{0}^{a} f(x)\mathrm{d}x = 2\int_{0}^{a} f(x)\mathrm{d}x.$$

(2)当 $f(x)$ 为奇函数时，
$$f(x)\mathrm{d}x=f(-t)\mathrm{d}(-t)=-f(t)(-\mathrm{d}t)=f(t)\mathrm{d}t,$$
于是
$$\int_{-a}^{0} f(x)\mathrm{d}x = \int_{a}^{0} f(t)\mathrm{d}t = -\int_{0}^{a} f(t)\mathrm{d}t = -\int_{0}^{a} f(x)\mathrm{d}x,$$
所以
$$\int_{-a}^{a} f(x)\mathrm{d}x = -\int_{0}^{a} f(x)\mathrm{d}x + \int_{0}^{a} f(x)\mathrm{d}x = 0.$$

从几何上看，当 $f(x)$ 为偶函数时，函数 $y=f(x)$ 的图形是关于 y 轴对称的，不妨设 $f(x)>0$，这时曲边梯形 $ABCD$ 的面积等于曲边梯形 $AOED$ 的面积的两倍(图 5－7(a))，当 $f(x)$ 有正有负时亦然.

当 $f(x)$ 为奇函数时，函数 $y=f(x)$ 的图形是关于原点对称的，此时面积的代数和为零(图 5－7(b)).

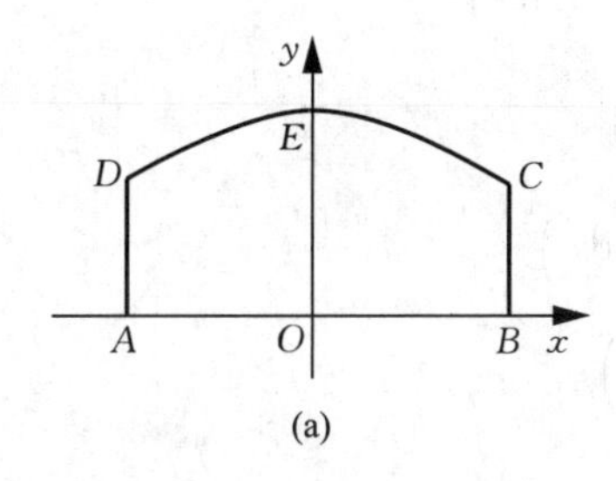

(a)　　(b)

图 5－7

例 7　计算定积分：

(1) $\int_{-1}^{1}(x^3+2\sin x-5x^2)\mathrm{d}x$；　　(2) $\int_{-\pi}^{\pi} x^3 \mathrm{e}^{\cos x}\mathrm{d}x$.

解　(1) $\int_{-1}^{1}(x^3+2\sin x-5x^2)\mathrm{d}x = \int_{-1}^{1}(x^3+2\sin x)\mathrm{d}x - 5\int_{-1}^{1} x^2\mathrm{d}x$
$$= 0-10\int_{0}^{1} x^2\mathrm{d}x = -\frac{10}{3}x^3\Big|_0^1 = -\frac{10}{3}.$$

(2)因被积函数 $x^3\mathrm{e}^{\cos x}$ 是奇函数，且积分区间是关于原点对称的，故
$$\int_{-\pi}^{\pi} x^3 \mathrm{e}^{\cos x}\mathrm{d}x = 0.$$

三、定积分分部积分法

定积分的分部积分法有如下公式：

$$\int_a^b u(x)\mathrm{d}v(x) = u(x)v(x)\Big|_a^b - \int_a^b v(x)\mathrm{d}u(x),$$

这与不定积分的分部积分公式很相似．

例 8 求 $\int_0^1 x\mathrm{e}^x\mathrm{d}x$.

解 $\int_0^1 x\mathrm{e}^x\mathrm{d}x = \int_0^1 x\mathrm{d}\mathrm{e}^x = x\mathrm{e}^x\Big|_0^1 - \int_0^1 \mathrm{e}^x\mathrm{d}x$

$= \mathrm{e} - \mathrm{e}^x\Big|_0^1 = \mathrm{e} - (\mathrm{e}^1 - \mathrm{e}^0) = 1.$

从例 8 可以看出，用分部积分法求定积分与分部积分法求不定积分一样，开始将 $\mathrm{e}^x\mathrm{d}x$ 凑成微分式 $\mathrm{d}\mathrm{e}^x$，被积表达式 $x\mathrm{e}^x\mathrm{d}x = x\mathrm{d}\mathrm{e}^x$，于是可选 $u(x)=x$，$v(x)=\mathrm{e}^x$，然后用分部积分公式．

例 9 求 $\int_0^\pi x\cos x\mathrm{d}x$.

解 $\int_0^\pi x\cos x\mathrm{d}x = \int_0^\pi x\mathrm{d}\sin x = x\sin x\Big|_0^\pi - \int_0^\pi \sin x\mathrm{d}x$

$= \pi\sin\pi - 0\sin 0 + \cos x\Big|_0^\pi = -2.$

例 10 求 $\int_0^1 x\arctan x\mathrm{d}x$.

解 $\int_0^1 x\arctan x\mathrm{d}x = \frac{1}{2}\int_0^1 \arctan x\mathrm{d}x^2$

$= \frac{1}{2}\left(x^2\arctan x\Big|_0^1 - \int_0^1 x^2\mathrm{d}\arctan x\right)$

$= \frac{1}{2}\left(\frac{\pi}{4} - \int_0^1 \frac{1+x^2-1}{1+x^2}\mathrm{d}x\right)$

$= \frac{1}{2}\left(\frac{\pi}{4} - \int_0^1 \mathrm{d}x + \int_0^1 \frac{1}{1+x^2}\mathrm{d}x\right)$

$= \frac{1}{2}\left(\frac{\pi}{4} - x\Big|_0^1 + \arctan x\Big|_0^1\right)$

$= \frac{1}{2}\left(\frac{\pi}{4} - 1 + \arctan 1 - \arctan 0\right)$

$= \frac{1}{2}\left(\frac{\pi}{2} - 1\right).$

四、可变上限积分及其导数

设函数 $f(x)$在区间$[a, b]$上连续，且 x 为$[a, b]$上任意一点，考虑积分 $\int_a^b f(t)\mathrm{d}t$，当积分上限改变为$[a, b]$内的点 x 时，该积分的值为 $\int_a^x f(t)\mathrm{d}t$，由于 $f(x)$为已知函数，而 a 为一个固定的点，所以积分 $\int_a^x f(t)\mathrm{d}t$ 的结果仅与变量 x 有关，当 x 取不同的数值时，$\int_a^x f(t)\mathrm{d}t$ 随 x 的变化而变化，即 $\int_a^x f(t)\mathrm{d}t$ 是变量 x 的一个函数，记为

$$\Phi(x) = \int_a^x f(t)\mathrm{d}t\,(a \leqslant x \leqslant b),$$

并称之为**可变上限的定积分**，或称为**积分上限的函数**.

显然，$\Phi(b)=\int_a^b f(t)\mathrm{d}t$. 因此，只要确定函数$\Phi(x)$和$f(x)$的关系，那么定积分的计算问题便可以解决.

定理 5.4.1　若函数$f(x)$在区间$[a, b]$上连续，则积分上限的函数$\Phi(x)=\int_a^x f(t)\mathrm{d}t$在$[a, b]$上可导，并且其导数为

$$\Phi'(x)=\left(\int_a^x f(t)\mathrm{d}t\right)'=f(x)(a\leqslant x\leqslant b).$$

证明　设$x\in(a, b)$，给x以增量Δx，其绝对值足够小，使得$x+\Delta x\in(a, b)$，则

$$\Phi(x+\Delta x)=\int_a^{x+\Delta x} f(t)\mathrm{d}t.$$

由此可得其函数值增量为

$$\Delta\Phi=\Phi(x+\Delta x)-\Phi(x)=\int_a^{x+\Delta x} f(t)\mathrm{d}t-\int_a^x f(t)\mathrm{d}t=\int_x^{x+\Delta x} f(t)\mathrm{d}t.$$

由积分中值定理得

$$\Delta\Phi=\int_x^{x+\Delta x} f(t)\mathrm{d}t=f(\xi)\cdot\Delta x\quad(\xi\text{在}x,\ x+\Delta x\text{之间}).$$

由于函数$f(x)$在区间$[a, b]$上连续，所以当$\Delta x\to 0$时，$\xi\to x$，进而$\lim\limits_{\Delta x\to 0}f(\xi)=f(x)$，故由导数定义得

$$\Phi'(x)=\lim_{\Delta x\to 0}\frac{\Delta\Phi}{\Delta x}=\lim_{\Delta x\to 0}f(\xi)=f(x).$$

例 11　求下列函数的导数：

(1) $\int_0^x \frac{1}{\sqrt{1+t^3}}\mathrm{d}t$;　　(2) $\int_x^b(1+\sin t)\mathrm{d}t$;　　(3) $\int_0^{x^3}\sin t^2\mathrm{d}t$.

解　(1) $\left(\int_0^x \frac{1}{\sqrt{1+t^3}}\mathrm{d}t\right)'=\frac{1}{\sqrt{1+x^3}}$.

(2)由于$\int_x^b(1+\sin t)\mathrm{d}t=-\int_b^x(1+\sin t)\mathrm{d}t$，因此

$$\left(\int_x^b(1+\sin t)\mathrm{d}t\right)'=-\left(\int_b^x(1+\sin t)\mathrm{d}t\right)'=-1-\sin x.$$

(3)已知积分上限的函数$\int_0^{x^3}\sin t^2\mathrm{d}t$是$x$的复合函数，设$u=x^3$，$F(u)=\int_0^u\sin t^2\mathrm{d}t$，则由复合函数求导法则得

$$\left(\int_0^{x^3}\sin t^2\mathrm{d}t\right)'=\frac{\mathrm{d}}{\mathrm{d}u}\int_0^u\sin t^2\mathrm{d}t\cdot\frac{\mathrm{d}u}{\mathrm{d}x}=\sin u^2\cdot 3x^2=3x^2\sin x^6.$$

例 12　求极限$\lim\limits_{x\to 0}\frac{\int_0^{x^2}\cos t\mathrm{d}t}{x\sin x}$.

解　$$\lim_{x\to 0}\frac{\int_0^{x^2}\cos t\mathrm{d}t}{x\sin x}=\lim_{x\to 0}\frac{\int_0^{x^2}\cos t\mathrm{d}t}{x^2}=\lim_{x\to 0}\frac{\left(\int_0^{x^2}\cos t\mathrm{d}t\right)'}{(x^2)'}$$

$$=\lim_{x\to 0}\frac{2x\cos x^2}{2x}=\lim_{x\to 0}\cos x^2=1.$$

习 题 5.4

1. 计算下列定积分：

(1) $\int_0^2 |1-x|\mathrm{d}x$；　　(2) $\int_0^1 \frac{\mathrm{d}x}{x^2-4}$；

(3) $\int_{-1}^1 \frac{x}{\sqrt{5-4x}}\mathrm{d}x$；　　(4) $\int_1^{\mathrm{e}} x\ln x\mathrm{d}x$；

(5) $\int_0^{\ln 2} x\mathrm{e}^x\mathrm{d}x$.

2. 求下列函数的导数：

(1) $\int_0^{x^2} \ln(1+t^2)\mathrm{d}t$；　　(2) $\int_x^{x^2} \frac{1}{\sqrt{1+t^2}}\mathrm{d}t$.

§5.5 无穷限积分

从前面的讨论中可以知道，定积分的积分区间是有限的，但是在实际中，往往会遇到积分区间是无穷的情形，无穷区间一般有三种情形$[a, +\infty)$，$(-\infty, b]$，$(-\infty, +\infty)$，因此，无穷限积分也有三种情形.

定义 5.5.1 设函数 $y=f(x)$在区间$[a, +\infty)$上有定义，且对任意数 $b(b>a)$，函数 $f(x)$在$[a, b]$上可积. 如果极限

$$\lim_{b\to+\infty}\int_a^b f(x)\mathrm{d}x$$

存在，则称此极限为函数 $f(x)$在$[a, +\infty)$上的**无穷限积分**，记为$\int_a^{+\infty} f(x)\mathrm{d}x$，即

$$\int_a^{+\infty} f(x)\mathrm{d}x = \lim_{b\to+\infty}\int_a^b f(x)\mathrm{d}x,$$

并称无穷限积分$\int_a^{+\infty} f(x)\mathrm{d}x$ **收敛**；若上述极限不存在，则称无穷限积分$\int_a^{+\infty} f(x)\mathrm{d}x$ **发散**.

类似地，可以定义 $f(x)$在$(-\infty, b]$及$(-\infty, +\infty)$上的无限积分：

$$\int_{-\infty}^b f(x)\mathrm{d}x = \lim_{a\to-\infty}\int_a^b f(x)\mathrm{d}x,$$

$$\int_{-\infty}^{+\infty} f(x)\mathrm{d}x = \lim_{a\to-\infty}\int_a^c f(x)\mathrm{d}x + \lim_{b\to+\infty}\int_c^b f(x)\mathrm{d}x,$$

其中 $c\in(-\infty, +\infty)$，无穷限积分$\int_{-\infty}^{+\infty} f(x)\mathrm{d}x$ 收敛的充分必要条件是上式右端两个极限都存在，若两个极限之一不存在，则左边的无穷限积分发散.

例 1 求$\int_1^{+\infty} \frac{1}{x^3}\mathrm{d}x$.

解 $$\int_1^{+\infty} \frac{1}{x^3}\mathrm{d}x = \lim_{b\to+\infty}\int_1^b \frac{1}{x^3}\mathrm{d}x = \lim_{b\to+\infty}\left(-\frac{1}{2x^2}\right)\Bigg|_1^b$$

$$= \lim_{b\to+\infty}\left(-\frac{1}{2b^2}+\frac{1}{2}\right) = \frac{1}{2},$$

即此无穷限积分收敛，其值为$\frac{1}{2}$.

例 2　求$\int_1^{+\infty}\frac{1}{x}dx$.

解　$\int_1^b\frac{1}{x}dx=\ln|x|\Big|_1^b=\ln|b|$,

当$b\to+\infty$时，$\ln|x|\to+\infty$，因此，$\lim\limits_{b\to+\infty}\int_1^b\frac{1}{x}dx$不存在，故此无穷限积分发散.

例 3　求$\int_1^{+\infty}\frac{1}{\sqrt{x}}dx$.

解　$\int_1^b\frac{1}{\sqrt{x}}dx=\int_1^b x^{-\frac{1}{2}}dx=2\sqrt{x}\Big|_1^b=2(\sqrt{b}-1)$,

当$b\to+\infty$时，$2(\sqrt{b}-1)\to+\infty$，因此，$\lim\limits_{b\to+\infty}\int_1^b\frac{1}{\sqrt{x}}dx$不存在，故此无穷限积分发散.

一般地，无穷限积分$\int_1^{+\infty}\frac{1}{x^p}dx$有如下结果：

(1)当$p>1$时，$\int_1^{+\infty}\frac{1}{x^p}dx=\frac{1}{p-1}$；

(2)当$p\leqslant1$时，$\int_1^{+\infty}\frac{1}{x^p}dx$发散.

例 4　求$\int_0^{+\infty}e^{-2x}dx$.

解　$\int_0^b e^{-2x}dx=-\frac{1}{2}e^{-2x}\Big|_0^b=-\frac{1}{2}(e^{-2b}-1)$,

$$\int_0^{+\infty}e^{-2x}dx=\lim_{b\to+\infty}\left(-\frac{1}{2}(e^{-2b}-1)\right)=-\frac{1}{2}(0-1)=\frac{1}{2}.$$

例 5　计算$\int_{-\infty}^{+\infty}\frac{1}{1+x^2}dx$.

解
$$\begin{aligned}\int_{-\infty}^{+\infty}\frac{1}{1+x^2}dx&=\int_{-\infty}^0\frac{1}{1+x^2}dx+\int_0^{+\infty}\frac{1}{1+x^2}dx\\&=\lim_{a\to-\infty}\int_a^0\frac{1}{1+x^2}dx+\lim_{b\to+\infty}\int_0^b\frac{1}{1+x^2}dx\\&=\lim_{a\to-\infty}(-\arctan a)+\lim_{b\to+\infty}\arctan b\\&=-\left(-\frac{\pi}{2}\right)+\frac{\pi}{2}=\pi.\end{aligned}$$

例 6　某制造公司在生产了一批超音速运输机之后停产了，但该公司承诺将为客户终身供应一种适于该机型的特殊润滑油，一年后该批飞机的用油率(单位：L/年)由下式给出：$r(t)=300/t^{\frac{3}{2}}$，其中t表示飞机服役的年数($t\geqslant1$)，该公司要一次性生产该批飞机一年以后所需的润滑油并在需要时分发出去，请问需要生产此润滑油多少升?

解　$r(t)$是该批飞机一年后的用油率，所以$\int_1^x r(t)dt$等于第一年到第x年间该批飞机所用的润滑油的数量，那么$\int_1^{+\infty}r(t)dt$就等于该批飞机终身所需的润滑油的数量，即

$$\int_1^{+\infty} r(t)\mathrm{d}t = \lim_{x\to+\infty}\int_1^x \frac{300}{t^{\frac{3}{2}}}\mathrm{d}t = \lim_{x\to+\infty}\int_1^x 300t^{-\frac{3}{2}}\mathrm{d}t = \lim_{x\to+\infty} 300(-2t^{-\frac{1}{2}})\Big|_1^x$$

$$= \lim_{x\to+\infty}\left(600-\frac{600}{\sqrt{x}}\right) = 600(\mathrm{L}),$$

即 600L 润滑油将保证终身供应．

习　题　5.5

计算下列积分：

(1) $\int_0^{+\infty} x\mathrm{e}^{-x}\mathrm{d}x$；　　(2) $\int_{\frac{2}{\pi}}^{+\infty}\frac{1}{x^2}\sin\frac{1}{x}\mathrm{d}x$；　　(3) $\int_2^{+\infty}\frac{1-\ln x}{x^2}\mathrm{d}x$.

§5.6　定积分的近似计算

在学习定积分的过程中，读者可能产生一种错误的印象：如果定积分存在，我们都可以利用牛顿—莱布尼茨公式将其求出．然而，事实并非如此．例如，

$$f(x)=\mathrm{e}^{-x^2}$$

是一个简单的连续函数，定积分存在．但是，因为 $f(x)$ 的原函数不能用初等函数表示，所以就不能用牛顿—莱布尼茨公式去计算定积分 $\int_a^b f(x)\mathrm{d}x$ 的精确值．此时，就需要作定积分的近似计算．另外，在实际问题中，也会发生这种情况：被积函数并没有确切给出，而是给出可以收集到的一些数据，见表 5－4.

表 5－4

x	y
x_1	y_1
x_2	y_2
x_3	y_3
…	…
x_n	y_n

其中 y_i 常可以想象为某一函数 $y=f(x)$ 在点 $x_i(i=1, 2, \cdots, n-1, n)$ 处的值，此时，可以利用定积分近似计算去求这个函数的积分．所以，求定积分近似值的方法，在实际上是很有用的，尤其是在计算机已普遍的今天，这种近似计算完全可以在计算机上实现，下面介绍几种常见的定积分近似计算方法．

一、梯形法

梯形法是定积分近似计算的一种简单且实用的方法．给定一个函数 $y=f(x)$，其图形如图 5－8 所示，该曲线下面的面积即为定积分 $\int_a^b f(x)\mathrm{d}x$.

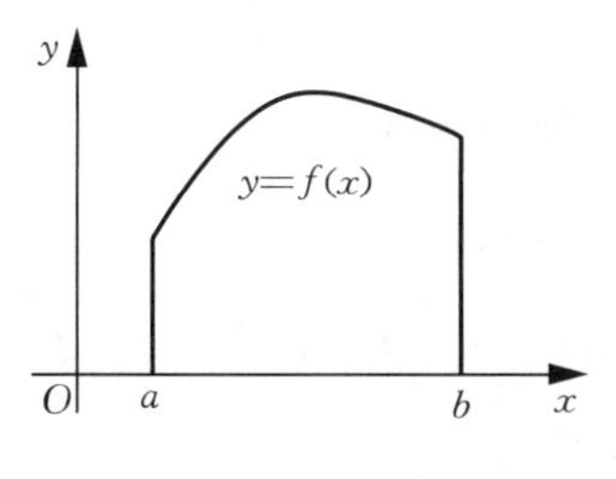

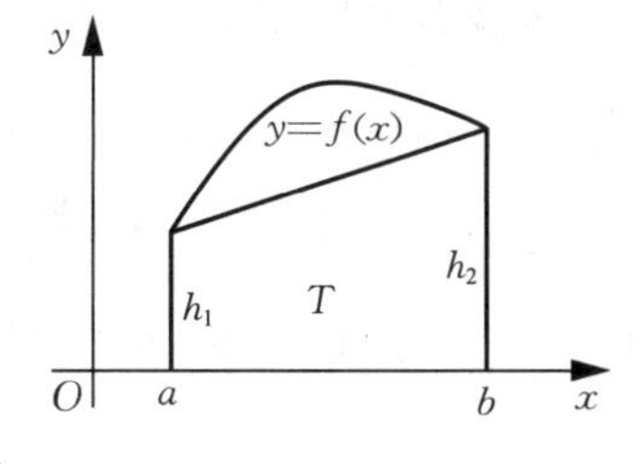

图 5-8

容易看出曲线 $y=f(x)$ 下面的面积 $\int_a^b f(x)\mathrm{d}x$ 可以用梯形 T 的面积(此面积亦用 T 表示)

$$T=\omega\times\frac{h_1+h_2}{2}$$

来近似，其中 ω 是梯形 T 的高，h_1，h_2 分别是梯形 T 的上、下底，因此，

$$\int_a^b f(x)\mathrm{d}x\approx(b-a)\frac{f(a)+f(b)}{2}.$$

所谓梯形法不是用一个梯形去近似曲线下的面积，而是用几个梯形去近似，例如，将区间 $[a，b]$ 四等分，在每个小区间上求出梯形的面积 T_i(图 5-9)，然后将四个 T_i 相加，就得到定积分 $\int_a^b f(x)\mathrm{d}x$ 在整个区间 $[a，b]$ 上的近似值.

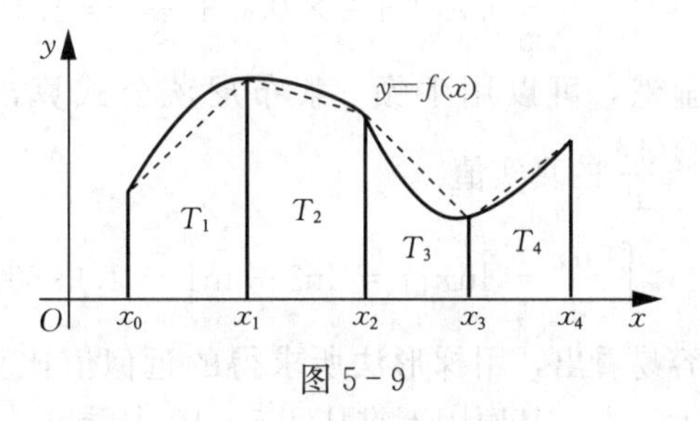

图 5-9

令 $h=\frac{b-a}{4}$，有

$$\begin{aligned}\int_a^b f(x)\mathrm{d}x &= \int_{x_0}^{x_1} f(x)\mathrm{d}x+\int_{x_1}^{x_2} f(x)\mathrm{d}x+\int_{x_2}^{x_3} f(x)\mathrm{d}x+\int_{x_3}^{x_4} f(x)\mathrm{d}x\\ &\approx T_1+T_2+T_3+T_4\\ &=(x_1-x_0)\frac{f(x_0)+f(x_1)}{2}+(x_2-x_1)\frac{f(x_1)+f(x_2)}{2}+\\ &\quad(x_3-x_2)\frac{f(x_2)+f(x_3)}{2}+(x_4-x_3)\frac{f(x_3)+f(x_4)}{2}\\ &=\frac{h}{2}\{[f(x_0)+f(x_1)]+[f(x_1)+f(x_2)]+\\ &\quad[f(x_2)+f(x_3)]+[f(x_3)+f(x_4)]\}\\ &=\frac{h}{2}[f(x_0)+2f(x_1)+2f(x_2)+2f(x_3)+f(x_4)].\end{aligned}$$

从上面的讨论，不难推出用 n 个梯形去近似定积分的一般公式：

$$\int_a^b f(x)\mathrm{d}x\approx\frac{h}{2}[f(x_0)+2f(x_1)+2f(x_2)+\cdots+2f(x_{n-1})+f(x_n)],$$

其中
$$h=\frac{b-a}{n}，x_j=a+jh(j=0，1，2，\cdots，n).$$

在上述公式中，用 x_0，x_n 分别表示端点 a，b. 这样做不仅使符号更加一致，而且给演算带来方便.

例 1 用两个梯形求定积分 $\int_1^3 \frac{1}{x}\mathrm{d}x$ 的近似值.

解 令 $n=2$，$a=x_0=1$，$b=x_2=3$，从而两个梯形的宽为

$$h=\frac{b-a}{n}=\frac{3-1}{2}=1,$$

区间端点 $x_0=1$，$x_2=3$ 中间只有一个中间点 $x_1=a+jh=1+1\times1=2$，$f(x)$在点 x_1 处的值为

$$f(x_1)=\frac{1}{x_1}=0.5.$$

将上述各值代入梯形法公式，得

$$\begin{aligned}\int_1^3 \frac{\mathrm{d}x}{x} &\approx \frac{h}{2}(f(x_0)+2f(x_1)+f(x_2)) \\ &= 0.5(f(1)+2f(2)+f(3)) \\ &= 0.5\left(1+2\times0.5+\frac{1}{3}\right)=1.167.\end{aligned}$$

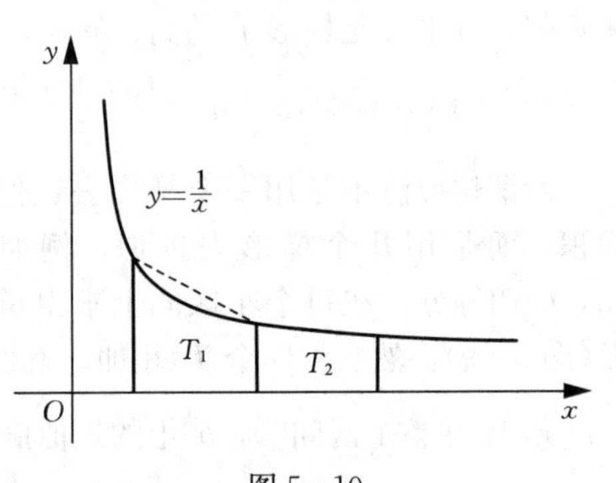

图 5-10

显然，可以用牛顿—莱布尼茨公式算出定积分 $\int_1^3 \frac{\mathrm{d}x}{x}$ 的真实值

$$\int_1^3 \frac{\mathrm{d}x}{x}=\ln x\big|_1^3=\ln3-\ln1=1.09861\cdots.$$

容易看出，用梯形法所求得的近似值比真实值稍大一点．其原因不难从图 5-10 中看出．

从直观上容易看出，如果用四个梯形去代替两个梯形，那么，利用梯形法所求得的近似值应该更接近于 $\int_1^3 \frac{\mathrm{d}x}{x}$ 的真实值．

例 2 用四个梯形求定积分 $\int_1^3 \frac{1}{x}\mathrm{d}x$ 的近似值.

解 令

$$n=4,\ a=x_0=1,\ b=x_4=3,$$

每个梯形的宽

$$h=\frac{b-a}{n}=\frac{3-1}{4}=0.5.$$

区间的端点为 $x_0=1$，$x_4=3$，其中间点有三个：

$$x_j=a+jh=1+0.5j\ (j=1,\ 2,\ 3),$$

相应梯形的底(图 5-11)为

$$f(x_j)=\frac{1}{x_j}\ (j=0,\ 1,\ 2,\ 3,\ 4).$$

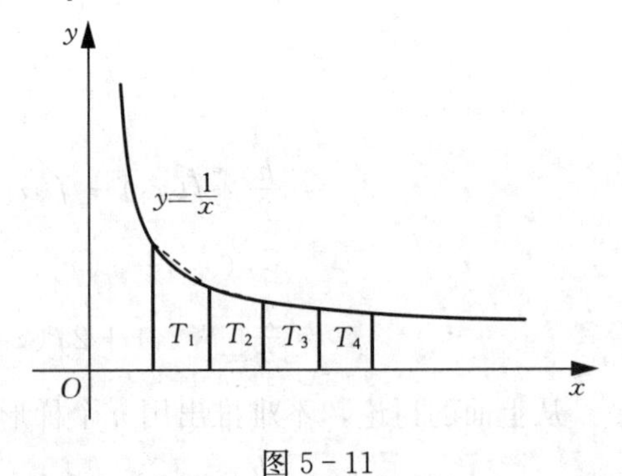

图 5-11

为查阅方便，将上述各值列入表 5-5，再利用梯形法公式，便可求出积分的近似值：

$$\begin{aligned}\int_1^3 \frac{\mathrm{d}x}{x} &\approx \frac{h}{2}[f(x_0)+2f(x_1)+2f(x_2)+2f(x_3)+f(x_4)] \\ &= \frac{0.50}{2}[f(1)+2f(1.5)+2f(2)+2f(2.5)+f(3)]\end{aligned}$$

$$= 0.25\left[1+2\left(\frac{2}{3}\right)+2\left(\frac{1}{2}\right)+2\left(\frac{2}{5}\right)+\frac{1}{3}\right]$$
$$= 1.1167.$$

如果将分点增多，随之梯形的个数也增多，从 5－6 表中的计算结果可以看出，当梯形个数增多时，梯形法公式所给出的近似值越来越接近定积分 $\int_1^3 \frac{1}{x}dx$ 的真实值 $\ln 3 = 1.09861\cdots$，其误差趋于零．

表 5－5

j	$x_j=1+0.5j$	$f(x_j)=\frac{1}{x_j}$
0	$x_0=1+0.5\times 0=1$	$f(1.0)=\frac{1}{1}=1$
1	$x_1=1+0.5=1.5$	$f(1.5)=\frac{1}{1.5}=\frac{2}{3}$
2	$x_2=1+1.0=2.0$	$f(2.0)=\frac{1}{2}=\frac{1}{2}$
3	$x_3=1+1.5=2.5$	$f(2.5)=\frac{1}{2.5}=\frac{2}{5}$
4	$x_4=1+2.0=3.0$	$f(3.0)=\frac{1}{3}=\frac{1}{3}$

表 5－6

梯形个数	定积分近似值	误差（近似值－ln3）
1	1.3333	0.2347
2	1.1667	0.0680
3	1.1301	0.0315
4	1.1167	0.0180
5	1.1103	0.0144
6	1.1067	0.0081
7	1.1046	0.0060
8	1.1032	0.0046
9	1.1022	0.0036
10	1.1016	0.0030
20	1.0993	0.0007
30	1.0989	0.0003
40	1.0988	0.0002
50	1.0987	0.0001

二、辛普生法

因为通过不在同一直线上的三点可以唯一确定一条抛物线．所以自然会想到一种新的近似求定积分的方法；取函数 $y=f(x)$ 曲线上的三个点：

$$(a,\ f(a)),\ \left(\frac{a+b}{2},\ f\left(\frac{a+b}{2}\right)\right),\ (b,\ f(b)),$$

过这三个点作一抛物线(梯形法是用一段直线)去代替被积函数，用抛物线所求得的积分值可以作为真实积分值的近似(图 5-12).

设这条抛物线的方程为 $y=Ax^2+Bx+c$，由于这条抛物线过曲线上的三个点，所以，它满足

$$Aa^2+Ba+C=f(a),$$

$$A\left(\frac{a+b}{2}\right)^2+B\frac{a+b}{2}+C=f\left(\frac{a+b}{2}\right),$$

$$Ab^2+Bb+C=f(b),$$

对这条抛物线进行在$[a,\ b]$上积分，其积分为

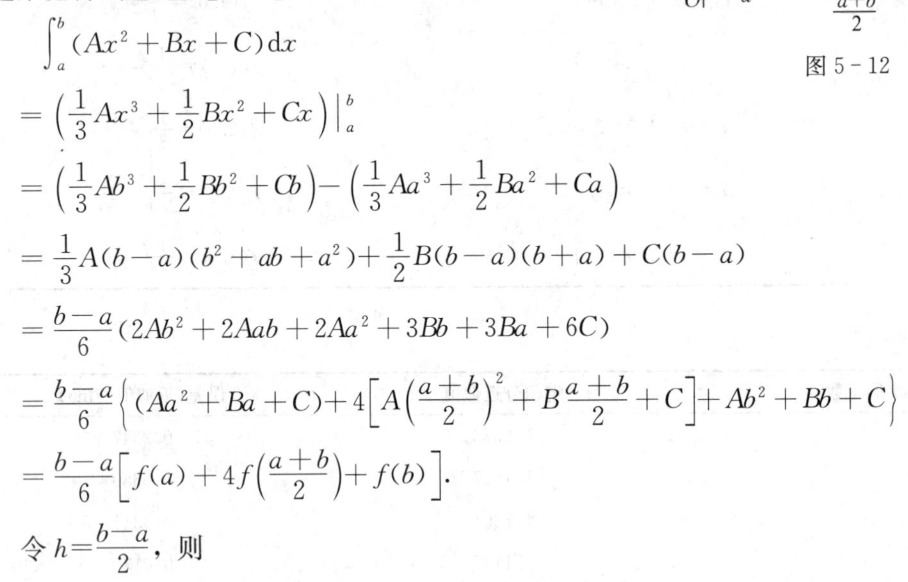

图 5-12

$$\int_a^b (Ax^2+Bx+C)\mathrm{d}x$$

$$=\left(\frac{1}{3}Ax^3+\frac{1}{2}Bx^2+Cx\right)\Big|_a^b$$

$$=\left(\frac{1}{3}Ab^3+\frac{1}{2}Bb^2+Cb\right)-\left(\frac{1}{3}Aa^3+\frac{1}{2}Ba^2+Ca\right)$$

$$=\frac{1}{3}A(b-a)(b^2+ab+a^2)+\frac{1}{2}B(b-a)(b+a)+C(b-a)$$

$$=\frac{b-a}{6}(2Ab^2+2Aab+2Aa^2+3Bb+3Ba+6C)$$

$$=\frac{b-a}{6}\left\{(Aa^2+Ba+C)+4\left[A\left(\frac{a+b}{2}\right)^2+B\frac{a+b}{2}+C\right]+Ab^2+Bb+C\right\}$$

$$=\frac{b-a}{6}\left[f(a)+4f\left(\frac{a+b}{2}\right)+f(b)\right].$$

令 $h=\frac{b-a}{2}$，则

$$\int_a^b f(x)\mathrm{d}x\approx\frac{h}{3}[f(a)+4f(a+h)+f(b)].$$

对于积分区间较大的积分，可采取分段求近似的方法．先将区间$[a,\ b]$ n 等分，然后在每个小区间上用一段抛物线去代替被积函数．

从上面的分析，可以给出近似计算积分的**辛普生**(Simpson)**法**(也称**抛物线法**)：

设 $y=f(x)$是区间$[a,\ b]$上的连续函数，将$[a,\ b]$分成 $n=2k$ 个(即 n 必须是偶数 2，4，6，…)相等的子区间，从左侧起在每相邻两个子区间上依次用抛物线去代替被积函数 $f(x)$.

定积分的近似公式为

$$\int_a^b f(x)\mathrm{d}x\approx\frac{h}{3}[f(x_0)+4f(x_1)+2f(x_2)+\cdots+2f(x_{n-2})+4f(x_{n-1})+f(x_n)],$$

其中 $h=\frac{b-a}{n}$是每个区间的长度，$x_j=a+jh(j=0,\ 1,\ 2,\ \cdots,\ n)$，这就是定积分近似计算的辛普生公式，辛普生公式的系数有如下规律：

$$\{1\ 4\ 2\ 4\ 2\ 4\ 2\ \cdots\ 2\ 4\ 2\ 4\ 2\ 4\ 1\}.$$

例 3 取 $n=4$ 个子区间，用辛普生法求定积分 $\int_1^3\frac{1}{x}\mathrm{d}x$ 的近似值．

解　令 $a=1$，$b=3$，$n=4$，则每个子区间的长度为

$$h=\frac{b-a}{n}=\frac{3-1}{4}=\frac{1}{2},$$

计算出相应的数据列入表 5 - 7.

表 5 - 7

j	$x_j=a+0.5j$	$f(x_j)=\frac{1}{x_j}$
0	$x_0=1.0$	$f(1)=1$
1	$x_1=1.5$	$f(1.5)=\frac{2}{3}$
2	$x_2=2.0$	$f(2.0)=\frac{1}{2}$
3	$x_3=2.5$	$f(2.5)=\frac{2}{5}$
4	$x_4=3.0$	$f(3.0)=\frac{1}{3}$

将上述数据代入辛普生公式，便得

$$\begin{aligned}\int_1^3\frac{\mathrm{d}x}{x}&\approx\frac{h}{3}[f(1)+4f(1.5)+2f(2.0)+4f(2.5)+f(3.0)]\\&=\frac{1}{6}\left(1+\frac{8}{3}+1+\frac{8}{5}+\frac{1}{3}\right)=1.1.\end{aligned}$$

上述积分的真实值是 $\ln 3=1.09861\cdots$. 用辛普生法，取 $n=4$ 时，其误差为 0.0139. 而用梯形法，同样取 $n=4$，则误差为 0.1809. 这表明辛普生法要比梯形法更为精确.

下面介绍医学上的一个数学模型. 用它来说明如何应用辛普生法计算心血输出量.

人体的静脉血回流到右心房后，经肺部氧合，再到左心房，然后输入主动脉. 医学上把血液流入主动脉的速度称为心血输出量，也就是单位时间内从心脏输入主动脉的血量.

临床上常采用染料稀释法测量心血输出量. 其方法是：将某种染料注入右心房，它随血液经心脏流入主动脉，医生把探针插入主动脉，记录相同时间间隔的染料浓度，直到血液中的染料全部消失为止.

设 $c(t)$ 表示插入部位的染料浓度，它是时间 $t\in[0, T]$ 的函数，且 $c(0)=c(T)=0$. 如果我们将整个测量时间间隔 $[0, T]$ 分成 n 个相等的小区间 Δt，那么从 $t=t_{i-1}$ 到 $t=t_i(i=1, 2, \cdots, n)$，流过测量部位的血液中所含染料的量就近似等于

$$浓度\times体积=c(t_i)\times F\Delta t,$$

其中 F 是要确定的血液流速(即心血输出量)，而染料总量则近似等于

$$\sum_{i=1}^{n}c(t_i)F\Delta t=F\sum_{i=1}^{n}c(t_i)\Delta t,$$

令 $n\to+\infty$，便可求得染料的总量

$$A=F\int_0^T c(t)\mathrm{d}t,$$

于是，心血输出量等于

$$F=\frac{A}{\int_0^T c(t)\mathrm{d}t},$$

其中染料总量 A 是已知的，而积分则可以通过浓度读数近似算出．

例 4 若将 5mg 染料注入右心房．随后，每隔 1s 测得主动脉中染料的浓度(单位：mg/L)见表 5－8，试求心血输出量 F.

表 5－8

t	0	1	2	3	4	5	6	7	8	9	10
$c(t)$	0	0.4	2.8	6.5	9.8	8.9	6.1	4.0	2.3	1.1	0

解 这里 $A=5$，$\Delta t=1$，$T=10$，用辛普生法可近似求出浓度的积分：

$$\begin{aligned}\int_0^{10} c(t)\mathrm{d}t &\approx \frac{1}{3}(0+4\times 0.4+2\times 2.8+4\times 6.5+2\times 9.8+4\times 8.9+\\ &\quad 2\times 6.1+4\times 4.0+2\times 2.3+4\times 1.1+0)\\ &\approx 41.87,\end{aligned}$$

于是

$$F=\frac{A}{\int_0^{10} c(t)\mathrm{d}t}\approx\frac{5}{41.87}\approx 0.119(\mathrm{L/s})=7.14(\mathrm{L/min}).$$

习 题 五

1. $f(x)$在$[a, b]$上连续是 $f(x)$在$[a, b]$上可积的(　　)条件．

(A)充分非必要； (B)必要非充分； (C)充要； (D)无关．

2. 设 $F(x)$是 $f(x)$的某个原函数，则(　　).

(A) $\int F(x)\mathrm{d}x=f(x)+C$； (B) $\int F'(x)\mathrm{d}x=f(x)+C$；

(C) $\int f(x)\mathrm{d}x=F(x)+C$； (D) $\int f'(x)\mathrm{d}x=F(x)+C$.

3. 在函数 $f(x)$所有的积分曲线中，任一曲线在横坐标相同的点处的切线(　　).

(A)相互垂直； (B)相互平行； (C)都平行于 x 轴； (D)平行于 y 轴．

4. $F(x)$是 $f(x)$的某个原函数，$f(x)$连续，则(　　).

(A) $f(x)$是奇函数时，$F(x)$是偶函数；

(B) $f(x)$是偶函数时，$F(x)$是奇函数；

(C) $f(x)$是周期函数时，$F(x)$是周期函数；

(D) $f(x)$是单调函数时，$F(x)$是单调函数．

5. 若 $f(x)$的一个原函数是 $\sin x$，则 $\int f'(x)\mathrm{d}x=($　　$)$.

(A) $\sin x+C$； (B) $\cos x+C$；

(C) $-\sin x+C$； (D) $-\cos x+C$.

6. 求下列极限：

(1) $\lim\limits_{n\to\infty}\frac{1}{n}\sum\limits_{i=1}^{n}\left(1+\frac{i}{n}\right)$； (2) $\lim\limits_{n\to\infty}\frac{1}{n^2}\sum\limits_{i=1}^{n}\sqrt{n^2-i^2}$；

(3) $\lim\limits_{x\to 0}\frac{\int_0^x t(t-\sin t)\mathrm{d}t}{x^5}$； (4) $\lim\limits_{x\to 0}\frac{\int_x^0(\arctan t)^2\mathrm{d}t}{x^3}$.

7. 求下列不定积分：

(1) $\int \cos^2 \frac{x}{2} \mathrm{d}x$；　(2) $\int \frac{x^3}{1+x^2} \mathrm{d}x$；

(3) $\int \frac{1}{\sqrt{4-9x^2}} \mathrm{d}x$；　(4) $\int \frac{\arcsin x}{\sqrt{1-x^2}} \mathrm{d}x$；

(5) $\int \sin^4 x \mathrm{d}x$；　(6) $\int \frac{1}{\mathrm{e}^x+\mathrm{e}^{-x}} \mathrm{d}x$；

(7) $\int \frac{x+1}{x^2+4x+13} \mathrm{d}x$；　(8) $\int \frac{f'(x)}{1+f^2(x)} \mathrm{d}x$；

(9) $\int \frac{\sqrt{x+1}-1}{\sqrt{x+1}+1} \mathrm{d}x$；　(10) $\int \frac{\mathrm{d}x}{\sqrt{1+\mathrm{e}^x}}$；

(11) $\int \mathrm{e}^x \sqrt{1-\mathrm{e}^{2x}} \mathrm{d}x$；　(12) $\int x^3 \sqrt{1+x^2} \mathrm{d}x$；

(13) $\int x\sec^2 x \mathrm{d}x$；　(14) $\int x^2 \sin^2 x \mathrm{d}x$；

(15) $\int \cos(\ln x) \mathrm{d}x$；　(16) $\int \ln^2 x \mathrm{d}x$；

(17) $\int \mathrm{e}^{\sqrt{x}} \mathrm{d}x$；　(18) $\int \frac{\arctan \mathrm{e}^x}{\mathrm{e}^x} \mathrm{d}x$；

(19) $\int \frac{x\arcsin x}{\sqrt{1-x^2}} \mathrm{d}x$.

8. 计算下列定积分：

(1) $f(x)=\begin{cases} x^2+1, & 0\leqslant x\leqslant 1, \\ x+1, & -1\leqslant x<0, \end{cases}$ 求 $\int_{-1}^{1} f(x)\mathrm{d}x$；

(2) $\int_{-2}^{2} x\sqrt{x^2} \mathrm{d}x$；　(3) $\int_{0}^{\sqrt{\ln 2}} x\mathrm{e}^{x^2} \mathrm{d}x$；　(4) $\int_{4}^{9} \frac{\sqrt{x}}{\sqrt{x}-1} \mathrm{d}x$；

(5) $\int_{0}^{1} \sqrt{(1-x^2)^3} \mathrm{d}x$；　(6) $\int_{-1}^{1} \frac{\mathrm{d}x}{(1+x^2)^2}$；　(7) $\int_{0}^{1} x\mathrm{e}^{-2x} \mathrm{d}x$；

(8) $\int_{\frac{\pi}{4}}^{\frac{\pi}{3}} \frac{x}{\sin^2 x} \mathrm{d}x$；　(9) $\int_{2}^{\mathrm{e}} \sin(\ln x) \mathrm{d}x$；　(10) $\int_{0}^{\frac{\pi}{2}} \mathrm{e}^x \cos x \mathrm{d}x$.

9. 试证明：$\int_{a}^{b} xf''(x)\mathrm{d}x = [bf'(b)-f(b)]-[af'(a)-f(a)]$.

10. 问 k 为何值时，广义积分 $\int_{2}^{+\infty} \frac{\mathrm{d}x}{x(\ln x)^k}$ 收敛？又 k 为何值时，广义积分发散？

演示与实验五

一、用 Mathematica 计算不定积分、定积分

1. 不定积分

求不定积分的一般格式：

Integrate[〈被积函数〉，〈积分变量〉]

例 1 $\int x\sin 2x\mathrm{d}x$.

解 键入 Integrate[x * Sin[2x], x]

这里，Integrate 表示求积分，其中的 I 必须大写，第一个字母 S 必须大写，结果中的积分常数 C 由用户自行添加．

例 2 $\int \frac{\mathrm{d}x}{(x+1)^2(x^2+1)}$.

解 键入 Integrate[1/((x+1)^2(x^2+1)), x]

注意：在不定积分的学习过程中，所有的有理函数都能积出，且原函数都是初等函数，但对于 Mathematica 并不是这样，如果有理函数的分母多项式的根 Mathematica 不能直接给出它的计算公式，则它也不能给出积分的直接公式．

2. 定积分

求定积分的一般格式：

Integrate[〈被积函数〉，{〈积分变量〉，〈下限〉，〈上限〉}]

例 3 $\int_1^2 \frac{\mathrm{d}x}{x+x^3}$.

解 键入 Integrate[1/(x+x^3), {x, 1, 2}]

例 4 $\int_0^{\pi} \sin^6 \frac{x}{2}\mathrm{d}x$

解 键入 Integrate[Sin[x/2]^6, {x, 0, Pi}]

例 5 求不定积分 $\int \frac{\arcsin x}{x^2}\mathrm{d}x$，作出被积函数与原函数的图形．

解 输入语句

```
a=ArcSin[x]/x^2
Integrate[a, x]
b=%
Plot[{a, b}, {x, -1, 1}]
```

二、数值积分

求定积分近似值的一般格式：

NIntegrate[〈被积函数〉，{〈积分变量〉，〈下限〉，〈上限〉}]

例 6 $\int_0^1 \sqrt{1+x^4}\,\mathrm{d}x$.

解 键入 NIntegrate[Sqrt[1+x^4], {x, 0, 1}]

❖ 实验习题五

1. 计算下列积分：

(1) $\int_1^{+\infty} \frac{1}{x^2(1+x)}\mathrm{d}x$；　　(2) $\int \frac{e^{2y}}{e^y+2}\mathrm{d}y$；

(3) $\int \frac{x^2}{\sqrt{a^2-x^2}}\mathrm{d}x$； (4) $\int \frac{\mathrm{d}x}{x(\sqrt{\ln x+a}+\sqrt{\ln x+b})}(a\neq b)$.

2. 求 $\int_0^1 \sin x\mathrm{d}x$ 的近似值.

数学家的故事

莱布尼茨——博学多才的数学符号大师

莱布尼茨(Gottfried Wilhelm Leibniz，1646—1716)是17、18世纪之交德国最重要的数学家、物理学家和哲学家，一个举世罕见的科学天才．他博览群书，涉猎百科，对丰富人类的科学知识宝库做出了不可磨灭的贡献．

一、生平事迹

莱布尼茨出生于德国东部莱比锡的一个书香之家，父亲是莱比锡大学的道德哲学教授，母亲也出生在一个教授家庭．莱布尼茨的父亲在他年仅6岁时便去世了，给他留下了丰富的藏书．莱布尼茨因此得以广泛接触古希腊罗马文化，阅读了许多著名学者的著作，由此而获得了坚实的文化功底和明确的学术目标．15岁时，他进了莱比锡大学学习法律，一进校便跟上了大学二年级标准的人文学科的课程，还广泛阅读了培根、开普勒、伽利略等人的著作，并对他们的著述进行深入的思考和评价．在听教授讲授欧几里得的《几何原本》的课程后，莱布尼茨对数学产生了浓厚的兴趣．17岁时他在大学进行了短期的数学学习，并获得了哲学硕士学位．20岁时，莱布尼茨转入阿尔特道夫大学．这一年，他发表了第一篇数学论文《论组合的艺术》. 这是一篇关于数理逻辑的文章，其基本思想是把理论的真理性论证归结于一种计算的结果．这篇论文虽不够成熟，但却闪耀着创新的智慧和数学才华．

莱布尼茨在阿尔特道夫大学获得博士学位后便投身外交界．从1671年开始，他利用外交活动开拓了与外界的广泛联系，尤以通信作为他获取外界信息、与人进行思想交流的一种主要方式．在出访巴黎时，莱布尼茨深受帕斯卡事迹的鼓舞，决心钻研高等数学，并研究了笛卡儿、费尔马、帕斯卡等人的著作．1673年，莱布尼茨被推荐为英国皇家学会会员．此时，他的兴趣已明显地朝向了数学和自然科学，开始了对无穷小算法的研究，独立地创立了微积分的基本概念与算法，和牛顿并蒂双辉，共同奠定了微积分学. 1676年，他到汉诺威公爵府担任法律顾问兼图书馆馆长．1700年被选为巴黎科学院院士，促成建立了柏林科学院并任首任院长．1716年11月14日，莱布尼茨在汉诺威逝世，终年70岁．

二、始创微积分

17世纪下半叶，欧洲科学技术迅猛发展，由于生产力的提高和社会各方面的迫切需要，经各国科学家的努力与历史的积累，建立在函数与极限概念基础上的微积分理论应运而生了．微积分思想，最早可以追溯到希腊由阿基米德等人提出的计算面积和体积的方法.1665 年牛顿始创了微积分，莱布尼茨在 1673—1676 年间也发表了微积分思想的论著.以前，微分和积分作为两种数学运算、两类数学问题，是分别加以研究的.卡瓦列里、巴罗、沃利斯等人得到了一系列求面积(积分)、求切线斜率(导数)的重要结果，但这些结果都是孤立的，不连贯的.只有莱布尼茨和牛顿将积分和微分真正沟通起来，明确地找到了两者内在的直接联系：微分和积分是互逆的两种运算.而这是微积分建立的关键所在.只有确立了这一基本关系，才能在此基础上构建系统的微积分学.并从对各种函数的微分和求积公式中，总结出共同的算法程序，使微积分方法普遍化，发展成用符号表示的微积分运算法则.因此，微积分“是牛顿和莱布尼茨大体上完成的，但不是由他们发明的”(恩格斯：《自然辩证法》).

然而关于微积分创立的优先权，数学上曾掀起了一场激烈的争论.实际上，牛顿在微积分方面的研究虽早于莱布尼茨，但莱布尼茨成果的发表则早于牛顿.莱布尼茨在 1684 年 10 月发表在《教师学报》上的论文提到，“一种求极大极小的奇妙类型的计算”，在数学史上被认为是最早发表的微积分文献.牛顿在《自然哲学的数学原理》的第一版和第二版也写道：“十年前在我和最杰出的几何学家 G. W. 莱布尼茨的通信中，我表明我已经知道确定极大值和极小值的方法、作切线的方法以及类似的方法，但我在交换的信件中隐瞒了这方法，……这位最卓越的科学家在回信中写道，他也发现了一种同样的方法.他并诉述了他的方法，它与我的方法几乎没有什么不同，除了他的措词和符号而外.”但在第三版及以后再版时，这段话被删掉了.因此，后来人们公认牛顿和莱布尼茨是各自独立地创建微积分的.牛顿从物理学出发，运用集合方法研究微积分，其应用上更多地结合了运动学，造诣高于莱布尼茨.莱布尼茨则从几何问题出发，运用分析学方法引进微积分概念，得出运算法则，其数学的严密性与系统性是牛顿所不及的.莱布尼茨认识到好的数学符号能节省思维劳动，运用符号的技巧是数学成功的关键之一.因此，他发明了一套适用的符号系统，如，引入 $\mathrm{d}x$ 表示 x 的微分，$\int$ 表示积分，$\mathrm{d}^n x$ 表示 n 阶微分等.这些符号进一步促进了微积分学的发展.1713 年，莱布尼茨发表了《微积分的历史和起源》一文，总结了自己创立微积分学的思路，说明了自己成就的独立性.

三、高等数学上的众多成就

莱布尼茨在数学方面的成就是巨大的，他的研究及成果渗透到高等数学的许多领域.他的一系列重要数学理论的提出，为后来的数学理论奠定了基础.莱布尼茨曾讨论过负数和复数的性质，得出复数的对数并不存在，共轭复数的和是实数的结论.在后来的研究中，莱布尼茨证明了自己结论是正确的.他还对线性方程组进行研究，对消元法从理论上进行了探讨，并首先引入了行列式的概念，提出行列式的某些理论.此外，莱布尼茨还创立了符号逻辑学的基本概念，发明了能够进行加、减、乘、除及开方运算的计算机和二进制，为计算机的现代发展奠定了坚实的基础.

第六章　定积分的应用

上一章学习了定积分的概念、理论和计算，而且还学习了定积分的近似计算．本章讨论定积分的若干实际应用．定积分所要解决的问题是求某个不均匀分布的整体量．由于不均匀性，因此必须先通过分割，把整体问题转化为局部问题，在局部范围内，做适当的“以直代曲”或“以常代变”，从而可用初等数学方法近似地求出整体量在局部范围内的各部分，然后相加得到近似的整体量，再通过取极限，使整体量的近似值转化为整体量的精确值．这就是利用定积分解决实际问题的基本思想．

§6.1　定积分应用的基本思想方法

定积分应用的基本思想方法，也就是如何建立定积分模型．这里介绍两种方法，一种是根据定积分的定义，建立黎曼和，对黎曼和求极限，从而建立定积分模型；另一种方法是微元法，它是通过首先建立被积函数，再建立定积分的方法．微元法是在定积分应用中比较常用的方法．

一、黎曼和

一般来说，当一个量可以被分割成一些小的片段、在每一小段上求其近似解，然后通过把这些近似解加在一起，这样首先得到的是一个黎曼和，而定积分就是黎曼和的极限．

回顾第五章中，一个以速度 $v=v(t)$（t 为时间）运动的质点移动距离的计算．这里首先要把区间$[a, b]$分割成许多长度为 Δt 的子区间，设 Δt 很小，假设在每一子区间$[t_i, t_i+\Delta t]$（$i=0, 1, 2, \cdots, n-1$）上速度值不变，对在这个子区间上质点所走过的距离进行近似．取在第 i 个子区间的速度为 $v=v(t_i)$，亦即这一子区间开始处的速度．于是，在这小段时间内质点所走过的距离近似为：$v(t_i)\Delta t$，因此，

$$\text{总距离} \approx \sum_{i=0}^{n-1} v(t_i)\Delta t.$$

对上式取 Δt 趋于 0 时的极限，那么这一和式的极限成为积分，即

$$\text{总距离} = \lim_{\Delta t\to 0}\sum_{i=0}^{n-1} v(t_i)\Delta t = \int_a^b v(t)\mathrm{d}t.$$

虽然上述定积分中的 $\mathrm{d}t$ 并不是一个数，但其表现就好像它是 Δt 很小时的形式．$v(t)\mathrm{d}t$ 也可以被看作质点在一非常小的时间段内所走过的距离，因为它就是速度 $v(t)$ 与时间 $\mathrm{d}t$ 的乘积，于是，这一积分就可以被看作是所有这些距离的和．

例 1　京沪高速公路起点在北京东南部，向南部延伸至上海市．生活在这条公路附近的人口数量随着距离北京越来越远而变化，假设在距离北京 x 处，毗邻公路的人口密度为 $P=f(x)$，单位为人/km. 请把距离北京 2000km 内毗邻这条公路的人口总数用定积分表示出

来．

解 考虑如何计算人口数量．首先，可以得到每千米长的公路附近人口数量的粗略数值，在北京中部的人口密度为 $f(0)$；把这一密度当作整个第一个 1km 的人口密度，于是第一个 1km 内生活在公路附近的人口的数量 $f(0)\times 1=f(0)$ 人．在 1km 处，人口密度为 $f(1)$，用这一密度代表第二个 1km 内人口密度的数值，便得到了生活在这 1km 附近的人口数量为 $f(1)\times 1=f(1)$，继续做下去，于是，总人口数量为

$$f(0)+f(1)+f(2)+\cdots+f(1999).$$

现在，为了得到更加精确的估算，可以把这段距离分割成每段 100m 长的路段，那么在第一个 100m 内的人口数量大约为在这一个 100m 路段开始处的人口密度乘以 0.1，记为 $f(0)\times 0.1$，在下一个 100m 的人口数量大约为这一 100m 开始处的人口密度乘以 0.1，即 $f(0.1)\times 0.1$ 等，总的估算值为

$$f(0)\times 0.1+f(0.1)\times 0.1+\cdots+f(1999.9)\times 0.1.$$

这就是近似求人口总数量的黎曼和．按照把区间[0，2000]分割成步长为 $\Delta x=0.1$ 的 20000 个小区间的方法，求得在每一小区间 $[x_i, x_i+\Delta x]$ 内，人口数量大约为 $f(x_i)\Delta x$，即人口密度乘以这一小区间的长度．以上所有这些小区间的估算值加在一起就给出了总人口数量的估算值：

$$\text{总人口数量} \approx \sum_{i=0}^{19999} f(x_i)\Delta x,$$

将区间[0，2000]均匀分割为 n 份，当 $n\to\infty$ 时，

$$\text{总人口数量} = \lim_{n\to\infty}\sum_{i=0}^{n-1} f(x_i)\Delta x = \int_0^{2000} f(x)\mathrm{d}x.$$

二、微元法

微元法与黎曼和形成定积分的基本思想方法是一致的，只不过黎曼和形成定积分的过程比较复杂，而微元法形成定积分的过程简单实用，因此，在定积分的应用中微元法是常用的方法，也是本章的教学重点．微元法的基本思想将定积分 $\int_a^b f(x)\mathrm{d}x$ 分解成两部分，一部分是“$\int_a^b$”，它相当于黎曼和中的“$\lim\limits_{n\to\infty}\sum\limits_{i=0}^{n-1}$”，这是一个累加的过程；另一部分是“$f(x)\mathrm{d}x$”，它是定积分中的被积函数，相当于黎曼和中的“$f(\xi_i)\Delta x_i$”，由于 $f(x)\mathrm{d}x$ 是一个微分表达式（$\mathrm{d}F(x)=F'(x)\mathrm{d}x=f(x)\mathrm{d}x$），所以这种方法称为**微分元素法**，简称**微元法**或**元素法**．这里 $f(x)\mathrm{d}x$ 表示积分微元，它的表示是整个定积分形成过程中的关键，在实际问题中首先将所求的整体量以适当的形式分割成微元，它们可以是“面积微元”、“体积微元”、“路程微元”、“费用微元”等，然后选取具有代表性的一部分，在其对应的区间 $[x, x+\mathrm{d}x]$ 上，求出该区间所对应的那部分所求量的近似表达式：$\mathrm{d}F=f(x)\mathrm{d}x$. 最后确定积分区间，就可形成定积分 $\int_a^b f(x)\mathrm{d}x$.

例 2 高出地面 h（单位：m）处的空气的密度（单位：kg/m^3）为 $P=f(h)$，试求出底面直径为 2m，高为 25km 的一圆柱形空间中空气的质量（图 6-1）.

解 这里的空气柱体是一底面直径为 2m 高为 25km 的正圆柱体．首先，要决定出如何

分割这一圆柱体．既然空气的密度随高度变化而在水平方向不变，那么取水平空气片这种分割法就是有意义的．按这种方式，密度在整个水平空气片内大致保持常数，大约等于这一水平空气片底部的空气的密度值．一水平空气片将是一高为 dh，底面直径为 2m 的圆柱体，于是，其底面半径为 1m. 可以通过把其体积与密度相乘的办法求得这一空气片的近似质量，则其体积就是 $\pi r^2 \mathrm{d}h$，高度 h 和 $h+\mathrm{d}h$ 之间的空气片的密度大约为 $f(h)$，于是有

$$\text{空气质量微元}=\text{空气片的质量}\approx\text{体积}\times\text{近似密度}=\pi r^2 f(h)\mathrm{d}h=\pi f(h)\mathrm{d}h,$$

高度 h 的变化范围为[0，25000]，于是得

$$\text{总质量}=\int_0^{25000}\pi r^2 f(h)\mathrm{d}h=\int_0^{25000}\pi f(h)\mathrm{d}h(\mathrm{kg}).$$

例 3　水从一开了 1cm 见方小孔的容器中顺小孔向外流，在 t 时刻(单位：s)水流从小孔流出的速度(m/s)为 $v=g(t)$，试写出一定积分来表示头 1min 内从容器中流出的水的总量(图 6-2).

解　在此问题中，以时间为积分变量，把时间分割成小的时间段．因为 t 以秒为单位，所以 1min 变成 60s. 于是，现在考虑的问题便成了在时间段 $0\leqslant t\leqslant 60$ 内水流出量为多少，把 cm 转化成 m. 因为 1cm=0.01m，所以小孔的面积就是 $0.0001\mathrm{m}^2$. 在 $[t, t+\mathrm{d}t]$ $(0\leqslant t< t+\mathrm{d}t\leqslant 60)$ 时间内，假设水从小孔流出的速度是不变的，其值为 $g(t)$，因此，在 $\mathrm{d}t$ 内流过小孔的水量是能够用矩形块的体积表示出来的，这一体积也就是积分微元为

$$\text{水流量微元}=0.0001g(t)\mathrm{d}t,$$

把每个小时间段得来的水的流出量加在一起，便得

$$\text{水流出总量}=\int_0^{60}0.0001g(t)\mathrm{d}t.$$

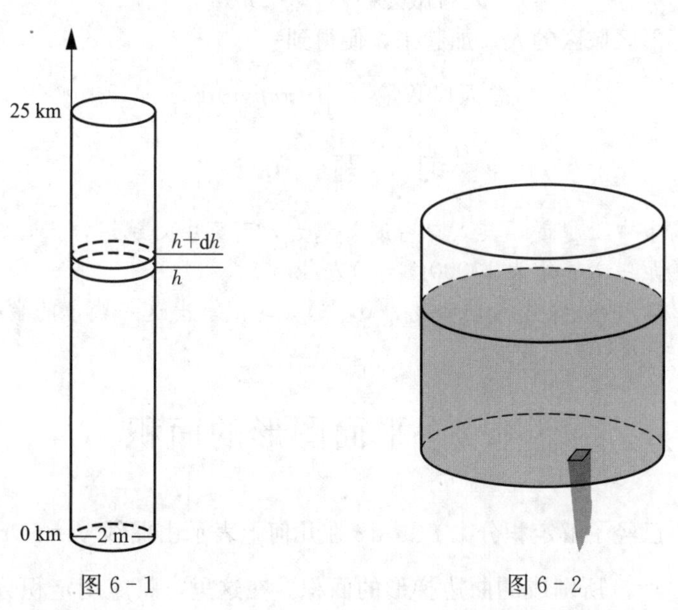

图 6-1　　　　图 6-2

根据上面的几个例子可以总结出用微元法建立定积分的基本过程：

(1)积分变量的选择：有些问题中可能有几个变量，选择适当的变量作为积分变量有利于简化问题，形成定积分．

(2)积分微元的表示：选择适当的分割方法，在具有代表性的小区间 $[x, x+\mathrm{d}x]$ 作适当

的假设，表示出该小部分量的近似值，得出微元 $\mathrm{d}F=f(x)\mathrm{d}x$.

(3)确定积分区间，得出定积分 $F=\int_a^b f(x)\mathrm{d}x$.

例 4 指环城的人口密度是到这一城市中心的距离的函数：距中心 r 处，人口密度(人/km^2)为 $p=f(r)$. 指环城的半径为 5km(图 6-3)，试写出指环城总人口数量的积分表达式(图 6-3).

解 确定 r 为积分变量. 并分割指环城，然后在每一分割区内估算出人口的数量，假如把城市分割成直线条块，那么在每一条块上人口密度是变化的，因为密度依赖的是到城市中心的距离，这样不可取. 要想使城市分割成这样的区域，使得在这样的区域内人口密度非常接近为一常数，这样才能够通过密度与这一区域的面积相乘的办法得到这一区域内人口的估算值. 于是，把这一城市分割成以城市中心为圆心的非常窄的环形区域，由于这样的环形区域非常窄，便可以通过把它拉直成一窄矩形区域的办法来近似地求这一区域的面积. 拉成的矩形区域的宽度为 $\mathrm{d}r$，所以这一区域的面积即为 $2\pi r\mathrm{d}r$，而这一环形区域上的人口密度为 $f(r)$.

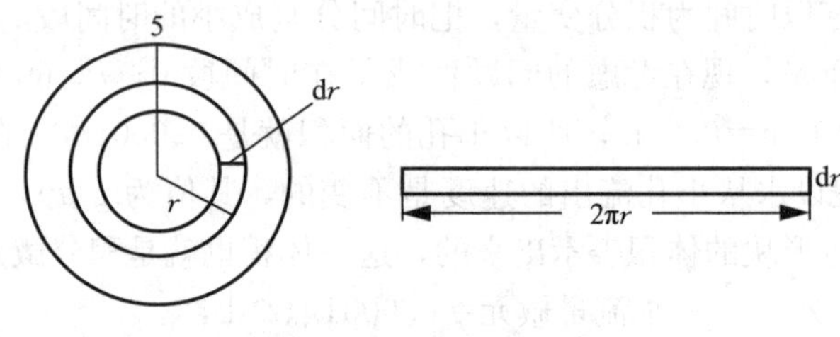

图 6-3

因此，可以得出积分微元，也就是环形区域内的人口为

$$人口微元=f(r)\cdot 2\pi r\mathrm{d}r,$$

把分布在各环形区域区的人口加起来，便得到

$$总人口数量=\int_0^5 2\pi r f(r)\mathrm{d}r.$$

习 题 6.1

圆形城市，离市中心越近，其人口密度就越大，而离中心越远，人口密度就越小，实际上，其人口密度在距中心 r 处为 $10000(3-r)$人/km^2.

(1)假设到了城市的边缘处人口密度为 0，那么，试求出这一城市的半径.

(2)这一城市的总人口是多少?

§6.2 平面图形的面积

在第五章中，已经了解定积分 $\int_a^b f(x)\mathrm{d}x$ 在几何上表示由曲线 $y=f(x)(f(x)\geqslant 0)$，直线 $x=a$，$x=b$ 及 $y=0$ 所围成的曲边梯形的面积. 在这里，将应用定积分来计算形状更加一般的平面图形的面积.

一、直角坐标情形

例 1 求由曲线 $y^2=x$，$y=x^2$ 所围图形的面积.

解　为了确定区域的范围，先求出两条曲线的交点．为此，解方程组$\begin{cases}y^2=x,\\y=x^2,\end{cases}$得到交点$O(0,\ 0)$和$A(1,\ 1)$，从而知道图形在直线$x=0$及$x=1$之间(图6－4)，设想把$x$的变化区间$[0,\ 1]$分成$n$个小区间，取出其中一个代表性小区间记$[x,\ x+\mathrm{d}x]$，其长度为$\mathrm{d}x$，可以认为与$[x,\ x+\mathrm{d}x]$相应的窄条的面积近似于高为$\sqrt{x}-x^2$，底为$\mathrm{d}x$的窄矩形的面积，把它称为所求面积$S$的**面积微元**，记为$\mathrm{d}S$，即$\mathrm{d}S=(\sqrt{x}-x^2)\mathrm{d}x$.

将这些面积元素"累积"起来就是所求的面积，而这一"累积"过程就是积分，故所求面积为

$$S=\int_0^1(\sqrt{x}-x^2)\mathrm{d}x=\left(\frac{2}{3}x^{\frac{3}{2}}-\frac{1}{3}x^3\right)\Big|_0^1=\frac{1}{3}.$$

本题也可选纵坐标y作积分变量．这时y的变化范围是y轴上的区间$[0,\ 1]$．取$[0,\ 1]$上的代表性小区间$[y,\ y+\mathrm{d}y]$，把它看成矩形，高为$(\sqrt{y}-y^2)$，底为$\mathrm{d}y$(图6－5)，从而得到面积微元

$$\mathrm{d}S=(\sqrt{y}-y^2)\mathrm{d}y,$$

在闭区间$[0,\ 1]$上作定积分，便得所求面积

$$S=\int_0^1(\sqrt{y}-y^2)\mathrm{d}y=\left(\frac{2}{3}y^{\frac{3}{2}}-\frac{1}{3}y^3\right)\Big|_0^1=\frac{1}{3}.$$

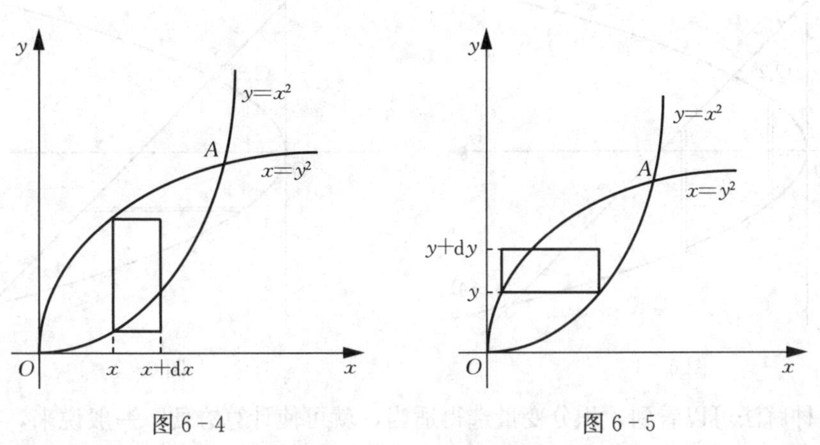

图6－4　　　　图6－5

例2　求抛物线$y^2=2x$和直线$y=-x+4$所围图形的面积．

解　这个图形如图6－6所示，为了确定图形所在的范围，先求出所给抛物线和直线的交点，解方程组

$$\begin{cases}y^2=2x,\\y=-x+4,\end{cases}$$

得交点$(2,\ 2)$和$(8,\ -4)$.

若选横坐标x为积分变量，则x的变化范围为区间$[0,\ 8]$．设想把$[0,\ 8]$分成几个小区间，从中任意选出一个小区间$[x,\ x+\mathrm{d}x]$．从图中可以看出，若此小区间位于$[0,\ 2]$内，则与它相应的面积微元为

$$\mathrm{d}S=[\sqrt{2x}-(-\sqrt{2x})]\mathrm{d}x(0\leqslant x\leqslant 2),$$

若此小区间位于$[2,\ 8]$内，则与它相应的面积微元为

$$dS=[(-x+4)-(-\sqrt{2x})]dx\,(2\leqslant x\leqslant 8),$$

故所求面积为

$$\begin{aligned}S&=\int_0^2[\sqrt{2x}-(-\sqrt{2x})]dx+\int_2^8[(-x+4)-(-\sqrt{2x})]dx\\&=2\int_0^2\sqrt{2x}\,dx+\int_2^8(\sqrt{2x}-x+4)dx\\&=\frac{2}{3}[(2x)^{\frac{3}{2}}]_0^2+\left[\frac{1}{3}(2x)^{\frac{3}{2}}-\frac{1}{2}x^2+4x\right]_2^8\\&=18.\end{aligned}$$

本题若选纵坐标 y 作积分变量，则 y 的变化范围为闭区间$[-4,\ 2]$，从中任选一代表性小区间$[y,\ y+dy]$，与它相对应的面积微元为

$$\left[(4-y)-\frac{y^2}{2}\right]dy\,(-4\leqslant y\leqslant 2),$$

于是所求面积(图 6 - 7)为

$$S=\int_{-4}^2\left[(4-y)-\frac{y^2}{2}\right]dy=\left[4y-\frac{1}{2}y^2-\frac{1}{6}y^3\right]_{-4}^2=18.$$

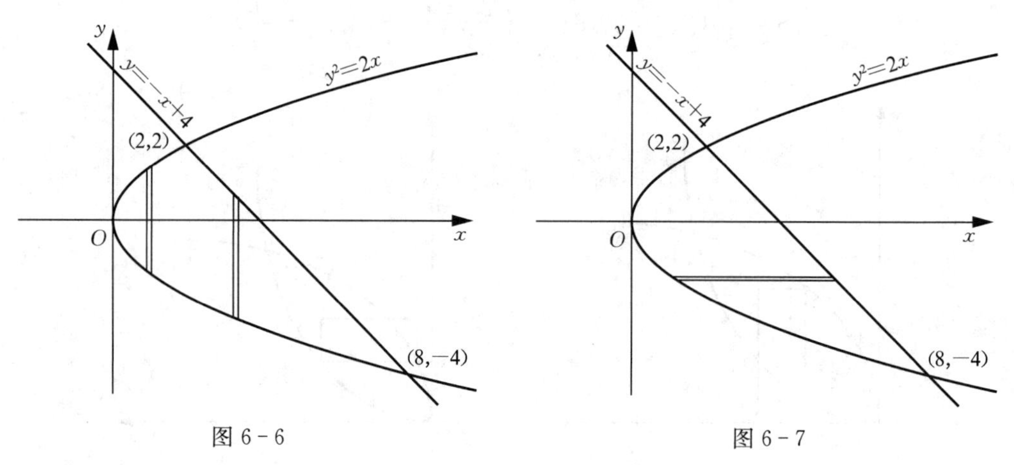

图 6 - 6　　　　图 6 - 7

比较两种解法可以看到，积分变量选得适当，就可使计算方便．一般说来，在选择积分变量时应综合考虑下列因素：

(1)被积函数的原函数较易求得；

(2)较少地分割区域；

(3)积分上、下限比较简单．

另外，在计算面积时，要注意利用图形的对称性．若图形的边界曲线用参数方程表示较为简单时，也可利用参数方程来简化被积表达式，达到方便运算的目的．

一般地，当曲边梯形的曲边 $y=f(x)$($f(x)\geqslant 0$，$x\in[a,\ b]$)由参数方程

$$\begin{cases}x=\varphi(t),\\y=\psi(t)\end{cases}$$

给出时，如果 $\varphi(t)$ 适合：

(1)$\varphi(\alpha)=a$，$\varphi(\beta)=b$；

(2)$\varphi(t)$在$[\alpha,\ \beta]$(或$[\beta,\ \alpha]$)上具有连续导数．

又 $y=\psi(t)$连续，则曲边梯形的面积

$$S=\int_a^b f(x)\mathrm{d}x=\int_\alpha^\beta \psi(t)\varphi'(t)\mathrm{d}t.$$

例 3　求椭圆$\dfrac{x^2}{a^2}+\dfrac{y^2}{b^2}=1$所围成的图形的面积．

解　椭圆关于两个坐标轴都对称(图 6－8)，所以椭圆所围图形的面积为

$$S=4S_1=4\int_0^a y\mathrm{d}x.$$

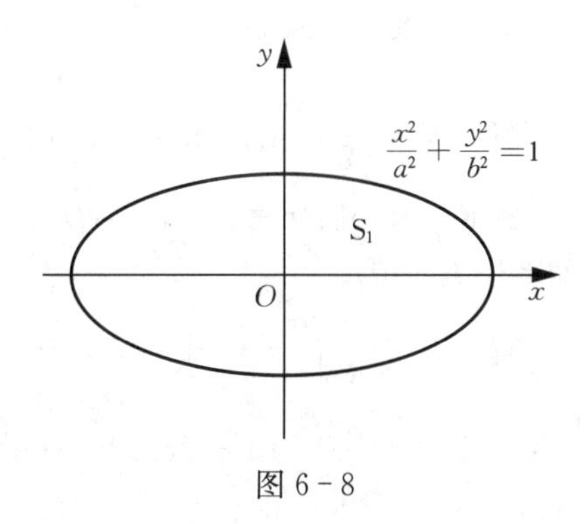

图 6－8

利用椭圆的参数方程

$$\begin{cases}x=a\cos\theta,\\ y=b\sin\theta,\end{cases}$$

当 x 由 0 变到 a 时，θ 由$\dfrac{\pi}{2}$变到 0，所以

$$\begin{aligned}S&=4\int_{\frac{\pi}{2}}^0 b\sin\theta(-a\sin\theta)\,\mathrm{d}\theta=4ab\int_0^{\frac{\pi}{2}}\sin^2\theta\mathrm{d}\theta\\&=4ab\cdot\frac{1}{2}\cdot\frac{\pi}{2}=\pi ab,\end{aligned}$$

当 $a=b$ 时，就得到圆面积公式 $S=\pi a^2$.

例 4　求摆线$\begin{cases}x=a(t-\sin t),\\ y=a(1-\cos t)\end{cases}$的第一拱与 x 轴所围的面积．

解　
$$\begin{aligned}S&=\int_0^{2\pi}a(1-\cos t)\cdot a(t-\sin t)'\mathrm{d}t\\&=a^2\int_0^{2\pi}(1-\cos t)^2\mathrm{d}t\\&=a^2\int_0^{2\pi}(1-2\cos t+\cos^2 t)\mathrm{d}t\\&=a^2\int_0^{2\pi}\left(1-2\cos t+\frac{\cos 2t+1}{2}\right)\mathrm{d}t\\&=a^2\left(\frac{3}{2}t-2\sin t+\frac{1}{4}\sin 2t\right)\Big|_0^{2\pi}=3\pi a^2.\end{aligned}$$

二、极坐标情形

对某些平面图形，用极坐标来计算它们的面积比较方便．

设有极坐标系中的曲线 $r=r(\theta)(\alpha\leqslant\theta\leqslant\beta)$，并且 $r(\theta)$是 θ 的连续函数．现在要计算由曲线 $r=r(\theta)$与射线 $\theta=\alpha$ 和 $\theta=\beta$ 所围成图形(简称曲边扇形)的面积 S(图 6－9)．取极角 θ 为积分变量，它的变化区间为$[\alpha,\ \beta]$，相应于任一小区间$[\theta,\ \theta+\mathrm{d}\theta]$的窄曲边扇形的面积可以用半径 $r=r(\theta)$，中心角为 $\mathrm{d}\theta$ 圆扇形的面积来近似代替，从而得曲边扇形的面积元素：

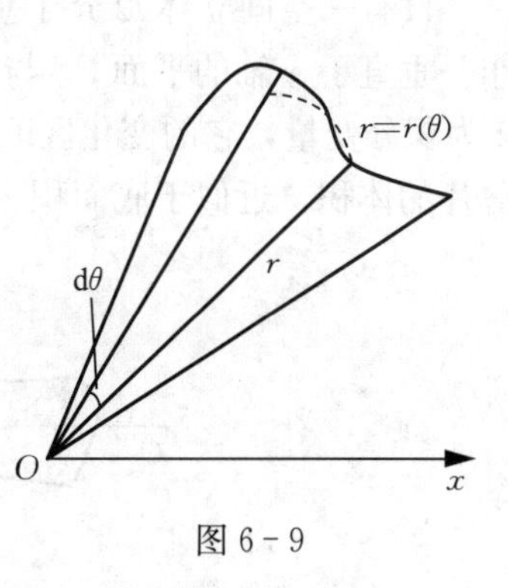

图 6－9

$$\mathrm{d}S=\frac{1}{2}r^2(\theta)\mathrm{d}\theta.$$

以此为被积表达式，在闭区间$[\alpha,\ \beta]$上作定积分，便得所求曲边扇形的面积为

$$S=\frac{1}{2}\int_{\alpha}^{\beta}r^2(\theta)\mathrm{d}\theta.$$

例 5 求$r=2\sin\theta$，$\theta=\frac{\pi}{3}$，$\theta=\frac{\pi}{2}$围成图形的面积．

解 $S=\frac{1}{2}\int_{\frac{\pi}{3}}^{\frac{\pi}{2}}4\sin^2\theta\mathrm{d}\theta=\int_{\frac{\pi}{3}}^{\frac{\pi}{2}}(1-\cos2\theta)\mathrm{d}\theta=\frac{\pi}{6}+\frac{\sqrt{3}}{4}.$

例 6 求心脏$r=a(1+\cos\theta)(a>0)$所围成的图形的面积(图 6－10).

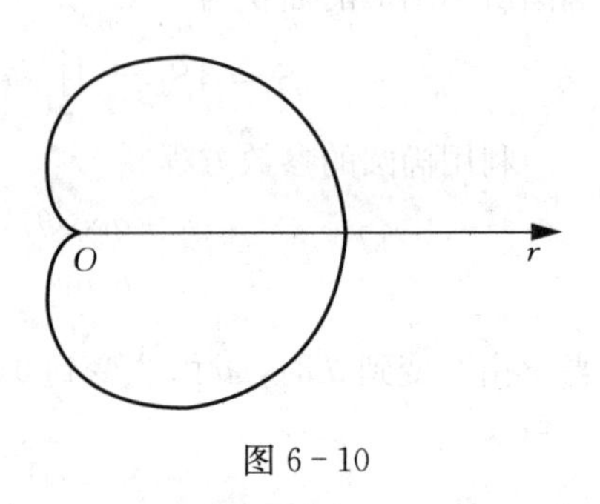

图 6－10

解
$$\begin{aligned}S&=\frac{1}{2}\int_0^{2\pi}a^2(1+\cos\theta)^2\mathrm{d}\theta\\&=\frac{a^2}{2}\int_0^{2\pi}(1+2\cos\theta+\cos^2\theta)\mathrm{d}\theta\\&=\pi a^2+\frac{a^2}{4}\int_0^{2\pi}(1+\cos2\theta)\mathrm{d}\theta\\&=\frac{3}{2}\pi a^2.\end{aligned}$$

习 题 6.2

1. 求下列曲线所围成的平面图形面积：

(1)$y=2x^2$，$y=x^2$ 与 $y=1$；

(2)$y=\sin x$，$y=\cos x$ 与直线 $x=0$，$x=\frac{\pi}{2}$.

2. 求抛物线 $y=\frac{1}{4}x^2$ 与在点(2，1)处的法线所围图形的面积．

§6.3 体 积

一、平行截面面积为已知的立体的体积

设有一空间立体Ω介于垂直于x轴的两平面$x=a$和$x=b$之间．任取$x\in[a,\ b]$，过x作一垂直于x轴的平面P_x与Ω相交．假定截面面积为x的连续函数$S(x)$. 这时可取横坐标x为积分变量，它的变化区间为$[a,\ b]$. 立体中相应于$[a,\ b]$上任一小区间$[x,\ x+\mathrm{d}x]$的一薄片的体积，近似于底面积为$S(x)$，高为$\mathrm{d}x$的扁柱体的体积(图 6－11)，即体积元素$\mathrm{d}V=$

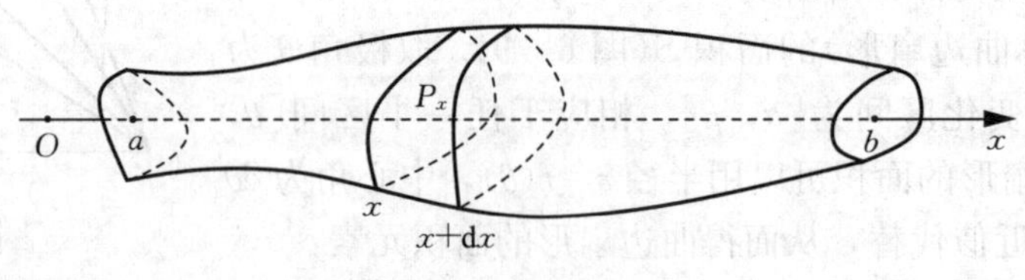

图 6－11

$S(x)\mathrm{d}x$，以 $S(x)\mathrm{d}x$ 为被积表达式，在闭区间$[a, b]$上作定积分，便得所求立体的体积．

$$V=\int_a^b S(x)\mathrm{d}x. \tag{6.3.1}$$

例 1　设有以 xOy 平面上的椭圆$\frac{x^2}{a^2}+\frac{y^2}{b^2}=1$为底的椭圆柱面 C，又有通过 y 轴且与 xOy 平面相交成 α 角的半平面 p．试求由椭圆柱面 C、半平面 p 以及 xOy 平面所围的"椭圆柱楔形"的体积 V.

解　考虑任一与 y 轴垂直的平面截此立体所得的截面，它是一个锐角为 α 的直角三角形，两直角边分别是 x 和 $x\tan\alpha$(图 6－12)，因此，

$$S(y)=\frac{1}{2}x\cdot x\tan\alpha=\frac{1}{2}\frac{a^2}{b^2}\tan\alpha\cdot(b^2-y^2),$$

于是

$$\begin{aligned}V&=\int_{-b}^{b}\frac{a^2}{2b^2}\tan\alpha\cdot(b^2-y^2)\mathrm{d}y\\&=\frac{a^2}{2b^2}\tan\alpha\cdot\left[b^2y-\frac{1}{3}y^3\right]_{-b}^{b}\\&=\frac{2a^2b}{3}\tan\alpha.\end{aligned}$$

例 2　两个底面半径为 R 的圆柱体垂直相交，求它们公共部分的体积．

解　如图 6－13(仅画出第一卦限)所示，公共部分的体积为第一卦限体积的 8 倍．现考虑公共部分位于第一卦限的部分，此时，任一垂直于 x 轴的截面为一正方形，截面面积 $A(x)=y^2=R^2-x^2$，因此

$$V=8\int_0^R(R^2-x^2)\mathrm{d}x=8\left[R^2x-\frac{1}{3}x^3\right]_0^R=\frac{16}{3}R^3.$$

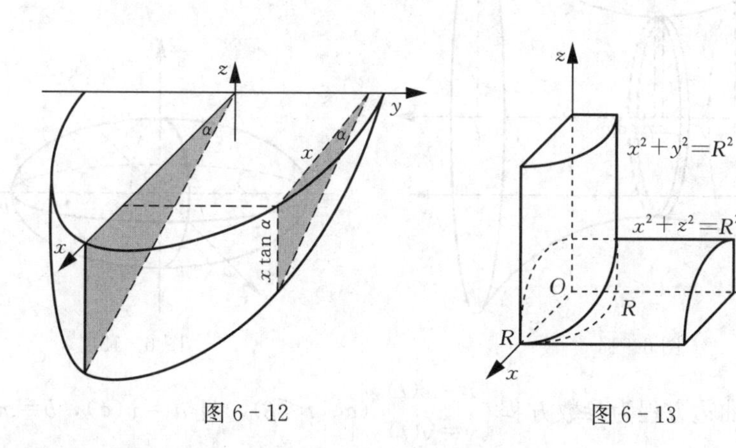

图 6－12　　　　图 6－13

二、旋转体的体积

平行截面面积已知的立体的一个特例为旋转体．所谓旋转体，就是由一个平面图形绕该平面内一条直线旋转一周而成的立体．

设旋转体 Ω 由 xOy 平面内曲线 $y=f(x)$，直线 $x=a$，$x=b$ 及 x 轴所围的曲边梯形绕 x 轴旋转得到，显然过点 $x(a\leqslant x\leqslant b)$且垂直于 x 轴的截面是以$|f(x)|$为半径的圆(图 6－14)，因而 $S(x)=\pi f^2(x)$．应用公式(6.3.1)得旋转体体积为

$$V=\int_a^b \pi f^2(x)\mathrm{d}x. \tag{6.3.2}$$

例 3 求半径为 R 的球体的体积.

解 半径为 R 的球体可看作由 xOy 平面内曲线 $y=\sqrt{R^2-x^2}$ 与 x 轴所围成的半圆绕 x 轴旋转所得($-R\leqslant x\leqslant R$)，因此，

$$V=\int_{-R}^{R}\pi(\sqrt{R^2-x^2})^2\mathrm{d}x=\pi\left[R^2x-\frac{1}{3}x^3\right]_{-R}^{R}=\frac{4}{3}\pi R^3.$$

类似地可以得到，若 Ω 是由 xOy 平面内曲线 $x=g(y)$，直线 $y=c$，$y=d$ 和 y 轴所围成的曲边梯形绕 y 轴旋转所得到的旋转体，则 Ω 的体积 V 为

$$V=\int_c^d \pi g^2(y)\mathrm{d}y. \tag{6.3.3}$$

例 4 立体 Ω 由 xOy 平面中曲线 $\frac{x^2}{a^2}+\frac{y^2}{b^2}=1$ 所围图形绕 y 轴旋转一周所得，求其体积 V (图 6-15).

解 $V=\int_{-b}^{b}\pi\left[a\sqrt{1-\frac{y^2}{b^2}}\right]^2\mathrm{d}y=\int_{-b}^{b}\pi a^2\left(1-\frac{y^2}{b^2}\right)\mathrm{d}y$

$$=2\pi a^2\int_0^b\left(1-\frac{y^2}{b^2}\right)\mathrm{d}y=2\pi a^2\left[y-\frac{1}{3b^2}y^3\right]_0^b=\frac{4}{3}\pi a^2 b.$$

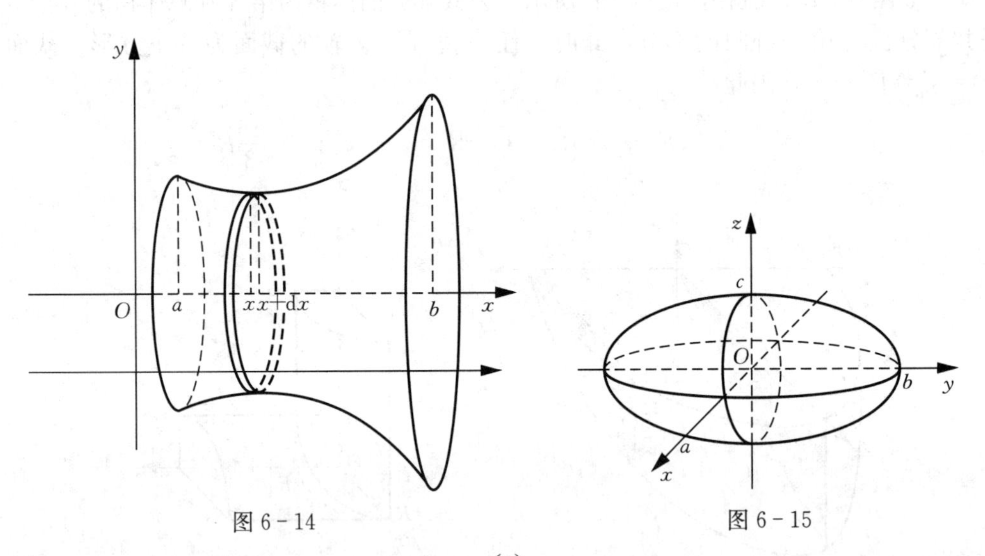

图 6-14　　图 6-15

若曲边梯形的曲边方程为参数方程 $\begin{cases}x=x(t),\\y=y(t)\end{cases}$ $(\alpha\leqslant t\leqslant\beta)$，且 $a=x(\alpha)$，$b=x(\beta)$，则由定积分换元法，公式(6.3.2)变为

$$V=\int_\alpha^\beta \pi y^2(t)x'(t)\mathrm{d}t.$$

例 5 求摆线 $\begin{cases}x=a(t-\sin t),\\y=a(1-\cos t)\end{cases}$ 的第一拱($0\leqslant t\leqslant 2\pi$)与 x 轴所围图形(图 6-16)绕 x 轴旋转所形成旋转体的体积.

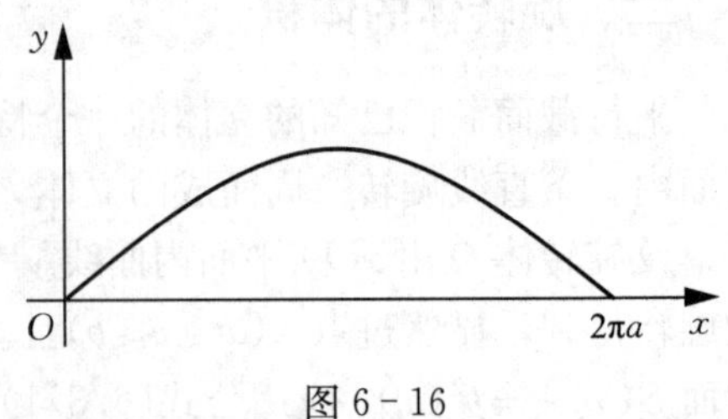

图 6-16

解　绕 x 轴：

$$\begin{aligned}V&=\int_0^{2\pi}\pi a^2(1-\cos t)^2a(1-\cos t)\mathrm{d}t\\&=\pi a^3\int_0^{2\pi}(1-3\cos t+3\cos^2 t-\cos^3 t)\mathrm{d}t\\&=\pi a^3\int_0^{2\pi}\left(\frac{5}{2}-3\cos t+\frac{3}{2}\cos 2t-\cos^3 t\right)\mathrm{d}t\\&=5\pi^2a^3.\end{aligned}$$

习　题　6.3

1. 求曲线 $y=x^2$ 与 $y=1$ 所围图形绕 x 轴旋转而成的旋转体体积．
2. 求曲线 $y=\mathrm{e}^x(x\leqslant 0)$，$y=0$，$x=0$ 所围图形，绕 x 轴旋转所得立体体积．
3. 求曲线 $y=x^2$ 与曲线 $x=y^2$ 所围成的图形绕 y 轴旋转所得旋转体的体积．

§6.4　函数平均值

大家知道，若给定 n 个数 y_1，y_2，…，y_n，那么它的平均值在解决问题时是有用的，对于给定的 n 个数，只要将这 n 个数加起来，再被 n 除即可，但如果给出的是一个连续函数，怎样求其平均值呢？这一节主要讨论这个问题．

现在如果得到了温度仪录下的一天温度变化的连续曲线(图 6－17)，那么应该怎样理解并据此定出一天的平均温度呢(其中 t 为时间，单位是 h；T 为温度，单位是℃)？更一般地，下面来讨论并定义连续函数 $y=f(x)$ 在区间 $[a,b]$ 上的平均值．

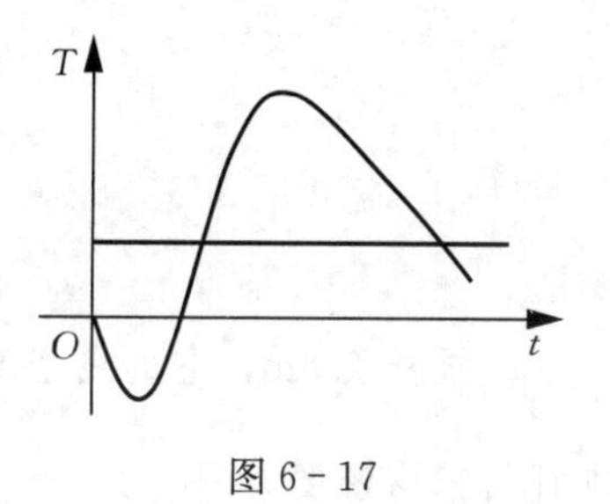

图 6－17

首先把区间 $[a,b]$ 分割成 n 个等长的子区间，每个子区间的长度均为 $\Delta x_i=\frac{1}{n}(b-a)(i=1,2,\cdots,n)$ 在每个子区间内各任选一点，分别记为 ξ_1，ξ_2，…，ξ_n，则可求得对应的函数值 $f(\xi_1)$，$f(\xi_2)$，…，$f(\xi_n)$，这 n 个数的算术平均值为

$$\frac{1}{n}[f(\xi_1)+f(\xi_2)+\cdots+f(\xi_n)].$$

由于 $\Delta x_i=\frac{1}{n}(b-a)$，即 $\frac{1}{n}=\frac{1}{b-a}\Delta x_i$，故可将上式改写成

$$\frac{1}{b-a}[f(\xi_1)\Delta x_1+f(\xi_2)\Delta x_2+\cdots+f(\xi_n)\Delta x_n]=\frac{1}{b-a}\sum_{i=1}^n f(\xi_i)\Delta x_i.$$

从此式可直观看出，这个量应能近似地表示 $f(x)$ 在区间 $[a,b]$ 上所取得的一切值的平均值，且 n 越大其近似程度越佳．这样，就定义了函数 $f(x)$ 在区间 $[a,b]$ 上的平均值，记作 $\overline{f}_{[a,b]}$，即

$$\overline{f}_{[a,b]}=\lim_{n\to+\infty}\frac{1}{b-a}\sum_{i=1}^n f(\xi_i)\Delta x_i=\frac{1}{b-a}\int_a^b f(x)\mathrm{d}x,$$

由此，一天的平均温度应为

$$\overline{T}=\frac{1}{24}\int_0^{24}T(t)\mathrm{d}t.$$

例 1 假设$c(t)$代表房间取暖每天所需的花费，它以元/天为计算单位；t是以天为计算单位的时间，$t=0$对应于2001年1月1日，请解释$\int_0^{90}c(t)\mathrm{d}t$和$\frac{1}{90-0}\int_0^{90}c(t)\mathrm{d}t$的意义．

解 积分$\int_0^{90}c(t)\mathrm{d}t$的单位为(元/天)×(天)=元，积分表示的是2001年的前90天给房间取暖所需的花费的总数．第二个表达式的单位为：元/天，即每天的花费，它表示2001年前90天内房间取暖每天的平均花费．

例 2 计算函数$f(x)=1+x^2$在区间$[-1,2]$上的平均值．

解 $\overline{f}_{[-1,2]}=\frac{1}{2-(-1)}\int_{-1}^{2}(1+x^2)\mathrm{d}x=\frac{1}{3}\left[x+\frac{1}{3}x^3\right]_{-1}^{2}=2.$

例 3 证明行驶速度是$v(t)$的汽车，在时段$[t_1, t_2]$上的平均速度等于在行驶过程中速度的平均值．

证明 设$s(t)$是时刻t汽车所处的位置，这样，汽车在$[t_1, t_2]$这段时间的平均速度为

$$\overline{v}=\frac{s(t_2)-s(t_1)}{t_2-t_1};$$

另一方面，在$[t_1, t_2]$这段时间内速度函数的平均值是

$$\overline{v}_{[t_1,\ t_2]}=\frac{1}{t_2-t_1}\int_{t_1}^{t_2}v(t)\mathrm{d}t=\frac{1}{t_2-t_1}\int_{t_1}^{t_2}s'(t)\mathrm{d}t$$
$$=\frac{1}{t_2-t_1}[s(t_2)-s(t_1)]=\overline{v}.$$

习 题 6.4

一根杆长8m，它的线密度(单位：kg/m)是$\frac{12}{\sqrt{x+1}}$(x是从杆的一端开始计量的长度)，求杆的平均密度．

§6.5 社会科学中的应用

一、由边际函数求总量函数

已知某函数(如成本函数、收入函数、需求函数等)，利用微分或导数运算可以求出其边际函数(如边际成本、边际收入、边际需求等)．作为导数的逆运算，求积分则是由已知的边际函数确定原函数．

已知边际成本函数$M_C=C'(Q)$，则产量为Q时的总成本函数$C(Q)$用定积分表示为

$$C(Q)=\int_0^Q C'(Q)\mathrm{d}Q+C_0.$$

上式右端的第一项为变动成本，$C_0=C(0)$为固定成本．

例 1 某企业的边际成本是产量Q的函数$C'(Q)=2\mathrm{e}^{0.2Q}$，假设固定成本为$C_0=90$，求总成本函数．

解 用定积分求解可得

$$C(Q)=\int_0^Q C'(Q)\mathrm{d}Q+C_0=\int_0^Q 2\mathrm{e}^{0.2Q}\mathrm{d}Q+90$$

$$=\frac{2}{0.2}(\mathrm{e}^{0.2Q}-1)+90=10\mathrm{e}^{0.2Q}+80,$$

当产量由 a 个单位变到 b 个单位时，总成本的改变量为

$$\Delta C=\int_a^b M_C\mathrm{d}Q.$$

例 1 中若要求产量为 100 到 200 时总成本的改变量，则直接用上式可求得

$$\Delta C=\int_{100}^{200}2\mathrm{e}^{0.2Q}\mathrm{d}Q=10\mathrm{e}^{0.2Q}\Big|_{100}^{200}$$

$$=10(\mathrm{e}^{40}-\mathrm{e}^{20})=10\mathrm{e}^{20}(\mathrm{e}^{20}-1).$$

同理，若已知边际收益为 $R'(Q)=M_R$，则总收益函数可表示为

$$R=R(Q)=\int_0^Q M_R\mathrm{d}Q,$$

当销售量由 a 个单位变到 b 个单位时，总收益的改变量为

$$\Delta R=\int_a^b M_R\mathrm{d}Q,$$

因边际利润是边际收益与边际成本之差 $L'(Q)=M_R-M_C$，于是产量为 Q 时的总利润函数 $L(Q)$ 为

$$L=L(Q)=\int_0^Q(M_R-M_C)\mathrm{d}Q-C_0,$$

其中 C_0 是固定成本，积分 $\int_0^Q(M_R-M_C)\mathrm{d}Q$ 是不计固定成本下的利润函数.

当产量由 a 个单位变到 b 个单位时，总利润的改变量为

$$\Delta L=\int_a^b(M_R-M_C)\mathrm{d}Q.$$

例 2　已知生产某产品 Q 个单位时的边际收益是 $M_R=100-2Q$，求：

(1)生产 40 个单位时的总收益；

(2)生产 40 到 50 个单位的总收益.

解　(1)生产 40 个单位的总收入为

$$\int_0^{40}M_R\mathrm{d}Q=\int_0^{40}(100-2Q)\mathrm{d}Q=(100Q-Q^2)\Big|_0^{40}=2400.$$

(2)生产 40 到 50 个单位时的总收入为

$$\int_{40}^{50}M_R\mathrm{d}Q=\int_{40}^{50}(100-2Q)\mathrm{d}Q=(100Q-Q^2)\Big|_{40}^{50}=100.$$

例 3　已知某产品的边际成本 $C'(Q)=2$(元/件)，固定成本为 0，边际收益为 $R'(Q)=20-0.02Q$，求：

(1)产量为多少时利润最大?

(2)在最大利润的基础上再生产 40 件，利润会发生什么变化?

解　(1)由已知条件，可得边际利润为

$$L'(Q)=R'(Q)-C'(Q)=20-0.02Q-2=18-0.02Q,$$

令 $L'(Q)=0$，即 $18-0.02Q=0$，得驻点 $Q_0=900$.

又 $L''(Q_0)=-0.02<0$，驻点 $Q_0=900$ 为 $L(Q)$ 极大值点，即为所求的最大值点．于是，当产量为 900 件时，可得到最大利润．

(2)当产量由 900 件增加到 940 件时，利润的改变量为

$$\Delta L=\int_{900}^{940}(18-0.02Q)\mathrm{d}Q=(18Q-0.01Q^2)\Big|_{900}^{940}=720-736=-16(\text{元}),$$

此时利润将减少 16 元．

二、学习曲线模型

在工业生产中，计划管理部门经常会碰到预测劳动时间的需求和单位产品的成本问题．通常是利用一条曲线来描述这一预测，这条曲线通常称为学习曲线．例如，在计算机、电视机、汽车装配等生产过程中，由于技工人员在操作过程中不断地学习和总结经验，他们重复某操作的次数越多，他们的工作效率就越高．因此，在单位产品中投入的直接劳动量就下降，假如这种提高速度得以保持并有规律，那么就可以用学习曲线去预测未来劳动需求的变化.

描述这一情况的函数的一般形式为

$$f(x)=cx^k,\ x\in[1,\ +\infty),$$

其中 $f(x)$ 是要生产第 x 单位产品所需的直接劳动时数，$-1\leqslant k\leqslant 0$，$c>0$ 为常数(图 6-18)．函数 $f(x)=cx^k(-1\leqslant k<0)$ 描述了生产单位产品的学习速度，这个速度是以单位产品的劳动时数为函数．因此，函数 $f(x)$ 表示随着生产量增加，直接劳动时数下降.

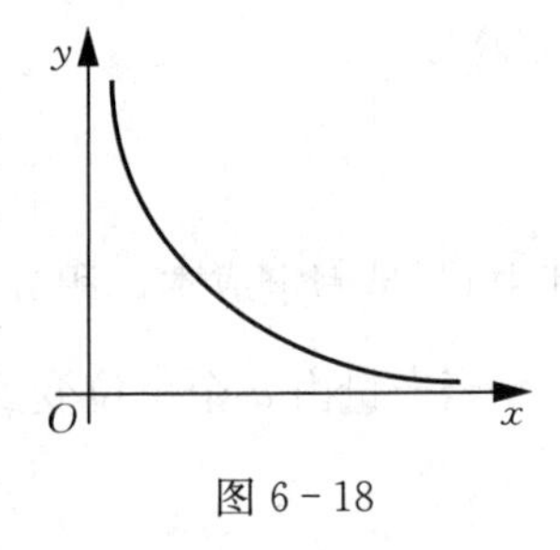

图 6-18

一旦定出了总生产过程的学习曲线，它就可以用作决定未来的生产时数的预测工具．如果已知学习曲线，那么生产第 a 单位产品到第 b 单位产品所需工时总数应为

$$N=\int_a^b f(x)\mathrm{d}x=\int_a^b cx^k\mathrm{d}x.$$

例 4 某录像机厂在流水线上生产录像机，经验证明，第一批生产的 100 台录像机需要花费 1272 工时，对以后生产每 100 台(一个单位)录像机来说，花费工时数要逐渐减少，且服从学习曲线：

$$f(x)=1272x^{-0.25},$$

其中 $f(x)$ 是生产 x 单位(每 100 台)录像机工时需求率．这条曲线是在生产了 30 单位以后确定出来的．该厂正在投标承包一个追加生产 5000 台录像机(亦即 50 单位)的大项目．此时，该厂可按下列计算过程去估计生产这些录像机所需要的工时数．

$$N=\int_{30}^{50}1272x^{-0.25}\mathrm{d}x=\frac{1272x^{0.75}}{0.75}\Big|_{30}^{50}=10149.55.$$

习　题　6.5

已知生产某产品 x 单位时的边际利润为 $L'(x)=100-2x$(元/单位)，求：

(1)生产 40 单位时的总利润及平均利润；

(2)再增加生产 10 个单位时所增加的总利润．

习　题　六

1. 计算由曲线 $xy=2$，$y-2x=0$，$2y-x=0$ 所围成图形的面积．

2. 过原点作曲线 $y=\ln x$ 的切线，求切线、x 轴以及曲线 $y=\ln x$ 所围成的平面图形的面积.

3. 求曲线 $y=\sqrt{x}$ 与直线 $x=1$、$x=4$ 以及 x 轴所围成的图形分别绕 x 轴和 y 轴旋转所得旋转体的体积．

4. 求抛物线 $y=x^2+2$ 与直线 $x=0$、$x=2$ 以及 x 轴所围图形绕 x 轴旋转一周所得体积.

5. 设曲线 $y=\mathrm{e}^{-x}(x\geqslant 0)$，(1)把曲线 $y=\mathrm{e}^{-x}$、x 轴、y 轴和直线 $x=a(a>0)$所围平面图形绕 x 轴旋转得一旋转体，求此旋转体体积 $V(a)$，并求 $V(b)=\dfrac{1}{2}\lim\limits_{a\to+\infty}V(a)$ 的 b；(2)求此曲线上一点，使过该点的切线与两个坐标轴所夹平面图形的面积最大，并求出该面积．

6. 漏壶(又称水钟)是玻璃容器，在它的底部有一个很小的孔，水能从孔中流出．为了测定时间，在相等时间间隔内，按照水位在容器上用刻度来标定．设 $x=f(y)$是一个在区间$[0, b]$上连续函数，假如这容器是由 $x=f(y)$，$y=0$，$y=b$ 和 y 轴所围成区域绕 y 轴旋转而成的．在时间 t 时，V 表示水的容积，h 表示水位的高．

(1)确定 V 是 h 的函数；

(2)证明$\dfrac{\mathrm{d}v}{\mathrm{d}t}=\pi[f(h)]^2\dfrac{\mathrm{d}h}{\mathrm{d}t}$；

(3)设 A 是在容器底部小孔的面积，按照托里拆利定律，水容积变化率由$\dfrac{\mathrm{d}v}{\mathrm{d}t}=kA\sqrt{h}$表示，其中 k 为负常数，当$\dfrac{\mathrm{d}h}{\mathrm{d}t}=c$(常数)时，确定 f 的公式．这里给定$\dfrac{\mathrm{d}h}{\mathrm{d}t}=c$，它有什么优点?

7. 有一立体，以长半轴 $a=10$，短半轴 $b=5$ 的椭圆为底，而垂直于长轴的截面都是等边三角形，求其体积．

8. 求使函数 $f(x)=2+6x-2x^2$ 在$[0, b]$上的平均值等于 3 的 b 值．

9. 某一城市在上午 9 点以后的温度的近似值可用函数 $T(t)=50+14\sin\dfrac{\pi}{12}t$ 表示，其中 t 单位是小时，求从上午 9 时到晚上 9 时这段时间内平均温度．

10. 人体呼吸的整个过程需要 5s，进入肺部空气率是 $f(t)=\dfrac{1}{2}\sin\dfrac{2\pi t}{5}$(单位：L/s)，计算一个呼吸循环过程中肺部吸入的平均空气量．

11. 某日某证券交易所的股票指数的波动由函数 $T=1100+6(t-2)^2(0\leqslant t\leqslant 4)$确定，求该日的平均股指．

12. 黑龙江省某地区农民的每月人均收入为 x 时，人均支出 $p(x)$的变化率 $p'(x)=\dfrac{15}{\sqrt{x}}$，如果每月人均收入由 900 元增加到 1600 元时，那么每月人均支出增加多少?

13. 某工厂生产一种产品的固定成本 20 元，生产 x 单位产品时商务边际成本为 $C'(x)=0.5x+4$(元/单位)，求：

(1)总成本函数 $C(x)$；

(2)若该商品的销售单价为20元，且产品全部售出，问该工厂应生产多少单位产品才能获得最大利润，最大利润是多少？

14. 已知某工厂生产某产品 x 单位(百台)时的边际成本函数和边际收入函数分别为

$$M_C=C'(x)=3+\frac{x}{3}(\text{万元/百台}),\ M_R=R'(x)=7-x(\text{万元/百台}).$$

(1)若固定成本 $C_0=1$(万元)，求总成本函数，总收入函数和总利润函数；

(2)当产量从100台增加到500台时，求总成本与总收入；

(3)产量为多少时总利润最大？最大总利润是多少？

15. 某种债券，保证每年付 $(100+10t)$ 元，共付10年，其中 t 表示从现在算起的年数，求这一收入流的现值，这里假设利率为5%，按连续复利方式支付.

16. 某农户从银行按利率10%(连续复利)贷款100万元购买农用拖拉机，此设备使用10年后报废，此农户每年可收入 b(元).

(1) b 为何值时此农户不会亏本?

(2)当 $b=20$ 万元时，求收益的资本价值(资本价值＝收益流的现值－投入资金的现值).

17. 在生产了35批产品以后，公司定出它的生产设施满足如下学习曲线：

$$f(x)=1000x^{-0.5},$$

其中 $f(x)$ 是组装第 x 批所需的工时数，问再生产25批产品约需要多少工时？

18. 某一动物种群增长率为 $200+50t$(万只/年)，其中 t 的单位为年，求从第4年到第10年间动物增长多少？

演示与实验六

一、二维参数作图

Mathematica 能作出由参数方程 $\begin{cases}x=x(t),\\y=y(t)\end{cases}$ 表示一元函数的平面图形，命令的一般格式：

ParametricPlot[{x(t)，y(t)}，{t，下限，上限}，可选项]

例1 绘制参数方程 $\begin{cases}x(t)=\cos t,\\y(t)=\sin t\end{cases}$ 的图形.

解 输入 ParametricPlot[{Cos[t]，Sin[t]}，{t，0，2Pi}]

输出图形如图6-19所示，此时图形纵横坐标的比例是0.618∶1. 若要输出一个纵横坐标比例是1∶1的图形，可将输入命令调整为

ParametricPlot[{Cos[t]，Sin[t]}，{t，0，2Pi}，AspectRatio－>Automatic]

输出图形如图6-20所示.

二、求平面图形的面积

例2 求椭圆 $\frac{x^2}{9}+\frac{y^2}{16}=1$ 所围区域的面积.

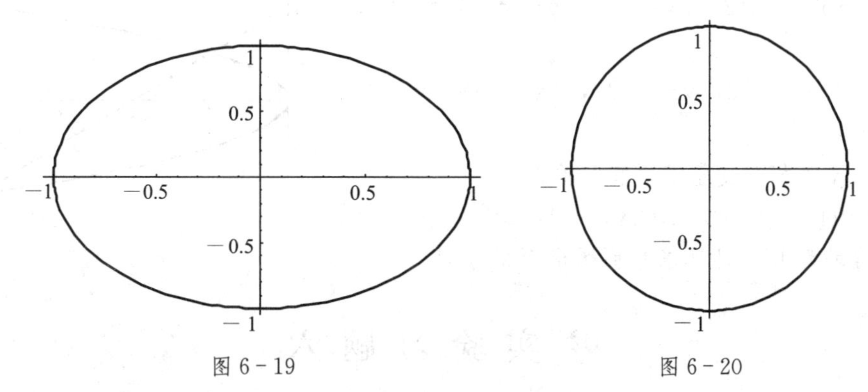

图 6-19　　　　图 6-20

解　先作出椭圆的图形，椭圆的参数方程为

$$\begin{cases}x=3\cos t,\\ y=4\sin t,\end{cases} t\in[0,\ 2\pi].$$

输入下面语句可得到它的图形(图 6-21)：

ParametricPlot[{3 * Cos[t], 4 * Sin[t]}, {t, 0, 2Pi}]

由图形可知，该图形是关于 x 轴和原点对称的，因此下面的定积分为整个椭圆面积的$\frac{1}{4}$：

Integrate[4 * Sqrt[1−x^2/9], {x, 0, 3}]

输出结果为 3π，即所求平面图形的面积为 12π.

例 3　求由曲线 $y^2=x$，$y=x^2$ 所围图形的面积．

解　首先画出平面图形，输入

Plot[{Sqrt[x], x^2}, {x, 0, 2}]

输出图形如图 6-22 所示，则平面图形的面积为

Integrate[Sqrt[x]−x^2, {x, 0, 1}]

输出结果为$\frac{1}{3}$，即所求平面图形面积为$\frac{1}{3}$.

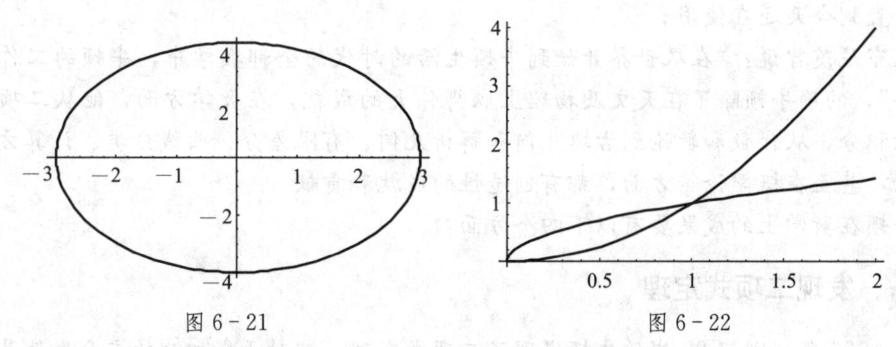

图 6-21　　　　图 6-22

例 4　求抛物线 $y^2=2x$ 和直线 $y=-x+4$ 所围图形的面积．

解　首先画出平面图形，输入

Plot[{Sqrt[x], −Sqrt[x], −x+4}, {x, 0, 9}]

输出图形如图 6-23 所示．然后求出曲线交点坐标，使用命令 Solve.

输入　Solve[{y^2－2x＝＝0，y＋x－4＝＝0}，{x，y}]

输出　{{x－＞2，y－＞2}，{x－＞8，y－＞－4}}

最后以 y 为积分变量求面积，输入

Integrate[4－y－y^2/2，{y，－4，2}]

输出结果为 18，即所求平面图形面积为 18.

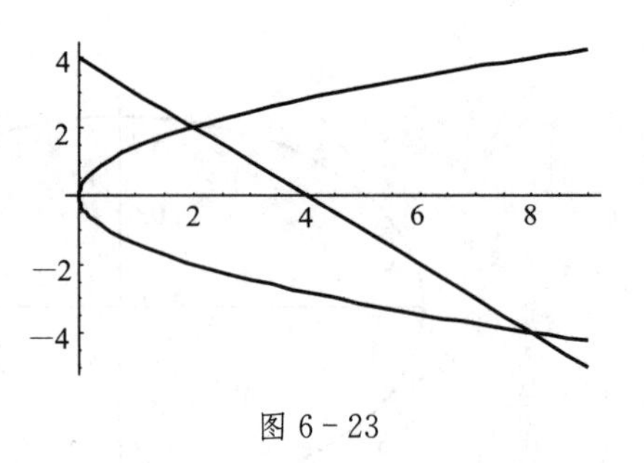

图 6－23

实 验 习 题 六

1. 求曲线 $y=x^2$ 及直线 $x+y=2$ 所围成图形的面积.

2. 求由曲线 $y=\ln x$ 及其在 $x=1$ 处的切线与直线 $x=2$ 所围成图形的面积.

数学家的故事

牛顿

牛顿(Newton，1643—1727)，牛顿是世界上的影响最大的科学家之一．他是遗腹子，生于伽利略逝世的那一天．

牛顿少年时代即表现出手工制作精巧机械的才能．虽然他是个聪明伶俐的孩子，但并未引起他的老师们的注意．

成年时，母亲令其退学，因为她希望儿子成为一名出色的农夫．十分幸运的是他的天赋使他不满足于仅在农业方面发挥，因此，他 18 岁时进入剑桥大学，极快地通晓了当时已知的自然与数学知识，之后转入个人的专门研究．

自 21 岁至 27 岁，奠定了某些学科理论基础，导致以后世界上的一次科学革命．他的第一个轰动科学世界的发现就是光的本质．经过一系列的严格试验，牛顿发现普通白光是由七色光组成的．经过一番光学研究，制造了第一架反射天文望远镜；这架天文望远镜一直到今天还在使用．

莱布尼茨曾说：“在从世界开始到牛顿生活的时代的全部数学中，牛顿的工作超过了一半”，的确牛顿除了在天文及物理上取得伟大的成就，在数学方面，他从二项式定理到微积分，从代数和数论到古典几何和解析几何、有限差分、曲线分类、计算方法和逼近论，甚至在概率论等方面，都有创造性的成就和贡献．

牛顿在数学上的成果要有以下四个方面：

一、发现二项式定理

在 1665 年，刚好 22 岁的牛顿发现了二项式定理，这对于微积分的充分发展是必不可少的一步．二项式定理把能为直接计算所发现的

$$(a+b)^2=a^2+2ab+b^2,$$

$$(a+b)^3=a^3+3a^2b+3ab^2+b^3$$

等简单结果推广到如下的形式：

$$(a+b)^n=a^n+\frac{n}{1}a^{n-1}b+\frac{n(n-1)}{1\times2}a^{n-2}b^2+\frac{n(n-1)(n-2)}{1\times2\times3}a^{n-3}b^3+\cdots.$$

二项式级数展开式是研究级数论、函数论、数学分析、方程理论的有力工具．在今天我们会发觉这个方法只适用于n是正整数，当n是正整数1，2，3，…，级数终止在正好是$n+1$项．如果n不是正整数，级数就不会终止，这个方法就不适用了．但是我们要知道那时，莱布尼茨在1694年才引进函数这个词，在微积分早期阶段，研究超越函数时用它们的级数来处理是所用方法中最卓有成效的．

二、创建微积分

牛顿在数学上最卓越的成就是创建微积分．他超越前人的功绩在于，他将古希腊以来求解无限小问题的各种特殊技巧统一为两类普遍的算法——微分和积分，并确立了这两类运算的互逆关系，如面积计算可以看作求切线的逆过程．

那时莱布尼茨刚好也提出微积分研究报告，更因此引发了一场微积分发明专利权的争论，直到莱氏去世才停息．而后世也认定微积分是他们同时发明的．

微积分方法上，牛顿所作出的极端重要的贡献是，他不但清楚地看到，而且大胆地运用了代数所提供的大大优越于几何的方法论．他以代数方法取代了卡瓦列里、格雷哥里、惠更斯和巴罗的几何方法，完成了积分的代数化．从此，数学逐渐从感觉的学科转向思维的学科．

微积分产生的初期，由于还没有建立起巩固的理论基础，被有些别有用心者钻了空子．因此而引发了著名的第二次数学危机．这个问题直到19世纪极限理论建立，才得到解决．

三、引进极坐标，发展三次曲线理论

牛顿对解析几何做出了意义深远的贡献，他是极坐标的创始人，是对高次平面曲线进行广泛研究的第一人．牛顿证明了怎样能够把一般的三次方程

$$ax^3+bx^2y+cxy^2+\mathrm{d}y^3+\mathrm{e}x^2+fxy+gy^2+hx+jy+k=0$$

所代表的一切曲线通过坐标变换化为以下四种形式之一：

(1)$xy^2+\mathrm{e}y=ax^3+bx^2+cx+d$；

(2)$xy=ax^3+bx^2+cx+d$；

(3)$y^2=ax^3+bx^2+cx+d$；

(4)$y=ax^3+bx^2+cx+d$.

在《三次曲线》一书中牛顿列举了三次曲线可能的78种形式中的72种．这是最吸引人；最难的是：正如所有曲线能作为圆的中心射影被得到一样；所有三次曲线都能作为曲线

$$y^2=ax^3+bx^2+cx+d$$

的中心射影而得到．这一定理，在1973年发现其证明之前，一直是个谜．

牛顿的三次曲线奠定了研究高次平面线的基础，阐明了渐近线、结点、共点的重要性．牛顿的关于三次曲线的工作激发了高次平面曲线的许多其他研究工作．

四、推进方程论，开拓变分法

牛顿在代数方面也作出了卓越的贡献，他的《广义算术》大大推动了方程论．他发现实多项式的虚根必定成双出现，求多项式根的上界的规则，他以多项式的系数表示多项式的根 n 次幂之和公式，给出实多项式虚根个数的限制的笛卡儿符号规则的一个推广．

牛顿还设计了求数值方程的实根近似值的方法，该方法的修正，现称为牛顿方法．

牛顿在力学领域也有伟大的发现，在其著作《自然哲学的数学原理》中，提出了牛顿运动定律．牛顿第一运动定律阐明，如果物体处于静止或做匀速直线运动，那么只要没有外力作用，它就仍将保持静止或继续做匀速直线运动．这个定律也称惯性定律，它描述了力的一种性质：力可以使物体由静止到运动和由运动到静止，也可以使物体由一种运动形式变化为另一种形式．力学中最重要的问题是物体在类似情况下如何运动，牛顿第二定律解决了这个问题，该定律被看作是古典物理学中最重要的基本定律．牛顿第二定律定量地描述了力能使物体的运动产生变化．它说明速度的时间变化率(即加速度 a 与力 F 成正比，而与物体的质量成反比，即 $a=F/m$ 或 $F=ma$；力越大，加速度也越大；质量越大，加速度就越小．力与加速度都既有量值又有方向．加速度由力引起，方向与力相同；如果有几个力作用在物体上，就由合力产生加速度，牛顿第二定律非常重要，动力的所有基本方程都可由它通过微积分推导出来．

第七章　多元函数微分学

在前几章，主要研究两个变量间的函数 $y=f(x)$ 及其微积分，可是，在一些自然现象或技术过程中，相互约束在一起的、产生显著影响的变量一般不只两个，这就要研究两个以上变量间的函数关系．本章主要介绍三个变量间函数关系，即二元函数的偏导、全微分、极值及应用．

§7.1　多元函数的基本概念

建立在两个以上变量间相互依赖的关系，称为多元函数．

一、引例

例 1　在几何学中，一个矩形面积 S 依赖于边长 x 与 y，并且 $S=xy$.

例 2　在物理学中，理想气体状态方程：

$$pV=RT(R\text{ 为常数}),$$

若将热力学温度 T 与体积 V 看作自变量，那么压力 p 依赖 T 与 V，并且

$$p=RT/V.$$

例 3　在经济活动中，投入生产要素为劳动力 L 与资本 K，其产出量为 Z，如果投入与产出满足关系式

$$Z=AL^{\alpha}K^{\beta}(A,\ \alpha,\ \beta>0),$$

则产出 Z 依赖 L 与 K，该函数称为**库柏—道格拉斯生产函数**．

如果考虑时间 t，那么在动态下产出 Z 还依赖于时间 t：

$$Z=Ae^{bt}L^{\alpha}K^{\beta}.$$

大量实例表明存在两个以上变量间的函数关系，撇开具体的函数形式，可以建立多元函数定义．

二、多元函数

定义 7.1.1　设在同一过程中有三个变量 x，y 与 z. 如果 x 与 y 在某一平面区域 D 内各取一确定值，按照某一对应法则就有一确定的 z 值与之对应，则称变量 z 为变量 x 与 y 的二元函数，记作 $z=f(x,\ y)$，$(x,\ y)\in D$，其中变量 z 又称为**因变量**，x 与 y 称为**自变量**，“f”称为**对应法则**，D 称为函数的**定义域**．

类似地，还可建立三元函数、四元函数等的定义，由于二元函数是最简单的多元函数，所以本书主要介绍二元函数，它的一些性质和运算不难推广到一般多元函数．

函数 $z=f(x,\ y)$ 中的“f”实际上还表示一种运算，当 $x=x_0$，$y=y_0$ 时，代入函数中可

得函数值 $z_0=f(x_0,\ y_0)$ 或 $z_0=f(x,\ y)\big|_{x=x_0,y=y_0}$.

例如，将 $x=1$，$y=2$ 代入函数 $z=f(x,\ y)=\frac{x}{x^2+y^2}$ 中函数值为

$$f(1,\ 2)=\frac{1}{1^2+2^2}=\frac{1}{5}.$$

同求一元函数 $y=f(x)$ 的定义域一样，使 $z=f(x,\ y)$ 有意义的自变量 x 与 y 的变化范围为函数定义域，不过，二元函数定义域通常是一平面区域，即可用平面上的图形表示，如果平面区域含边界，则称为**闭区域**，不含边界就称为**开区域**.

例 4 求 $z=\ln xy$ 的定义域.

解 为使函数有意义，要求对数的真数 $xy>0$，于是定义域为 $x>0$，$y>0$ 或 $x<0$，$y<0$，它是一、三象限的开区域(图 7-1).

例 5 求 $z=\sqrt{1-x^2-y^2}$ 的定义域.

解 二次根式内 $1-x^2-y^2\geqslant 0$ 才使函数有意义，于是定义域为含圆周的闭区域 $x^2+y^2\leqslant 1$(图 7-2).

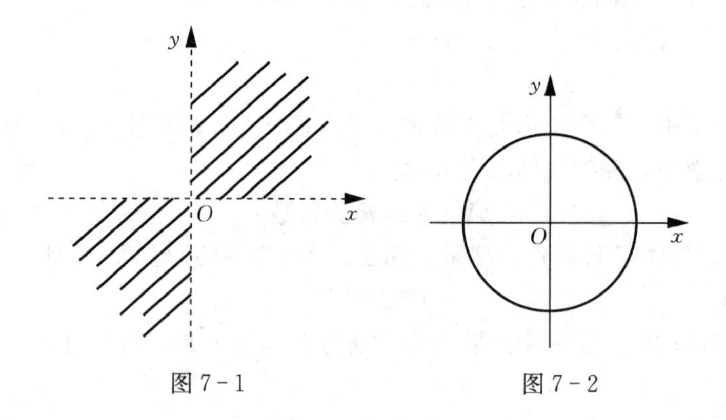

图 7-1　　图 7-2

三、二元函数的几何表示

一元函数 $y=f(x)$ 或方程 $F(x,\ y)=0$，在平面直角坐标系 xOy 下一般表示一条平面曲线，为了研究二元函数 $z=f(x,\ y)$ 的几何表示，需要引入空间直角坐标系.

1. 空间直角坐标系

在平面直角坐标系 xOy 的原点处添加一条与坐标平面垂直的数轴 Oz，就得到两两垂直的数轴 Ox，Oy，Oz，分别称为 x 轴、y 轴、z 轴，统称**坐标轴**，O 仍称**坐标原点**，它们的方向规定如下：以右手握住 z 轴，当右手四个手指从 x 轴逆时针方向旋转 $\frac{\pi}{2}$ 后正好是 y 轴的正向，这时大拇指的指向就是 z 轴的正向，这种用右手法则建立起来的坐标系称为**空间直角坐标系**，记作 $Oxyz$(图 7-3).

在空间直角坐标系 $Oxyz$ 中，每两轴确定的平面称为**坐标平面**，简称**坐标面**，如 $x=0$ 表示由 y 轴与 z 轴确定的 yOz 平面；$y=0$ 表示由 x 轴与 z 轴确定的 xOz 平面；$z=0$ 表示 xOy 平面，这三个平面两两垂直，并且把空间分成八个部分，每一部分称为一个**卦限**，每个卦限的位置如图 7-4 所示.

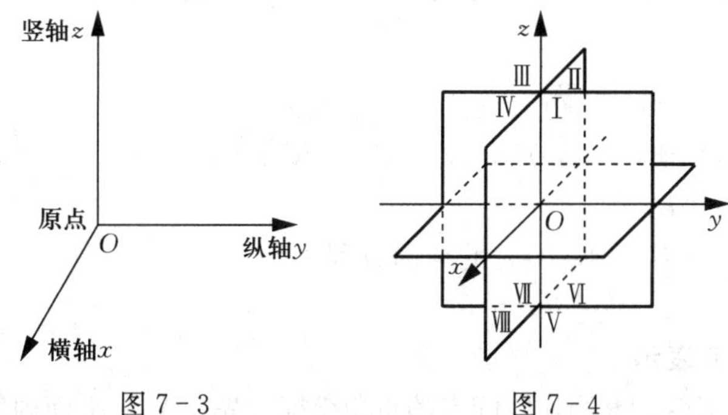

图 7-3　　　　图 7-4

有了空间直角坐标系，空间中任一点 M 就可以与三个有序数 x，y，z 一一对应，过点 M 分别作垂直于 x 轴、y 轴、z 轴的三个平面交于坐标轴上点 x，y，z，这样任一点 M 的坐标为 $M(x, y, z)$(图 7-5).

2. 空间两点间距离

在空间直角坐标系下，可以求出空间任意两点 $M_1(x_1, y_1, z_1)$ 与 $M_2(x_2, y_2, z_2)$ 之间的距离 M_1M_2.

如图 7-6 所示，过点 M_1 与 M_2 各作三个分别垂直于三个坐标轴的平面，这六个平面围成以 M_1M_2 为对角线的长方体.

在直角三角形 M_1SM_2 中，

$$M_1M_2=\sqrt{(M_1S)^2+(M_2S)^2},$$

在直角三角形 PM_1S 中，

$$M_1S=\sqrt{(M_1P)^2+(SP)^2},$$

所以

$$\begin{aligned} M_1M_2 &=\sqrt{(M_1P)^2+(SP)^2+(M_2S)^2} \\ &=\sqrt{|x_2-x_1|^2+|y_2-y_1|^2+|z_2-z_1|^2} \\ &=\sqrt{(x_2-x_1)^2+(y_2-y_1)^2+(z_2-z_1)^2}. \end{aligned}$$

上式就是空间两点间距离公式.

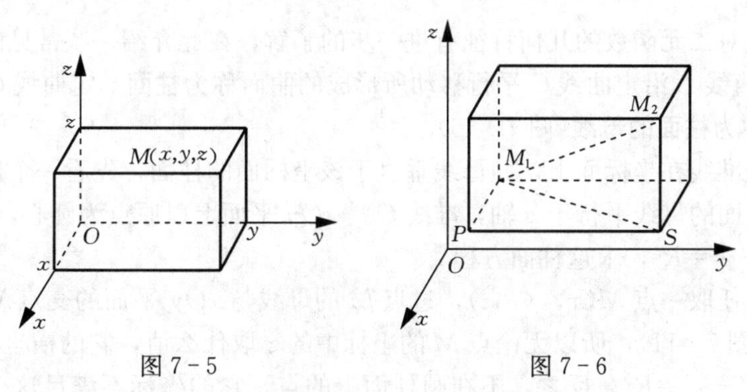

图 7-5　　　　图 7-6

例 6　求点 $M_1(2, 5, -3)$ 与点 $M_2(-2, 1, -1)$ 的距离.

解　$M_1M_2=\sqrt{(-2-2)^2+(1-5)^2+[-1-(-3)]^2}=6.$

例 7　求以点 $M_0(x_0, y_0, z_0)$ 为中心、R 为半径的球面方程.

解　球面上任一点 $M(x, y, z)$ 至球心 $M_0(x_0, y_0, z_0)$ 的距离为 R，于是

$$R=\sqrt{(x-x_0)^2+(y-y_0)^2+(z-z_0)^2}$$

或
$$(x-x_0)^2+(y-y_0)^2+(z-z_0)^2=R^2$$

为所求球面方程(图 7-7).

特别地，球心在原点(0，0，0)处的球面方程为

$$x^2+y^2+z^2=R^2.$$

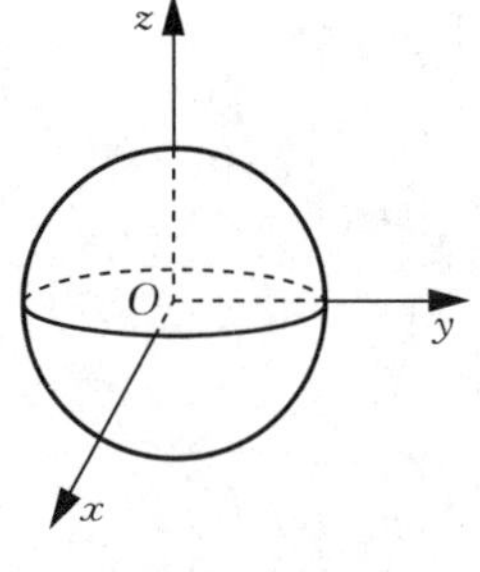

图 7-7

3. 二元函数的几何表示

把自变量 x，y 及因变量 z 当作空间点的直角坐标，先在 xOy 平面内作出函数 $z=f(x, y)$ 的定义域 D(图 7-8)，再过 D 域中的任一点 $P(x, y)$ 作垂直于 xOy 平面的有向线段 PM，使其值为与(x, y)对应的函数值 z. 当 P 点在 D 中变动时，对应的 M 点的轨迹就是函数$z=f(x, y)$的几何图形，它通常是一张曲面，而其定义域 D 就是此曲面在 xOy 平面上的投影.

例 8　作二元函数 $z=1-x-y$ 的图形.

解　它是空间一平面，它在第一卦限的部分图形见图 7-9.

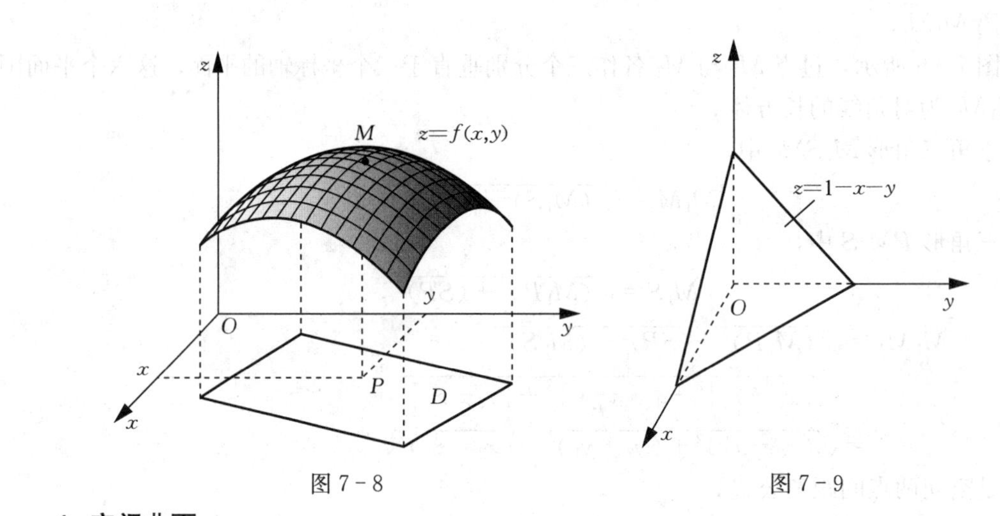

图 7-8　　　　图 7-9

4. 空间曲面

为了使大家对二元函数的几何特征有进一步的了解，在此介绍一些常见的空间曲面.

(1)柱面：直线 L 沿定曲线 C 平行移动所形成的曲面称为**柱面**. 定曲线 C 称为**柱面的准线**，动直线 L 称为**柱面的母线**(图 7-10).

下面只讨论准线在坐标面上，而母线垂直于该坐标面的柱面，先看一个例子.

设一个圆柱面的母线平行于 z 轴，准线 C 是 xOy 平面上以原点为圆心，R 为半径的圆，它的方程为 $x^2+y^2=R^2$，求这柱面方程.

在圆柱面上任取一点 $M(x, y, z)$，过点 M 的母线与 xOy 平面的交点 $M_0(x, y, 0)$ 一定在准线 C 上(图 7-11)，所以无论点 M 的坐标中的 z 取什么值，它的横坐标 x 和纵坐标 y 必定满足方程 $x^2+y^2=R^2$；反之，不在圆柱面上的点，它的坐标不满足这个方程，于是所求柱面方程为 $x^2+y^2=R^2$.

必须注意，在平面直角坐标系中，方程 $x^2+y^2=R^2$ 表示一个圆，而在空间直角坐标系中，方程 $x^2+y^2=R^2$ 表示一个母线平行于 z 轴的圆柱面.

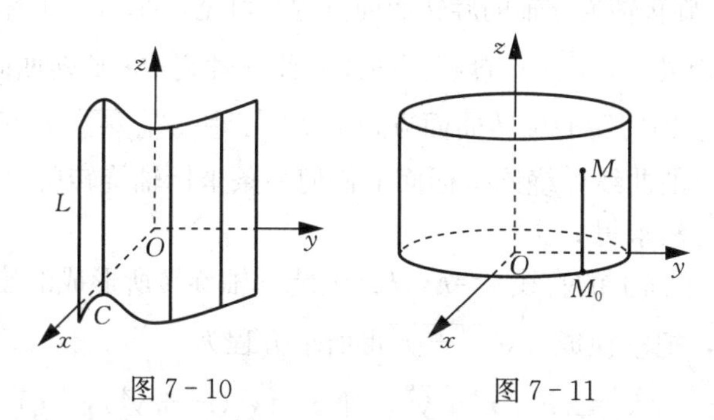

图 7-10　　　　图 7-11

一般来说，如果柱面的准线是 xOy 面上的曲线 C，它在平面直角坐标系中的方程为 $f(x, y)=0$，那么，以 C 为准线，母线平行 Z 轴的柱面方程就是 $f(x, y)=0$.

类似地，方程 $g(y, z)=0$ 表示母线平行于 x 轴的柱面；方程 $h(x, z)=0$ 表示母线平行于 y 轴的柱面.

可见，在空间直角坐标系 $Oxyz$ 下，含两个变量的方程为柱面方程，并且方程中缺哪个变量，该柱面母线就平行于哪一个坐标轴.

例 9　方程 $\frac{x^2}{a^2}+\frac{y^2}{b^2}=1$，$\frac{y^2}{b^2}-\frac{x^2}{a^2}=1$，$x^2-2py=0$ 分别表示母线平行于 z 轴的椭圆柱面.双曲柱面和抛物柱面.如图 7-12、图 7-13、图 7-14 所示，由于这些方程都是二次的，因此称为二次柱面.

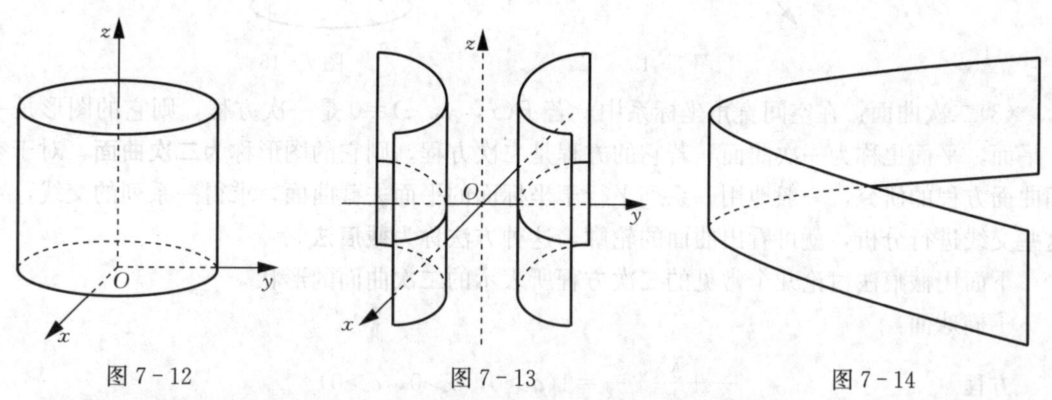

图 7-12　　　　图 7-13　　　　图 7-14

(2)旋转曲面：一平面曲线 C 绕同一平面上的一条直线 L 旋转所形成的曲面称为旋转曲面.曲线 C 称为**旋转曲面的母线**.直线 L 称为**旋转曲面的轴**.

下面只讨论母线在某个坐标面上，它绕某个坐标轴旋转所形成的旋转曲面.

设在 yOz 平面上有一条已知曲线 C，它在平面直角坐标系中的方程是 $f(y, z)=0$，求此曲线 C 绕 z 轴旋转一周所形成的旋转曲面的方程(图 7-15).

在旋转曲面上任取一点 $M(x, y, z)$，设这点是由母线上点 $M_1(0, y_1, z_1)$绕 z 轴旋转一定角度而得到.由图 7-15 可知，点 M 与 z 轴距离等于点 M_1 与 z 轴的距离，且有同一竖坐标，即 $\sqrt{x^2+y^2}=|y_1|$，$z=z_1$，又因为点 M_1 在母线 C 上，所以 $f(y_1, z_1)=0$，于是有

$$f(\pm\sqrt{x^2+y^2}, z)=0,$$

旋转曲面上的点都满足方程 $f(\pm\sqrt{x^2+y^2}, z)=0$，而不在旋转曲面上的点都不满足该方程.

故此方程是母线为 C，旋转轴为 z 轴的旋转曲面方程．可见，在 yOz 坐标平面上曲线 C 的方程 $f(y, z)=0$ 中，将 y 换成 $\pm\sqrt{x^2+y^2}$ 就得到曲线 C 绕 z 轴旋转的旋转曲面方程.

同理，曲线 C 绕 y 轴旋转的旋转曲面方程为 $f(y, \pm\sqrt{x^2+z^2})=0$.

对于其他坐标面上的曲线，绕该坐标面上任何一条坐标轴旋转所生成的旋转曲面，其方程均可以用上述类似方法求得．

例 10 求由 yOz 平面上的直线 $z=ky(k>0)$ 绕 z 轴旋转所形成的旋转曲面方程．

解 在 $z=ky$ 中，把 y 换成 $\pm\sqrt{x^2+y^2}$ 得所求方程为

$$z=\pm k\sqrt{x^2+y^2}，即 z^2=k^2(x^2+y^2)，$$

此曲面为顶点在原点对称轴为 z 轴的圆锥面(图 7－16).

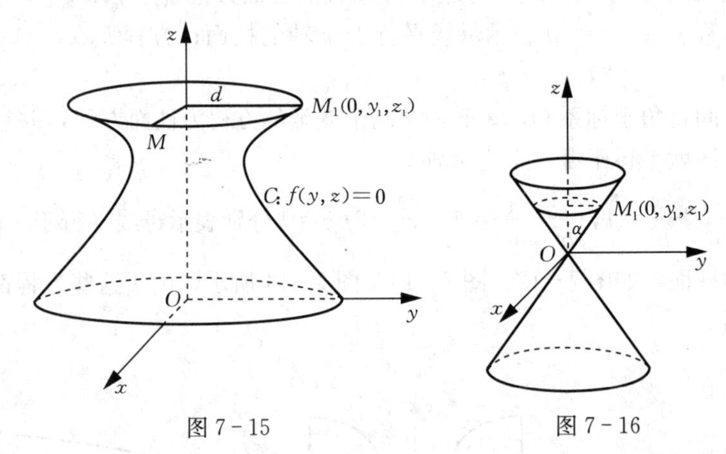

图 7－15　　　　图 7－16

(3)二次曲面：在空间直角坐标系中，若 $F(x, y, z)=0$ 是一次方程，则它的图形是一个平面，平面也称为一次曲面．若它的方程是二次方程，则它的图形称为**二次曲面**，对于空间曲面方程的研究，一般地用一系列平行于坐标面的平面去截曲面，求得一系列的交线，对这些交线进行分析，就可看出曲面的轮廓，这种方法称为**截痕法**．

下面用截痕法讨论几个常见的二次方程所表示的二次曲面的形状．

①椭球面：

方程
$$\frac{x^2}{a^2}+\frac{y^2}{b^2}+\frac{z^2}{c^2}=1(a>0, b>0, c>0)$$

所表示的曲面称为椭球面，a，b，c 称为椭球面的半轴．

由方程 $\frac{x^2}{a^2}+\frac{y^2}{b^2}+\frac{z^2}{c^2}=1$ 可知

$$\frac{x^2}{a^2}\leqslant 1, \frac{y^2}{b^2}\leqslant 1, \frac{z^2}{c^2}\leqslant 1,$$

即
$$|x|\leqslant a, |y|\leqslant b, |z|\leqslant c,$$

由此可见，曲面包含在 $x=\pm a$，$y=\pm b$，$z=\pm c$ 这六个平面所围成的长方体内．

现用截痕法来讨论这曲面的形状．

用坐标面 xOy 或平行于 xOy 坐标面的平面 $z=h(|h|<c)$ 去截曲面，其截痕为椭圆，且 $|h|$ 由 0 逐渐增大到 c 时，椭圆由大变小，逐渐缩为一点．

同样用 xOz 坐标面或平行于 xOz 坐标面的平面去截曲面和用 yOz 坐标面或平行于 yOz 坐标面的平面去截曲面，它们的交线与上述结果类似．

综合上述讨论，可知方程 $\frac{x^2}{a^2}+\frac{y^2}{b^2}+\frac{z^2}{c^2}=1$ 所表示的曲面形状如图 7－17 所示．

当 $a=b$ 时，原方程化为 $\frac{x^2+y^2}{a^2}+\frac{z^2}{c^2}=1$，它是一个椭圆绕 z 轴旋转而成的旋转椭球面．

当 $a=b=c$ 时，原方程化为 $x^2+y^2+z^2=a^2$，是一个球心在坐标原点，半径为 a 的球面.

②椭圆抛物面．方程 $\frac{x^2}{2p}+\frac{y^2}{2q}=z(p>0,\ q>0)$ 所表示的曲面称为椭圆抛物面．由方程 $\frac{x^2}{2p}+\frac{y^2}{2q}=z(p>0,\ q>0)$ 可知 $z\geqslant 0$，故曲面在 xOy 平面的下方无图形．

用 xOy 坐标面去截曲面，截痕是一点(0，0)称为椭圆抛物面的顶点．用平面 $z=h(h>0)$ 截此曲面，其交线为 $z=h$ 平面上的椭圆，且当 h 增大时，椭圆的半轴也随之增大．

若用平面 $x=h$ 或 $y=h$ 截曲面，其交线均为抛物线．

综合上面讨论，椭圆抛物面的形状如图 7－18 所示．

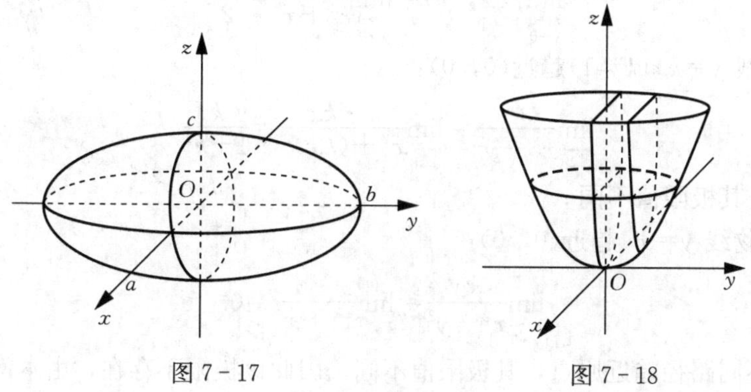

图 7－17　　图 7－18

当 $p=q$ 时，原方程化为 $x^2+y^2=2pz$，它是由抛物线绕 z 轴旋转而成，称为旋转抛物面.

方程 $\frac{x^2}{a^2}+\frac{y^2}{b^2}-\frac{z^2}{c^2}=1(a>0,\ b>0,\ c>0)$ 所表示的曲面称为单叶双曲面(图 7－19).

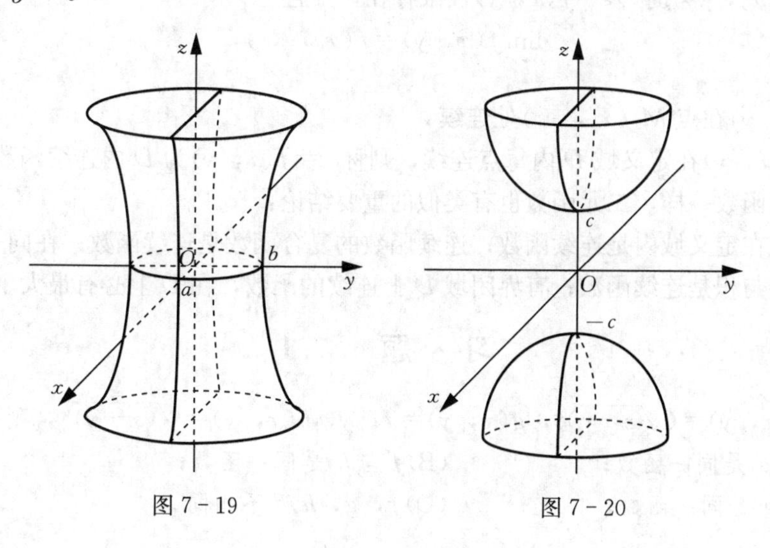

图 7－19　　图 7－20

方程$\frac{x^2}{a^2}+\frac{y^2}{b^2}-\frac{z^2}{c^2}=-1(a>0, b>0, c>0)$所表示的曲面称为双叶双曲面(图 7－20).

四、极限与连续

定义 7.1.2 二元函数$z=f(x, y)$在点$M_0(x_0, y_0)$的某个领域内有定义(可以不考虑点M_0)，如果当点$M(x, y)$以任何方式无限趋近点$M_0(x_0, y_0)$时，对应的函数$z=f(x, y)$也无限趋近某个常数A，则称A为$z=f(x, y)$当$M(x, y)$趋近$M_0(x_0, y_0)$时的**极限**，记作

$$\lim_{\substack{x\to x_0\\y\to y_0}} f(x, y)=A \text{ 或 } \lim_{M\to M_0} f(x, y)=A.$$

例 11 计算当点$(x, y)\to(0, 0)$时，$f(x, y)=\frac{xy}{x^2+y^2}$的极限.

解 (1)由定义，若极限存在，则要求点(x, y)以任何方式趋近点$(0, 0)$时的极限存在，不妨沿直线$y=x$趋近$(0, 0)$：

$$\lim_{\substack{x\to 0\\y\to 0}} f(x, y)=\lim_{\substack{x\to 0\\y\to 0}}\frac{x\cdot x}{x^2+x^2}=\frac{1}{2}.$$

(2)若沿直线$y=kx(k\neq 1)$趋近$(0, 0)$：

$$\lim_{\substack{x\to 0\\y\to 0}}\frac{xy}{x^2+y^2}=\lim_{\substack{x\to 0\\y\to 0}}\frac{x\cdot kx}{x^2+(kx)^2}=\frac{k}{1+k^2},$$

当斜率k不同，其极限值不同.

(3)若沿抛物线$y=x^2$趋近$(0, 0)$：

$$\lim_{\substack{x\to 0\\y\to 0}}\frac{xy}{x^2+y^2}=\lim_{\substack{x\to 0\\y\to 0}}\frac{x\cdot x^2}{x^2+x^4}=0.$$

显然，沿不同路径趋近原点，其极限值不同，因此该极限不存在，由本例可知二元函数极限的计算是比较复杂的.

定义 7.1.3 设$z=f(x, y)$在点$M_0(x_0, y_0)$的某个邻域内有定义，如果当点$M(x, y)$趋近于点$M_0(x_0, y_0)$时，$z=f(x, y)$极限存在，并且

$$\lim_{\substack{x\to x_0\\y\to y_0}} f(x, y)=f(x_0, y_0),$$

则称$z=f(x, y)$在点$M_0(x_0, y_0)$处**连续**.

若$z=f(x, y)$在定义域D内每点连续，则称$z=f(x, y)$为D内连续函数.

如同一元函数一样，二元函数也有类似的重要结论：

初等函数在定义域内是连续函数；连续函数的复合函数是连续函数；在同一区域上连续函数的和、差与积是连续函数；有界闭域D上连续的函数，在D上必有最大、最小值等.

习 题 7.1

1. 设$f(x, y)=(\sqrt{x-y})^2$，$g(x, y)=x-y$，$h(x, y)=\sqrt{(x-y)^2}$，则(　　).

(A)f与g是同一函数；　　(B)f与h是同一函数；

(C)h与g是同一函数；　　(D)f，g，h互不相同.

2. 设函数 $f(x, y)=\frac{2xy}{x^2+y^2}$，求 $f\left(1, \frac{y}{x}\right)$.

3. 求下列函数的定义域：

(1) $z=\ln(y^2-2x+1)$；　　(2) $z=\sqrt{x-\sqrt{y}}$.

4. 求下列各极限：

(1) $\lim\limits_{\substack{x\to 0\\ y\to 0}}\frac{\sin(xy)}{x}$；　　(2) $\lim\limits_{\substack{x\to 0\\ y\to 0}}\frac{2-\sqrt{xy+4}}{xy}$.

§7.2　偏导数与全微分

与一元函数 $y=f(x)$ 一样，二元函数 $z=f(x, y)$ 也有个变化率问题，但比一元函数变化率复杂.

设 $z=f(x, y)$，由于 x 与 y 是两个独立自变量，所以有各自独立的改变量 Δx 与 Δy，于是函数的改变量：

$$\Delta z=f(x+\Delta x, y+\Delta y)-f(x, y).$$

下面研究，当变量 x 与 y 同时改变时，z 是怎么变化的. 为了解决这个问题，先把问题简化：假设自变量中只有一个在改变，如 x 改变而 y 保持不变；再设 y 改变而 x 保持不变，把这两个问题搞清楚了，那么当 x 与 y 同时改变，函数 $z=f(x, y)$ 的变化规律也就容易掌握. 这种处理问题的方法就是本节所要介绍的偏导数与全微分.

一、偏导数

定义 7.2.1　设 $z=f(x, y)$ 在点 $P_0(x_0, y_0)$ 的某邻域内有定义，让自变量保持 $y=y_0$，且自变量 x 在 x_0 处有改变量 Δx，当 $\Delta x\to 0$ 时，如果极限

$$\lim_{\Delta x\to 0}\frac{f(x_0+\Delta x, y_0)-f(x_0, y_0)}{\Delta x}$$

存在，则称此极限为 $z=f(x, y)$ 在点 $P_0(x_0, y_0)$ 处对 x 的**偏导数**，记作

$$\left.\frac{\partial z}{\partial x}\right|_{(x_0, y_0)}, \quad \frac{\partial f(x_0, y_0)}{\partial x}, \quad f'_x(x_0, y_0).$$

同样，如果让自变量保持 $x=x_0$，且 y 在 y_0 处有改变量 Δy，则当 $\Delta y\to 0$ 时，如果极限

$$\lim_{\Delta y\to 0}\frac{f(x_0, y_0+\Delta y)-f(x_0, y_0)}{\Delta y}$$

存在，则称此极限为 $z=f(x, y)$ 在点 $P_0(x_0, y_0)$ 处对 y 的**偏导数**，记作

$$\left.\frac{\partial z}{\partial y}\right|_{(x_0, y_0)}, \quad \frac{\partial f(x_0, y_0)}{\partial y}, \quad f'_y(x_0, y_0).$$

如果 $z=f(x, y)$ 在定义域 D 内每点 $P(x, y)$ 处对 x 与 y 的偏导数都存在，则称 $z=f(x, y)$ 在 D 内的偏导(函)数存在，记为

$$\frac{\partial z}{\partial x}, \quad \frac{\partial f(x, y)}{\partial x}, \quad f'_x(x, y),$$

$$\frac{\partial z}{\partial y}, \ \frac{\partial f(x, y)}{\partial y}, \ f'_y(x, y).$$

一般地，$z=f(x, y)$的偏导数仍然是x与y的二元函数．

例1 设$z=xy$，求$\frac{\partial z}{\partial x}$，$\frac{\partial z}{\partial y}$.

解 $\frac{\partial z}{\partial x}=\frac{\partial}{\partial x}(xy)=y$(让$y$保持不变)，

$\frac{\partial z}{\partial y}=\frac{\partial}{\partial y}(xy)=x$(让$x$保持不变).

例2 设$z=\ln(1+x^2+y^2)$，求$\left.\frac{\partial z}{\partial x}\right|_{(1,2)}$，$\left.\frac{\partial z}{\partial y}\right|_{(1,2)}$.

解 把y看作常量，对x求偏导数：

$$\frac{\partial z}{\partial x}=\frac{\partial}{\partial x}\ln(1+x^2+y^2)=\frac{1}{1+x^2+y^2}\cdot(1+x^2+y^2)'_x=\frac{2x}{1+x^2+y^2};$$

把x看作常量，对y求偏导数：

$$\frac{\partial z}{\partial y}=\frac{1}{1+x^2+y^2}\cdot(1+x^2+y^2)'_y=\frac{2y}{1+x^2+y^2},$$

所以

$$\left.\frac{\partial z}{\partial x}\right|_{(1,2)}=\frac{1}{3}, \ \left.\frac{\partial z}{\partial y}\right|_{(1,2)}=\frac{2}{3}.$$

例3 设$z=\cos\frac{x}{y}$，求在点$(\pi, 2)$处的偏导数．

解 因为

$$\frac{\partial z}{\partial x}=-\sin\frac{x}{y}\cdot\left(\frac{x}{y}\right)'_x=-\frac{1}{y}\sin\frac{x}{y},$$

$$\frac{\partial z}{\partial y}=-\sin\frac{x}{y}\cdot\left(\frac{x}{y}\right)'_y=\frac{x}{y^2}\sin\frac{x}{y},$$

所以

$$\left.\frac{\partial z}{\partial x}\right|_{(\pi,2)}=-\frac{1}{2}, \ \left.\frac{\partial z}{\partial y}\right|_{(\pi,2)}=\frac{\pi}{4}.$$

由此说明，求二元函数偏导数时，只需将其中一个变量看作常量，对另一个变量求导数. 因此，偏导数计算的方法及运算法则与一元函数是一样的．

二、高阶偏导数

由于多元函数的偏导(函)数仍是多元函数，所以可对偏导数再求偏导数，称为**高阶偏导数**，以$z=f(x, y)$来说，对它的偏导数$\frac{\partial f}{\partial x}$与$\frac{\partial f}{\partial y}$再求偏导数，称为$z=f(x, y)$的**二阶偏导(函)数**$\left(\frac{\partial f}{\partial x}与\frac{\partial f}{\partial y}称为一阶偏导数\right)$，记作

$$\frac{\partial^2 f}{\partial x^2}=\frac{\partial}{\partial x}\left(\frac{\partial f}{\partial x}\right)或\frac{\partial^2 z}{\partial x^2}, \ f''_{xx}(x, y),$$

$$\frac{\partial^2 f}{\partial y^2}=\frac{\partial}{\partial y}\left(\frac{\partial f}{\partial y}\right)或\frac{\partial^2 z}{\partial y^2}, \ f''_{yy}(x, y),$$

$$\frac{\partial^2 f}{\partial x\,\partial y}=\frac{\partial}{\partial y}\left(\frac{\partial f}{\partial x}\right)或\frac{\partial^2 z}{\partial x\,\partial y}, \ f''_{xy}(x, y),$$

$$\frac{\partial^2 f}{\partial y\,\partial x}=\frac{\partial}{\partial x}\left(\frac{\partial f}{\partial y}\right)，或\frac{\partial^2 z}{\partial y\,\partial x}，f''_{yx}(x,y).$$

后两个称为二阶混合偏导数．如果 $z=f(x,y)$的二阶混合偏导数连续，则它们必相等，即与求偏导数次序无关．

例 4　求 $z=x^2y$ 的二阶偏导数．

解　$\frac{\partial z}{\partial x}=2xy$，$\frac{\partial z}{\partial y}=x^2$，

$$\frac{\partial^2 z}{\partial x^2}=\frac{\partial}{\partial x}(2xy)=2y,$$

$$\frac{\partial^2 z}{\partial y^2}=\frac{\partial}{\partial y}(x^2)=0,$$

$$\frac{\partial^2 z}{\partial y\,\partial x}=\frac{\partial}{\partial x}\left(\frac{\partial z}{\partial y}\right)=\frac{\partial}{\partial x}(x^2)=2x,$$

$$\frac{\partial^2 z}{\partial x\,\partial y}=\frac{\partial}{\partial y}\left(\frac{\partial z}{\partial x}\right)=\frac{\partial}{\partial y}(2xy)=2x.$$

例 5　求 $f(x,y)=xe^x\sin y$ 的所有二阶偏导数．

解　$f'_x=e^x\sin y+xe^x\sin y=(x+1)e^x\sin y$，

$f''_{xx}=(x+1+1)e^x\sin y=(x+2)e^x\sin y$，

$f''_{xy}=(x+1)e^x\cos y$，

$f'_y=xe^x\cos y$，

$f''_{yy}=-xe^x\sin y$，

$f''_{yx}=(x+1)e^x\cos y$.

由此看出：因为二阶混合偏导数 f''_{xy} 与 f''_{yx} 在点(x,y)处连续，所以它们是相等的．

类似地，还可以建立三阶、四阶等高阶偏导数，这里不赘述了．

三、全微分

在本节开始曾指出，对二元函数 $z=f(x,y)$，当自变量 x 与 y 同时在点(x,y)处改变时，那么函数有改变量：

$$\Delta z=f(x+\Delta x,y+\Delta y)-f(x,y).$$

一般来说，全增量的计算是比较复杂的，与一元函数的增量类似，用自变量增量的线性函数近似代替全增量，当 Δx，Δy 非常小时，经推导可得

$$\Delta z=\frac{\partial f}{\partial x}\Delta x+\frac{\partial f}{\partial y}\Delta y+o(\rho),$$

其中 $\rho=\sqrt{(\Delta x)^2+(\Delta y)^2}$，线性函数 $\frac{\partial f}{\partial x}\Delta x+\frac{\partial f}{\partial y}\Delta y$ 为函数改变量 Δz 的主要部分，而这个主要部分称为函数 z 的**全微分**．

定义 7.2.2　设 $z=f(x,y)$在点(x,y)及其邻域内有定义，则称函数改变量的主要部分为函数在点(x,y)处的**全微分**，记作

$$dz=\frac{\partial f}{\partial x}\Delta x+\frac{\partial f}{\partial y}\Delta y.$$

由于自变量的微分等于它的增量，所以增量 Δx 与 Δy 常记为 $\mathrm{d}x$ 与 $\mathrm{d}y$，于是全微分公式又可写为

$$\mathrm{d}z=\frac{\partial f}{\partial x}\mathrm{d}x+\frac{\partial f}{\partial y}\mathrm{d}y.$$

如果 $z=f(x, y)$ 在点 (x, y) 处全微分存在，则称 $z=f(x, y)$ 在点 (x, y) 处可微．

例 6 求 $z=x^2y+xy^2$ 的全微分．

解 在任一点 (x, y) 处，因为

$$\frac{\partial z}{\partial x}=2xy+y^2, \quad \frac{\partial z}{\partial y}=x^2+2xy,$$

所以

$$\mathrm{d}z=\frac{\partial z}{\partial x}\mathrm{d}x+\frac{\partial z}{\partial y}\mathrm{d}y=(2xy+y^2)\mathrm{d}x+(x^2+2xy)\mathrm{d}y.$$

例 7 求 $f(x, y)=\ln(xy)$ 的全微分．

解 因为

$$\frac{\partial f}{\partial x}=\frac{1}{xy}\cdot y=\frac{1}{x}, \quad \frac{\partial f}{\partial y}=\frac{1}{xy}\cdot x=\frac{1}{y},$$

所以

$$\mathrm{d}z=\frac{\partial f}{\partial x}\mathrm{d}x+\frac{\partial f}{\partial y}\mathrm{d}y=\frac{1}{x}\mathrm{d}x+\frac{1}{y}\mathrm{d}y.$$

必须指出：$z=f(x, y)$ 在点 (x, y) 处可微，即全微分存在，那么在该点处两个偏导数 $\frac{\partial f}{\partial x}$ 与 $\frac{\partial f}{\partial y}$ 一定存在；反之不一定成立，只有 $z=f(x, y)$ 的两个一阶偏导数在点 (x, y) 处连续，函数 $z=f(x, y)$ 才在该点可微，这与一元函数可导与可微等价有根本区别．

习 题 7.2

1. 求下列函数的偏导数：

(1) $z=x^3y-y^3x$； (2) $z=\dfrac{x}{\sqrt{x^2+y^2}}$； (3) $z=\ln\sin(x-2y)$.

2. 求下列各函数的全微分：

(1) $z=xy+\dfrac{x}{y}$； (2) $z=\dfrac{xy}{\sqrt{x^2+y^2}}$.

§7.3 多元复合函数和隐函数求导法

这一节介绍二元复合函数求偏导数公式，以及由方程 $F(x, y, z)=0$ 所确定的隐函数求导法．

一、求复合函数偏导数的链式法则

前面已介绍一元复合函数求导数的链式法则．同样的，对二元复合函数偏导数也有链式法则．

设 $z=f(u, v)$，如果变量 u，v 又都是变量 x 与 y 的二元函数：$u=u(x, y)$，$v=v(x, y)$，那么 $z=f(u, v)=f(u(x, y), v(x, y))$ 仍是 x 与 y 的二元函数，称为 x 与 y 的**复合函数**．

这里，$u=u(x,\ y)$与$v=v(x,\ y)$又称为中间变量．二元复合函数$z=f(u(x,\ y),\ v(x,\ y))$求偏导数的链式法则为

$$\begin{cases}\dfrac{\partial f}{\partial x}=\dfrac{\partial f}{\partial u}\cdot\dfrac{\partial u}{\partial x}+\dfrac{\partial f}{\partial v}\cdot\dfrac{\partial v}{\partial x},\\ \dfrac{\partial f}{\partial y}=\dfrac{\partial f}{\partial u}\cdot\dfrac{\partial u}{\partial y}+\dfrac{\partial f}{\partial v}\cdot\dfrac{\partial v}{\partial y}.\end{cases}$$

例 1　设$z=\dfrac{u}{v}$，$u=x^2+y^2$，$v=x^2-y^2$，求$\dfrac{\partial z}{\partial x}$，$\dfrac{\partial z}{\partial y}$.

解　$\dfrac{\partial u}{\partial x}=2x$，$\dfrac{\partial u}{\partial y}=2y$，$\dfrac{\partial v}{\partial x}=2x$，$\dfrac{\partial v}{\partial y}=-2y$，$\dfrac{\partial z}{\partial u}=\dfrac{1}{v}$，$\dfrac{\partial z}{\partial v}=-\dfrac{u}{v^2}$，

于是

$$\begin{aligned}\frac{\partial z}{\partial x}&=\frac{\partial z}{\partial u}\cdot\frac{\partial u}{\partial x}+\frac{\partial z}{\partial v}\cdot\frac{\partial v}{\partial x}=\frac{1}{v}2x+\left(-\frac{u}{v^2}\right)2x\\&=\frac{1}{x^2-y^2}2x+\left(-\frac{x^2+y^2}{(x^2-y^2)^2}\right)2x\\&=-\frac{4xy^2}{(x^2-y^2)^2},\\ \frac{\partial z}{\partial y}&=\frac{\partial z}{\partial u}\cdot\frac{\partial u}{\partial y}+\frac{\partial z}{\partial v}\cdot\frac{\partial v}{\partial y}=\frac{1}{v}2y+\left(-\frac{u}{v^2}\right)(-2y)\\&=\frac{1}{x^2-y^2}2y+\left(\frac{x^2+y^2}{(x^2-y^2)^2}\right)2y\\&=\frac{4x^2y}{(x^2-y^2)^2}.\end{aligned}$$

例 2　设$f(x,\ y)=e^x\sin y$，$x=2st$，$y=t+s^2$，求$\dfrac{\partial f}{\partial t}$，$\dfrac{\partial f}{\partial s}$.

解　$\dfrac{\partial x}{\partial t}=2s$，$\dfrac{\partial x}{\partial s}=2t$，$\dfrac{\partial y}{\partial t}=1$，$\dfrac{\partial y}{\partial s}=2s$，$\dfrac{\partial f}{\partial x}=e^x\sin y$，$\dfrac{\partial f}{\partial y}=e^x\cos y$，

所以

$$\begin{aligned}\frac{\partial f}{\partial t}&=\frac{\partial f}{\partial x}\frac{\partial x}{\partial t}+\frac{\partial f}{\partial y}\frac{\partial y}{\partial t}=e^x\sin y\cdot 2s+e^x\cos y\cdot 1\\&=2se^{2st}\sin(t+s^2)+e^{2st}\cos(t+s^2),\\ \frac{\partial f}{\partial s}&=\frac{\partial f}{\partial x}\frac{\partial x}{\partial s}+\frac{\partial f}{\partial y}\frac{\partial y}{\partial s}=e^x\sin y\cdot 2t+e^x\cos y\cdot 2s\\&=2e^{2st}[t\sin(t+s^2)+s\cos(t+s^2)].\end{aligned}$$

例 3　求$z=(x+y)^{xy}$的偏导数．

解　如果设$u=x+y$，$v=xy$，那么函数成为$z=u^v$形式，利用链式法则求偏导数较方便.

因为

$$\frac{\partial z}{\partial u}=v\cdot u^{v-1},\ \frac{\partial z}{\partial v}=u^v\cdot\ln u,$$

$$\frac{\partial u}{\partial x}=\frac{\partial u}{\partial y}=1,\ \frac{\partial v}{\partial x}=y,\ \frac{\partial v}{\partial y}=x,$$

所以

$$\begin{aligned}\frac{\partial z}{\partial x}&=\frac{\partial z}{\partial u}\cdot\frac{\partial u}{\partial x}+\frac{\partial z}{\partial v}\cdot\frac{\partial v}{\partial x}=vu^{v-1}\cdot 1+u^v\ln u\cdot y\\&=xy(x+y)^{xy-1}+y(x+y)^{xy}\ln(x+y),\end{aligned}$$

$$\frac{\partial z}{\partial y}=\frac{\partial z}{\partial u}\cdot\frac{\partial u}{\partial y}+\frac{\partial z}{\partial v}\cdot\frac{\partial v}{\partial y}=vu^{v-1}\cdot 1+u^{v}\ln u\cdot x$$
$$=xy(x+y)^{xy-1}+x(x+y)^{xy}\ln(x+y).$$

另外，如果 u，v 是自变量 x，y 的函数，而函数 z 随 u，v 而变化外还依赖于 x，即

$$z=f(u,\ v,\ x),\ u=u(x,\ y),\ v=v(x,\ y),$$

那么就有

$$\frac{\partial z}{\partial x}=\frac{\partial z}{\partial u}\cdot\frac{\partial u}{\partial x}+\frac{\partial z}{\partial v}\cdot\frac{\partial v}{\partial x}+\frac{\partial f}{\partial x}.$$

等式右边的最后一项$\frac{\partial f}{\partial x}$表示在函数 $z=f(u,\ v,\ x)$ 中把 u，v 看作常数，对 x 求偏导数，即在此过程 x 为中间变量，而左端的$\frac{\partial z}{\partial x}$是表示在 $z=f(u(x,\ y),\ v(x,\ y),\ x)$ 中把 y 看作常数，对 x 求偏导数，即在此过程 x 为自变量，二者是不同的，切不可混淆．

例 4 设 $z=f(u,\ x)=u+x^2$，$u=\cos(xy)$，求$\frac{\partial z}{\partial x}$.

解 因为
$$\frac{\partial z}{\partial u}=1,\ \frac{\partial u}{\partial x}=-y\sin(xy),\ \frac{\partial f}{\partial x}=2x,$$

所以
$$\frac{\partial z}{\partial x}=\frac{\partial z}{\partial u}\cdot\frac{\partial u}{\partial x}+\frac{\partial f}{\partial x}=2x-y\sin(xy).$$

特别地，对 $z=f(u,\ v)$，若 $u=u(x)$，$v=v(x)$，那么 $z=f(u,\ v)=f(u(x),\ v(x))$ 仅是 x 的一元复合函数，链式法则成为以下形式：

$$\frac{\mathrm{d}z}{\mathrm{d}x}=\frac{\partial f}{\partial u}\cdot\frac{\mathrm{d}u}{\mathrm{d}x}+\frac{\partial f}{\partial v}\cdot\frac{\mathrm{d}v}{\mathrm{d}x}.$$

例 5 设 $z=uv$，$u=\ln x$，$v=\mathrm{e}^x$，求$\frac{\mathrm{d}z}{\mathrm{d}x}$.

解 因为
$$\frac{\partial z}{\partial u}=v,\ \frac{\mathrm{d}u}{\mathrm{d}x}=\frac{1}{x},\ \frac{\partial z}{\partial v}=u,\ \frac{\mathrm{d}v}{\mathrm{d}x}=\mathrm{e}^x,$$

所以
$$\frac{\mathrm{d}z}{\mathrm{d}x}=\frac{\partial z}{\partial u}\cdot\frac{\mathrm{d}u}{\mathrm{d}x}+\frac{\partial z}{\partial v}\cdot\frac{\mathrm{d}v}{\mathrm{d}x}=v\cdot\frac{1}{x}+u\cdot\mathrm{e}^x=\mathrm{e}^x\left(\frac{1}{x}+\ln x\right).$$

利用链式法则求偏导数时，要注意是哪个函数对哪个变量求导，不要混淆．

二、隐函数求导法

在一元函数学习中，我们可以利用复合函数求导法求由方程 $F(x,\ y)=0$ 所确定的函数 $y(x)$ 的导数$\frac{\mathrm{d}y}{\mathrm{d}x}$. 现在给出用偏导数推导的公式．

如果$\frac{\partial F}{\partial y}\neq 0$，则由 $F(x,\ y(x))\equiv 0$，有$\frac{\partial F}{\partial x}+\frac{\partial F}{\partial y}\cdot\frac{\mathrm{d}y}{\mathrm{d}x}=0$，可得

$$\frac{\mathrm{d}y}{\mathrm{d}x}=-\frac{\partial F}{\partial x}\Big/\frac{\partial F}{\partial y}.$$

例 6 求由方程 $y-x\mathrm{e}^y+x=0$ 所确定的 y 关于 x 的函数的导数．

解 令 $F(x,\ y)=y-x\mathrm{e}^y+x$，则 $F(x,\ y)=0$.

由$\dfrac{\partial F}{\partial x}=-e^y+1$，$\dfrac{\partial F}{\partial y}=1-xe^y$，得

$$\frac{dy}{dx}=-\frac{\partial F}{\partial x}\bigg/\frac{\partial F}{\partial y}=-\frac{-e^y+1}{1-xe^y}=\frac{e^y-1}{1-xe^y}.$$

对于由方程$F(x, y, z)=0$所确定的z是x，y的函数，如果$\dfrac{\partial F}{\partial z}\neq 0$，则由$F(x, y, z(x, y))\equiv 0$有

$$\frac{\partial F}{\partial x}+\frac{\partial F}{\partial z}\cdot\frac{\partial z}{\partial x}=0,\quad \frac{\partial F}{\partial y}+\frac{\partial F}{\partial z}\cdot\frac{\partial z}{\partial y}=0,$$

可得

$$\frac{\partial z}{\partial x}=-\frac{\partial F}{\partial x}\bigg/\frac{\partial F}{\partial z},\quad \frac{\partial z}{\partial y}=-\frac{\partial F}{\partial y}\bigg/\frac{\partial F}{\partial z}.$$

例7　设函数$z=f(x, y)$由方程$\sin z=xyz$确定，求$\dfrac{\partial z}{\partial x}$，$\dfrac{\partial z}{\partial y}$.

解　可采取两种方法，下面分别来介绍.

方法一　设$F(x, y, z)=\sin z-xyz$，则$F(x, y, z)=0$，并且

$$\frac{\partial F}{\partial x}=-yz,\quad \frac{\partial F}{\partial y}=-xz,\quad \frac{\partial F}{\partial z}=\cos z-xy,$$

于是

$$\frac{\partial z}{\partial x}=-\frac{\partial F}{\partial x}\bigg/\frac{\partial F}{\partial z}=\frac{yz}{\cos z-xy},\quad \frac{\partial z}{\partial y}=-\frac{\partial F}{\partial y}\bigg/\frac{\partial F}{\partial z}=\frac{xz}{\cos z-xy}.$$

方法二　首先，方程两边同时对x求导，即$\dfrac{\partial}{\partial x}(\sin z)=\dfrac{\partial}{\partial x}(xyz)$，进而

$$\cos z\cdot\frac{\partial z}{\partial x}=yz+xy\cdot\frac{\partial z}{\partial x},$$

由此解出

$$\frac{\partial z}{\partial x}=\frac{yz}{\cos z-xy}.$$

同理可得$\dfrac{\partial z}{\partial y}=\dfrac{xz}{\cos z-xy}$.

在方法二中需注意，$z=f(x, y)$是x和y的函数，因此类似于一元隐函数导数问题，方程两边同时对自变量x求导时，将z看作中间变量.

例8　设函数$z=f(x, y)$由方程$e^{xy}+yz^2=x^2y$确定，求$\left.\dfrac{\partial z}{\partial x}\right|_{(0,-1,1)}$.

解　方程两边同时对x求导，即$\dfrac{\partial}{\partial x}(e^{xy}+yz^2)=\dfrac{\partial}{\partial x}(x^2y)$，进而

$$ye^{xy}+2yz\cdot\frac{\partial z}{\partial x}=2xy,$$

由此解出

$$\frac{\partial z}{\partial x}=\frac{2xy-ye^{xy}}{2yz},$$

则有

$$\left.\frac{\partial z}{\partial x}\right|_{(0,-1,1)}=\left.\frac{2xy-ye^{xy}}{2yz}\right|_{(0,-1,1)}=-\frac{1}{2}.$$

隐函数的情形多种多样，其求导方法可按上面讨论的基本思想类似地进行.

习　题　7.3

1. 求下列复合函数的偏导数(或全导数)：

(1)设 $z=u^2v-uv^2$，$u=x\cos y$，$v=x\sin y$，求$\frac{\partial z}{\partial x}$，$\frac{\partial z}{\partial y}$；

(2)设 $z=e^{x-2y}$，$x=\sin t$，$y=t^3$，求$\frac{dz}{dt}$.

2. 求下列隐函数的偏导数：

(1)设 $e^{x+y}+xyz=e^z$，求$\frac{\partial z}{\partial x}$，$\frac{\partial z}{\partial y}$；

(2)设$\frac{x}{z}=\ln\frac{z}{y}$，求$\frac{\partial z}{\partial x}$，$\frac{\partial z}{\partial y}$.

§7.4　二元函数的极值

在第四章已介绍了一元函数的极值及其应用．同样，二元函数的极值问题也一样应用很广泛．不过，求解二元函数极值问题一般有无条件极值和有条件极值之分．

一、(无条件)极值的概念

定义 7.4.1　若 $z=f(x,y)$在点 $M_0(x_0,y_0)$的一个邻域内总有如下不等式成立：

$$f(x,y)\leqslant f(x_0,y_0)\text{(或}f(x,y)\geqslant f(x_0,y_0)\text{)},$$

则称 $z=f(x,y)$在该点处有**极大(或极小)值**．极大(或极小)值为 $f(x_0,y_0)$，极大(或极小)值点为 $M_0(x_0,y_0)$.

极大值和极小值统称为函数的**极值**，极大值点和极小值点统称为函数的**极值点**．

二、极值存在的条件

由极值的定义，若 $z=f(x,y)$在点 $M_0(x_0,y_0)$处有极值，那么当 $y=y_0$ 保持不变时，则在该点邻域内只随 x 变化的函数 $z=f(x,y_0)$为 x 的一元函数，x_0 为 $f(x,y_0)$的极值点，若 $z=f(x,y)$在点 $M_0(x_0,y_0)$的偏导数存在，由一元函数在该点 x_0 处有极值的必要条件，有

$$\left.\frac{\partial f(x,y_0)}{\partial x}\right|_{x=x_0}=0.$$

同理，当 $x=x_0$ 保持不变，有

$$\left.\frac{\partial f(x_0,y)}{\partial y}\right|_{y=y_0}=0.$$

于是，可得 $z=f(x,y)$的极值存在的必要条件．

定理 7.4.1(一阶条件)　设 $z=f(x,y)$在点 $M_0(x_0,y_0)$处有一阶偏导数，如果在该点取极值，则

$$\left.\frac{\partial f(x,y)}{\partial x}\right|_{(x_0,y_0)}=0,\left.\frac{\partial f(x,y)}{\partial y}\right|_{(x_0,y_0)}=0,$$

式中同时满足两个偏导数为零的点 $M_0(x_0, y_0)$ 称为函数的驻点．

这个定理表明：对偏导数存在的函数 $z=f(x, y)$，它的极值点必为驻点，但与一元函数一样，驻点并非都是极值点．因此，该定理是函数极值存在的必要条件，又称一阶条件，并非充分条件．

下面，给出极值存在的一个充分条件：

定理 7.4.2（二阶条件）　设 $z=f(x, y)$ 在点 $M_0(x_0, y_0)$ 的邻域内有连续二阶偏导数，且点 $M_0(x_0, y_0)$ 为驻点，若记

$$A=\left.\frac{\partial^2 f}{\partial x^2}\right|_{(x_0,y_0)},\ B=\left.\frac{\partial^2 f}{\partial x\,\partial y}\right|_{(x_0,y_0)},\ C=\left.\frac{\partial^2 f}{\partial y^2}\right|_{(x_0,y_0)},$$

(1)若 $\begin{cases}B^2-AC<0,\\ A>0,\end{cases}$ **则函数在驻点处取极小值；**

(2)若 $\begin{cases}B^2-AC<0,\\ A<0,\end{cases}$ **则函数在驻点处取极大值；**

(3)若 $B^2-AC>0$，**则无极值；**

(4)若 $B^2-AC=0$，**则无法确定有无极值，可用定义去判别．**

三、求无条件极值的一般方法

把两个定理结合在一起，对偏导数存在或可微的函数 $z=f(x, y)$，求极值的一般方法如下：

(1)求一阶偏导数 $\frac{\partial f}{\partial x}$，$\frac{\partial f}{\partial y}$；

(2)求驻点，即令两个一阶偏导数为零，解方程组：

$$\begin{cases}\frac{\partial f}{\partial x}=0,\\ \frac{\partial f}{\partial y}=0;\end{cases}$$

(3)求二阶偏导数，并计算驻点处 A，B，C 值；

(4)计算 B^2-AC，并判别．

例 1　求 $z=f(x, y)=x^2-xy+y^2-2x+y$ 的极值．

解　$\frac{\partial f}{\partial x}=2x-y-2$，$\frac{\partial f}{\partial y}=-x+2y+1$.

令 $\frac{\partial f}{\partial x}=0$，$\frac{\partial f}{\partial y}=0$，解方程组：

$$\begin{cases}2x-y-2=0,\\ -x+2y+1=0,\end{cases}$$

得到 $x=1$，$y=0$，驻点为 $(1, 0)$.

由于 $\frac{\partial^2 f}{\partial x^2}=2$，$\frac{\partial^2 f}{\partial x\,\partial y}=-1$，$\frac{\partial^2 f}{\partial y^2}=2$，所以在 $(1, 0)$ 处有

$$A=2,\ B=-1,\ C=2,$$

又由于 $B^2-AC=(-1)^2-2\times 2=-3<0$，所以函数有极值，且 $A=2>0$，于是 $z=f(x, y)$

在点(1，0)处有极小值，极小值为 $f(1,0)=-1$，极小值点为(1，0).

例 2 求 $f(x,y)=x^2+\frac{1}{3}y^3-xy-3x+5$ 的极值.

解 $\frac{\partial f}{\partial x}=2x-y-3$，$\frac{\partial f}{\partial y}=y^2-x$.

令 $\frac{\partial f}{\partial x}=0$，$\frac{\partial f}{\partial y}=0$，解方程组：

$$\begin{cases}2x-y-3=0,\\ y^2-x=0,\end{cases}$$

可解出 $y_1=-1$，$y_2=\frac{3}{2}$，相应的 $x_1=1$，$x_2=\frac{9}{4}$，则驻点有两个：$(1,-1)$，$\left(\frac{9}{4},\frac{3}{2}\right)$.

$$\frac{\partial^2 f}{\partial x^2}=2,\ \frac{\partial^2 f}{\partial x\,\partial y}=-1,\ \frac{\partial^2 f}{\partial y^2}=2y,$$

(1)在驻点(1，−1)处：$A=2$，$B=-1$，$C=\left.\frac{\partial^2 f}{\partial y^2}\right|_{(1,-1)}=2y|_{(1,-1)}=-2$，

$$B^2-AC=(-1)^2-2\times(-2)=5>0,$$

无极值，该点不是极值点(可舍去).

(2)在驻点 $\left(\frac{9}{4},\frac{3}{2}\right)$ 处：$A=2$，$B=-1$，$C=\left.\frac{\partial^2 f}{\partial y^2}\right|_{\left(\frac{9}{4},\frac{3}{2}\right)}=2y|_{\left(\frac{9}{4},\frac{3}{2}\right)}=3$，

$$B^2-AC=(-1)^2-2\times 3=-5<0,$$

有极值，因为 $A=2>0$，所以在 $\left(\frac{9}{4},\frac{3}{2}\right)$ 处有极小值，极小值为 $f\left(\frac{9}{4},\frac{3}{2}\right)=\frac{17}{16}$，点 $\left(\frac{9}{4},\frac{3}{2}\right)$ 为极小值点.

例 3 若用铝材设计容积为 V 的一个无盖长方体盒子，如何设计尺寸使铝材最节省？

解 要使铝材最节省，要求盒子表面积最小，设盒子长、宽、高为 x，y，z，由题意得

$$xyz=V(V\text{ 为定值}).$$

表面面积：$S=xy+2xz+2yz$，

不妨把 $z=\frac{V}{xy}$ 代入到 S 中($x\neq 0$，$y\neq 0$)，得

$$S=xy+\frac{2V}{y}+\frac{2V}{x},$$

问题转化为求表面面积 S 的极值：

$$\frac{\partial S}{\partial x}=y-\frac{2V}{x^2},\ \frac{\partial S}{\partial y}=x-\frac{2V}{y^2}.$$

令 $\frac{\partial f}{\partial x}=0$，$\frac{\partial f}{\partial y}=0$，解出

$$\begin{cases}x=\sqrt[3]{2V},\\ y=\sqrt[3]{2V},\end{cases}$$

并且

$$z=\frac{1}{2}\sqrt[3]{2V}.$$

由于只有一个驻点($\sqrt[3]{2V}$，$\sqrt[3]{2V}$)，在容积一定条件下必存在最小表面积 S，所以当底面边长为正方形其边为$\sqrt[3]{2V}$，且高为边长一半时，所用铝材最节省.

一般来说，在实际问题中，由问题的性质知道 $z=f(x, y)$在区域 D 内存在最大(或最小)值，并且若在 D 内只有一个驻点，那么可以肯定该驻点处的函数值是最大(或最小)值.

四、条件极值

在实际问题中，多元函数所依赖的变量并不都是相互独立的，而可能是由某些方程联系着的. 这种在一定条件下求函数极值的问题称为条件极值.

定义 7.4.2　$z=f(x, y)$在满足方程 $g(x, y)=0$ 下的极值，称为**条件极值**.

例如，上述例 3 可表示为如下条件极值问题：

求 $S=xy+2xz+2yz$ 在满足 $g(x, y, z)=V-xyz=0$ 下的条件极值. 不过，在那里已化成依赖于两个变量 x 与 y 的二元函数求无条件极值问题. 但是许多实际问题并不总是这样容易处理的，求解也不一定方便，下面介绍求条件极值的常用方法——**拉格朗日乘数法**.

求解条件极值问题，拉格朗日乘数法计算步骤如下：

(1)写出拉格朗日函数：

$$F(x, y, \lambda)=f(x, y)+\lambda g(x, y),$$

式中 λ 为比例乘数.

(2)分别求 $F(x, y, \lambda)$对 x，y，λ 的一阶偏导数，并解如下方程组求出驻点：

$$\begin{cases}\dfrac{\partial F}{\partial x}=\dfrac{\partial f}{\partial x}+\lambda\dfrac{\partial g}{\partial x}=0,\\ \dfrac{\partial F}{\partial y}=\dfrac{\partial f}{\partial y}+\lambda\dfrac{\partial g}{\partial y}=0,\\ \dfrac{\partial F}{\partial \lambda}=g(x, y)=0.\end{cases}$$

(3)由实际问题性质判定驻点是极大值点，还是极小值点，从而极值可以求出.

例 4　求 $f(x, y)=x^2+y^2$ 在 $x+y=a$ 下的最小值.

解　由题设，条件方程为 $g(x, y)=x+y-a=0$，拉格朗日函数为

$$F(x, y, \lambda)=(x^2+y^2)+\lambda(x+y-a),$$

解方程组

$$\begin{cases}\dfrac{\partial F}{\partial x}=2x+\lambda=0,\\ \dfrac{\partial F}{\partial y}=2y+\lambda=0,\\ \dfrac{\partial F}{\partial \lambda}=x+y-a=0,\end{cases}$$

得到 $x=y=\dfrac{a}{2}$，于是驻点为$\left(\dfrac{a}{2}, \dfrac{a}{2}\right)$.

因为 $f(x, y)=x^2+y^2\geqslant 0$，没有最大值，只有最小值，因而在条件 $x+y-a=0$ 下最小值一定存在；又因为所求驻点只有一个，因此 $x=y=\dfrac{a}{2}$就是使函数达到最小值的点，最小值为

$$f\left(\frac{a}{2}, \frac{a}{2}\right)=\left(\frac{a}{2}\right)^2+\left(\frac{a}{2}\right)^2=\frac{1}{2}a^2.$$

例 5 利用拉格朗日乘数法求本节例 3 的极值问题 .

解 条件方程为 $g(x, y, z)=V-xyz=0$,

$$F(x, y, z, \lambda)=f(x, y, z)+\lambda g(x, y, z)=xy+2xz+2yz+\lambda(V-xyz),$$

解方程组

$$\begin{cases}\dfrac{\partial F}{\partial x}=y+2z-\lambda yz=0, & ①\\ \dfrac{\partial F}{\partial y}=x+2z-\lambda xz=0, & ②\\ \dfrac{\partial F}{\partial z}=2x+2y-\lambda xy=0, & ③\\ \dfrac{\partial F}{\partial \lambda}=V-xyz=0, & ④\end{cases}$$

利用 x, y, z 分别乘①, ②, ③可得

$$x=y, \ z=\frac{x}{2}.$$

由于这是个实际问题，当容积为定值时，最小表面积一定存在，所以当底面边长相等，高为边长的一半时，其表面积最小，与所求结果一致 .

例 6 求椭球$\dfrac{x^2}{a^2}+\dfrac{y^2}{b^2}+\dfrac{z^2}{c^2}=1(a>0, b>0, c>0)$的内接长方体的最大体积 .

解 绘制椭圆内接长方体在第一卦限的部分(图 7 - 21)，该部分的体积显然是 xyz. 因此内接长方体的体积 $V=8xyz$，条件方程为

$$\frac{x^2}{a^2}+\frac{y^2}{b^2}+\frac{z^2}{c^2}-1=0,$$

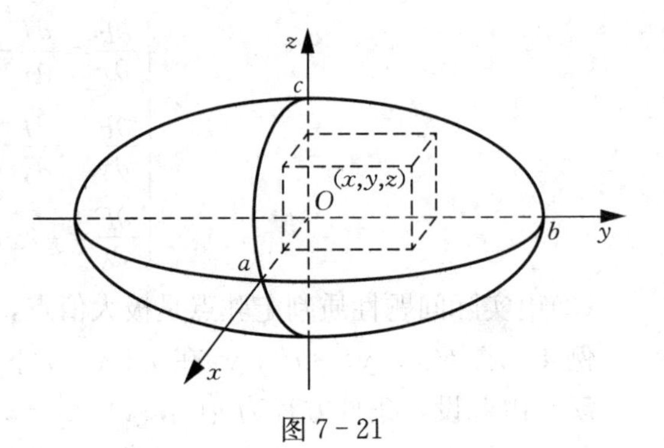

图 7 - 21

$$F(x, y, z, \lambda)=8xyz+\lambda\left(\frac{x^2}{a^2}+\frac{y^2}{b^2}+\frac{z^2}{c^2}-1\right),$$

$$\begin{cases}\dfrac{\partial F}{\partial x}=8yz+\dfrac{2x\lambda}{a^2}=0,\\ \dfrac{\partial F}{\partial y}=8xz+\dfrac{2y\lambda}{b^2}=0,\\ \dfrac{\partial F}{\partial z}=8xy+\dfrac{2z\lambda}{c^2}=0,\\ \dfrac{\partial F}{\partial \lambda}=\dfrac{x^2}{a^2}+\dfrac{y^2}{b^2}+\dfrac{z^2}{c^2}-1=0,\end{cases}$$

由前两个等式中的 λ 相等可以解得$\dfrac{x^2}{a^2}=\dfrac{y^2}{b^2}$，类似的可由第二个和第三个等式解得$\dfrac{z^2}{c^2}=\dfrac{y^2}{b^2}$，代入第四个等式得到 $y=\dfrac{\sqrt{3}}{3}b$ 代入前面的结论可得 $x=\dfrac{\sqrt{3}}{3}a$，$z=\dfrac{\sqrt{3}}{3}c$. 由于这是一个实际问

题，最大体积一定存在，因此最大体积 $V=8xyz=\frac{8\sqrt{3}}{9}abc$.

习　题　7.4

求下列函数的极值：

(1) $z=2xy-3x^2-2y^2$；　　(2) $z=e^{2x}(x+y^2+2y)$.

§7.5　多元微分的应用

利用导数可以描述经济学中边际与弹性的概念及其应用，同样的，利用偏导函数知识可以对经济学中许多问题作定性和定量分析．

一、用偏导数作经济分析

1. 边际分析

在经济活动分析中，"边际"一词通常指一个量的变化率，当一个或几个自变量发生微小变动，研究因变量如何随之变动，这就是边际分析．

一般的，对多元经济函数往往假定其他变量不变，考察其中一个变量发生的微小变化，如何引起因变量的变化，这就要用偏导函数作分析．

以生产函数为例来说明边际分析，设生产函数为

$$Q=Q(L,K),$$

式中，L 表示劳动投入量，K 表示资本投入量，Q 表示产出量．

在现代西方经济学中，"劳动"是指生产中一切体力和智力的消耗；"资本"是指用于生产的一切资本品，如厂房、设备等，而不是单指货币，并把这些投入生产的各种人力、物力、财力等称作生产要素．因此，生产函数是表示在生产技术一定的条件下，生产要素的投入量与产品的产出量之间的技术经济关系．

如果对产量求全微分，有

$$dQ=\frac{\partial Q}{\partial L}dL+\frac{\partial Q}{\partial K}dK,$$

它表明：产品的产出增加量 dQ，等于增加劳动投入量而增加的产量 $\frac{\partial Q}{\partial L}dL$ 与增加资本投入量而增加的产量 $\frac{\partial Q}{\partial K}dK$ 的和．

(1) 当资本投入量 K 在某一个水平上保持不变 $(K=K_0)$，则称 $\frac{\partial Q}{\partial L}$ 为**劳动的边际产量**，或**劳动边际生产力**，表示劳动投入量发生一个单位变化时，产出量所发生的变化量．

(2) 当劳动投入量 L 在某一水平上保持不变 $(L=L_0)$，则称 $\frac{\partial Q}{\partial K}$ 为**资本的边际产量**，或**资本边际生产力**，表示资本投入量发生一个单位变化时，产出量所发生的变化量．

(3) 当产出量在某个水平上保持不变 $(Q=Q_0)$，$dQ=0$，于是

$$\frac{\partial Q}{\partial L}dL=-\frac{\partial Q}{\partial K}dK,$$

或
$$\frac{\mathrm{d}K}{\mathrm{d}L}=-\frac{\frac{\partial Q}{\partial L}}{\frac{\partial Q}{\partial K}}.$$

此式为**边际技术替代率**或简称**边际替代率**，表示产出量 Q 在某个水平上保持不变时，增加一个单位的劳动投入量，可以减少多少资本投入量，反映了劳动替代资本的程度．

总之，边际替代率表示产出量维持在某一水平，增加一个单位的某种投入所能替代另一种投入的数量．由此，类似地可得边际替代率
$$\frac{\mathrm{d}L}{\mathrm{d}K}=-\frac{\frac{\partial Q}{\partial K}}{\frac{\partial Q}{\partial L}},$$
表示增加一个单位资本投入量可以减少多少劳动投入量而保持产出水平不变，反映了资本替代劳动的程度．

在实践中，生产函数往往是非线性的，为简单起见，通常把近似线性的生产函数假设为线性生产函数，其中线性齐次生产函数尤为常见，即满足
$$\lambda Q=f(\lambda L,\lambda K)=\lambda f(L,K)$$
的函数 $Q=f(L,K)$ 称为**线性齐次生产函数**．

例 1 库柏—道格拉斯生产函数
$$Q=AL^{\alpha}K^{\beta}(A,\alpha,\beta>0)$$
是典型的生产函数，简称 **C—D 函数**．

劳动边际生产力为
$$\frac{\partial Q}{\partial L}=A\alpha L^{\alpha-1}K^{\beta};$$
资本边际生产力为
$$\frac{\partial Q}{\partial K}=A\beta L^{\alpha}K^{\beta-1};$$
边际替代率为
$$\frac{\mathrm{d}K}{\mathrm{d}L}=-\frac{\frac{\partial Q}{\partial L}}{\frac{\partial Q}{\partial K}}=-\frac{\alpha K}{\beta L},$$
或
$$\frac{\mathrm{d}L}{\mathrm{d}K}=-\frac{\frac{\partial Q}{\partial K}}{\frac{\partial Q}{\partial L}}=-\frac{\beta L}{\alpha K}.$$

可以证明：当 $\alpha+\beta=1$ 时，C—D 函数就是线性齐次生产函数．

2. 弹性分析

弹性分析是通过计算函数弹性对函数进行分析的一种定量方法，本节以生产函数和需求函数为例来说明偏弹性计算及其应用．

(1)生产函数弹性．生产函数弹性又称**生产力弹性**，是表示在技术水平、投入价格不变的条件下，所有投入都按同一比例变化时产出量的相对变化值．

设生产函数 $Q=f(L, K)$，则称

$$E_L=\frac{\partial Q}{\partial L}\cdot\frac{L}{Q}$$

为产出 Q 对劳动投入 L 的偏弹性，表示资本投入在某个水平上保持不变，劳动投入增加1%时产出量增加的百分数.

称
$$E_K=\frac{\partial Q}{\partial K}\cdot\frac{K}{Q}$$

为产出 Q 对资本投入 K 的偏弹性，表示劳动投入在某个水平上保持不变，资本投入增加1%时产出量增加的百分数.

称
$$E=E_L+E_K=\frac{L}{Q}\cdot\frac{\partial Q}{\partial L}+\frac{K}{Q}\cdot\frac{\partial Q}{\partial K}$$

为生产函数弹性，它是两个偏弹性之和，表示劳动投入和资本投入同时增加1%时产出量增加的百分数.

例 2　计算 C—D 函数生产力弹性.

解
$$Q=AL^{\alpha}K^{B},$$

$$E_L=\frac{L}{Q}\cdot\frac{\partial Q}{\partial L}=\frac{L}{AL^{\alpha}K^{\beta}}\cdot A\alpha L^{\alpha-1}K^{\beta}=\alpha,$$

$$E_K=\frac{K}{Q}\cdot\frac{\partial Q}{\partial K}=\frac{K}{AL^{\alpha}K^{\beta}}\cdot A\beta L^{\alpha}K^{\beta-1}=\beta,$$

$$E=E_L+E_K=\alpha+\beta,$$

由此说明：α 为产出对劳动的偏弹性；β 为产出对资本的偏弹性，并且 $0<\alpha$，$\beta<1$. 而生产力弹性 E 表示劳动投入和资本投入都按同一比例 τ 增加时，产出量增加 $\tau(\alpha+\beta)$ 倍.

例 2 说明：产出对劳动的偏弹性随 α 的增大而增大，对资本的偏弹性随 β 的增大而增大. 因此，α 称为**劳动密集系数**，β 称为**资本密集系数**.

二、经济函数优化问题

下面介绍在完全竞争市场中生产者最大化行为的优化问题.

按照经济学假设，在完全竞争市场中产品价格和生产要素价格都是既定的，我们来考察最简单情形.

假设生产函数：
$$Q=f(x, y),$$

其中，x 与 y 为两种要素的投入，Q 为产品产量，记产品价格为 P，两生产要素 x 与 y 的价格分别是 p_1 与 p_2，那么

收入函数为
$$R(x, y)=PQ=Pf(x, y),$$

成本函数为
$$C(x, y)=p_1x+p_2y,$$

利润函数为
$$L(x, y)=R(x, y)-C(x, y)=Pf(x, y)-p_1x-p_2y.$$

生产者最大化行为就是寻求最优的生产要素投入组合使其产出最大化，这可从以下三个

方面来实现：

1. 成本固定时产出最大化

假设在一定生产技术条件下总成本不变，也就是在约束条件

$$C(x, y)=p_1x+p_2y=C_0(\text{常数})$$

下如何使产出最大．这是一个条件极值问题，可用拉格朗日乘数法求解，拉格朗日函数为

$$F(x, y, \lambda)=f(x, y)+\lambda(C_0-p_1x-p_2y).$$

例 3 某企业生产一产品，生产函数为 $Q=30xy$，其中投入 x 与 y 的价格分别为 25 元与 16 元，已知生产费用预算为 5000 元，试问如何安排生产使产量最高．

解 投入费用(成本)为 $25x+16y=5000$，这是一个条件极值问题，拉格朗日函数为

$$F(x, y, \lambda)=30xy+\lambda(5000-25x-16y),$$

解方程组：

$$\begin{cases}\dfrac{\partial F}{\partial x}=30y-25\lambda=0,\\ \dfrac{\partial F}{\partial y}=30x-16\lambda=0,\\ \dfrac{\partial F}{\partial \lambda}=5000-25x-16y=0,\end{cases}$$

得到 $x=100$，$y=156.25$.

由于只有一个驻点(100，156.25)，所以根据该问题的性质，当投入 x 为 100 个单位，y 为 156.25 个单位时其产出最高，最高产量为

$$Q=f(100, 156.25)=468750.$$

当然，该问题也可化为无条件极值问题，这里不再赘述．

2. 产出一定时成本最小化

在一定生产技术条件下，假设产出保持一定水平，即在 $Q=Q_0$(常数)下，使总成本 $C(x, y)=p_1x+p_2y$ 最小，它是上述成本固定时产出最大化的对偶问题，也是一个条件极值问题，拉格朗日函数为：

$$F(x, y, \lambda)=p_1x+p_2y+\lambda(Q_0-f(x, y)).$$

例 4 某企业生产一产品，由经验知生产函数 $Q=4x^{\frac{1}{2}}y^{\frac{1}{2}}$，已知投入 x 与 y 的价格分别为 2 元与 8 元，试问当产出固定在某一水平，如何安排生产使总成本最低．

解 在 $Q=Q_0$(常数)下，拉格朗日函数为

$$F(x, y, \lambda)=2x+8y+\lambda(Q_0-4x^{\frac{1}{2}}y^{\frac{1}{2}}),$$

解方程组：

$$\begin{cases}\dfrac{\partial F}{\partial x}=2-2x^{-\frac{1}{2}}y^{\frac{1}{2}}\lambda=0,\\ \dfrac{\partial F}{\partial y}=8-2x^{\frac{1}{2}}y^{-\frac{1}{2}}\lambda=0,\\ \dfrac{\partial F}{\partial \lambda}=Q_0-4x^{\frac{1}{2}}y^{\frac{1}{2}}=0,\end{cases}$$

得到 $x=\dfrac{1}{2}Q_0$，$y=\dfrac{1}{8}Q_0$(投入 x 与 y 不可能为负，其负值舍去).

据该问题可知，为保持产出 Q_0 一定，投入 $x=\frac{1}{2}Q_0$ 与 $y=\frac{1}{8}Q_0$ 可使总成本最低．例如，若产量为 32 个单位时，那么投入 16 个单位 x 与 4 个单位 y 可使成本费用最低，最低成本为 $C(16, 4)=64$(元).

3. 利润最大化

一般来说，生产者追求最大利润选择最优投入组合，不仅取决于技术方面的可能性，还取决于经济方面的合理性，既考虑生产函数，又考虑成本函数，这两者通常在变动着，为求最大利润，求以下利润函数：

$$L(x, y)=R(x, y)-C(x, y)=pf(x, y)-p_1x-p_2y$$

的最大值，这是一个无条件极值问题．

例 5 某厂生产两种产品，产量分别为 Q_1 与 Q_2，销售价分别为 $p_1=4$，$p_2=8$. 已知生产成本为 $C(Q_1, Q_2)=Q_1^2+2Q_1Q_2+3Q_2^2+2$，试问如何安排生产使利润最大．

解 收入函数为

$$R(Q_1, Q_2)=4Q_1+8Q_2,$$

利润函数为

$$\begin{aligned}L(Q_1, Q_2)&=R(Q_1, Q_2)-C(Q_1, Q_2)\\&=4Q_1+8Q_2-Q_1^2-2Q_1Q_2-3Q_2^2-2,\end{aligned}$$

解方程组：

$$\begin{cases}\dfrac{\partial L}{\partial Q_1}=4-2Q_1-2Q_2=0,\\ \dfrac{\partial L}{\partial Q_2}=8-2Q_1-6Q_2=0,\end{cases}$$

得 $Q_1=1$，$Q_2=1$. 在驻点(1，1)处，有

$$A=\frac{\partial^2 L}{\partial Q_1^2}=-2<0,\ B=\frac{\partial^2 L}{\partial Q_1\,\partial Q_2}=-2,\ C=\frac{\partial^2 L}{\partial Q_2^2}=-6,$$

$$B^2-AC=-8<0,$$

因此 $Q_1=Q_2=1$ 时可获最大利润，最大利润为 $L(1, 1)=4$.

习　题　7.5

1. 把数 a 表示为三个正数之和，并使它们的乘积为最大，求这三个正数和它们的乘积．

2. 某工厂在生产某种产品中要使用甲、乙两种原料，已知使用甲原料 x 单位、乙原料 y 单位经加工后可以生产出 $u=8xy+32x+40y-4x^2-6y^2$ 单位的产品，且甲种原料单价为 10 元，乙种原料单价为 4 元，单位产品的售价为 40 元，求该工厂在生产这个产品上的最大利润．

习　题　七

1. 二元函数的几何图形一般是(　　).

(A)一条曲线；　　(B)一个曲面；

(C)一个平面区域；　　(D)一个空间区域．

2. 下列曲面哪个是柱面(　　).

(A)$\frac{x^2}{9}+\frac{z^2}{4}=1$；　　(B)$x^2+y^2+z^2=9$；

(C)$\frac{x^2}{9}+\frac{y^2}{6}-\frac{z^2}{4}=1$；　　(D)$\frac{x^2}{9}+\frac{y^2}{6}=z$.

3. 二元函数 $z=f(x, y)$ 在某点 (x_0, y_0) 处以下结论正确的是(　　).

(A)全微分存在⇔偏导数存在；

(B)偏导数存在⇒全微分存在，但是反之不成立；

(C)全微分存在⇒偏导数存在，但是反之不成立；

(D)全微分存在推不出偏导数存在，偏导数存在也推不出全微分存在.

4. $f(x, y)=\begin{cases}\frac{xy}{x^2+y^2}, & (x, y)\neq(0, 0),\\ 0, & (x, y)=(0, 0)\end{cases}$ 在点 $(0, 0)$ 处(　　).

(A)不连续也不可偏导；　　(B)连续但不可偏导；

(C)不连续但可偏导；　　(D)连续且可偏导.

5. 设函数 $z=f(x, y)$ 在区域 D 内有二阶偏导数，则仅当(　　)时 $\frac{\partial^2 z}{\partial x\partial y}=\frac{\partial^2 z}{\partial y\partial x}$.

6. 设函数 $f(x, y)=x^2+y^2-xy\tan\frac{x}{y}$，求 $f(tx, ty)$.

7. 求下列函数的定义域：

(1)$z=\frac{\sqrt{4x-y^2}}{\ln(1-x^2-y^2)}$；　　(2)$z=\ln(y-x)+\arcsin\frac{y}{x}$.

8. 求下列函数的偏导数：

(1)$z=(1+xy)^y$；　　(2)$z=e^x(\cos y+x\sin y)$；　　(3)$u=\arctan(x-y)^z$.

9. 设 $f(x, y)=x+y-\sqrt{x^2+y^2}$，求 $f_x(3, 4)$，$f_y(3, 4)$.

10. 设 $f(x, y)=x+(y-1)\arcsin\sqrt{\frac{x}{y}}$，求 $f_x(x, 1)$.

11. 证明：函数 $z=\ln(\sqrt{x}+\sqrt{y})$ 满足 $x\frac{\partial z}{\partial x}+y\frac{\partial z}{\partial y}=\frac{1}{2}$.

12. 求下列函数的二阶偏导数：

(1)$z=\ln(x^2+xy+y^2)$；　　(2)$z=\arctan\frac{y}{x}$.

13. 设 $f(x, y, z)=xy^2+yz^2+zx^2$，求 $f_{xx}(0, 0, 1)$，$f_{xz}(1, 0, 2)$，$f_{yz}(0, -1, 0)$.

14. 证明：$z=\ln(x^2+y^2)$ 满足拉普拉斯方程 $\frac{\partial^2 z}{\partial x^2}+\frac{\partial^2 z}{\partial y^2}=0$

15. 求下列各函数的全微分：

(1)$z=x\cos(x-y)$；　　(2)$u=x^{yz}$.

16. 求下列复合函数的偏导数(或全导数)：

(1)设 $z=e^{u\cos v}$，$u=xy$，$v=\ln(x-y)$，求 $\frac{\partial z}{\partial x}$，$\frac{\partial z}{\partial y}$.

(2)设 $z=\arctan(xy)$，$y=e^x$，求$\frac{dz}{dx}$.

17. 设方程 $2x^2+y^2+z^2-2z=0$ 确定了隐函数 $z=f(x, y)$，求$\frac{\partial z}{\partial x}$，$\frac{\partial z}{\partial y}$.

18. 某养殖场饲养两种鱼，如果混合放养甲种鱼 x(万尾)，乙种鱼 y(万尾)，收获时甲种鱼收获量$(3-\alpha x-\beta y)x$ 万尾，乙种鱼的收获量为$(4-\beta x-2\alpha y)y$ 万尾，其中，$\alpha>\beta>0$，求使产鱼总量最大时两种鱼分别的放养数量．

19. 要建造一座长方体形状的小房子，其体积为 $150m^3$，已知前墙和屋顶的每单位面积的造价分别是其他墙身造价的 3 倍和 1.5 倍，忽略地基和地面的费用，问房子前墙的长度和房子的高度为多少时，房子的造价最小．

20. 经市场调查，假设某市场对大蒜和胡萝卜的需求量分别是 q_1 和 q_2(单位：t)，需求量受到大蒜价格 p_1 和胡萝卜销售价格的 p_2 影响，其中，$q_1=16-2p_1+4p_2$，$q_2=20+4p_1-10p_2$，蔬菜公司进货的成本函数为 $C=3q_1+2q_2$，试问 p_1，p_2 为何值时，其利润最大？

演示与实验七

本部分主要是掌握如何用 Mathematica 求偏导数，作二元函数的曲面图形、等高线图和求函数的极值或最值等．

一、求偏导数、全微分

在 Mathematica 中有两个求导函数的命令：D 和 Dt. 设 f 是一个函数，命令 D[f, x]表示求 f 关于 x 的导数，若 f 为多元函数则为$\frac{\partial f}{\partial x}$，求 f 对 x 的 k 阶偏导数用命令 D[f, {x, k}]，这里 k 是一个非负整数，不可以是符号变量．求 f 对多个变量的混合偏导数的格式为

$$D[f, \{x, k_1\}, \{y, k_2\}, \cdots]$$

当 f 是多元函数时，Dt[f, x]把 f 中的其他符号变量都当作是 x 的函数，而求 f 对 x 的全导数．Dt[f]表示求 f 的全微分．

例 1 已知 $u=x^3y^4z^5$，求$\frac{\partial u}{\partial x}$，$\frac{\partial u}{\partial y}$，$\frac{\partial^2 u}{\partial x^2}$，$\frac{\partial^2 u}{\partial x\partial y}$，$du$.

解 输入

```
u=x^3*y^4*z^5
D[u, x]
D[u, y]
D[u, {x, 2}]
D[u, x, y]
Dt[u]
```

输出

$x^3y^4z^5$

$3x^2y^4z^5$

$4x^3y^3z^5$

$6xy^4z^5$

$12x^2y^3z^5$

$3x^2y^4z^5Dt[x]+4x^3y^3z^5Dt[y]+5x^3y^4z^4Dt[z]$

思考 若求$\frac{\partial^3 u}{\partial x^2 \partial y}$应如何键入命令？

例 2 设方程 $x+2y+z-2\sqrt{xyz}=0$ 确定了函数 $z=z(x, y)$，求$\frac{\partial z}{\partial x}$，$\frac{\partial z}{\partial y}$.

解 (1)分析

对由方程 $F(x, y, z)=0$ 确定的隐函数 $z=z(x, y)$的偏导数$\frac{\partial z}{\partial x}$，$\frac{\partial z}{\partial y}$有如下计算公式：

$$\frac{\partial z}{\partial x}=-\frac{F_x}{F_z}, \frac{\partial z}{\partial y}=-\frac{F_y}{F_z}.$$

(2)实验步骤

依次在 Mathematica 中输入如下命令：

```
Clear[x, y, z]
f=x+2y+z-2Sqrt[x*y*z];
fx=D[f, x]
fy=D[f, y]
fz=D[f, z]
zx=-fx/fz
zy=-fy/fz
```

输出结果为

$$zx=\frac{-1+\frac{yz}{\sqrt{xyz}}}{1-\frac{xy}{\sqrt{xyz}}}$$

$$zy=\frac{-2+\frac{xz}{\sqrt{xyz}}}{1-\frac{xy}{\sqrt{xyz}}}$$

即为所求.

思考 若求隐函数的高阶导数，应如何进行？

二、画曲面图形

对于二元函数，有相应的三维作图函数.

设 f 是 x，y 的二元函数，则

Plot3D[f, {x, a, b}, {y, c, d}]

画出 f 在 $a\leqslant x\leqslant b$，$c\leqslant y\leqslant d$ 上的图形.

设$\begin{cases}x=\varphi(u, v),\\ y=\psi(u, v),\\ z=\tau(u, v)\end{cases}$ $(a\leqslant u\leqslant b, c\leqslant v\leqslant d)$是空间曲面的参数方程，画此曲面的图形的命令

如下：

ParametricPlot3D[{x, y, z}, {u, a, b, t1}, {v, c, d, t2}]

其中 t1，t2 为步长．

注：步长是指变量从区间的一个端点到另一个端点的过程中变量每一步跨过的幅度．一般步长为定值．

例 3　画出函数 $z=\sin(\pi\sqrt{x^2+y^2})$ 的图形．

解　输入 z=Sin[Pi * Sqrt[x^2+y^2]]

Plot3D[z, {x, -1, 1}, {y, -1, 3}, PlotPoints->30, Lighting->True]

输出图形见图 7-22.

例 4　画出参数方程 $\begin{cases}x=u\cos v,\\ y=u\sin v,\\ z=u^2,\end{cases}$ $u\in[0,1]$，$v\in[0,0.5\pi]$所表示的图形．

解　在 Mathematica 中定义如下函数，而后执行参数作图命令，输入

x[u_, v_]: =u * Cos[v]

y[u_, v_]: =u * Sin[v]

z[u_, v_]: =u^2

ParametricPlot3D[{x[u, v], y[u, v]z[u, v]}, {u, 0, 1}, {v, 0, 0.5 * Pi}]

输出图形如图 7-23 所示．

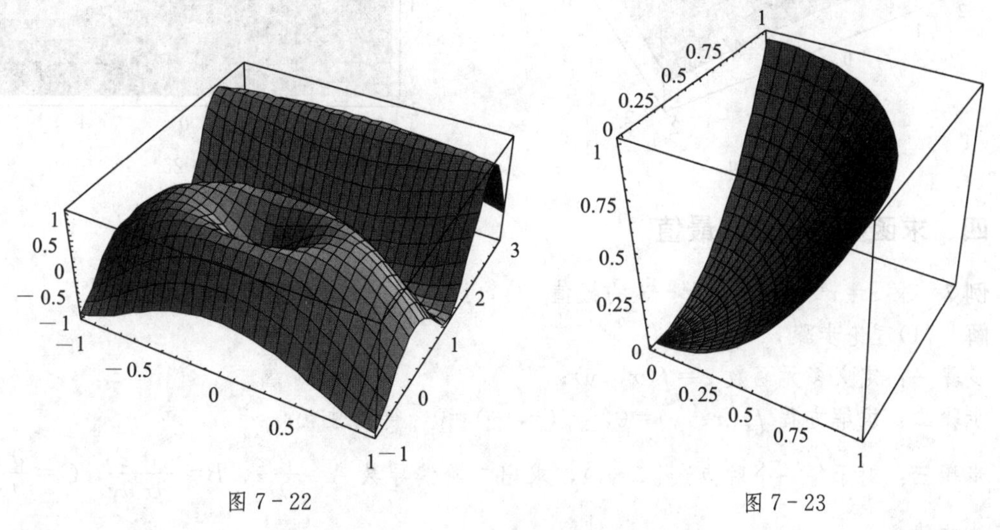

图 7-22　　　　图 7-23

例 5　画出 $z=4-\sqrt{x^2+y^2}$ 和 $z=x^2+y^2$ 的相交部分的图形．

解　输入

p1=Plot3D[4-Sqrt[x^2+y^2], {x, -2, 2}, {y, -2, 2}]

p2=Plot3D[x^2+y^2, {x, -2, 2}, {y, -2, 2}]

Show[p1, p2]

输出图形如图 7-24 所示．

三、绘制等高线图

等高线实际上是给出了一个具有"地形学"含义的函数，它把表面上位于相同高度上的点连接在一起．等高线与曲面图形实质上是展示一个函数的不同方法，它的具体命令如下：

ContourPlot[f，{x，x1，x2}，{y，y1，y2}]

其中，x1，x2 分别为 x 的下限和上限，y1，y2 分别为的 y 下限和上限．

例 6 求 $z=\sin x\cos x$ 的等高线图．

解 输入

ContourPlot[Sin[x] * Cos[y]，{x，−2，2}，{y，−2，2}]

输出图形如图 7－25 所示．

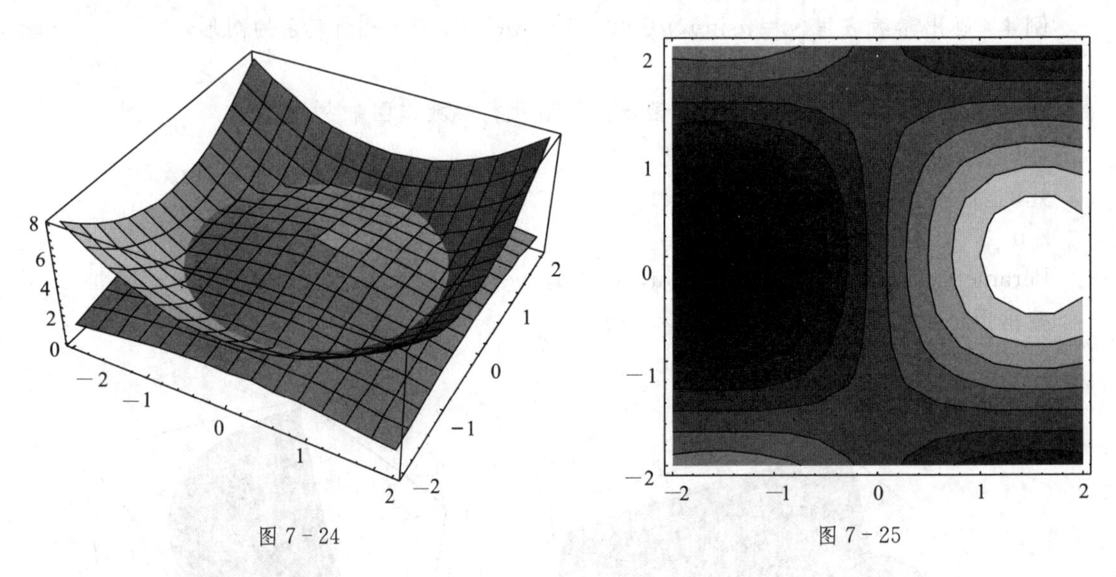

图 7－24　　图 7－25

四、求函数的极值或最值

例 7 求 $z=x^4-8xy+2y^2-3$ 的极值．

解 (1)理论步骤．

步骤一：定义多元函数 $z=f(x, y)$；

步骤二：求解方程 $f_x(x, y)=0$，$f_y(x, y)=0$，得到驻点；

步骤三：对于每一个驻点 (x_0, y_0)，求出二阶偏导数 $A=\frac{\partial^2 z}{\partial x^2}$，$B=\frac{\partial^2 z}{\partial x\partial y}$，$C=\frac{\partial^2 z}{\partial y^2}$在驻点处的值；

步骤四：对于每一个驻点 (x_0, y_0)，计算判别式 $AC-B^2$．如果 $AC-B^2<0$ 且 $A>0$，则该驻点为极小值点，如果 $AC-B^2<0$ 且 $A<0$，则该驻点为极大值点，若 $AC-B^2=0$，则还需要进一步判别，若 $AC-B^2>0$，则该驻点不是极值点．

(2)实验步骤．

步骤一：

```
z[x_，y_]=x^4−8x*y+2y^2−3
Solve[{D[z[x，y]，x]==0，D[z[x，y]，y]==0}，{x，y}]
```

```
A[x_, y_]=D[z[x, y], {x, 2}]
B[x_, y_]=D[z[x, y], x, y]
C[x_, y_]=D[z[x, y], {y, 2}]
w[x_, y_]=A[x, y]*C[x, y]-B[x, y]^2
```

步骤二：

通过上述命令2，就可求出所有的驻点为(−2，−4)，(0，0)，(2，4)，经计算有

w[−2，−4]=128，w[0，0]=−64，w[2，4]=128，

且　A[−2，−4]=48，A[0，0]=0，A[2，4]=48，

则(−2，−4)和(2，4)均为极小值点，而(0，0)不是极值点．

例8　一个长方体的三面在坐标面上，与原点相对的顶点在平面$\frac{x}{1}+\frac{y}{2}+\frac{z}{3}=1$上，求长方体的最大体积．

解　设长方体的长宽高分别为x，y，z，体积为V，有$v=xyz$，因点$P(x, y, z)$在平面上，这个问题是求$f(x, y, z)=xyz$在$\frac{x}{1}+\frac{y}{2}+\frac{z}{3}=1$下的条件极值问题($0\leqslant x\leqslant 1$，$0\leqslant y\leqslant 2$，$0\leqslant z\leqslant 3$)．

依次输入如下语句：

```
Solve[x+y/2+z/3==1, z]
V=x*y*z/.z->-3*(-2+2*x+y)/2
Solve[{D[v, x]==0, D[v, y]==0}, {x, y}]
```

依据结果和实际问题有：驻点$\left(\frac{1}{3}, \frac{2}{3}\right)$为问题的解．

实验习题七

1．多元函数的偏导数或全微分：

(1)设$z=x\arctan y$，求$\frac{\partial z}{\partial x}$，$\frac{\partial z}{\partial y}$，并画函数图形．

(2)设$z=(x^2+y^2)e^{\frac{xy}{xz+yz}}$，求$\frac{\partial z}{\partial x}$，$\frac{\partial z}{\partial y}$，并画函数图形．

(3)设$z=uv+\sin w$，$u=e^t$，$v=\cos t$，$w=t^2$，求$\frac{dz}{dt}$.

(4)设$u=xy^2z^3$，求du.

2．画出下列函数的图形．

(1)椭球面$\begin{cases}x=R_1\cos u\sin v,\\ y=R_2\cos u\cos v,\\ z=R_3\sin u,\end{cases}$ $u\in\left(-\frac{\pi}{2}, \frac{\pi}{2}\right)$，$v\in(0, 2\pi)$；

(2)椭圆抛物面$\begin{cases}x=Ru\sin v,\\ y=Ru\cos v,\\ z=ru^2,\end{cases}$ $u\in(0, a)$，$v\in(0, 2\pi)$；

(3)双曲抛物面$\begin{cases}x=u,\\y=v,\\z=(u^2-v^2)/2.5,\end{cases}$ $u\in(-4,\ 4)$，$v\in(-4,\ 4)$；

(4)圆柱面$\begin{cases}x=R\cos u,\\y=R\sin u,\\z=v,\end{cases}$ $u\in(0,\ 2\pi)$，$v\in(a_1,\ a_2)$；

(5)抛物柱面$\begin{cases}x=au^2,\\y=bu,\\z=v,\end{cases}$ $u\in(-a_1,\ a_2)$，$v\in(b_1,\ b_2)$；

(6)单叶双曲面$\begin{cases}x=a\sec u\sin v,\\y=b\sec u\cos v,\\z=c\tan u,\end{cases}$ $u\in\left(-\frac{\pi}{4},\ \frac{\pi}{4}\right)$，$v\in(0,\ 2\pi)$；

(7)旋转曲面$\begin{cases}x=u^2\cos v,\\y=u^2\sin v,\\z=u,\end{cases}$ $u\in(-a,\ a)$，$v\in(0,\ 2\pi)$；

(8)正螺面$\begin{cases}x=u\cos v,\\y=u\sin v,\\z=Rv,\end{cases}$ $u\in(a_1,\ a_2)$，$v\in(0,\ 2\pi)$.

3. 用 Plot3D 语句，作出函数$\frac{\sin\sqrt{x^2+y^2}}{\sqrt{1+x^2+y^2}}$的图形，并作出它的等高线图.

数学家的故事

笛卡儿——近代科学的始祖

笛卡儿 1596 年 3 月 31 日生于法国土伦省莱耳市的一个贵族之家，1650 年 2 月 11 日卒于斯德哥尔摩.

一、笛卡儿生平

笛卡儿的父亲是布列塔尼地方议会的议员，同时也是地方法院的法官. 笛卡儿在豪华的生活中无忧无虑地度过了童年. 他幼年体弱多病，母亲病故后就一直由一位保姆照看. 他对周围的事物充满了好奇，父亲见他颇有哲学家的气质，亲昵地称他为“小哲学家”. 父亲希望笛卡儿将来能够成为一名神学家，于是在笛卡儿 8 岁时，便将他送入拉弗莱什的耶稣会学校接受古典教育. 校方为照顾他孱弱的身体，特许他可以不必受校规的约束，早晨可以不必到学校上课，可以躺在床上读书自学. 允许早晨在床上读书，因此，他养成了喜欢安静、善于思考的习惯.

笛卡儿 1612 年到普瓦捷大学攻读法学，四年后获博士学位. 1616 年笛卡儿结束学业后，便背离家庭的职业传统，开始探索人生之路. 他投笔从戎，想借机游历欧洲，开阔眼界. 这期间有几次经历对他产生了重大的影响. 一次，笛卡儿在街上散步，偶然间看到了一张数学题悬赏的启事．两天后，笛卡儿竟然把那个问题解答出来了，引起了著名学者皮克曼的注意．皮克曼向笛卡儿介绍了数学的最新发展，给了他许多有待研究的问题．与皮克曼的交往，使笛卡儿对自己的数学和科学能力有了较充分的认识，他开始认真探寻是否存在一种类似于数学的、具有普遍使用性的方法，以期获取真正的知识．

然而长期的军旅生活使笛卡儿感到疲惫，他于1621年回国，时值法国内乱，于是他去荷兰、瑞士、意大利等地旅行．1625年返回巴黎．1628年移居荷兰，在荷兰长达20多年的时间里，从事哲学、数学、天文学、物理学、化学和生理学等领域的研究，并通过数学家梅森神父与欧洲主要学者保持密切联系．他的著作几乎全都是在荷兰完成的．1628年写出《指导哲理之原则》，1634年完成以哥白尼学说为基础的《论世界》(因伽利略受到教会迫害而未出版)．书中总结了他在哲学、数学和许多自然科学问题上的看法．1637年，笛卡儿用法文写成三篇论文《折光学》《气象学》和《几何学》，并为此写了一篇序言《科学中正确运用理性和追求真理的方法论》，哲学史上简称为《方法论》，6月8日在莱顿匿名出版．1641年又出版了《形而上学的沉思》，1644年又出版了《哲学原理》等重要著作．1949年冬，笛卡儿应瑞典女王克里斯蒂安的邀请，来到了斯德哥尔摩，任宫廷哲学家，为瑞典女王授课．由于他身体孱弱，不能适应那里的气候，1650年初便患肺炎抱病不起，同年2月病逝．笛卡儿是法国哲学家、数学家、物理学家，解析几何学奠基人．

二、解析几何的诞生

在笛卡儿所处的时代，代数还是一门比较新的科学，几何学的思维还在数学家的头脑中占有统治地位．1637年，笛卡儿发表了《几何学》，它确定了笛卡儿在数学史上的地位.

文艺复兴使欧洲学者继承了古希腊的几何学，也接受了东方传入的代数学．科学技术的发展使得用数学方法描述运动成为人们关心的中心问题．笛卡儿分析了几何学与代数学的优缺点，表示要去“寻求另外一种包含这两门科学的好处而没有它们的缺点的方法”．

在《几何学》卷一中，他用平面上的一点到两条固定直线的距离来确定点的距离，用坐标来描述空间上的点．他进而创立了解析几何学，表明了几何问题不仅可以归结成为代数形式，而且可以通过代数变换来实现发现几何性质，证明几何性质．笛卡儿把几何问题化成代数问题，提出了几何问题的统一作图法．为此，他引入了单位线段以及线段的加、减、乘、除、开方等概念，从而把线段与数量联系起来，通过线段之间的关系，“找出两种方式表达同一个量，这将构成一个方程”，然后根据方程的解所表示的线段间关系作图．在卷二中，笛卡儿用这种新方法解决帕普斯问题时，在平面上以一条直线为基线，为它规定一个起点，又选定与之相交的另一条直线，它们分别相当于x轴、原点、y轴，构成一个斜坐标系．那么该平面上任一点的位置都可以用(x, y)唯一地确定．帕普斯问题化成一个含两个未知数的二次不定方程．

笛卡儿指出，方程的次数与坐标系的选择无关，因此可以根据方程的次数将曲线分类.《几何学》提出了解析几何学的主要思想和方法，标志着解析几何学的诞生．此后，人类进入变量数学阶段．在卷三中，笛卡儿指出，方程可能有和它的次数一样多的根，还提出了著名的笛卡儿符号法则：方程正根的最多个数等于其系数变号的次数；其负根的最多个数(他称为假根)等于符号不变的次数．笛卡儿还改进了韦达创造的符号系统，用 a，b，c，…表示已知量，用 x，y，z，…表示未知量．

解析几何的出现，改变了自古希腊以来代数和几何分离的趋向，把相互对立着的"数"与"形"统一了起来，使几何曲线与代数方程相结合．笛卡儿的这一天才创见，更为微积分的创立奠定了基础，从而开拓了变量数学的广阔领域．正如恩格斯所说："数学中的转折点是笛卡儿的变数．有了变数，运动进入了数学，有了变数，辩证法进入了数学，有了变数，微分和积分也就立刻成为必要了．"

笛卡儿堪称17世纪及其后的欧洲哲学界和科学界最有影响的巨匠之一，被誉为"近代科学的始祖".

第八章　二重积分

本章将在一元函数定积分的基础上，引入重积分的概念，重点讲解重积分的性质、计算方法和一些应用．这种积分解决问题的基本思想方法与定积分一致，并且它的计算最终都归结为定积分．学习中要抓住它与定积分之间的联系，注意比较它们的共同点与不同点．

§8.1　二重积分的概念与性质

一、二重积分的概念

首先以曲边梯形面积为例(图 8-1)复习一下微元法．

第一步：将$[a, b]$无限细分，在小区间$[x, x+\mathrm{d}x]$上“以直代曲”，求得面积微元为$\mathrm{d}S=f(x)\mathrm{d}x$. 这一步即局部线性化．

第二步：将微元 $\mathrm{d}S$ 在$[a, b]$上无限累加，即得面积为

$$S=\int_a^b f(x)\mathrm{d}x.$$

下面把这种思想推广到平面区域 D 上的二元函数 $f(x, y)$.

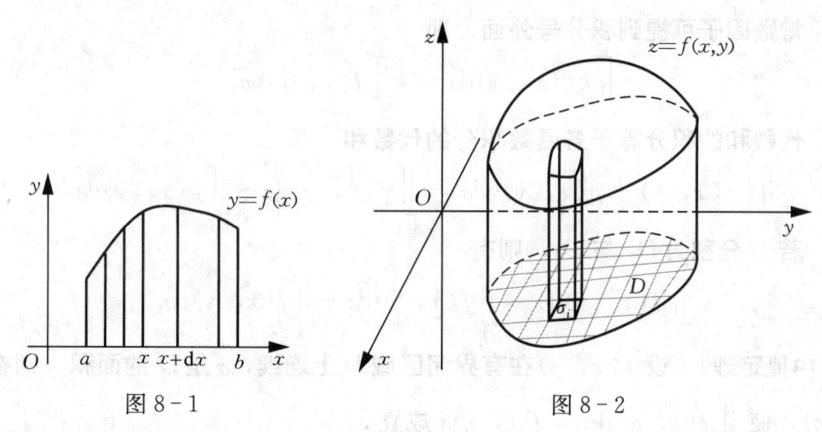

图 8-1　　　　图 8-2

1. 曲顶柱体的体积

所谓曲顶柱体是指这样的立体，它的底是 xOy 平面上的有界闭区域，它的侧面是以 D 的边界为准线，而母线平行 z 轴的柱面，它的顶是由二元函数 $z=f(x, y)$所表示的曲面．求当 $f(x, y)\geqslant 0$ 时该曲顶柱体(图 8-2)的体积．

以前只会求平顶柱体体积，如何化曲顶柱体为平顶柱体呢？类似于求曲边梯形面积的方法，可以通过局部线性化，然后再累加求出总体，据此，有如下步骤：

第一步：将区域 D 无限细分，以微小区域 $\mathrm{d}\sigma$ 为底的平顶柱体体积 $f(x, y)\mathrm{d}\sigma$ 近似代替 $\mathrm{d}\sigma$ 上小曲顶柱体体积，即得体积微元

$$dV = f(x, y)d\sigma.$$

第二步：将体积微元 $dV = f(x, y)d\sigma$ 在区域 D 上无限累加(这一步记为“$\iint\limits_D$”)，则得所求曲顶柱体体积为 $\iint\limits_D f(x, y)d\sigma$.

说明：第二步中，$f(x, y)d\sigma$ 在 D 上无限累加，它的内涵是指总和极限“$\lim\limits_{\lambda\to 0}\sum$”，其中，$\sum$ 是在 D 范围内求和；求极限过程 $\lambda\to 0$ 中的 λ，指面积微元 $d\sigma$ 的最大直径．今后在实用上总用“$\iint\limits_D$”来代替“$\lim\limits_{\lambda\to 0}\sum$”.

2. 二重积分的概念

定义 8.1.1 如果抽去上述问题的几何意义，设 $z = f(x, y)$ 为定义在有界闭区域 D 上的连续函数，则上述两步所得的表达式 $\iint\limits_D f(x, y)d\sigma$ 即为函数 $f(x, y)$ 在 D 上的**二重积分**，其中，$f(x, y)$ 称为**被积函数**，D 为**积分区域**，$f(x, y)d\sigma$ 称为**被积式**，$d\sigma$ 为**面积元素**，x 与 y 称为**积分变量**．

由上述讨论可知，二重积分的几何意义是当 $f(x, y)\geqslant 0$ 时曲顶柱体体积．特别地，当 $f(x, y)=1$ 时，$\iint\limits_D d\sigma$ 表示高为 1 的柱体的体积，其值与区域 D 的面积相等．

二、二重积分的性质

二重积分具有与定积分完全类似的性质，现叙述如下：

性质 1 常数因子可提到积分号外面，即

$$\iint\limits_D kf(x, y)d\sigma = k\iint\limits_D f(x, y)d\sigma.$$

性质 2 代数和的积分等于各函数积分的代数和，即

$$\iint\limits_D [f(x, y)\pm g(x, y)]d\sigma = \iint\limits_D f(x, y)d\sigma \pm \iint\limits_D g(x, y)d\sigma.$$

性质 3 若 D 分割为 D_1 与 D_2，则有

$$\iint\limits_D f(x, y)d\sigma = \iint\limits_{D_1} f(x, y)d\sigma + \iint\limits_{D_2} f(x, y)d\sigma.$$

性质 4(中值定理) 设 $f(x, y)$ 在有界闭区域 D 上连续，σ 是 D 的面积，则在 D 上至少有一点 (ξ, η)，使 $\iint\limits_D f(x, y)d\sigma = f(\xi, \eta)\sigma$ 成立．

习 题 8.1

1. 设有平面薄片，占有 xOy 面上的区域 D，薄片上分布有面密度为 $u=u(x, y)$ 的电荷，且 $u(x, y)$ 在 D 上连续，试用二重积分表达该薄片上的全部电荷 Q.

2. 用二重积分表示出以下列曲面为顶，区域 D 为底的曲顶柱体的体积：

(1) $z=x+y+1$，区域 D 是长方形：$0\leqslant x\leqslant 1$，$0\leqslant y\leqslant 2$；

(2) $z=\sqrt{R^2-x^2-y^2}$，区域 D 由圆 $x^2+y^2=R^2$ 所围成．

§8.2　二重积分的计算

一、在直角坐标系中计算二重积分

在直角坐标系中采用平行于 x 轴和 y 轴的直线把 D 域分成许多小矩形，于是面积元素 $d\sigma=dxdy$，二重积分可以写成 $\iint\limits_D f(x,\ y)dxdy$.

下面用二重积分的几何意义来导出二重积分的计算方法．

情况 1　设 D 域可表示为不等式(图 8-3(a))：

$$a\leqslant x\leqslant b,\ \varphi_1(x)\leqslant y\leqslant\varphi_2(x).$$

下面用定积分的微元法来求这个曲顶柱体体积(图 8-3(b))．

在$[a,\ b]$上任意固定一点 x_0，过 x_0 作垂直于 x 轴的平面与柱体相截，截出的面积设为 $S(x_0)$，由定积分可知

$$S(x_0)=\int_{\varphi_1(x_0)}^{\varphi_2(x_0)}f(x_0,\ y)dy.$$

一般地，过$[a,\ b]$上任意一点 x，且垂直于 x 轴的平面与柱体相交得到的截面(图 8-3(b))面积为

$$S(x)=\int_{\varphi_1(x)}^{\varphi_2(x)}f(x,\ y)dy\,.$$

由定积分的“平行截面面积为已知，求立体体积”的方法可知，所求曲顶柱体体积为

$$V=\int_a^b S(x)dx=\int_a^b\left[\int_{\varphi_1(x)}^{\varphi_2(x)}f(x,\ y)dy\right]dx,$$

$$\iint\limits_D f(x,\ y)dxdy=\int_a^b\left[\int_{\varphi_1(x)}^{\varphi_2(x)}f(x,\ y)dy\right]dx,$$

上式也可简记为

$$\iint\limits_D f(x,\ y)dxdy=\int_a^b dx\int_{\varphi_1(x)}^{\varphi_2(x)}f(x,\ y)dy. \qquad (8.2.1)$$

$\int_a^b dx\int_{\varphi_1(x)}^{\varphi_2(x)}f(x,\ y)dy$ 为**二次积分**，也称为**累次积分**．

公式(8.2.1)就是二重积分化为二次定积分的计算方法，该方法也称为**累次积分法**．计算第一次积分时，视 x 为常量，对变量 y 由下限 $\varphi_1(x)$ 积到上限 $\varphi_2(x)$，这时计算结果是一个 x 的函数，计算第二次积分时，x 是积分变量，积分限是常数，计算结果是一个定值．

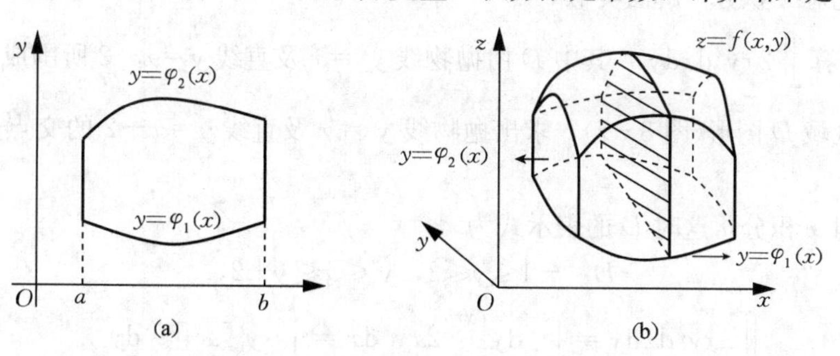

图 8-3

情况 2 设积分域 D 表示为不等式(图 8-4)：

$$c \leqslant y \leqslant d,\ x_1(y) \leqslant x \leqslant x_2(y).$$

同理可得

$$\iint_D f(x,\ y)\mathrm{d}x\mathrm{d}y = \int_c^d \mathrm{d}y \int_{x_1(y)}^{x_2(y)} f(x,\ y)\mathrm{d}x. \tag{8.2.2}$$

化二重积分为累次积分时，需注意以下几点：

(1)累次积分的下限必须小于上限．

(2)用公式(8.2.1)或(8.2.2)时，要求区域 D 分别满足，平行于 y 轴或 x 轴的直线与区域 D 边界相交不多于两点(图 8-4)，如果 D 域不满足这个条件，则需把 D 域分割成几块(图 8-5)，然后分块计算．

(3)一个二重积分常常是既可以先对 y 积分，又可以先对 x 积分，而这两种不同的积分次序，往往导致计算的繁简程度差别很大，结合下述各例加以说明如何恰当地选择积分次序.

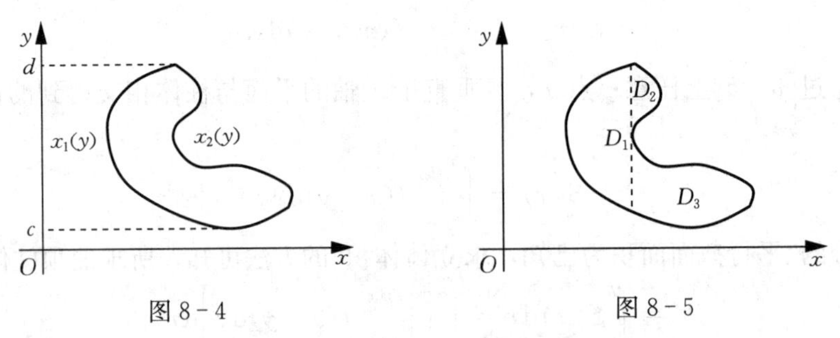

图 8-4　　图 8-5

例 1 计算 $\iint\limits_D xy\mathrm{d}x\mathrm{d}y$，其中 D：$x^2+y^2 \leqslant 1$，$x \geqslant 0$，$y \geqslant 0$.

解 作区域 D 图形(图 8-6). 先对 y 积分(固定 x)，y 的变化范围由 0 到 $\sqrt{1-x^2}$；然后再在 x 的最大变化范围[0，1]内对 x 积分，于是得到

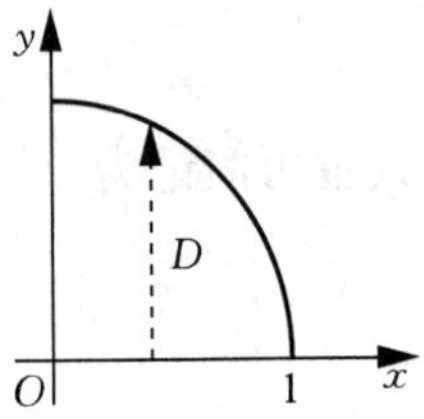

$$\iint_D xy\mathrm{d}x\mathrm{d}y = \int_0^1 \mathrm{d}x \int_0^{\sqrt{1-x^2}} xy\mathrm{d}y = \int_0^1 x\left[\frac{1}{2}y^2\right]_0^{\sqrt{1-x^2}} \mathrm{d}x$$

$$= \int_0^1 \frac{1}{2}x(1-x^2)\mathrm{d}x = \frac{1}{2}\left[\frac{x^2}{2} - \frac{x^4}{4}\right]_0^1 = \frac{1}{8}.$$

图 8-6

本题若先对 x 积分，解法类似．

例 2 计算 $\iint\limits_D 2xy^2\mathrm{d}x\mathrm{d}y$，其中 D 由抛物线 $y^2=x$ 及直线 $y=x-2$ 所围成．

解 作区域 D 图形(图 8-7)，求出抛物线 $y^2=x$ 及直线 $y=x-2$ 的交点 $A(1,\ -1)$和 $B(4,\ 2)$.

选择先对 x 积分，这时 D 的表示式为

$$D：-1 \leqslant y \leqslant 2,\ y^2 \leqslant x \leqslant y+2,$$

$$\iint_D 2xy^2\mathrm{d}x\mathrm{d}y = \int_{-1}^2 \mathrm{d}y \int_{y^2}^{y+2} 2xy^2\mathrm{d}x = \int_{-1}^2 y^2\left[x^2\right]_{y^2}^{y+2}\mathrm{d}y$$

$$=\int_{-1}^{2}(y^4+4y^3+4y^2-y^6)\mathrm{d}y$$

$$=\left[\frac{y^5}{5}+y^4+\frac{4}{3}y^3-\frac{y^7}{7}\right]_{-1}^{2}=\frac{531}{35}.$$

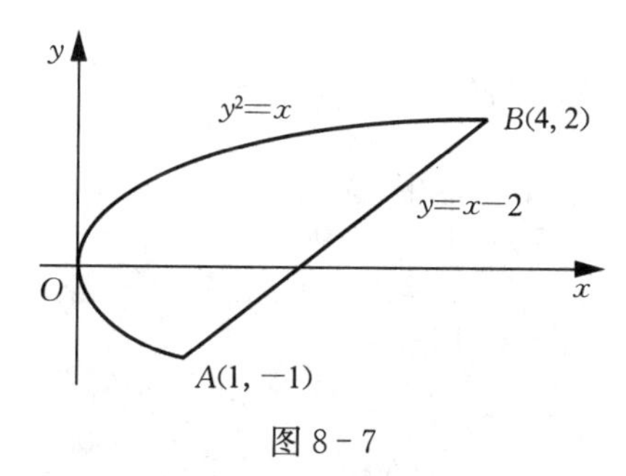

图 8 - 7

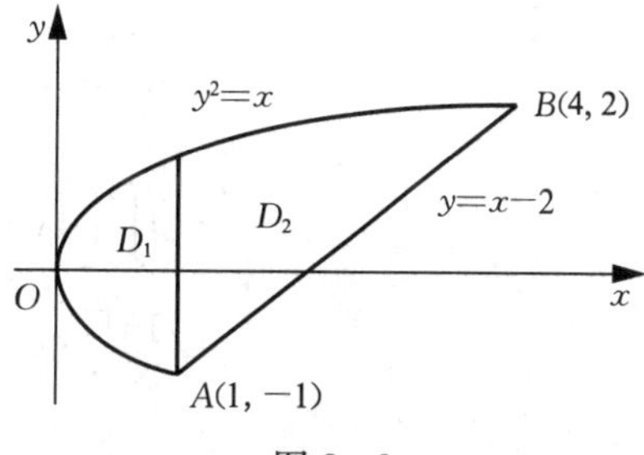

图 8 - 8

分析：本题也可先对 y 积分后对 x 积分，但是，这时就必须用直线 $x=1$ 将 D 分成 D_1 和 D_2 两块(图 8 - 8)，其中，

$$D_1:\ 0\leqslant x\leqslant 1,\ -\sqrt{x}\leqslant y\leqslant\sqrt{x},\ D_2:\ 1\leqslant x\leqslant 4,\ x-2\leqslant y\leqslant\sqrt{x},$$

由此

$$\iint_D 2xy^2\mathrm{d}x\mathrm{d}y=\iint_{D_1}2xy^2\mathrm{d}x\mathrm{d}y+\iint_{D_2}2xy^2\mathrm{d}x\mathrm{d}y$$

$$=\int_0^1\mathrm{d}x\int_{-\sqrt{x}}^{\sqrt{x}}2xy^2\mathrm{d}y+\int_1^4\mathrm{d}x\int_{x-2}^{\sqrt{x}}2xy^2\mathrm{d}y.$$

计算起来要比先对 x 后对 y 积分麻烦得多，所以恰当地选择积分次序是化二重积分为二次积分的关键步骤．

例 3　更换 $I=\int_0^1\mathrm{d}y\int_y^1 x^2\sin(xy)\mathrm{d}x$ 的积分次序．

解　若按所给的次序计算积分 I，需要进行两次分部积分，如果设想交换一下积分次序，先对 y 积分，这时因子 x^2 则可移出，求积分应简单多了．为此先将积分域 D 用不等式表示出，并画出 D 的图形(图 8 - 9(a))．

$$D:\ 0\leqslant y\leqslant 1,\ y\leqslant x\leqslant 1,$$

按照先对 y 积分的考虑，重新将 D 域(图 8 - 9(b))表示为 D：$0\leqslant x\leqslant 1$，$0\leqslant y\leqslant x$，于是，I 的次序可以交换为

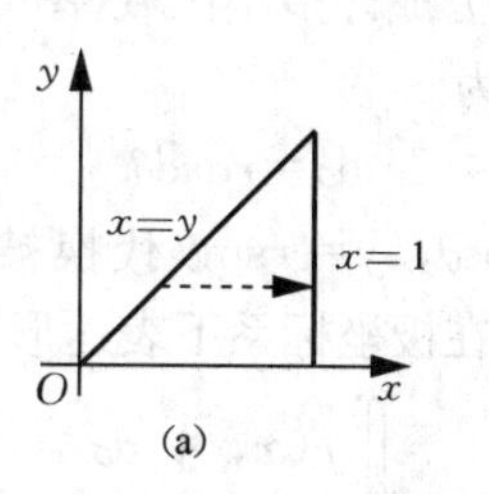

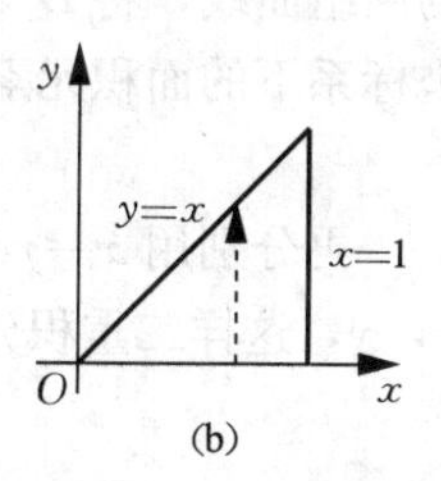

图 8 - 9

$$I=\int_0^1\mathrm{d}x\int_0^x x^2\sin(xy)\mathrm{d}y=\int_0^1 x[-\cos(xy)]_0^x\mathrm{d}x$$

$$=\int_0^1 x(1-\cos x^2)\mathrm{d}x=\frac{1}{2}[x^2-\sin x^2]_0^1$$

$$=\frac{1}{2}(1-\sin 1).$$

以上例 2、例 3 显示出选择积分次序的重要性及应该考虑的因素．

例 4　求椭圆抛物面 $z=4-x^2-\frac{y^2}{4}$ 与平面 $z=0$ 所围成的立体体积．

解　画出所围立体的示意图(图 8 - 10)，考虑到图形的对称性，只需计算第一卦限部分即可，即

$$V=4\iint\limits_D\left(4-x^2-\frac{y^2}{4}\right)\mathrm{d}x\mathrm{d}y,$$

故

$$\begin{aligned}V&=4\iint\limits_D\left(4-x^2-\frac{y^2}{4}\right)\mathrm{d}x\mathrm{d}y\\&=4\int_0^2\mathrm{d}x\int_0^{\sqrt{16-4x^2}}\left(4-x^2-\frac{y^2}{4}\right)\mathrm{d}y\\&=4\int_0^2\left[4y-x^2y-\frac{1}{12}y^3\right]_0^{\sqrt{16-4x^2}}\mathrm{d}x\\&=\frac{16}{3}\int_0^2(4-x^2)^{\frac{3}{2}}\mathrm{d}x=16\pi.\end{aligned}$$

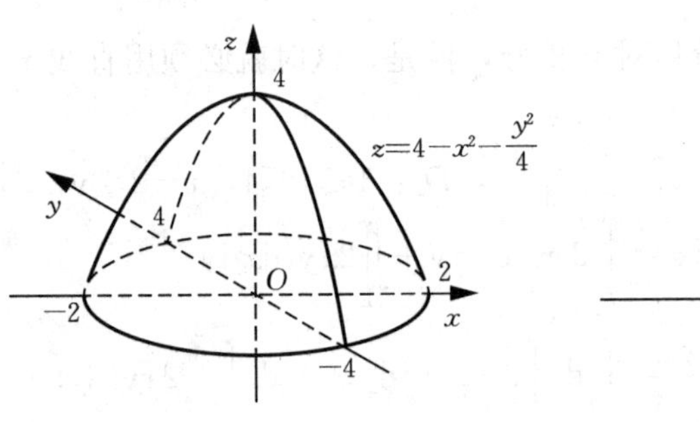

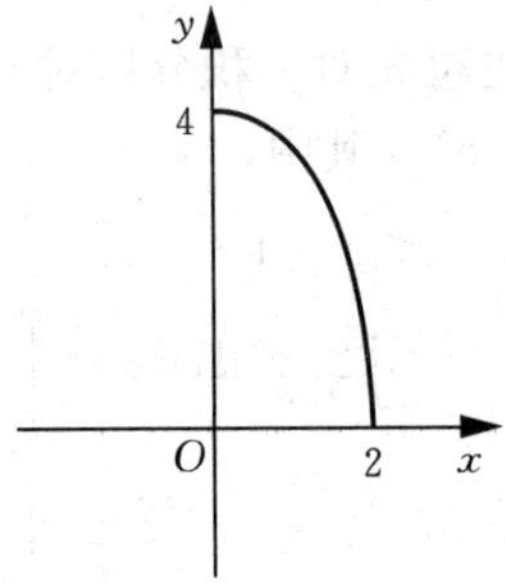

图 8 - 10

二、在极坐标系中计算二重积分

对于某些形式的二重积分，利用直角坐标计算往往是很困难的，而在极坐标系下计算则比较简单．下面介绍这种计算方法．

首先，分割积分域 D，我们用 r 取一系列常数(得到一族中心在极点的同心圆)和 θ 取一系列常数(得到一族过极点的射线)的两组曲线，将 D 域分成许多小区域(图 8 - 11)，于是得到了极坐标系下的面积元素为

$$\mathrm{d}\sigma=r\mathrm{d}r\mathrm{d}\theta.$$

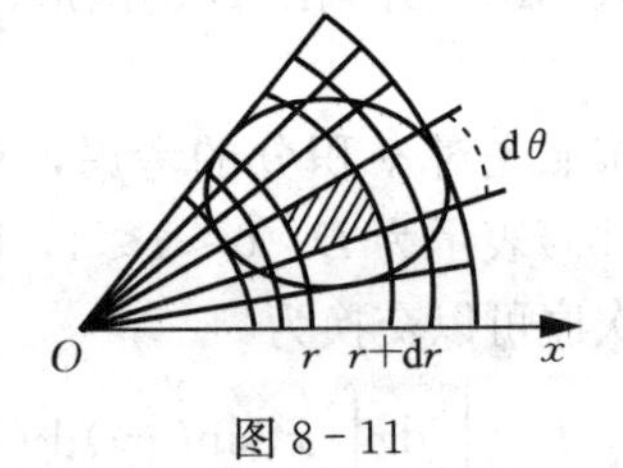

图 8 - 11

再分别用 $x=r\cos\theta$，$y=r\sin\theta$ 代换被积函数 $f(x, y)$ 中的 x，y，这样二重积分在极坐标系下表达形式为

$$\iint\limits_D f(x,y)\mathrm{d}\sigma=\iint\limits_D f(r\cos\theta, r\sin\theta)r\mathrm{d}r\mathrm{d}\theta.$$

实际计算时，与直角坐标情况类似，还是化成累次积分来进行．

设 D(图 8 - 12)位于两条射线 $\theta=\alpha$ 和 $\theta=\beta$ 之间，D 两段边界线极坐标方程分别为 $r=r_1(\theta)$，$r=r_2(\theta)$，则二重积分就可化为累次积分：

$$\iint\limits_D f(x,y)\mathrm{d}\sigma=\int_\alpha^\beta\mathrm{d}\theta\int_{r_1(\theta)}^{r_2(\theta)}f(r\cos\theta, r\sin\theta)r\mathrm{d}r.\tag{8.2.3}$$

如果极点 O 在区域 D 内部(图 8 - 13)，则有

$$\iint_D f(x,\ y)\mathrm{d}\sigma=\int_0^{2\pi}\mathrm{d}\theta\int_0^{r(\theta)}f(r\cos\theta,\ r\sin\theta)r\mathrm{d}r.$$

例 5　将二重积分$\iint\limits_D f(x,\ y)\mathrm{d}\sigma$化为极坐标系下的累次积分，其中$D$：$x^2+y^2\leqslant 2Rx$，$y\geqslant 0$.

解　画出区域D图形(图 8－14)，区域D可表示为

$$0\leqslant\theta\leqslant\frac{\pi}{2},\ 0\leqslant r\leqslant 2R\cos\theta,$$

于是得到

$$\iint_D f(x,\ y)\mathrm{d}\sigma=\int_0^{\frac{\pi}{2}}\mathrm{d}\theta\int_0^{2R\cos\theta}f(r\cos\theta,\ r\sin\theta)r\mathrm{d}r.$$

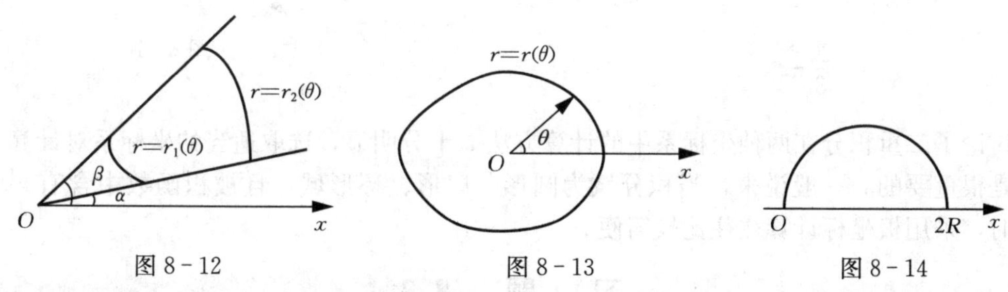

图 8－12　　图 8－13　　图 8－14

例 6　计算$\iint\limits_D \mathrm{e}^{-(x^2+y^2)}\mathrm{d}x\mathrm{d}y$，$D$：$x^2+y^2\leqslant a^2$.

解　选用极坐标系计算，区域D表示为$0\leqslant\theta\leqslant 2\pi$，$0\leqslant r\leqslant a$，故有

$$\iint_D \mathrm{e}^{-(x^2+y^2)}\mathrm{d}x\mathrm{d}y=\iint_D \mathrm{e}^{-r^2}r\mathrm{d}r\mathrm{d}\theta=\int_0^{2\pi}\mathrm{d}\theta\int_0^a \mathrm{e}^{-r^2}r\mathrm{d}r$$
$$=\int_0^{2\pi}\left[-\frac{1}{2}\mathrm{e}^{-r^2}\right]_0^a\mathrm{d}\theta=\pi(1-\mathrm{e}^{-a^2}).$$

例 7　计算$\iint\limits_D x^2\mathrm{d}x\mathrm{d}y$，其中$D$是两个同心圆$x^2+y^2=1$和$x^2+y^2=4$之间的环形区域.

解　作区域D图形(图 8－15)，选用极坐标，它可表示为$0\leqslant\theta\leqslant 2\pi$，$1\leqslant r\leqslant 2$，于是

$$\iint_D x^2\mathrm{d}x\mathrm{d}y=\int_0^{2\pi}\mathrm{d}\theta\int_1^2 r^2\cos^2\theta r\mathrm{d}r=\int_0^{2\pi}\cos^2\theta\mathrm{d}\theta\int_1^2 r^3\mathrm{d}r$$
$$=\int_0^{2\pi}\frac{1+\cos 2\theta}{2}\mathrm{d}\theta\int_1^2 r^3\mathrm{d}r=\frac{15}{4}\pi.$$

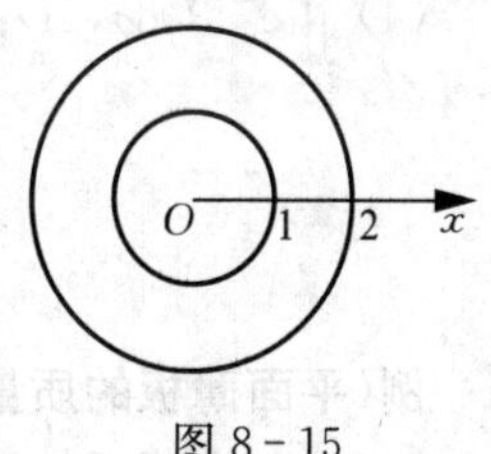

图 8－15

例 8　求由圆锥面$z=4-\sqrt{x^2+y^2}$与旋转抛物面$z=\frac{1}{2}(x^2+y^2)$所围立体的体积(图 8－16).

解　$$V=\iint_D\left[(4-\sqrt{x^2+y^2})-\frac{1}{2}(x^2+y^2)\right]\mathrm{d}x\mathrm{d}y$$
$$=\iint_D\left(4-r-\frac{r^2}{2}\right)r\mathrm{d}r\mathrm{d}\theta,$$

立体在xOy面上的投影区域D由

$$\begin{cases} z=4-\sqrt{x^2+y^2}, \\ 2z=x^2+y^2, \end{cases}$$

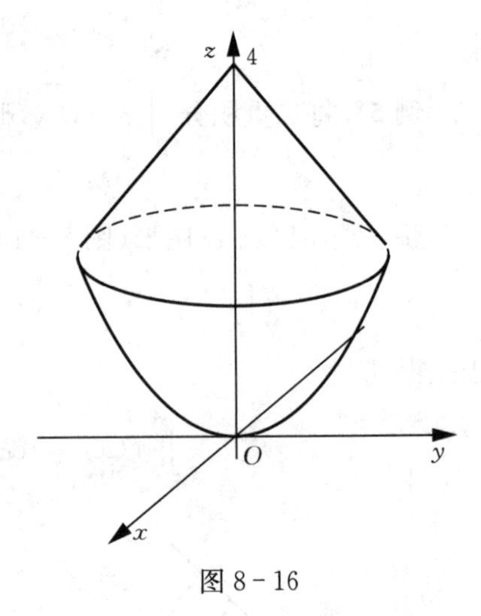

图 8-16

消去 x，y 得

$$(z-4)^2=2z,\ z^2-10z+16=0,$$

即
$$(z-2)(z-8)=0,$$

所以
$$z=2,\ z=8(\text{舍去}),$$

因此，D 由 $x^2+y^2=4$，即 $r=2$ 围成，故得

$$V=\int_0^{2\pi}\mathrm{d}\theta\int_0^2\left(4r-r^2-\frac{r^3}{2}\right)\mathrm{d}r$$

$$=2\pi\left[2r^2-\frac{r^3}{3}-\frac{r^4}{8}\right]_0^2$$

$$=\frac{20}{3}\pi.$$

以上讨论了二重积分在两种坐标系中的计算方法．十分明显，选取适当的坐标系对计算二重积分是很重要的．一般说来，当积分域为圆形、扇形、环形域，且被积函数中含有 x^2+y^2 的项时，采用极坐标计算往往比较简便．

习　题　8.2

计算下列二重积分：

(1) $\iint\limits_D x\mathrm{e}^{xy}\mathrm{d}x\mathrm{d}y$，$D$：$0\leqslant x\leqslant 1$，$-1\leqslant y\leqslant 0$；

(2) $\iint\limits_D \frac{x}{y}\mathrm{d}x\mathrm{d}y$，$D$：$y=2x$，$y=x$，$x=2$，$x=4$；

(3) $\iint\limits_D \cos(x+y)\mathrm{d}x\mathrm{d}y$，$D$ 为 $x=0$，$y=\pi$ 及 $y=x$ 所围成的区域；

(4) $\iint\limits_D \mathrm{e}^{x^2+y^2}\mathrm{d}\sigma$，$D$：$x^2+y^2\leqslant 4$.

§8.3　二重积分应用举例

例(平面薄板的质量)　设一薄板占有区域为中心在原点，半径为 R 的圆域，面密度为 $u=x^2+y^2$，求薄板的质量．

解　应用微元法，在圆域 D 上任取一个微小区域 $\mathrm{d}\sigma$，视面密度不变，则得质量微元

$$\mathrm{d}M=u(x,\ y)\mathrm{d}\sigma=(x^2+y^2)\mathrm{d}\sigma.$$

将上述微元在区域 D 上积分，即得

$$M=\iint\limits_D(x^2+y^2)\mathrm{d}\sigma,\ D:\ x^2+y^2\leqslant R^2,$$

用极坐标计算，有

$$M=\int_0^{2\pi}\mathrm{d}\theta\int_0^R r^2 r\mathrm{d}r=\frac{1}{2}\pi R^4.$$

一般地，面密度为 $u(x,\ y)$ 的平面薄板 D 的质量为

$$M=\iint_D u(x,\ y)\mathrm{d}\sigma.$$

习　题　八

1. 设 $I_1=\iint_D \frac{x+y}{4}\mathrm{d}\sigma$，$I_2=\iint_D \sqrt{\frac{x+y}{4}}\mathrm{d}\sigma$，$I_3=\iint_D \sqrt[3]{\frac{x+y}{4}}\mathrm{d}\sigma$，其中 $D=\{(x,\ y)\mid (x-1)^2+(y-1)^2\leqslant 2\}$，则(　　).

(A) $I_1<I_2<I_3$；　　(B) $I_2<I_3<I_1$；

(C) $I_1<I_3<I_2$；　　(D) $I_3<I_2<I_1$.

2. 若 $\iint_D \mathrm{d}x\mathrm{d}y=1$，则积分区域 D 可以是(　　).

(A)由 x 轴、y 轴及 $x+y-2=0$ 所围成的区域；

(B)由 $x=1$，$x=2$ 及 $y=2$，$y=4$ 所围成的区域；

(C)由 $|x|=\frac{1}{2}$，$|y|=\frac{1}{2}$ 所围成的区域；

(D)由 $|x+y|=1$，$|x-y|=1$ 所围成的区域.

3. 画出积分区域，并计算二重积分：

(1) $\iint_D x\sqrt{y}\,\mathrm{d}x\mathrm{d}y$，$D$：$y=\sqrt{x}$，$y=x^2$；

(2) $\iint_D \mathrm{e}^{x+y}\mathrm{d}x\mathrm{d}y$，$D$：$|x|+|y|\leqslant 1$；

(3) $\iint_D (x^2-y^2)\mathrm{d}x\mathrm{d}y$，$D$：$0\leqslant y\leqslant \sin x$，$0\leqslant x\leqslant \pi$.

4. 交换下列二次积分的积分顺序：

(1) $\int_0^1\mathrm{d}y\int_0^y f(x,\ y)\mathrm{d}x$；　　(2) $\int_1^{\mathrm{e}}\mathrm{d}x\int_0^{\ln x} f(x,\ y)\mathrm{d}y$；

(3) $\int_0^1\mathrm{d}x\int_x^{\sqrt{x}} \frac{\sin y}{y}\mathrm{d}y$；　　(4) $\int_0^1\mathrm{d}x\int_1^{x+1} f(x,\ y)\mathrm{d}y+\int_1^2\mathrm{d}x\int_x^2 f(x,\ y)\mathrm{d}y$.

5. 设 $f(x)$ 在 $[0,\ 1]$ 上连续，并设 $\int_0^1 f(x)\mathrm{d}x=A$，求 $\int_0^1\mathrm{d}x\int_x^1 f(x)f(y)\mathrm{d}y$.

6. 求由曲面 $z=4-x^2$，$2x+y=4$，$x=0$，$y=0$，$z=0$ 所围成的立体在第一卦限部分的体积.

7. 利用极坐标计算 $\iint_D y\mathrm{d}\sigma$，$D$：$x^2+y^2\leqslant a^2$，$x\geqslant 0$，$y\geqslant 0$.

8. 选择适当的坐标系计算下列积分：

(1) $\iint\limits_{D} \frac{x^2}{y^2} \mathrm{d}\sigma$，$D$ 是由直线 $x=2$，$y=x$ 及曲线 $xy=1$ 所围成的区域；

(2) $\iint\limits_{D} \sqrt{x^2+y^2}\, \mathrm{d}\sigma$，$D$ 是圆环形区域：$a^2 \leqslant x^2+y^2 \leqslant b^2$.

9. 设平面薄片所占有的区域 D 是螺线 $r=2\theta$ 上的一段弧 $\left(0 \leqslant \theta \leqslant \frac{\pi}{2}\right)$ 与直线 $\theta=\frac{\pi}{2}$ 所围成，它的面密度 $\rho(x, y)=x^2+y^2$，求该薄片的质量.

❖ 演示与实验八

用 Mathematica 计算二次积分的基本命令为

Integrate[<函数名>，{x，xmin，xmax}，{y，ymin，ymax}]

这里使用 Mathematica 计算二重积分，只有首先转化为二次积分，才能解决.

例 1 $\iint\limits_{D} (x^2+y^2)\mathrm{d}\sigma$，$D$：$0 \leqslant x \leqslant a$，$0 \leqslant y \leqslant b$.

输入 Integrate[x^2+y^2，{x，0，a}，{y，0，b}]

输出 $\frac{1}{3}\mathrm{ab}(\mathrm{a}^2+\mathrm{b}^2)$

例 2 $\int_0^1 \mathrm{d}x \int_{2x}^{x^2+1} (x+y)\mathrm{d}x$.

输入 Integrate[x+y，{x，0，1}，{y，2 * x，x^2+1}]

输出 $\frac{7}{20}$

例 3 $\iint\limits_{|x|+|y| \leqslant 1} (x^2+y^2)\mathrm{d}x\mathrm{d}y$.

输入 Plot3D[x^2+y^2，{x，−1，1}，{y，−1，1}]（画出旋转抛物面的一部分图形）

输出（见图 8-17）

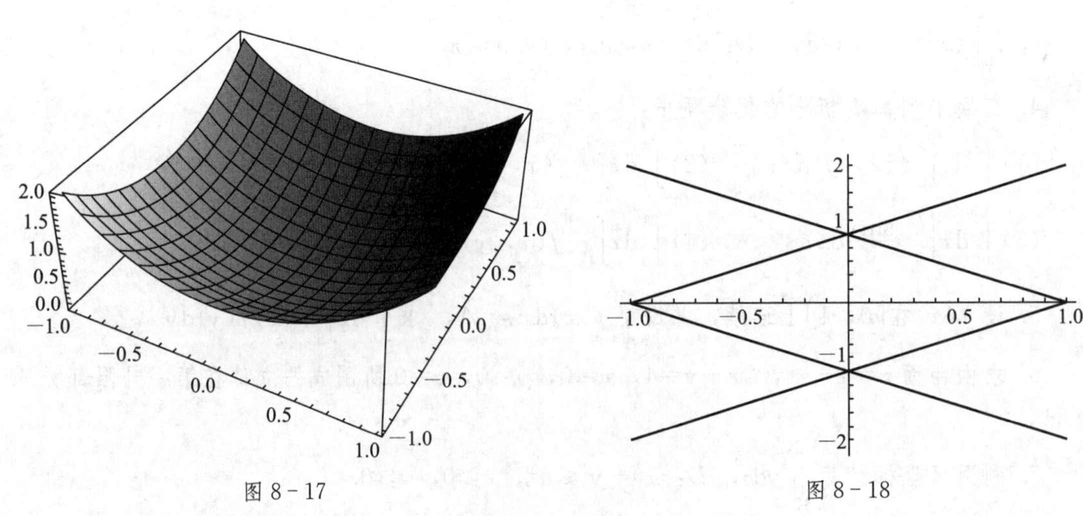

图 8-17　　　　图 8-18

输入 （先依次输入围成积分区域的边界）

```
y1=-1-x;
y2=1+x;
y3=-1+x;
y4=1-x;
Plot[{y1, y2, y3, y4}, {x, -1, 1}]
```

输出(见图 8-18)

观察积分区域以确定二次积分的上下限．

输入　Integrate[x^2+y^2, {x, -1, 0}, {y, y1, y2}]+Integrate[x^2+y^2, {x, 0, 1}, {y, y3, y4}]

输出 $\frac{2}{3}$

实验习题八

1. 利用计算机求下列积分：

(1) $\iint\limits_D x\sin y\mathrm{d}x\mathrm{d}y$，其中 D：$1\leqslant x\leqslant 2$，$0\leqslant y\leqslant \frac{\pi}{2}$；

(2) $\int_1^2 \mathrm{d}y\int_0^{\ln y} \mathrm{e}^x \mathrm{d}x$；

(3) $\iint\limits_D xy\cos(xy)\mathrm{d}x\mathrm{d}y$，其中 D：$0\leqslant x\leqslant \frac{\pi}{2}$，$0\leqslant y\leqslant 2$；

(4) $\iint\limits_D \cos(x+y)\mathrm{d}x\mathrm{d}y$，其中 D：$x=0$，$y=\pi$，$y=x$.

2. 试用计算机求由下列曲面所围立体的体积并自选函数画图：

(1) $z=\cos x\cos y$，$z=0$，$|x+y|\leqslant \frac{\pi}{2}$，$|x-y|\leqslant \frac{\pi}{2}$；

(2) $z=\sin\left(\frac{\pi y}{2x}\right)$，$z=0$，$y=x$，$y=0$，$x=\pi$；

(3) $z=x^2+y^2$，$y=x^2$，$y=1$，$z=0$；

(4) $z=\mathrm{e}^{-x^2-y^2}$，$z=0$，$x^2+y^2=R^2$.

3. 使用计算机求曲面 $z^2=2xy$ 被平面 $x+y=1$，$x=0$，$y=0$ 所截的在第一卦限内的部分曲面的曲面面积．

数学家的故事

阿基米德——爱祖国爱人民的“数学之神”

在意大利南端的西西里岛，有个地方叫叙拉古，那里竖立着一块墓碑．上面刻着一个圆柱，里面装了一个球，球和圆柱相切．它让人们永远想起伟大科学家阿基米德(Archimedes，前 287—前 212)关于球的一个有名定理：球的体积等于和它外切而等高的圆柱体体积的 2/3；球的表面积也等于这个圆柱体表面积的 2/3. 根据此定理，我们容易推出，若球的半径为 R，则球的体积$\frac{4}{3}\pi R^3$；而球的表面积 $A=4\pi R^2$.

叙拉古的墓碑就是阿基米德的，而建立墓碑者不是别人，竟是敬畏他的敌军统帅——罗马帝国将军马塞拉斯. 在阿基米德的晚年，爆发了第二次布匿战争，马塞拉斯率领罗马大军围攻叙拉古. 两年过去了，叙拉古城仍然屹立在罗马人面前，久攻不下，因为城里有一位聪明的阿基米德. 他运用杠杆原理制成投石器来阻止罗马人的进攻，被打得头破血流的罗马人至死也不明白那些巨大的石块怎么会飞出这么远的距离. 罗马人又改为水上进攻，可是他们船上的帆篷会莫名其妙地着起火来. 原来，是阿基米德设计了一种聚光镜，用它把太阳光线反射到帆篷上，集中热量于一点，使其燃烧. 马塞拉斯无可奈何地承认："我们是在同数学家打仗!"然而围城三年之后，叙拉古终因粮绝而陷落. 阿基米德遭敌兵杀害. 马塞拉斯出于对阿基米德的敬佩，为阿基米德建立了一座宏伟的陵墓，在墓碑上根据阿基米德的遗愿刻了这个"球内切于圆柱"的几何图形. 使后人永远缅怀这位爱祖国爱人民的伟大科学家.

阿基米德出生于叙拉古，父亲是一位天文学家. 阿基米德才智出众、兴趣广泛、擅长计算、注重实践，17 岁时就成了有名的科学家. 在治学方法上，阿基米德一反雅典时期科学家重理论轻实践的学风，在 1700 多年以后的文艺复兴时期，达·芬奇和伽利略等人都以阿基米德为自己的楷模，足见其影响之深远. 莱布尼茨曾说过：了解阿基米德的人，对后来杰出人物的成就，就不会那么钦佩了. 美国贝尔在《数学人物》一书中写道："任何一张开列有史以来三个最伟大数学家的名单，必定会包括阿基米德，另外两位通常是牛顿和高斯. 不过以其宏伟业绩和所处的时代背景来比较，或拿他们的影响当代和后世的深远来比较，还应首推阿基米德". 有人说，欧洲民族几乎经过了 2000 年才达到他的数学水平. 因此阿基米德被誉为"数学之神".

阿基米德善于把实验的经验研究方法和几何学的演绎推理方法有机地结合起来，使力学科学化，既有定性分析，又有定量计算. 如通过大量实验他发现了杠杆原理. 又通过几何演绎方法推导出许多杠杆性质，并给出严格证明. 他曾说过："给我一个支点，我能把地球撬起来". 简短的一句话，体现了一位科学家的丰富想象力，体现了科学家对力学定律的理解和迷恋，也体现了阿基米德所特有的机智. 还有一个几乎尽人皆知的故事，他洗澡时发现了浮力原理，解决了国王王冠金子掺假之谜，最后总结出"阿基米德原理"，写成名著《论浮力》.

流传至今的阿基米德著作共有十来部，多是几何著作，也有力学和计算方面的著作. 他比较早地运用了分割求和的微元法思想，这是微积分的先声. 用这种思想他给出了圆面积公式、椭圆面积公式、由抛物线所截成的弓形面积公式、球体体积与表面积公式、锥体和其他旋转体的体积公式. 尤其是他给出了重心的概念. 并在三角形的情况下，具体地给出了求重心的方法. 大家熟悉的三角形面积公式

$$S_{\triangle}=\sqrt{s(s-a)(s-b)(s-c)}$$

也是阿基米德发现的.

许多年以后，有一位意大利学者这样盛赞阿基米德："与其说他是人，不如说他是神!"

第九章 微分方程及其应用

微分方程在解决实际问题、建立数学模型中是非常常用的一种数学方法．对于微分方程的研究，往往要涉及较多的数学理论，以及比较广泛的数学背景知识．本章的讨论仅限于微分方程及其应用的初步知识，对于需要对微分方程做更深层次掌握的读者，可以参阅相关的专业书籍和文献．

本章介绍的内容有：微分方程及其相关概念；微分方程几种常用的解析解法；微分方程在各应用领域中的经典案例；微分方程的建模与应用等.

§9.1 微分方程及其相关概念

所谓微分方程，就是含有自变量、自变量的未知函数以及未知函数的导数(或微分)的方程．例如，以下各式都是微分方程：

(1)$\frac{\mathrm{d}y}{\mathrm{d}x}=x^2$；

(2)$m\frac{\mathrm{d}^2x}{\mathrm{d}t^2}+hx\frac{\mathrm{d}x}{\mathrm{d}t}+kx=f(t)$；

(3)$\frac{\mathrm{d}y}{\mathrm{d}x}+P(x)y=Q(x)$；

(4)$\frac{\mathrm{d}^2\theta}{\mathrm{d}t^2}+h\frac{\mathrm{d}\theta}{\mathrm{d}t}+\frac{g}{l}\sin\theta=0$；

(5)$F(x, y, y', \cdots, y^{(n)})=0$.

只含一个自变量的微分方程，称为常微分方程，自变量多于一个的称为偏微分方程．本章只研究常微分方程，因而以后各节提到微分方程时均指常微分方程．

微分方程中所含有的未知函数最高阶导数的阶数，称为该微分方程的阶．例如，(1)、(3)为一阶方程，(2)、(4)为二阶方程，而(5)为 n 阶方程．

微分方程中可以不含有自变量或未知函数，但不能不含有导数，否则就不成为微分方程.

微分方程与普通代数方程有着很大的差别，建立微分方程的目的是寻找未知函数本身．如果有一个函数满足微分方程，即把它代入微分方程后，使方程变成(对自变量的)恒等式，这个函数就叫作微分方程的解．例如 $y=\frac{1}{3}x^3$ 显然是(1)的解，因为$\frac{\mathrm{d}\left(\frac{1}{3}x^3\right)}{\mathrm{d}x}=x^2$.

通过以前的学习，我们知道，式(1)还具有其他一些解$\frac{1}{3}x^3+1$，$\frac{1}{3}x^3+\pi$，…，显然

$y=\frac{1}{3}x^3+C$ 也是(1)的解．

若方程解中含有独立的任意常数的个数等于微分方程的阶数，则称此解为微分方程的通解，例如，$y=\frac{1}{3}x^3+C$ 就是(1)的通解．

从通解中确定任意常数的一个值所得到的解，称为微分方程的特解．例如，$y=\frac{1}{3}x^3+\pi$ 就是(1)的一个特解．

用来确定通解中任意常数值的条件称为定解条件，当自变量取某个值时，给出未知函数及其导数的相应值的条件称为初始条件．在本章中，我们遇到的用来确定任意常数值的条件一般为初始条件．例如，如果(1)的初始条件为 $y(0)=\pi$，则在代入到通解 $y=\frac{1}{3}x^3+C$ 后，可以求得 $C=\pi$，从而得到特解 $y=\frac{1}{3}x^3+\pi$.

一般地，因为 n 阶微分方程的通解中含有 n 个独立的任意常数．需要有 n 个(一组)定解条件，所以 n 阶方程的初始条件为

$$y(x_0)=y_0,\ y'(x_0)=y_1,\ y''(x_0)=y_2,\ \cdots,\ y^{(n-1)}(x_0)=y_{n-1},$$

其中，y_0，y_1，y_2，…，y_{n-1} 为 n 个给定常数．

微分方程的解所对应的几何图形叫作微分方程的积分曲线．通解的几何图形是一族积分曲线，特解所对应的几何图形是一族积分曲线中的某一条．

例如，方程(1)的积分曲线族如图 9－1 所示．其中 $y=\frac{1}{3}x^3+\pi$ 就是满足初始条件 $y(0)=\pi$ 的特解．

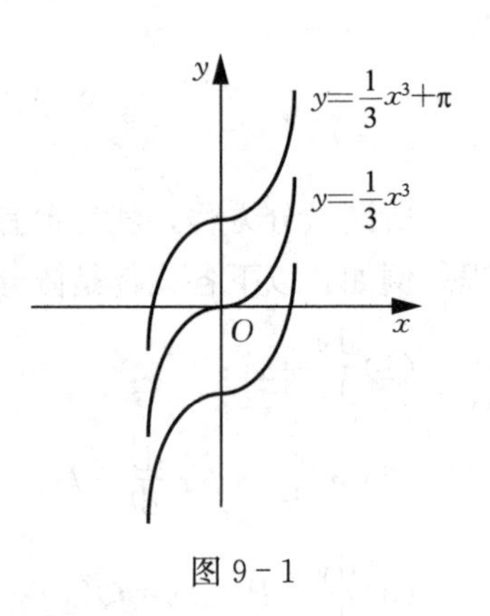

图 9－1

习 题 9.1

1. 指出下列微分方程的阶：

(1) $x(y')^2-4y+3xy=0$；(2) $x^2y'''+2y'+x^2y=0$；(3) $(x-y)\mathrm{d}x+(x+y)\mathrm{d}y=0$.

2. 判断下列各题中的函数是否为所给微分方程的解：

(1) $xy'=2y$，$y=5x^2$；

(2) $y''-\frac{2}{x}y'+\frac{2y}{x^2}=0$，$y=C_1x+C_2x^2$；

(3) $y''-(\lambda_1+\lambda_2)y'+\lambda_1\lambda_2y=0$，$y=C_1\mathrm{e}^{\lambda_1x}+C_2\mathrm{e}^{\lambda_2x}$.

§9.2 微分方程的解析解

通过上节的学习，我们了解了微分方程的基本概念，微分方程的求解可分为解析方法、几何方法和数值方法三个主要方向，本节我们将讨论微分方程的解析解．

所谓解析方法，就是从所给的微分方程着手，通过积分和变换等手段，求出微分方程解

的解析表达式的一种方法．运用解析法求解微分方程，可以根据所给方程形式的特点，运用微积分等各种手段，达到对方程求解的目的．下面我们将按照求解方程手段的不同，对微分方程的解析解法展开讨论．

一、直接积分法

1. 一阶可分离变量的微分方程

如果一阶微分方程

$$\frac{\mathrm{d}y}{\mathrm{d}x}=f(x, y)$$

的右端项 $f(x, y)$ 可以表示为 x 的函数 $g(x)$ 和 y 的函数 $h(y)$ 的乘积，即 $f(x, y)=g(x)\cdot h(y)$，则称形如

$$\frac{\mathrm{d}y}{\mathrm{d}x}=g(x)\cdot h(y) \tag{9.2.1}$$

的方程为可分离变量的微分方程，将可分离变量的微分方程改写为

$$\varphi(y)\mathrm{d}y=g(x)\mathrm{d}x, \tag{9.2.2}$$

其中，$\varphi(y)=1/h(y)$，然后对方程两边积分，得到

$$\int\varphi(y)\mathrm{d}y=\int g(x)\mathrm{d}x. \tag{9.2.3}$$

(9.2.3)确定 y 是 x 的函数．

例 1　求微分方程 $\frac{\mathrm{d}y}{\mathrm{d}x}=2xy$ 的通解．

解　该方程是可分离变量的，分离变量，得

$$\frac{\mathrm{d}y}{y}=2x\mathrm{d}x,$$

两端积分

$$\int\frac{\mathrm{d}y}{y}=\int 2x\mathrm{d}x,$$

得

$$\ln|y|=x^2+C_1,$$

从而

$$y=\pm \mathrm{e}^{x^2+C_1}=\pm \mathrm{e}^{C_1}\mathrm{e}^{x^2},$$

因 $\pm \mathrm{e}^{C_1}$ 仍是任意常数，把它记作 C，便得该方程的通解

$$y=C\mathrm{e}^{x^2}.$$

例 2　求微分方程 $\frac{\mathrm{d}y}{\mathrm{d}x}=\frac{xy^2+x}{x^2y-y}$ 满足初始条件 $y(0)=1$ 的特解．

解　分离变量，得

$$\frac{y}{1+y^2}\mathrm{d}y=\frac{x}{x^2-1}\mathrm{d}x,$$

两端积分

$$\int\frac{y}{y^2+1}\mathrm{d}y=\int\frac{x}{x^2-1}\mathrm{d}x,$$

得
$$\frac{1}{2}\ln(1+y^2)=\frac{1}{2}\ln(x^2-1)+\frac{1}{2}\ln C,$$
即
$$y^2+1=C(x^2-1).$$

由 $y(0)=1$，有 $C=-2$，所求特解为 $y^2+1=-2(x^2-1)$，这是一个隐式解．

2. 形如 $y^{(n)}=f(x)$ 的微分方程

微分方程
$$y^{(n)}=f(x) \tag{9.2.4}$$
的右端仅含有自变量 x，容易看出，只要把 $y^{(n-1)}$ 作为新的未知函数，那么(9.2.4)式就是新未知函数的一阶微分方程，两边积分，就得到一个 $n-1$ 阶的微分方程
$$y^{(n-1)}=\int f(x)\mathrm{d}x+C_1,$$
同理可得
$$y^{(n-2)}=\int\left[\int f(x)\mathrm{d}x+C_1\right]\mathrm{d}x+C_2,$$
依此法继续进行，接连积分 n 次，便得方程(9.2.4)的含有 n 个任意常数的通解．

例 3　求微分方程 $y'''=\mathrm{e}^{2x}-\cos x$ 的通解．

解　对所给方程接连积分三次，得
$$y''=\frac{1}{2}\mathrm{e}^{2x}-\sin x+C_1,$$
$$y'=\frac{1}{4}\mathrm{e}^{2x}+\cos x+C_1x+C_2,$$
$$y=\frac{1}{8}\mathrm{e}^{2x}+\sin x+\frac{1}{2}C_1x^2+C_2x+C_3,$$
其中，C_1，C_2，C_3 为任意常数．

二、变量代换法

1. 齐次方程

如果一阶微分方程
$$\frac{\mathrm{d}y}{\mathrm{d}x}=f(x,\ y)$$
中的函数 $f(x,\ y)$ 可写成 $\frac{y}{x}$ 的函数，即 $f(x,\ y)=\varphi\left(\frac{y}{x}\right)$，则称这方程为齐次方程，例如，
$$(x^2+y^2)\mathrm{d}x-xy\mathrm{d}y=0$$
是齐次微分方程，因为它可以化为
$$f(x,\ y)=\frac{x^2+y^2}{xy}=\frac{1+\left(\frac{y}{x}\right)^2}{\frac{y}{x}},$$
即
$$\frac{\mathrm{d}y}{\mathrm{d}x}=\frac{1+\left(\frac{y}{x}\right)^2}{\frac{y}{x}}.$$

在齐次方程

$$\frac{\mathrm{d}y}{\mathrm{d}x}=\varphi\left(\frac{y}{x}\right) \tag{9.2.5}$$

中，进行变量代换，令

$$u=\frac{y}{x},$$

就可化为可分离变量的微分方程．

由于 $u=\frac{y}{x}$，即 $y=ux$，于是

$$\frac{\mathrm{d}y}{\mathrm{d}x}=u+x\frac{\mathrm{d}u}{\mathrm{d}x},$$

代入到(9.2.5)式，有

$$u+x\frac{\mathrm{d}u}{\mathrm{d}x}=\varphi(u),$$

因此

$$\frac{\mathrm{d}u}{\varphi(u)-u}=\frac{\mathrm{d}x}{x},$$

两端积分，得

$$\int\frac{\mathrm{d}u}{\varphi(u)-u}=\int\frac{\mathrm{d}x}{x},$$

求出积分后，再用 $\frac{y}{x}$ 代替 u，便得所给齐次方程的通解．

例 4　解方程 $y^2+x^2\frac{\mathrm{d}y}{\mathrm{d}x}=xy\frac{\mathrm{d}y}{\mathrm{d}x}$.

解　原方程可写成

$$\frac{\mathrm{d}y}{\mathrm{d}x}=\frac{y^2}{xy-x^2}=\frac{\left(\frac{y}{x}\right)^2}{\frac{y}{x}-1},$$

因此是齐次方程，令 $\frac{y}{x}=u$，则

$$y=ux,\ \frac{\mathrm{d}y}{\mathrm{d}x}=u+x\frac{\mathrm{d}u}{\mathrm{d}x},$$

于是原方程变为

$$u+x\frac{\mathrm{d}u}{\mathrm{d}x}=\frac{u^2}{u-1},$$

即

$$x\frac{\mathrm{d}u}{\mathrm{d}x}=\frac{u}{u-1},$$

分离变量，得

$$\left(1-\frac{1}{u}\right)\mathrm{d}u=\frac{\mathrm{d}x}{x},$$

两端积分，得

$$u-\ln|u|+C=\ln|x|,$$

或写为

$$\ln|xu|=u+C$$

以$\frac{y}{x}$代入上式中的u，便得所给方程的通解为

$$\ln|y|=\frac{y}{x}+C.$$

2. 其他类型的可变量代换方程

有一些方程可以通过简单的变量代换来计算其通解，来看一个这方面的例子．

例 5 解方程$\frac{\mathrm{d}y}{\mathrm{d}x}=(x+y)^2$.

解 令$u=x+y$，则$y=u-x$，且

$$\frac{\mathrm{d}y}{\mathrm{d}x}=\frac{\mathrm{d}u}{\mathrm{d}x}-1,$$

代入原方程，有

$$\frac{\mathrm{d}u}{\mathrm{d}x}-1=u^2,$$

即

$$\frac{\mathrm{d}u}{u^2+1}=\mathrm{d}x,$$

两端积分，得

$$\int\frac{\mathrm{d}u}{u^2+1}=\int\mathrm{d}x,$$

于是

$$\arctan u=x+C,$$

即

$$\arctan(x+y)=x+C,$$

这就是原方程的隐式通解．

三、猜测法

有许多微分方程，难以通过直接积分或变量代换的方法解决，但可以通过对方程的观察，猜测其解的一般形式，然后将猜测的解代入到方程中，求得所需的参数，进而达到求解微分方程的目的．

1. 一阶线性微分方程

$$\frac{\mathrm{d}y}{\mathrm{d}x}+P(x)y=Q(x) \tag{9.2.6}$$

叫作**一阶线性微分方程**，因为它对于未知函数y及其导数是一次方程，如果$Q(x)\equiv 0$，则方程(9.2.6)称为齐次的；如果$Q(x)$不恒等于零，则方程(9.2.6)称为非齐次的．

设(9.2.6)为非齐次线性方程，为了求出非齐次线性方程(9.2.6)的解，考虑到(9.2.6)中，如果$Q(x)=0$，则方程成为可分离变量方程，而该可分离变量方程的解应与(9.2.6)的解具有一定的联系，因此我们先把$Q(x)$换成零而写出

$$\frac{\mathrm{d}y}{\mathrm{d}x}+P(x)y=0, \tag{9.2.7}$$

分离变量，得

$$\frac{\mathrm{d}y}{y}=-P(x)\mathrm{d}x,$$

积分，得

$$\ln|y| = -\int P(x)\mathrm{d}x + C_1,$$

或

$$y = C\mathrm{e}^{-\int P(x)\mathrm{d}x}\ (C = \pm\, \mathrm{e}^{C_1}).$$

称(9.2.7)式为(9.2.6)式对应的齐次方程，它的通解为 $y = C\mathrm{e}^{-\int P(x)\mathrm{d}x}$，我们根据此通解来猜测方程(9.2.6)通解的形式．

当我们将 $y = C\mathrm{e}^{-\int P(x)\mathrm{d}x}$ 代入到(9.2.6)式时，方程左侧成为零．而右侧是一个非零函数 $Q(x)$，方程不成立．我们考虑，如果将 $y = C\mathrm{e}^{-\int P(x)\mathrm{d}x}$ 稍作变化，使之代入到(9.2.6)左侧后，得到“$0+Q(x)$”的形式，即使方程左侧一方面保存了部分项为 0 的性质，另一方面，又出现一个非零项 $Q(x)$，这样方程就可以成立．猜测函数

$$y = u(x)\mathrm{e}^{-\int P(x)\mathrm{d}x}. \tag{9.2.8}$$

具有这种性质，(9.2.8)式是将 $y=C\mathrm{e}^{-\int P(x)\mathrm{d}x}$ 中的 C 猜想成为一个 x 的待定函数 $u(x)$ 而得到的，把(9.2.8)式代入到(9.2.6)式，有

$$u'(x)\mathrm{e}^{-\int P(x)\mathrm{d}x} + u(x)\mathrm{e}^{-\int P(x)\mathrm{d}x}\cdot(-P(x)) + P(x)u(x)\mathrm{e}^{-\int P(x)\mathrm{d}x} = Q(x), \tag{9.2.9}$$

即

$$u'(x)\mathrm{e}^{-\int P(x)\mathrm{d}x} = Q(x). \tag{9.2.10}$$

在(9.2.9)式中，方程左侧的第二、三项合并后为零，而第一项包含了一个待定函数 $u(x)$，这正与我们使左侧为“$0+Q(x)$”的初衷相符，下面的问题就剩下求出 $u(x)$ 了．

由(9.2.10)式，有

$$u'(x) = Q(x)\mathrm{e}^{\int P(x)\mathrm{d}x},$$

积分，得

$$u(x) = \int Q(x)\mathrm{e}^{\int P(x)\mathrm{d}x}\mathrm{d}x + C,$$

把上式代入到(9.2.8)式，便得到方程(9.2.6)的通解为

$$y = \mathrm{e}^{-\int P(x)\mathrm{d}x}\left(\int Q(x)\mathrm{e}^{\int P(x)\mathrm{d}x}\mathrm{d}x + C\right). \tag{9.2.11}$$

以上方法由于是把 C 猜测为 $u(x)$ 而得到，因此又称为常数变易法．

将(9.2.11)式改写成两项之和

$$y = C\mathrm{e}^{-\int P(x)\mathrm{d}x} + \mathrm{e}^{-\int P(x)\mathrm{d}x}\int Q(x)\mathrm{e}^{\int P(x)\mathrm{d}x}\mathrm{d}x.$$

上式右端第一项是对应的齐次线性方程(9.2.7)的通解，第二项是非齐次线性方程(9.2.6)的一个特解(在方程(9.2.6)的通解中取 $C=0$ 便得到这个特解)．由此可知，一阶非齐次线性方程的通解等于对应的齐次方程的通解与非齐次方程的一个特解之和．

一般地，线性微分方程总具有这个性质，即：非齐次线性方程的通解等于对应的齐次方程的通解与非齐次方程的一个特解之和．

例 6　求方程 $\dfrac{\mathrm{d}y}{\mathrm{d}x}-\dfrac{2y}{x+1}=(x+1)^{\frac{5}{2}}$ 的通解．

解　这是一个非齐次线性方程，先求对应的齐次方程的通解．

$$\frac{\mathrm{d}y}{\mathrm{d}x}-\frac{2}{x+1}y=0,$$

$$\frac{dy}{y}=\frac{2dx}{x+1},$$

$$\ln y=2\ln(x+1)+\ln C,$$

$$y=C(x+1)^2.$$

利用常数变易法，猜测原方程的解为

$$y=u(x)(x+1)^2,$$

即把 C 换为 $u(x)$，有

$$\frac{dy}{dx}=u'(x)(x+1)^2+2u(x)(x+1),$$

代入到所给非齐次方程，于是

$$u'(x)=(x+1)^{\frac{1}{2}},$$

两端积分，得

$$u(x)=\frac{2}{3}(x+1)^{\frac{3}{2}}+C,$$

所以所求通解为

$$y=(x+1)^2\left[\frac{2}{3}(x+1)^{\frac{3}{2}}+C\right].$$

例 7 求方程 $x^2y'+xy=1$ 的通解．

解 方程可化为

$$y'+\frac{1}{x}y=\frac{1}{x^2},$$

可直接利用公式(9.2.11)，其中，$P(x)=\frac{1}{x}$，$Q(x)=\frac{1}{x^2}$，代入(9.2.11)式中，得

$$y=e^{-\int\frac{1}{x}dx}\left(\int\frac{1}{x^2}e^{\int\frac{1}{x}dx}dx+C\right)=e^{-\ln x}\left(\int\frac{1}{x^2}e^{\ln x}dx+C\right)$$

$$=\frac{1}{x}\left(\int\frac{1}{x}dx+C\right)=\frac{1}{x}(\ln x+C).$$

注：在直接利用公式(9.2.11)时，对于 $e^{\int P(x)dx}$ 中计算不定积分 $\int P(x)dx$ 不用加任意常数 C，只需求 $P(x)$ 的一个原函数即可．

2. 二阶常系数齐次线性微分方程

二阶线性微分方程的一般形式为

$$\frac{d^2y}{dx^2}+p(x)\frac{dy}{dx}+q(x)y=f(x),$$

若其中 y 及 y' 的系数 $q(x)$、$p(x)$ 均为常数，即

$$\frac{d^2y}{dx^2}+p\frac{dy}{dx}+qy=f(x), \tag{9.2.12}$$

则称(9.2.12)为常系数线性微分方程，如果在(9.2.12)中 $f(x)\equiv 0$，则称该方程为齐次的，否则，称该方程为非齐次的，主要研究齐次方程的求解问题．

由以上定义，当(9.2.12)中 $f(x)\equiv 0$ 时，得到齐次方程

$$\frac{d^2y}{dx^2}+p\frac{dy}{dx}+qy=0. \tag{9.2.13}$$

关于方程(9.2.13)，我们不加证明地给出如下定理：

定理 9.2.1　如果 $y_1=f_1(x)$ **与** $y_2=f_2(x)$ **是方程**(9.2.13)**的两个不成比例的特解**(**即** $y_1/y_2\neq$**常数**)，**则** $y=C_1y_1+C_2y_2$(C_1，C_2 **为任意常数**)**是方程**(9.2.13)**的通解**.

在这里我们之所以要求 y_1 与 y_2 不成比例，是因为如果有 $y_1=Cy_2$，那么就可推出 $y=C_1y_1+C_2y_2=(C_1C+C_2)y_2$，即通解 $y=C_1y_1+C_2y_2$ 中的两个任意常数变成了一个.

有了以上的定理，求解二阶常系数齐次线性方程的问题变为寻求方程(9.2.13)的两个不成比例的特解.

那么，它的特解具有什么形式呢？考虑到 p、q 均为常数，我们知道，指数函数的导数与其原函数具有类似的形式，因而，猜测 $y=e^{rx}$ 为方程(9.2.13)的特解，其中 r 为待定参数，代入到方程(9.2.13)有

$$y'=re^{rx}，\ y''=r^2e^{rx}，$$

从而

$$r^2e^{rx}+pre^{rx}+qe^{rx}=0，$$

由于 $e^{rx}\neq0$，故

$$r^2+pr+q=0， \tag{9.2.14}$$

即只要有 r 使得(9.2.14)式成立，则 e^{rx} 就是(9.2.13)的特解.

由以上讨论可见，(9.2.14)式决定了方程(9.2.13)的解的情况.因而我们将(9.2.14)式称为方程(9.2.13)的**特征方程**.它是一个一元二次方程，它的根将决定着方程(9.2.13)的解的情况，下面我们将就判别式 p^2-4q 的三种不同情形进行讨论.

情形Ⅰ：$p^2-4q>0$，此时方程有两个不等实根 $r_1\neq r_2$，它们决定了方程(9.2.13)两个特解 e^{r_1x} 与 e^{r_2x}，并且 $e^{r_1x}/e^{r_2x}\neq$常数，由定理 9.2.1，此时方程(9.2.13)的通解为

$$y=C_1e^{r_1x}+C_2e^{r_2x}.$$

情形Ⅱ：$p^2-4q=0$，此时方程有两个相等的实根 $r_1=r_2$，只得到方程(9.2.13)的一个特解 $y_1=e^{r_1x}$，为了寻求另一个不成比例的特解 y_2，我们考虑到 $y_2/y_1\neq$常数.

于是，不妨设

$$y_2/y_1=u(x)，$$

即

$$y_2=y_1u(x)=u(x)e^{r_1x}， \tag{9.2.15}$$

其中 $u(x)$ 为待定函数.

将(9.2.15)式代入到方程(9.2.13)，有

$$y_2'=u'e^{r_1x}+r_1ue^{r_1x}，$$

$$y_2''=u''e^{r_1x}+2r_1u'e^{r_1x}+r_1^2ue^{r_1x}，$$

从而

$$u''e^{r_1x}+2r_1u'e^{r_1x}+r_1^2ue^{r_1x}+p(u'e^{r_1x}+r_1ue^{r_1}x)+que^{r_1x}=0，$$

即

$$u''+(2r_1+p)u'+(r_1^2+pr_1+q)u=0，$$

因为 r_1 是特征方程(9.2.14)的重根，因此有

$$r_1^2+pr_1+q=0，\ 2r_1+p=0，$$

因此，$u''=0$，故取 $u(x)=x$，即可满足条件.

这样，得到了方程(9.2.13)的另一个特解

$$y_2=xe^{r_1x}，$$

因此，方程(9.2.13)的通解为

$$y=C_1e^{r_1x}+C_2xe^{r_1x},$$

$$y=(C_1+C_2x)e^{r_1x}.$$

情形Ⅲ：$p^2-4q<0$，此时特征方程有一对共轭复根

$$r_1=\alpha+\beta i,\ r_2=\alpha-\beta i(\beta\neq 0),$$

我们得到方程(9.2.13)的两个复数解：$e^{(\alpha+\beta i)x}$和$e^{(\alpha-\beta i)x}$，此时$y_1=e^{\alpha x}\cos\beta x$，$y_2=e^{\alpha x}\sin\beta x$也是方程的根，并且$y_1/y_2\neq$常数．

综上可知，此时方程(9.2.13)的通解为

$$y=e^{\alpha x}(C_1\cos\beta x+C_2\sin\beta x).$$

例 7 解方程$y''+y'-2y=0$.

解 特征方程为

$$r^2+r-2=0,$$

解得

$$r_1=1,\ r_2=-2,$$

从而原方程的通解为

$$y=C_1e^x+C_2e^{-2x}.$$

例 8 解方程$4y''+4y'+y=0$，$y(0)=2$，$y'(0)=0$.

解 该方程的特征方程为

$$4r^2+4r+1=0,$$

解得

$$r_1=r_2=-\frac{1}{2},$$

从而原方程的通解为

$$y=(C_1+C_2x)e^{-\frac{1}{2}x}.$$

于是

$$y'=C_2e^{-\frac{1}{2}x}-\frac{1}{2}(C_1+C_2x)e^{-\frac{1}{2}x}.$$

将$y(0)=2$，$y'(0)=0$代入以上两式有

$$C_1=2,\ C_2=1,$$

从而原方程满足初始条件的特解为

$$y=(2+x)e^{-\frac{1}{2}x}.$$

例 9 解方程$y''+6y'+13y=0$.

解 该方程的特征方程为

$$r^2+6r+13=0,$$

解得

$$r_1=-3+2i,\ r_2=-3-2i,$$

因此，原方程的通解为

$$y=e^{-3x}(C_1\cos 2x+C_2\sin 2x).$$

习 题 9.2

求解下列微分方程：

(1)$y'=e^{2x-4}$，$y(0)=0$；　　(2)$y'=e^{2x-y}$，$y(0)=0$；

(3)$x^2y\mathrm{d}x=(x^3+y^3)\mathrm{d}y$；　　(4)$y'=(x+y)^2$；

(5)$y''+25y=0$，$y(0)=2$，$y'(0)=5$.

§9.3　微分方程的应用

本节主要介绍一些微分方程的经典案例，以便加深对微分方程的认识．重点介绍如何建立微分方程，因而有的问题不进行计算和求解．

一、自由落体运动模型

自由落体运动是指物体在仅受到地球引力的作用下，初速度为零的运动．根据经典力学的牛顿第二定律：物体动量变化的大小与它所受的外力成正比，其方向与外力的方向一致．当物体的运动速度 v 的绝对值不大(与光速$=3\times10^5$ km/s 相比较)时，其质量 m 可以是一恒量．于是这一运动定律能表达成

$$\frac{\mathrm{d}}{\mathrm{d}t}(mv)=F \text{ 或 } m\frac{\mathrm{d}v}{\mathrm{d}t}=F, \tag{9.3.1}$$

其中 F 表示物体所受外力的合力．

对于仅受到地球引力作用的自由落体的运动，则有

$$F=mg,\ v=\frac{\mathrm{d}s}{\mathrm{d}t},$$

这里 g 表示重力加速度，其大小一般取为：$g=9.8\mathrm{m/s^2}$；s 表示自由落体运动的路程．

注意到 s 的方向与 g 的方向一致，将 $F=mg$，$v=\frac{\mathrm{d}s}{\mathrm{d}t}$代入(9.3.1)式后得到自由落体运动路程大小的变化规律，即自由落体运动模型的微分方程为

$$\frac{\mathrm{d}^2s}{\mathrm{d}t^2}=g. \tag{9.3.2}$$

例 1　设降落伞从跳伞塔下落后，所受空气阻力与速度成正比，并设降落伞离开跳伞塔时($t=0$)速度为零，求降落伞下落速度与时间的函数关系．

解　设降落伞下落速度为 $v(t)$．降落伞在空中下落时，同时受到重力 P 与阻力 R 的作用，重力大小为 mg，方向与 v 一致；阻力大小为 kv(k 为比例系数)，方向与 v 相反，从而降落伞所受外力为

$$F=mg-kv.$$

根据牛顿第二运动定律

$$F=ma(\text{其中 } a \text{ 为加速度}),$$

得函数 $v(t)$应满足的方程为

$$m\cdot\frac{\mathrm{d}v}{\mathrm{d}t}=mg-kv.$$

按题意，初始条件为

$$v|_{t=0}=0,$$

求得方程满足初始条件的特解为

$$v(t)=\frac{mg}{k}(1-\mathrm{e}^{-\frac{k}{m}t}).$$

二、物体冷却的数学模型

一物体的温度为 T_0(℃)，将其放置在空气温度为 t_0(℃)的环境中冷却．根据冷却定律：物体温度的变化率与物体的温度和当时空气温度之差成正比．设物体的温度 T 与时间 t 的函数关系为 $T=T(t)$，则可建立函数 $T(t)$ 满足的微分方程为

$$\begin{cases}\dfrac{\mathrm{d}T}{\mathrm{d}t}=-k(T-t_0),\\ T|_{t=0}=T_0,\end{cases} \tag{9.3.3}$$

其中，$k>0$ 为比例常数．式(9.3.3)就是物体冷却的数学模型．

例 2 在一次小鼠试验中，由于药物作用小鼠的体温从生前的 37℃开始下降．假设两个小时后小鼠温度为 35℃，并且周围空气的温度保持 20℃不变．试求出小鼠温度 T 随时间 t 的变化规律．若某次对小鼠尸体温度测量的结果是 30℃，时间是下午 4 点整，那么小鼠药物作用后的死亡时间是什么时候?

解 根据物体冷却的数学模型，有

$$\begin{cases}\dfrac{\mathrm{d}T}{\mathrm{d}t}=-k(T-20),\\ T(0)=37,\end{cases}$$

其中 $k>0$ 是常数，求解得

$$T-20=C\mathrm{e}^{-kt}.$$

代入初始条件 $T(0)=37$，可求得 $C=17$，于是得该数值问题的解为

$$T=20+17\mathrm{e}^{-kt}.$$

为求常数 k，根据两小时后尸体温度为 35℃，有

$$35=20+17\mathrm{e}^{-2k},$$

求得 $k\approx0.063$，则温度函数为

$$T=20+17\mathrm{e}^{-0.063t}.$$

将 $T=30$ 代入上式求解 t，有

$$\frac{10}{17}=\mathrm{e}^{-0.063t}，即得 t\approx8.4(\mathrm{h}),$$

于是可以判定药物作用后的死亡时间是下午 4 点前的 8.4h(8h24min)，即上午 7 点 36 分．

三、指数增长模型与阻滞增长模型

1. 指数增长模型(马尔萨斯人口模型)

英国人口学家马尔萨斯(Malthus，1766—1834)根据百余年的人口统计资料，于 1798 年提出了著名的人口指数增长模型．这个模型的基本假设是：人口的相对增长率是常数，或者说，单位时间内人口的增长量与当时的人口成正比．

记时刻 t 的人口为 $x(t)$，当考察一个国家或一个很大地区的人口时，$x(t)$是很大的整数. 为了利用微积分这一数学工具，将 $x(t)$视为连续、可微函数．记初始时刻 $t=0$ 的人口为 x_0，人口相对增长率为 r，r 是单位时间内 $x(t)$的增量与 $x(t)$的比例系数．于是 $x(t)$满足如下的微分方程：

$$\begin{cases}\dfrac{dx}{dt}=rx,\\ x(0)=x_0,\end{cases} \tag{9.3.4}$$

式(9.3.4)就是指数增长模型．求得满足初始条件的特解为

$$x(t)=x_0e^{rt}.$$

表明人口将按指数规律无限增长($r>0$).

2. 阻滞增长模型(逻辑斯谛模型)

上述指数增长模型在19世纪前比较符合人口增长情况，但从19世纪之后，就与人口事实上的增长情况产生了较大的差异．

产生上述现象的主要原因是，随着人口的增加，自然资源，环境条件等因素对人口继续增长的阻滞作用越来越显著．如果当人口较少时(相对于资源而言)人口增长率还可以看作常数的话，那么当人口增加到一定数量后，增长率就会随着人口的继续增加而逐渐减少．为了使人口预报特别是长期预报更好地符合实际情况，必须修改指数增长模型关于人口增长率是常数这个基本假设．

将增长率r表示为人口$x(t)$的函数$r(x)$，按照前面的分析，$r(x)$应是x的减函数．一个最简单的假定是设$r(x)$为x的线性函数

$$r(x)=r-sx(r,\ s>0),$$

这里r相当于$x=0$时的增长率，称固有增长率．它与指数模型中的增长率r不同(虽然用了相同的符号)．显然对于任意的$x>0$，增长率$r(x)<r$，为了确定系数s的意义，引入自然资源和环境条件所能容纳的最大人口数量x_m，称最大人口容量．当$x=x_m$时增长率应为零，即$r(x_m)=0$，由此确定出s. 人口增长率函数可以表示为

$$r(x)=r\left(1-\frac{x}{x_m}\right), \tag{9.3.5}$$

其中r、x_m是根据人口统计数据或经验确定的常数．因子$\left(1-\dfrac{x}{x_m}\right)$体现了对人口增长的阻滞作用．(9.3.5)式的另一种解释是，增长率$r(x)$与人口尚未实现部分(对最大容量x_m而言)的比例$\dfrac{x_m-x}{x_m}$成正比，比例系数为固有增长率r.

在(9.3.5)式的假设下指数增长模型应修改为

$$\begin{cases}\dfrac{dx}{dt}=r\left(1-\dfrac{x}{x_m}\right)x,\\ x(0)=x_0,\end{cases} \tag{9.3.6}$$

(9.3.6)式称为**阻滞增长模型**．此模型在很多领域中有着较为广泛的应用．解得特解为

$$x(t)=\frac{x_m}{1+\left(\dfrac{x_m}{x_0}-1\right)e^{-rt}}.$$

函数图形如图9-2所示，曲线称为逻辑斯谛曲线．

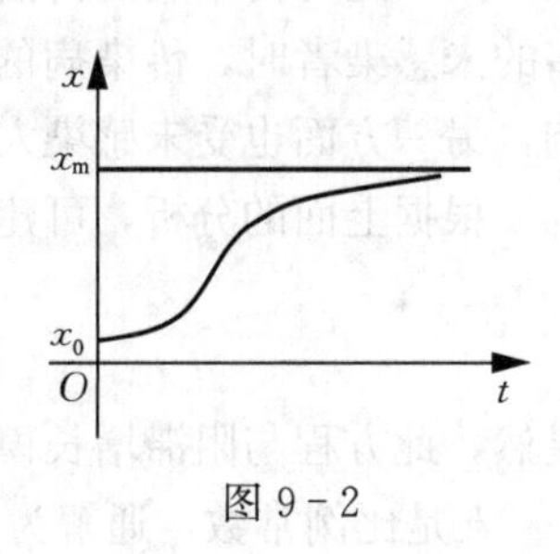

图9-2

例3　设一农场的某种昆虫从现在($t=0$)起到时间t(周)后的数量为$P(t)$. 由于自然环境的影响，昆虫数量最多不超过10万只．假设$t=0$时昆虫数量是4万，50周后昆虫的数量约为9.31万．求昆虫数量$P(t)$与时间t的关系．

在考虑自然环境的影响下，昆虫繁殖属于阻滞增长模型．根据已知有

$$\frac{dP(t)}{dt}=kP(t)[10-P(t)],$$

解得

$$P(t)=\frac{10}{1+Ce^{-10kt}},$$

根据题意，满足条件

$$\begin{cases}P(0)=4,\\P(50)=9.31,\end{cases}$$

得 $C=1.5$，$k\approx0.006$，所求昆虫数量函数为

$$P(t)=\frac{20}{2+3e^{-0.06t}}.$$

四、经典数学模型在其他领域中的应用

1. 在经济学中的应用

例 4 在商品销售预测中，时刻 t 时的销售量用 $x=x(t)$ 表示．如果商品销售的增长速度 $\frac{dx(t)}{dt}$ 正比于销售量 $x(t)$ 与销售接近饱和水平的程度 $a-x(t)$ 之乘积（a 为饱和水平），求销售量函数 $x(t)$.

解 据题意，可建立微分方程

$$\frac{dx(t)}{dt}=kx(t)(a-x(t)),$$

其中 k 为比例因子，此方程显然亦属于逻辑斯谛模型，分离变量后，可求得其通解为

$$x(t)=\frac{a}{1+Ce^{-akt}}(C\text{ 为任意常数}).$$

2. 传染病模型

例 5 一只游船上有 800 人，一名游客患了某种传染病，12h 后有 3 人发病．由于这种传染病没有早期症状，故感染者不能被及时隔离．直升机将在 60～72h 内将疫苗运到，试估算疫苗运到时患此传染病的人数．

解 设 $y(t)$ 表示发现首例病人后 t 时刻的感染人数，则 $800-y(t)$ 表示此时刻未受感染的人数．由题意知：$y(0)=1$，$y(12)=3$.

当感染人数 $y(t)$ 很小时，传染病的传播速度较慢，因为只有很少的游客能接触到感染者；当感染人数 $y(t)$ 很大时，未受感染的人数 $800-y(t)$ 很小，即只有很少的游客能被传染，所以此时传染病的传播速度也很慢．排除上述两种极端的情况，当有很多的感染者及很多的未感染者时，传染病的传播速度很快．因此传染病的发病率，一方面受感染人数的影响，另一方面也受未感染人数的制约．

根据上面的分析，可建立如下的微分方程

$$\frac{dy}{dt}=ky(800-y),$$

显然，此方程与阻滞增长模型是一致的，下面来求解这个方程．

k 是比例常数，通解为

$$y(t)=\frac{800}{1+Ce^{-800kt}},$$

初始条件
$$y(0)=1,$$
代入通解求得
$$C=799,$$
由题意知
$$y(12)=3,$$
代入通解得
$$3=\frac{800}{1+799e^{-800\times k\times 12}},$$

$$e^{-12\times 800k}=\frac{\frac{800}{3}-1}{799}=\frac{797}{799\times 3},$$

从而
$$800k=-\frac{1}{12}\ln\frac{797}{799\times 3}\approx 0.09176,$$

得
$$y(t)=\frac{800}{1+799e^{-0.09176t}}.$$

下面计算 $t=60$h 和 72h 时感染者的人数

$$y(60)=\frac{800}{1+799e^{-0.09176\times 60}}\approx 188,$$

$$y(72)=\frac{800}{1+799e^{-0.09176\times 72}}\approx 385.$$

从上面的数字可以看出，在 72h 疫苗被运到时感染者的人数将是在 60h 时感染者人数的近 2 倍．可见在传染病流行时及时采取措施是至关重要的．

习　题　9.3

1. 镭的衰变有如下规律：镭的衰变速度与它的现存量 R 成正比，由经验材料得知，镭经过 1600 年后，只余原始量 R_0 的一半，试求镭的量 R 与时间 t 的函数关系．

2. 一只装满水的圆柱形桶，底面半径为 305cm，高为 710cm，底部有一直径为 2.54cm 的小孔，水从小孔内流出的速度 v 与桶内水的高度 h 有关，且任何时刻 $v=\sqrt{2gh}$（g 为重力加速度），问桶里的水流空要多长时间？

3. 某种商品的消费量 x 随收入 I 的变化满足方程 $\frac{dx}{dI}=x+ae^{I}$（a 为常数），当 $I=0$ 时，$x=x_0$，求函数 $x=x(I)$ 的表达式．

习　题　九

1. $y^2dx+(x^2-xy)dy=0$ 的方程类型是（　）.

(A)齐次方程；　　(B)线性方程；

(C)可分离变量方程；　　(D)全微分方程．

2. 求解下列微分方程：

(1)$(1+e^x)yy'=e^x$，$y(1)=0$；

(2)$y''=x+\sin x$；

(3)$(y^2-3x^2)dy+2xydx=0$，$y(0)=1$；

(4)$\frac{dy}{dx}=\frac{1}{x-y}+1$；

(5) $y'+\dfrac{y}{x}=\sin x$；

(6) $xy'-y=\dfrac{x}{\ln x}$；

(7) $y'-y\tan x=\sec x$，$y(0)=0$；

(8) $(1-x^2)y'+xy=1$，$y(0)=1$；

(9) $4y''-20y'+25y=0$.

3. 设一个棋牌俱乐部开始活动时($t=0$)有 N_0 个成员，毫无疑问，这个俱乐部的扩大将与会员人数成比例．但真正对棋牌感兴趣的最多有 M 个人，因此，当会员人数接近 M 时，速度将减小，因为新成员比较难找到了．所以，实际上增长的速度与成员数和留下来的有兴趣者的人数的乘积成比例．给出包含会员人数 $N(t)$ 的微分方程．

4. 求一条曲线，使其上任意一点 $P(x, y)$ 处的法线与 x 轴的交点为 Q，并且线段 PQ 被 y 轴平分．

5. 根据牛顿冷却定律，物体在空气中的冷却速度与物体和空气的温度差成比例，如果空气的温度是20℃，且沸腾的水在20min内冷却到60℃，那么水温降到30℃需多少时间?

6. 受害者尸体于晚7:30被发现，法医于晚8:20赶到现场，测得尸体温度为32.6℃，1h后，当尸体被抬走时，其体温为31.4℃，室温始终是21.1℃，根据牛顿冷却定律，假定受害者死前为正常体温37℃，问受害者死亡的时间?

7. 在一个原子核反应堆中，在任意时刻，中子数的增加速度与其当时的数量成比例，如果开始时中子数为 N_0，T_1 和 T_2 时刻分别为 N_1 和 N_2，试证：$(N_2N_0)^{T_1}=\left(\dfrac{N_1}{N_0}\right)^{T_2}$.

8. 某实验田为了改善土壤，放入某种松土虫，该实验田最多能放养1000只，在时刻 t(天)松土虫数量 y 是时间 t 的函数 $y=y(t)$，其变化率与虫数 y 及 $1000-y$ 成正比，已知初期在实验田里放入100只，3天后实验田内有虫250只．求放养 t 天后实验田内松土虫 $y(t)$ 的表达式，以及6天后实验田里的虫数．

9. 假设某野生动物园林对某种动物的环境容量为 L，且该野生动物数量 N 的增长率 $\dfrac{dN}{dt}$ 与生长余量成正比．今将100只此种野生动物释放到可容纳750只这种动物的园林中，2年后发现该种野生动物增加到160只．试求该野生动物数量与时间的函数关系．

10. 一场降雪开始于午前的某个时刻，并持续到下午，雪量稳定．某人从正午开始清扫某条街的人行道，他的清扫速度和清扫面的宽度均不变，到下午2点他扫了两个街区，到下午4点他又扫了一个街区，他没有回头清扫已扫过路面上新下的雪，问雪是什么是时候开始下的?

演示与实验九

本章演示与实验主要研究如何运用Mathematica求解常微分方程的解析解，即微分方程的符号解法．

在Mathematica软件中，求解微分方程解析解的一般格式为

DSolve[方程，函数，变量]

需要注意的有以下几点：

(1)方程中函数及其导数应标明自变量，即写成 y[x]，y′[x]，y″[x]等形式，而不能写成 y，y'，y''等形式，否则，系统将认为 y，y'，y''等相对于 x 是常量，从而得出错误的运算结果．

(2)方程中函数的一阶导数应表达为 y′[x]，而不能写为$\frac{dy}{dx}$.

(3)方程中或初始条件中的“=”在命令中应表达为“==”的形式．

(4)Mathematica 软件求解微分方程解析解的能力并不是很强，大部分微分方程，运用此软件解决不了．因此，运用 Mathematica 软件求解微分方程解析解这一部分内容主要是作为知识的介绍和补充．

例 1　求解微分方程 $y'+y=1$.

解　键入　DSolve[y′[x]+y[x]==1，y[x]，x]

输出　{{$y[x]->1+e^{-x}C[1]$}}

在以上的结果中，$C[1]$表达任意常数，此方程为一阶微分方程，故仅有一个任意常数，若为高阶方程，则会出现 $C[2]$，$C[3]$等其他任意常数．

例 2　求解微分方程 $y''-y=1$.

解　输入　DSolve[y″[x]−y[x]==1，y[x]，x]

输出　{{$y[x]->-1+e^{-x}C[1]+e^{x}C[2]$}}

例 3　求解初值问题：$y'=2y+1$，$y(0)=0$.

解　输入　DSolve[{y′[x]==2 * y[x]+1，y[0]==0}，y[x]，x]

输出　{{$y[x]->\frac{1}{2}(-1+e^{2x})$}}

可以看到，求解初值问题时，要在方程后面将初始条件输入，并将方程与初始条件用一个大括号括起来，其他位置与求解一般的微分方程完全一致．

实验习题九

1. 求解下列微分方程：

(1)$y'=2y$；　　(2)$\frac{dy}{dx}=\frac{y}{y-x}$；

(3)$x\frac{dy}{dx}=y(\ln y-\ln x)$；　　(4)$y'=\frac{y}{x}+\tan x$.

2. 求解下列初值问题，并计算函数值：

(1)$(y+3)dx+\cot x dy=0$，$y(0)=1$，求 $y(6)$的值；

(2)$y'-y=\cos x$，$y(0)=0$，求 $y(2)$的值．

数学家的故事

欧　　拉

欧拉(Euler，1707—1783)，瑞士数学家及自然科学家．在 1707 年 4 月 15 日出生于瑞士的巴塞尔，1783年9月18日于俄国的圣彼得堡去世．欧拉出生于牧师家庭，自幼受到父亲的教育．13岁时入读巴塞尔大学，15岁大学毕业，16岁获得硕士学位．

欧拉的父亲希望他学习神学，但他最感兴趣的是数学．在上大学时，他已受到伯努利的特别指导，专心研究数学，至18岁，他彻底地放弃当牧师的想法而专攻数学，于19岁时(1726年)开始创作文章，并获得巴黎科学院奖金．1727年，在丹尼尔·伯努利的推荐下，到俄国的圣彼得堡科学院从事研究工作．并在1731年接替丹尼尔·伯努利，成为物理学教授．

在俄国的14年中，他努力不懈地投入研究，在分析学、数论及力学方面均有出色的表现．此外，欧拉还应俄国政府的要求，解决了不少如地图学、造船业等的实际问题. 1735年，他因工作过度以致右眼失明．在1741年，他受到普鲁士腓特烈大帝的邀请到德国科学院担任物理数学所所长一职．他在柏林期间，大大地扩展了研究的内容，如行星运动、刚体运动、热力学、弹道学、人口学等，这些工作与他的数学研究互相推动着．与此同时，他在微分方程、曲面微分几何及其他数学领域均有开创性的发现．

1766年，他应俄国沙皇喀德林二世敦聘重回圣彼得堡．在1771年，一场重病使他的左眼亦完全失明．但他以其惊人的记忆力和心算技巧继续从事科学创作．他通过与助手们的讨论以及直接口授等方式完成了大量的科学著作，直至生命的最后一刻．

欧拉是18世纪数学界最杰出的人物之一，他不但为数学界作出贡献，更把数学推至几乎整个物理的领域．此外，他是数学史上最多产的数学家，写了大量的力学、分析学、几何学、变分法的课本，《无穷小分析引论》(1748)、《微分学原理》(1755)，以及《积分学原理》(1768—1770)都成为数学中的经典著作．

欧拉最大的功绩是扩展了微积分的领域，为微分几何及分析学的一些重要分支(如无穷级数、微分方程等)的产生与发展奠定了基础．

欧拉把无穷级数由一般的运算工具转变为一个重要的研究科目．他计算出ξ函数在偶数点的值．他证明了$a2k$是有理数，而且可以用伯努利数来表示．此外，他对调和级数亦有所研究，并相当精确地计算出欧拉常数γ的值，其值近似为0.57721566490153286060651209….

在18世纪中叶，欧拉和其他数学家在解决物理方面问题的过程中，创立了微分方程学．当时，在常微分方程方面，他完整地解决了n阶常系数线性齐次方程的问题，对于非齐次方程，他提出了一种降低方程阶的解法；而在偏微分方程方面，欧拉将二维物体振动的问题，归结出了一、二、三维波动方程的解法．欧拉所写的《方程的积分法研究》更是偏微分方程在纯数学研究中的第一篇论文．

在微分几何方面(微分几何是研究曲线、曲面逐点变化性质的数学分支)，欧拉引入了空间曲线的参数方程，给出了空间曲线曲率半径的解析表达方式．在1766年，他出版了《关于曲面上曲线的研究》，这是欧拉对微分几何最重要的贡献，更是微分几何发展史上的一个里程碑．他将曲面表示为$z=f(x, y)$，并引入一系列标准符号以表示z对x，y的偏导数，这些符号至今仍通用．此外，在该著作中，他亦得到了曲面在任意截面上截线的曲率公式．

欧拉在分析学上的贡献不胜枚举，如他引入了G函数和B函数，这证明了椭圆积分的加法定理，以及最早引入二重积分等．

在代数学方面，他发现了每个实系数多项式必可分解为一次或二次因子之积．欧拉还给出了费马小定理的三个证明，并引入了数论中重要的欧拉函数$\varphi(n)$，他研究数论的一系列成果奠定了数论成为数学中的一个独立分支的基础．欧拉又用解析方法讨论数论问题，发现了ξ函数所满足的函数方程，并引入欧拉乘积．而且还解决了著名的柯尼斯堡七桥问题．

欧拉对数学的研究如此广泛，因此在许多数学的分支中也可经常见到以他的名字命名的重要常数、公式和定理．

第十章　无穷级数

本章我们研究无穷级数的概念及性质、级数敛散性的判别、幂级数及其应用等内容．无穷级数在理论和实际应用方面都有着重要的意义，它是进行数值计算的重要工具，其主要应用是在计算函数值、造函数值表、积分计算和微分方程求解等．由于在无穷级数中包含许多非初等函数，因而它在工程技术中也有着较广泛的应用．

§10.1　无穷级数及其性质

我们把无穷数列$\{u_n\}$：u_1，u_2，…，u_n，…的项依次用加号连接起来所得到的式子

$$u_1+u_2+\cdots+u_n+\cdots$$

称为**无穷级数**(简称为**级数**)，记为$\sum_{n=1}^{+\infty}u_n$，即

$$\sum_{n=1}^{+\infty}u_n=u_1+u_2+\cdots+u_n+\cdots,$$

其中u_n称为级数的**通项**．

各项都是常数的级数，叫作**常数项级数**，例如，

$$\frac{1}{2}+\frac{1}{4}+\frac{1}{8}+\cdots+\frac{1}{2^n}+\cdots,$$

$$1+\frac{1}{2}+\frac{1}{3}+\frac{1}{4}+\cdots+\frac{1}{n}+\cdots,$$

$$1-1+1-1+\cdots+(-1)^{n-1}+\cdots.$$

各项都是函数的级数，叫作**函数项级数**，例如，

$$1+x+x^2+\cdots+x^n+\cdots,$$

$$\sin x+\sin 2x+\sin 3x+\cdots+\sin nx+\cdots,$$

$$e^x+e^{3x}+e^{5x}+\cdots+e^{(2n-1)x}+\cdots.$$

无穷级数的意义是什么呢？我们知道，如果对无穷级数按通常的加法运算加下去，那么，结果有各种可能，比如说，越来越大，趋向于无穷，或者有一个上界，从而趋向于某个固定的极限等．具体讨论这个问题，我们采用如下方式：

称无穷级数的前n项和

$$S_n=u_1+u_2+\cdots+u_n,$$

为级数的部分和，这样，级数将对应一个部分和序列

$$S_1,\ S_2,\ \cdots,\ S_n,\ \cdots.$$

若级数的部分和序列有极限，即

$$\lim_{n\to+\infty}S_n=S,$$

就称**级数收敛**，并称极限 S 为该级数的**和**，记为

$$S=\sum_{n=1}^{+\infty}u_n=u_1+u_2+\cdots+u_n+\cdots,$$

否则，称该**级数发散**.

一个级数收敛还是发散是考察该级数的重要问题，它与部分和数列是否收敛是等价的.

例 1　判断级数 $\sum_{n=1}^{+\infty}n=1+2+3+\cdots+n+\cdots$ 的敛散性.

解　部分和数列

$$S_n=1+2+3+\cdots n=\frac{n(n+1)}{2},$$

并且

$$\lim_{n\to\infty}S_n=\lim_{n\to\infty}\frac{n(n+1)}{2}=\infty,$$

因而，原级数发散.

例 2　判断级数

$$\sum_{n=1}^{+\infty}\frac{1}{n(n+1)}=\frac{1}{1\cdot 2}+\frac{1}{2\cdot 3}+\cdots+\frac{1}{n(n+1)}+\cdots$$

的敛散性.

解　由于$\frac{1}{n(n+1)}=\frac{1}{n}-\frac{1}{n+1}$，所以，部分和数列

$$\begin{aligned}S_n&=\frac{1}{1\cdot 2}+\frac{1}{2\cdot 3}+\cdots+\frac{1}{n(n+1)}\\&=\left(1-\frac{1}{2}\right)+\left(\frac{1}{2}-\frac{1}{3}\right)+\cdots+\left(\frac{1}{n}-\frac{1}{n+1}\right)=1-\frac{1}{n+1},\end{aligned}$$

因此

$$\lim_{n\to+\infty}S_n=\lim_{n\to+\infty}\left(1-\frac{1}{n+1}\right)=1,$$

即该级数收敛，其和为 1.

例 3　试证等比级数(几何级数)

$$\sum_{n=1}^{+\infty}ar^{n-1}=a+ar+ar^2+\cdots+ar^{n-1}+\cdots(a\neq 0)$$

当$|r|<1$ 时收敛；当$|r|\geqslant 1$ 时发散.

证明　当公比 $r\neq 1$ 时，部分和

$$S_n=a+ar+ar^2+\cdots+ar^{n-1}=\frac{a-ar^n}{1-r}=\frac{a(1-r^n)}{1-r},$$

所以，若$|r|<1$，由于 $\lim_{n\to+\infty}(1-r^n)=1$，

$$\lim_{n\to+\infty}S_n=\lim_{n\to+\infty}\frac{a(1-r^n)}{1-r}=\frac{a}{1-r},$$

即当公比$|r|<1$ 时，等比级数收敛，其和为$\frac{a}{1-r}$.

若$|r|>1$，由于 $\lim_{n\to+\infty}(1-r^n)=\infty$，所以 S_n 发散，此时等比级数发散.

若公比 $r=1$ 时，$S_n=na$，显然发散.

若公比 $r=-1$ 时，S_n 的值与项数有关：

$$S_n=\begin{cases}a, & 当 n 为奇数时,\\ 0, & 当 n 为偶数时,\end{cases}$$

可见在 $n\to+\infty$时，S_n 也无极限，所以当$|r|=1$时，等比级数也发散.

例 4 讨论调和级数

$$\sum_{n=1}^{+\infty}\frac{1}{n}=1+\frac{1}{2}+\frac{1}{3}+\cdots+\frac{1}{n}+\cdots$$

的敛散性.

解 因为 $x>\ln(1+x)(x>0)$，所以

$$\begin{aligned}S_n&>\ln(1+1)+\ln\left(1+\frac{1}{2}\right)+\cdots+\ln\left(1+\frac{1}{n}\right)\\&=\ln2+\ln3-\ln2+\cdots+\ln(n+1)-\ln n\\&=\ln(n+1),\end{aligned}$$

由于$\lim\limits_{n\to\infty}\ln(n+1)=\infty$，从而 S_n 发散，即调和级数是发散的.

下面我们来看几条无穷级数的基本性质，这些性质均可通过无穷级数及其收敛的定义来证明，这里我们就不证了.

性质 1 在一个级数中，任意去掉、增加或改变有限项后，级数的敛散性不变，但对于收敛级数，其和将受到影响.

性质 2 若级数 $\sum\limits_{n=1}^{+\infty}u_n$ 和 $\sum\limits_{n=1}^{+\infty}v_n$ 均收敛，则级数 $\sum\limits_{n=1}^{+\infty}(u_n\pm v_n)$ 也收敛，且

$$\sum_{n=1}^{+\infty}(u_n\pm v_n)=\sum_{n=1}^{+\infty}u_n\pm\sum_{n=1}^{+\infty}v_n.$$

性质 3 若 $k\neq0$，则级数 $\sum\limits_{n=1}^{+\infty}ku_n$ 和 $\sum\limits_{n=1}^{+\infty}u_n$ 的敛散性相同，且如果二者均收敛，则有

$$\sum_{n=1}^{+\infty}ku_n=k\sum_{n=1}^{+\infty}u_n.$$

性质 4 在收敛级数内可以任意加(有限个或无限个)括号，即若级数 $\sum\limits_{n=1}^{+\infty}u_n$ 收敛，则任意加括号所得到的级数也收敛，且其和与原级数和相等.

性质 5(级数收敛的必要条件) 若级数 $\sum\limits_{n=1}^{+\infty}u_n$ 收敛，则必有

$$\lim_{n\to+\infty}u_n=0,$$

即收敛级数的一般项必趋于零(是无穷小).

根据以上有关无穷级数的性质，我们可以判断一些级数的敛散性.

例 5 讨论级数 $\sum\limits_{n=1}^{+\infty}\frac{2^n}{\ln(n+1)}$ 的敛散性.

解 由于 $\lim\limits_{n\to+\infty}\frac{2^n}{\ln(n+1)}=\infty$，根据性质 5，收敛的级数通项必趋于 0，所以该级数发散.

一般来讲，通项趋于 0 仅仅是级数收敛的必要条件，而不是充分条件，例如调和级数 $\sum\limits_{n=1}^{+\infty}\frac{1}{n}$ 的通项$\frac{1}{n}$显然趋于 0，但调和级数发散.

习　题　10.1

写出下列级数的一般项 u_n：

(1)$1-\frac{1}{3}+\frac{1}{5}-\frac{1}{7}+\cdots$；

(2)$\frac{1}{1+\sqrt{2}}+\frac{1}{\sqrt{2}+\sqrt{3}}+\frac{1}{\sqrt{3}+\sqrt{4}}+\frac{1}{\sqrt{4}+\sqrt{5}}+\cdots$；

(3)$\frac{\sqrt{3}}{2}+\frac{3}{2\cdot 4}+\frac{3\sqrt{3}}{2\cdot 4\cdot 6}+\frac{3^2}{2\cdot 4\cdot 6\cdot 8}+\cdots$.

§10.2　常数项级数的敛散性

常数项级数的形式多种多样，因而其敛散性的研究也具有一定的复杂性，限于本课程的需要，只研究两种简单的常数项级数的敛散性问题，即正项级数与交错级数的敛散性．由于利用无穷级数的定义和性质来判断级数是否收敛，尽管很基本，但通常有较大的难度，存在一定的局限性．因而我们更希望找到一些简易可行的判断级数敛散性的方法，下面着重解决这类问题．

一、正项级数敛散性的判别

若级数 $\sum_{n=1}^{+\infty}u_n$ 的各项均不小于 0，则称此级数为**正项级数**．关于正项级数的敛散性，有如下定理：

定理 10.2.1　正项级数收敛的充要条件是其部分和数列有上界．

例 1　判定级数 $\sum_{n=1}^{+\infty}\frac{1}{2^n+1}$ 的敛散性．

解　由于$\frac{1}{2^n+1}<\frac{1}{2^n}$，故级数的部分和

$$S_n=\frac{1}{2+1}+\frac{1}{2^2+1}+\cdots+\frac{1}{2^n+1}<\frac{1}{2}+\frac{1}{2^2}+\cdots+\frac{1}{2^n}=1-\frac{1}{2^n}<1,$$

从而该级数收敛．

这个例子提示，判断一个正项级数的敛散性，可以采用如下方法：如果该级数的每一项均不大于某收敛正项级数的对应项，那么这个级数也收敛；类似地，如果该级数的每一项均不小于某发散正项级数的对应项，那么这个级数也发散．对于这个结论，有如下定理：

定理 10.2.2(比较判别法)　设 $\sum_{n=1}^{+\infty}u_n$，$\sum_{n=1}^{+\infty}v_n$ 为两个正项级数，且满足不等式

$$u_n\leqslant v_n(n=1,\ 2,\ \cdots),$$

则当级数 $\sum_{n=1}^{+\infty}v_n$ 收敛时，级数 $\sum_{n=1}^{+\infty}u_n$ 也收敛；当级数 $\sum_{n=1}^{+\infty}u_n$ 发散时，级数 $\sum_{n=1}^{+\infty}v_n$ 也发散．

推论　若对两个正项级数 $\sum_{n=1}^{+\infty}u_n$ 和 $\sum_{n=1}^{+\infty}v_n$，存在常数 $C>0$ 和正整数 N，当 $n\geqslant N$ 时使得

$$u_n \leqslant Cv_n,$$

则当级数 $\sum_{n=1}^{+\infty} v_n$ 收敛时，$\sum_{n=1}^{+\infty} u_n$ 也收敛；当级数 $\sum_{n=1}^{+\infty} u_n$ 发散时，$\sum_{n=1}^{+\infty} v_n$ 也发散．

例 2 试证 p-级数

$$\sum_{n=1}^{+\infty} \frac{1}{n^p} = 1 + \frac{1}{2^p} + \frac{1}{3^p} + \cdots + \frac{1}{n^p} + \cdots$$

当 $p \leqslant 1$ 时发散；当 $p > 1$ 时收敛．

证明 当 $p \leqslant 1$ 时，有

$$\frac{1}{n^p} \geqslant \frac{1}{n} (n=1, 2, \cdots),$$

而调和级数 $\sum_{n=1}^{+\infty} \frac{1}{n}$ 发散，故由比较判别法知：$p \leqslant 1$ 时，p-级数 $\sum_{n=1}^{+\infty} \frac{1}{n^p}$ 发散．

当 $p > 1$ 时，将 p-级数加括号如下：

$$1 + \left(\frac{1}{2^p} + \frac{1}{3^p}\right) + \left(\frac{1}{4^p} + \frac{1}{5^p} + \frac{1}{6^p} + \frac{1}{7^p}\right) + \left(\frac{1}{8^p} + \cdots + \frac{1}{15^p}\right) + \cdots,$$

它的各项均不大于正项级数

$$1 + \left(\frac{1}{2^p} + \frac{1}{2^p}\right) + \left(\frac{1}{4^p} + \frac{1}{4^p} + \frac{1}{4^p} + \frac{1}{4^p}\right) + \left(\frac{1}{8^p} + \cdots + \frac{1}{8^p}\right) + \cdots,$$

即

$$1 + \frac{1}{2^{p-1}} + \frac{1}{4^{p-1}} + \frac{1}{8^{p-1}} + \cdots$$

的对应项，这最后的级数是收敛的等比级数，公比 $r = \frac{1}{2^{p-1}} < 1$，故由比较判别法知 $p > 1$ 时，p-级数 $\sum_{n=1}^{\infty} \frac{1}{n^p}$ 收敛．

使用正项级数的比较判别法时，需要知道一些级数的敛散性，作为比较的标准，等比级数 $\sum_{n=1}^{+\infty} ar^n$ 和 p-级数 $\sum_{n=1}^{+\infty} \frac{1}{n^p}$，常常被当作标准．

例 3 讨论正项级数 $\sum_{n=1}^{+\infty} 2^n \sin \frac{\pi}{3^n}$ 的敛散性．

解 因为

$$0 < u_n = 2^n \sin \frac{\pi}{3^n} < 2^n \frac{\pi}{3^n} = \pi \left(\frac{2}{3}\right)^n,$$

而等比级数 $\sum_{n=1}^{+\infty} \pi \left(\frac{2}{3}\right)^n$ 收敛，故由比较判别法知级数

$$\sum_{n=1}^{+\infty} 2^n \sin \frac{\pi}{3^n}$$

收敛．

比较判别法在实际运用中需要找一个已知敛散性的级数与给定的级数相对比，但把一个级数缩放到合适的程度，这一点通常很难做到．因而在实际应用中，这种方法用得较少．用得较多的是比值判别法与根值判别法，它们的优点是不需要其他级数，而仅仅由所判断级数的本身来断定其敛散性．

定理 10.2.3(**比值判别法或达朗贝尔判别法**)　**对正项级数** $\sum_{n=1}^{+\infty} u_n$，**若**

$$\lim_{n\to+\infty}\frac{u_{n+1}}{u_n}=\rho,$$

则当 $\rho<1$ 时，级数收敛；当 $\rho>1$(或 $\rho=+\infty$)时，级数发散；当 $\rho=1$ 时，比值法无法判断，要用其他方法判定.

例 4　判定 $\sum_{n=1}^{+\infty}\frac{n}{2^n}\cos^2\frac{n\pi}{3}$ 的敛散性.

解　因为 $0\leqslant\cos^2\frac{n\pi}{3}\leqslant 1$，所以

$$0\leqslant\frac{n}{2^n}\cos^2\frac{n\pi}{3}\leqslant\frac{n}{2^n}(n=1,\ 2,\ \cdots),$$

又因为
$$\lim_{n\to+\infty}\left(\frac{n+1}{2^{n+1}}\Big/\frac{n}{2^n}\right)=\lim_{n\to+\infty}\frac{n+1}{2n}=\frac{1}{2}<1,$$

所以，级数 $\sum_{n=1}^{+\infty}\frac{n}{2^n}$ 收敛，再由比较判别法知，所讨论级数也收敛.

定理 10.2.4(**根值判别法或柯西判别法**)　**对正项级数** $\sum_{n=1}^{+\infty} u_n$，**若**

$$\lim_{n\to+\infty}\sqrt[n]{u_n}=\rho,$$

则当 $\rho<1$ 时，级数收敛；当 $\rho>1$(或 $\rho=+\infty$)时，级数发散；当 $\rho=1$ 时，根值法失灵，无法判断.

例 5　讨论级数 $\sum_{n=1}^{+\infty}\left(\frac{n}{2n+1}\right)^{an}$ 的敛散性.

解　因为

$$\lim_{n\to+\infty}\sqrt[n]{u_n}=\lim_{n\to+\infty}\sqrt[n]{\left(\frac{n}{2n+1}\right)^{an}}=\lim_{n\to+\infty}\left(\frac{n}{2n+1}\right)^a=\left(\frac{1}{2}\right)^a,$$

所以，当 $a>0$ 时，$\left(\frac{1}{2}\right)^a<1$，级数收敛；当 $a<0$ 时，$\left(\frac{1}{2}\right)^a>1$，级数发散；当 $a=0$ 时，根值法失灵，但此时级数为 $\sum_{n=1}^{+\infty}1$，是发散的.

例 6　证明级数 $\sum_{n=1}^{+\infty}\frac{1}{3^n}[\sqrt{2}+(-1)^n]^n$ 收敛.

证明　由于

$$\sqrt[n]{u_n}=\frac{1}{3}[\sqrt{2}+(-1)^n]\leqslant\frac{1}{3}(1+\sqrt{2})<1,$$

因而该级数收敛.

二、交错级数的敛散性

既有正项，又有负项的级数，叫作**任意项级数**，将其各项取绝对值，得到的将是一个正项级数

$$\sum_{n=1}^{+\infty}|u_n|=|u_1|+|u_2|+\cdots+|u_n|+\cdots.$$

如果此正项级数收敛，则称原任意项级数**绝对收敛**. 如果此正项级数发散，而原任意项级数收敛，则称原级数**条件收敛**. 需要注意的是，级数绝对收敛是级数收敛的充分条件，而不是必要条件.

正项与负项依次排列的级数，叫作**交错级数**，设 $u_n>0$，$n=1，2，\cdots$，则交错级数形如

$$\sum_{n=1}^{+\infty}(-1)^{n-1}u_n=u_1-u_2+u_3-\cdots+(-1)^{n-1}u_n+\cdots$$

或

$$\sum_{n=1}^{+\infty}(-1)^{n}u_n=-u_1+u_2-u_3+\cdots+(-1)^{n}u_n+\cdots.$$

定理 10.2.5(莱布尼茨判别法) 若交错级数满足条件：

(1) $\lim\limits_{n\to+\infty}u_n=0$；

(2) $u_n\geqslant u_{n+1}$，$n=1，2，\cdots$，

则交错级数收敛，且其和 $S\leqslant u_1$.

例 7 判定级数 $\sum\limits_{n=1}^{+\infty}(-1)^{n-1}\dfrac{1}{n}$ 的敛散性，若收敛，指明是条件收敛，还是绝对收敛.

解 因为调和级数

$$\sum_{n=1}^{+\infty}\frac{1}{n}$$

发散，所以原级数不绝对收敛，又因为

$$\lim_{n\to+\infty}u_n=\lim_{n\to+\infty}\frac{1}{n}=0，u_n=\frac{1}{n}>\frac{1}{n+1}=u_{n+1}(n=1，2，\cdots)，$$

所以由莱布尼茨判别法知原级数收敛，因此，原级数是条件收敛的.

习　题　10.2

1. 判断下列级数的敛散性：

(1) $\sum\limits_{n=1}^{+\infty}\sin\dfrac{n\pi}{2}$；　　(2) $\sum\limits_{n=1}^{+\infty}\dfrac{2n-1}{2^n}$；

(3) $\dfrac{1}{4}+\dfrac{1}{5}+\dfrac{1}{6}+\dfrac{1}{7}+\cdots$；　　(4) $\sum\limits_{n=1}^{+\infty}\dfrac{2^n+3^n}{6^n}$；

(5) $\sum\limits_{n=0}^{+\infty}\dfrac{n!}{n^n}$.

2. 判定下列级数的敛散性，如果收敛，是条件收敛，还是绝对收敛?

(1) $1-\dfrac{1}{\sqrt{2}}+\dfrac{1}{\sqrt{3}}-\dfrac{1}{\sqrt{4}}+\cdots+(-1)^{n-1}\dfrac{1}{\sqrt{n}}+\cdots$；

(2) $\sum\limits_{n=1}^{+\infty}(-1)^{n-1}\dfrac{n}{2^n}$.

§10.3　幂级数及其运算

一、收敛域的概念

设函数列 $u_n(x)(n=1，2，\cdots)$ 在某集合 X 上有定义，如果对于级数

$$\sum_{n=1}^{+\infty} u_n(x) = u_1(x) + u_2(x) + \cdots + u_n(x) + \cdots,$$

当点 $x_0 \in X$ 时所形成的常数项级数

$$\sum_{n=1}^{+\infty} u_n(x_0) = u_1(x_0) + u_2(x_0) + \cdots + u_n(x_0) + \cdots$$

收敛，那么称 x_0 为该函数项级数的**收敛点**，否则称为该级数的**发散点**，所有收敛点构成的集合，称为函数项级数的**收敛域**，发散点构成的集合称为**发散域**．

设 J 是函数项级数的收敛域，对于任何的 $x \in J$，该级数都有一个收敛和，显然，这个和是 J 上的函数，记为 $S(x)$，称为函数项级数的**和函数**．

例如，等比级数

$$\sum_{n=0}^{+\infty} x^n = 1 + x + x^2 + \cdots + x^n + \cdots,$$

它的收敛域为 $|x|<1$，发散域为 $|x|\geqslant 1$，在收敛域内的和函数是 $\frac{1}{1-x}$，即有

$$\sum_{n=0}^{+\infty} x^n = \frac{1}{1-x}，x \in (-1, 1).$$

设 $S_n(x)$ 是函数项级数的前 n 项和(部分和)，则当 $x \in J$ 时，有

$$\lim_{n \to +\infty} S_n(x) = S(x).$$

例 1　求函数项级数 $\sum_{n=1}^{+\infty} (-1)^{n-1} \frac{x^{3n}}{n}$ 的收敛域．

解　由于

$$\lim_{n \to +\infty} \left| \frac{u_{n+1}}{u_n} \right| = \lim_{n \to +\infty} \frac{\frac{|x|^{3n+3}}{n+1}}{\frac{|x|^{3n}}{n}} = \lim_{n \to +\infty} \frac{n}{n+1} |x|^3 = |x|^3,$$

由正项级数的比值判别法知，当 $|x|<1$ 时，所求级数绝对收敛，当 $|x|>1$ 时，所求级数发散．

当 $x=1$ 时，级数为 $\sum_{n=1}^{+\infty} (-1)^{n-1} \frac{1}{n}$ 是条件收敛的；当 $x=-1$ 时，级数为 $\sum_{n=1}^{+\infty} \frac{-1}{n}$ 是发散的．

综上所述，所讨论的级数的收敛域为区间 $(-1, 1]$．

正如本例采用的方法，把函数项级数中的变量 x 视为参数，通过常数项级数的敛散性判别法，来判定函数项级数对哪些 x 值收敛，哪些 x 值发散，是确定函数项级数收敛域的基本方法．

由于在收敛区间的端点处比值审敛法所求极限为 1，达朗贝尔法失效，因而在讨论函数项级数的收敛域和收敛区间时，端点的情况比较难以判断，在本书以后的讨论中，若不作出特别说明，将不讨论端点的情况，而把函数项级数的收敛区间一致地理解为相应的开区间．

二、幂级数的概念及敛散性

形如

$$\sum_{n=0}^{+\infty} a_n x^n = a_0 + a_1 x + a_2 x^2 + \cdots + a_n x^n + \cdots$$

的函数项级数，叫作 x 的**幂级数**，其中常数 $a_n(n=1, 2, \cdots)$叫作**幂级数的系数**，更一般地，形如

$$\sum_{n=0}^{+\infty} a_n (x-x_0)^n = a_0 + a_1(x-x_0) + a_2(x-x_0)^2 + \cdots + a_n(x-x_0)^n + \cdots$$

的函数项级数，叫作$(x-x_0)$的幂级数，其中 x_0 为固定值.

显然，通过变换 $t=x-x_0$，就可把$(x-x_0)$的幂级数化为 x 的幂级数，所以下面将着重讨论 x 的幂级数，幂级数的部分和显然为多项式.

定理 10.3.1（阿贝尔引理）　如果幂级数在点 $x=x_0$ $(x_0\neq 0)$处收敛，则对开区间$(-|x_0|, |x_0|)$内的任一点 x，幂级数都绝对收敛，如果幂级数在点 $x=x_0$ 处发散，则当 $x>|x_0|$或 $x<-|x_0|$时，幂级数均发散.

因为幂级数的项都在$(-\infty, +\infty)$上有定义，所以对每个实数 x，幂级数或者收敛，或者发散，然而任何一个幂级数在原点 $x=0$ 处都收敛，所以由阿贝尔引理可直接得到如下推论：

推论　幂级数的敛散性有三种类型：

(1)存在常数 $R>0$，当$|x|<R$ 时，幂级数绝对收敛，当$|x|>R$ 时，幂级数发散；

(2)除 $x=0$ 外，幂级数处处发散，此时记 $R=0$；

(3)对任何 x，幂级数都绝对收敛，此时记 $R=+\infty$.

称 R 为幂级数的收敛半径，称开区间$(-R, R)$为幂级数的收敛区间，在收敛区间内幂级数绝对收敛，但收敛区间未必是收敛域. 此时应根据幂级数 $\sum\limits_{n=0}^{+\infty} a_n x^n$ 在 $x=R$，$x=-R$ 处的具体收敛情况，进一步确定它的收敛域. 因此，收敛域应为$(-R, R)$，$(-R, R]$，$[-R, R)$及$[-R, R]$四个区间之一.

下面讨论收敛半径 R 的求法及收敛域的求法.

定理 10.3.2　对某个幂级数，若

$$\lim_{n\to+\infty}\left|\frac{a_{n+1}}{a_n}\right| = b,$$

则幂级数的收敛半径

$$R=\begin{cases}\dfrac{1}{b}, & \text{当 } 0<b<+\infty \text{ 时,}\\ +\infty, & \text{当 } b=0 \text{ 时,}\\ 0, & \text{当 } b=+\infty \text{ 时.}\end{cases}$$

在定理 10.3.2 的条件下，可按下式直接求幂级数的收敛半径

$$R=\lim_{n\to+\infty}\left|\frac{a_n}{a_{n+1}}\right|.$$

例 2　求下列幂级数的收敛半径与收敛域

(1) $\sum\limits_{n=1}^{+\infty} \dfrac{x^n}{2^n n}$；　　(2) $\sum\limits_{n=1}^{+\infty} \dfrac{(n!)^2}{(2n)!} x^n$；

(3) $\sum\limits_{n=0}^{+\infty} \dfrac{x^n}{(2n)!!}$；　　(4) $\sum\limits_{n=1}^{+\infty} n^n x^n$.

解　(1)收敛半径

$$R=\lim_{n\to+\infty}\left|\frac{a_n}{a_{n+1}}\right|=\lim_{n\to+\infty}\frac{1}{2^n n}\Big/\frac{1}{2^{n+1}(n+1)}=\lim_{n\to+\infty}\frac{2(n+1)}{n}=2,$$

因而，级数(1)的收敛域为(−2，2).

(2)收敛半径

$$R=\lim_{n\to+\infty}\left|\frac{a_n}{a_{n+1}}\right|=\lim_{n\to+\infty}\frac{(n!)^2}{(2n)!}\Big/\frac{[(n+1)!]^2}{[2(n+1)]!}=\lim_{n\to+\infty}\frac{2(2n+1)}{(n+1)}=4,$$

因此，幂级数(2)的收敛域为(−4，4).

(3)因为收敛半径

$$R=\lim_{n\to+\infty}\left|\frac{a_n}{a_{n+1}}\right|=\lim_{n\to+\infty}\frac{1}{(2n)!!}\Big/\frac{1}{(2n+2)!!}=\lim_{n\to+\infty}(2n+2)=+\infty,$$

所以，幂级数(3)的收敛域为(−∞，+∞).

(4)因为收敛半径

$$R=\lim_{n\to+\infty}\left|\frac{a_n}{a_{n+1}}\right|=\lim_{n\to\infty}\frac{n^n}{(n+1)^{n+1}}=\lim_{n\to\infty}\frac{1}{\left(1+\frac{1}{n}\right)^n(n+1)}=0,$$

所以，幂级数(4)仅在 $x=0$ 一点收敛.

例 3　求$(x-1)$的幂级数 $\sum_{n=1}^{+\infty}(-1)^{n-1}\frac{(x-1)^n}{n}$ 的收敛域.

解　作变换　令 $t=x-1$，级数变为 t 的幂级数 $\sum_{n=1}^{+\infty}(-1)^{n-1}\frac{t^n}{n}$，因为

$$R_t=\lim_{n\to+\infty}\left|\frac{a_n}{a_{n+1}}\right|=\lim_{n\to+\infty}\frac{1}{n}\Big/\frac{1}{n+1}=1,$$

所以，级数 $\sum_{n=1}^{+\infty}(-1)^{n-1}\frac{t^n}{n}$ 的收敛域为(−1，1). 因此，原级数 $\sum_{n=1}^{+\infty}(-1)^{n-1}\frac{(x-1)^n}{n}$ 的收敛域为(0，2).

一般地，$(x-x_0)$的幂级数的收敛区间是以点 x_0 为中心的，所以也可以不作变换，先求出收敛半径 R，然后讨论收敛区间$(x_0-R，x_0+R)$的两个端点处对应的常数项级数的敛散性，最后确定收敛域.

三、幂级数的运算

设有两个幂级数

$$\sum_{n=0}^{+\infty}a_nx^n=f(x),\quad x\in(-A,A),$$

$$\sum_{n=0}^{+\infty}b_nx^n=g(x),\quad x\in(-B,B),$$

记 $R=\min\{A，B\}$，显然，在区间$(-R，R)$内两个幂级数都是绝对收敛的，从而我们有如下运算规则.

(1)加法与减法：

$$\left(\sum_{n=0}^{+\infty}a_nx^n\right)\pm\left(\sum_{n=0}^{+\infty}b_nx^n\right)=\sum_{n=0}^{+\infty}(a_n\pm b_n)x^n=f(x)\pm g(x),\quad x\in(-R,R),$$

且 $\sum_{n=0}^{+\infty}(a_n \pm b_n)x^n$ 在区间$(-R, R)$内绝对收敛.

(2)乘法：

$$\begin{aligned}&\left(\sum_{n=0}^{+\infty}a_nx^n\right)\left(\sum_{n=0}^{+\infty}b_nx^n\right)\\ &= a_0b_0 + (a_0b_1 + a_1b_0)x + \cdots + (a_0b_n + a_1b_{n-1} + \cdots + a_nb_0)x^n + \cdots\\ &= \sum_{n=0}^{+\infty}\left(\sum_{i=0}^{n}a_ib_{n-i}\right)x^n = f(x)g(x),\ x \in (-R, R),\end{aligned}$$

且 $\sum_{n=0}^{+\infty}\left(\sum_{i=0}^{n}a_ib_{n-i}\right)x^n$ 在区间$(-R, R)$内绝对收敛.

(3)除法：因为除法是乘法的逆运算，当 $b_0 \neq 0$ 时，定义两个幂级数的商是个幂级数

$$\begin{aligned}\frac{\sum_{n=0}^{+\infty}a_nx^n}{\sum_{n=0}^{+\infty}b_nx^n} &= \frac{a_0 + a_1x + a_2x^2 + \cdots + a_nx^n + \cdots}{b_0 + b_1x + b_2x^2 + \cdots + b_nx^n + \cdots}\\ &= c_0 + c_1x + c_2x^2 + \cdots + c_nx^n + \cdots = \sum_{n=0}^{+\infty}c_nx^n,\end{aligned}$$

其中 $\sum_{n=0}^{+\infty}c_nx^n$ 满足

$$\left(\sum_{n=0}^{+\infty}b_nx^n\right)\left(\sum_{n=0}^{+\infty}c_nx^n\right) = \sum_{n=0}^{+\infty}a_nx^n.$$

根据等式两边级数的对应项系数相等，确定 $c_n(n=1, 2, \cdots)$，如

$$c_0 = a_0/b_0,\ c_1 = (a_1b_0 - a_0b_1)/b_0^2,$$

$$c_2 = (a_2b_0^2 - a_1b_0b_1 - a_0b_0b_2 + a_0b_1^2)/b_0^2, \cdots,$$

$$\sum_{n=0}^{+\infty}c_nx^n = \frac{f(x)}{g(x)},$$

其收敛半径通常比上述的 R 小.

对于加(减)法和乘法，这里只肯定在区间$(-R, R)$内绝对收敛，当 $A \neq B$ 时，可以肯定收敛半径就是这个 R；当 $A = B$ 时，收敛半径不小于这个 R.

幂级数有如下分析运算性质：

(1)在收敛域上，幂级数 $\sum_{n=0}^{+\infty}a_nx^n$ 的和函数 $f(x)$是连续函数；

(2)在收敛域上，幂级数可逐项积分，且收敛半径不变，即有

$$\int_0^x f(x)\mathrm{d}x = \sum_{n=0}^{+\infty}\left(a_n\int_0^x x^n\mathrm{d}x\right) = \sum_{n=0}^{+\infty}\frac{a_n}{n+1}x^{n+1};$$

(3)在收敛域上，幂级数可逐项微分，且收敛半径不变，即有

$$f'(x) = \sum_{n=0}^{+\infty}(a_nx^n)' = \sum_{n=1}^{+\infty}na_nx^{n-1}.$$

从分析运算性质(3)知，幂级数表示的函数是无穷次连续可微的函数，从而，幂级数的收敛区间有时与和函数表达式的定义域不一致．在收敛域内，幂级数的运算类似于多项式的运算，幂级数的和函数，有时不是初等函数，这使它在积分运算和微分方程求解时起着一定

的作用．

例 1　求幂级数 $\sum_{n=1}^{+\infty}(-1)^{n-1}\frac{x^n}{n}$ 的和函数．

解　由于

$$\lim_{n\to+\infty}\left|\frac{a_{n+1}}{a_n}\right|=\lim_{n\to+\infty}\left|\frac{(-1)^n\frac{1}{n+1}}{(-1)^{n-1}\frac{1}{n}}\right|=\lim_{n\to+\infty}\frac{n}{n+1}=1,$$

所以收敛半径 $R=1$，该幂级数在 $(-1,\ 1)$ 内收敛，当 $x=1$ 时，原幂级数为 $\sum_{n=1}^{+\infty}(-1)^{n-1}\frac{1}{n}$，是收敛的；当 $x=-1$ 时，原幂级数为 $-\sum_{n=1}^{+\infty}\frac{1}{n}$，是发散的．综上可知，该幂级数的收敛域为 $(-1,\ 1]$，设

$$S(x)=\sum_{n=1}^{+\infty}(-1)^{n-1}\frac{x^n}{n},\ x\in(-1,\ 1],$$

由幂级数的分析运算性质，对上式两端求导并由逐项求导公式得

$$S'(x)=\sum_{n=1}^{+\infty}\left[(-1)^{n-1}\frac{x^n}{n}\right]'=\sum_{n=1}^{+\infty}(-1)^{n-1}x^{n-1}=\frac{1}{1+x},\ x\in(-1,\ 1].$$

对任意的 $x\in(-1,\ 1]$，在上式两端取定积分，

$$\int_0^x S'(t)\mathrm{d}t=\int_0^x\frac{1}{1+t}\mathrm{d}t=\ln(1+x),$$

即

$$S(x)-S(0)=\ln(1+x),\ x\in(-1,\ 1].$$

从而

$$\sum_{n=1}^{+\infty}(-1)^{n-1}\frac{x^n}{n}=S(x)=\ln(1+x),\ x\in(-1,\ 1].$$

特别地，在上式中取 $x=1$，即得

$$\sum_{n=1}^{+\infty}(-1)^{n-1}\frac{1}{n}=1-\frac{1}{2}+\frac{1}{3}-\frac{1}{4}+\cdots+(-1)^{n-1}\frac{1}{n}+\cdots=\ln 2.$$

习　题　10.3

1. 求下列幂级数的收敛域：

(1) $\sum_{n=1}^{+\infty}n!\left(\frac{x}{n}\right)^n$；　　(2) $\sum_{n=2}^{+\infty}\frac{x^n}{(n-2)!}$；

(3) $\sum_{n=1}^{+\infty}\left(\frac{x}{n}\right)^n$；　　(4) $\sum_{n=1}^{+\infty}\frac{2^n+3^n}{n}x^n$.

2. 求级数 $\sum_{n=1}^{+\infty}\frac{2n+1}{3^n}$ 之和．

§10.4　函数的幂级数展开

将函数表为幂级数的形式，在理论上和应用中都是重要的．例如，对函数做数值分析时，总离不开用多项式逼近给定的函数，而幂级数的部分和恰是多项式．所以有了函数的幂

级数展开，函数的多项式逼近、近似计算，以及一些积分、微分方程问题就都可以通过这个途径解决了，本节我们主要讨论函数展开成幂级数的方法，幂级数系数的确定以及某些幂级数求和的问题．

定理 10.4.1（函数幂级数展开的唯一性）　若函数 $f(x)$ 在点 x_0 的某邻域内可展开为幂级数

$$f(x)=\sum_{n=0}^{+\infty}a_n(x-x_0)^n,$$

则其系数
$$a_n=\frac{f^{(n)}(x_0)}{n!}(n=0，1，2\cdots).$$

这里规定 $0!=1$，$f^{(0)}(x_0)=f(x_0)$.

显然，若想将函数展开为 x 的幂级数，只要取 $x_0=0$ 就可以了，以上展开式通常成为函数的泰勒级数，对于 $x_0=0$ 的情形，又称为麦克劳林级数．

例 1　将函数 $f(x)=\sin x$ 展开为 x 的幂级数．

解　由于 $\sin^{(n)}x=\sin\left(x+n\cdot\frac{\pi}{2}\right)(n=0，1，2，3，\cdots)$，故有

$$\sin^{(n)}0=\begin{cases}0, & n=2k,\\(-1)^k, & n=2k+1,\end{cases}$$

于是，$\sin x$ 的幂级数展开式为

$$x-\frac{x^3}{3!}+\frac{x^5}{5!}-\cdots+(-1)^n\frac{x^{2n+1}}{(2n+1)!}+\cdots,$$

容易求得，其收敛半径 $R=+\infty$.

例 2　求函数 $f(x)=e^x$ 的麦克劳林级数．

解　由 $f^{(n)}(x)=e^x(n=0，1，2\cdots)$，故有 $f^{(n)}(0)=1(n=0，1，2\cdots)$．于是 e^x 的幂级数为

$$1+x+\frac{x^2}{2!}+\frac{x^3}{3!}+\cdots+\frac{x^n}{n!}+\cdots,$$

其收敛半径为

$$R=\lim_{n\to+\infty}\left|\frac{a_n}{a_{n+1}}\right|=\lim_{n\to+\infty}\frac{1}{n!}(n+1)!=+\infty.$$

例 3　将函数 $f(x)=(1+x)^\alpha$ 展开为 x 的幂级数，其中 α 为任意实常数．

解　由 $(1+x)^\alpha$ 的导数公式可知，它的幂级数为

$$1+\alpha x+\frac{\alpha(\alpha-1)}{2!}x^2+\cdots+\frac{\alpha(\alpha-1)\cdots(\alpha-n+1)}{n!}x^n+\cdots,$$

其收敛半径为

$$R=\lim_{n\to+\infty}\left|\frac{n+1}{\alpha-n}\right|=1,$$

所以 $(1+x)^\alpha$ 的幂级数的收敛区间是 $(-1，1)$.

运用以上方法将函数展开为幂级数，计算工作量比较大，并且对许多函数来说，其各阶导数也难以求得．因而在实际中应用较多的不是这种方法，而是所谓的间接展开法，这种方法利用某些已知的幂级数展开式，通过适当的变形及变量代换，从而得到函数的幂级数展开公式．根据定理 10.4.1，这种方法与前述的直接展开方法应有同样的结果．

例 4　将函数 $f(x)=\cos x$ 展开为 x 的幂级数．

解　将 $\sin x$ 的展开式两边逐项求导，得到 $\cos x$ 的展开式

$$\cos x=\sum_{n=0}^{\infty}(-1)^n\frac{x^{2n}}{(2n)!}=1-\frac{x^2}{2!}+\frac{x^4}{4!}-\cdots+(-1)^n\frac{x^{2n}}{(2n)!}+\cdots,\quad x\in(-\infty,+\infty).$$

例 5　将函数 $f(x)=\ln(1-x)$ 展开为 x 的幂级数．

解　因为 $[\ln(1-x)]'=\dfrac{-1}{1-x}$，而

$$\frac{1}{1-x}=1+x+x^2+\cdots+x^n+\cdots,\quad x\in(-1,1),$$

从 0 到 x 逐项积分，得

$$\ln(1-x)=-x-\frac{x^2}{2}-\frac{x^3}{3}-\cdots-\frac{x^n}{n}-\cdots,\quad x\in[-1,1).$$

例 6　求 $\arctan x$ 的幂级数展开式，并计算 $\dfrac{\pi}{4}$ 的值．

解　将展开式

$$\frac{1}{1+x^2}=1-x^2+x^4-x^6+\cdots+(-1)^n x^{2n}+\cdots,\quad x\in(-1,1)$$

从 0 到 x 逐项积分，得

$$\arctan x=x-\frac{x^3}{3}+\frac{x^5}{5}-\cdots+(-1)^n\frac{x^{2n+1}}{2n+1}+\cdots,\quad x\in[-1,1],$$

展开式对 $x=\pm1$ 也成立，从而有

$$\frac{\pi}{4}=\arctan 1=1-\frac{1}{3}+\frac{1}{5}-\frac{1}{7}+\cdots.$$

习　　题　　10.4

将下列函数展开为 x 的幂级数：

(1) $\sin^2 x$；　　　　(2) xe^{-x}.

§10.5　幂级数的应用举例

在上一节我们研究了函数的幂级数展开式，有了这一方法，便可将函数表达为幂级数形式，从而方便地解决函数的多项式逼近和函数值的近似计算等问题．另外，通过对函数作幂级数展开，也可以使一些较困难的积分和微分方程问题得到解决．

例 1　计算 e 的值，精确到小数点后第四位(即误差 $r_n<0.0001$)．

解　因为

$$e^x=1+x+\frac{x^2}{2!}+\cdots+\frac{x^n}{n!}+\cdots,\quad x\in(-\infty,+\infty),$$

所以，当 $x=1$ 时，有

$$e=1+1+\frac{1}{2!}+\cdots+\frac{1}{n!}+\cdots.$$

若取前 $n+1$ 项近似计算 e，其截断误差为

$$
\begin{aligned}
|r_n| &= \left|\frac{1}{(n+1)!}+\frac{1}{(n+2)!}+\cdots\right| \\
&< \frac{1}{(n+1)!}\left[1+\frac{1}{n+1}+\frac{1}{(n+1)^2}+\cdots\right] \\
&= \frac{1}{(n+1)!}\frac{1}{1-\frac{1}{n+1}}=\frac{1}{n!\ n}.
\end{aligned}
$$

要使$\frac{1}{n!\ n}<0.0001$，只需取$n=7$，于是

$$
\mathrm{e}\approx 2+\frac{1}{2!}+\cdots+\frac{1}{7!}=\frac{1370}{504}\approx 2.7183.
$$

一些初等函数，如e^{x^2}，$\frac{\sin x}{x}$等，由于它们的原函数不是初等函数，因此其积分问题在以前的学习中难以解决，但在理论上它们又是可积的，显然以它们为被积函数的可变上限定积分就是它们本身的一个原函数．如$\int_0^x \mathrm{e}^{t^2}\mathrm{d}t$是$\mathrm{e}^{x^2}$的一个原函数等．我们希望找到这类问题解决的途径，前面学习的函数的幂级数展开就是其中的一种有效手段，将这样的被积函数展开为幂级数，然后在收敛区间内，逐项积分，所得到的幂级数就是被积函数的原函数的又一种表示方式，如

$$
\int_0^x \mathrm{e}^{x^2}\mathrm{d}x=\int_0^x\left(1+x^2+\frac{x^4}{2!}+\frac{x^6}{3!}+\cdots+\frac{x^{2n}}{n!}+\cdots\right)\mathrm{d}x,
$$

这个幂级数就是函数e^{x^2}的一个原函数的级数形式．

例 2 计算$\int_0^1 \frac{\sin x}{x}\mathrm{d}x$的近似值，精确到$10^{-4}$.

解 因为

$$
\sin x=x-\frac{x^3}{3!}+\frac{x^5}{5!}-\frac{x^7}{7!}+\cdots+(-1)^n\frac{x^{2n+1}}{(2n+1)!}+\cdots,
$$

所以 $\frac{\sin x}{x}=1-\frac{x^2}{3!}+\frac{x^4}{5!}-\frac{x^6}{7!}+\cdots+(-1)^n\frac{x^{2n}}{(2n+1)!}+\cdots$，$x\in(-\infty,\ +\infty)$，$x\neq 0$，

于是

$$
\begin{aligned}
\int_0^x \frac{\sin x}{x}\mathrm{d}x &= \int_0^x\left[1-\frac{x^2}{3!}+\frac{x^4}{5!}-\frac{x^6}{7!}+\cdots+(-1)^n\frac{x^{2n}}{(2n+1)!}+\cdots\right]\mathrm{d}x \\
&= x-\frac{x^3}{3!\cdot 3}+\frac{x^5}{5!\cdot 5}-\frac{x^7}{7!\cdot 7}+\cdots+(-1)^n\frac{x^{2n+1}}{(2n+1)!(2n+1)}+\cdots, \\
&\qquad x\in(-\infty,+\infty).
\end{aligned}
$$

令上限$x=1$，得

$$
\int_0^1 \frac{\sin x}{x}\mathrm{d}x=1-\frac{1}{3!\cdot 3}+\frac{1}{5!\cdot 5}-\frac{1}{7!\cdot 7}+\cdots+(-1)^n\frac{1}{(2n+1)!(2n+1)}+\cdots.
$$

这是个交错级数，若取前三项作为近似值，其截断误差为

$$
|r_3|<\frac{1}{7!\ \cdot 7}=\frac{1}{35280}<10^{-4},
$$

故

$$
\int_0^1 \frac{\sin x}{x}\mathrm{d}x\approx 1-\frac{1}{3!\cdot 3}+\frac{1}{5!\cdot 5}=1-\frac{97}{1800}\approx 0.94611\approx 0.9461.
$$

例 3 求初值问题

$$\begin{cases}\dfrac{\mathrm{d}y}{\mathrm{d}x}=x+y^2,\\ y|_{x=0}=0\end{cases}$$

的级数解．

解　设所求的解为

$$y=a_0+a_1x+a_2x^2+a_3x^3+a_4x^4+\cdots.$$

由初始条件$y|_{x=0}=0$知，$a_0=0$，所以

$$y=a_1x+a_2x^2+a_3x^3+a_4x^4+\cdots.$$

将其代入方程，得恒等式

$$\begin{aligned}&a_1+2a_2x+3a_3x^2+4a_4x^3+5a_5x^4+\cdots\\=&x+(a_1x+a_2x^2+a_3x^3+a_4x^4+\cdots)^2\\=&x+a_1^2x^2+2a_1a_2x^3+(a_2^2+2a_1a_3)x^4+\cdots,\end{aligned}$$

比较两边 x 同次幂的系数，得

$$a_1=0,\ a_2=\frac{1}{2},\ a_3=0,\ a_4=0,\ a_5=\frac{1}{20},\ \cdots,$$

于是所求的解为

$$y=\frac{1}{2}x^2+\frac{1}{20}x^5+\cdots.$$

习　题　10.5

1. 求$\sqrt{\mathrm{e}}$与 $\sin 10°$的近似值，精确到小数点后三位．

2. 利用幂级数求积分$\displaystyle\int\frac{\mathrm{e}^x}{x}\mathrm{d}x$.

习　题　十

1. 下列选项正确的是(　　).

(A)若 $\displaystyle\lim_{n\to\infty}\frac{a_n}{b_n}=1$，则 $\displaystyle\sum_{n=1}^{\infty}a_n$，$\displaystyle\sum_{n=1}^{\infty}b_n$ 同时敛散；

(B)若正项级数 $\displaystyle\sum_{n=1}^{\infty}a_n$ 收敛，则必有$\displaystyle\lim_{n\to\infty}\sqrt[n]{a_n}<1$；

(C)若$\dfrac{u_{n+1}}{u_n}<1(n=1,2,\cdots)$，则 $\displaystyle\sum_{n=1}^{\infty}u_n$ 必收敛；

(D)若$\dfrac{u_{n+1}}{u_n}>1(n=1,2,\cdots)$，则 $\displaystyle\sum_{n=1}^{\infty}u_n$ 必发散．

2. 对于级数 $\displaystyle\sum_{n=1}^{\infty}u_n$，$\displaystyle\lim_{n\to\infty}u_n=0$ 是级数 $\displaystyle\sum_{n=1}^{\infty}u_n$ 收敛的(　　)条件．

3. 判断下列级数的敛散性：

(1) $\displaystyle\sum_{n=1}^{+\infty}\frac{n}{(n+1)!}$；　　(2) $\left(\dfrac{1}{6}+\dfrac{8}{9}\right)+\left(\dfrac{1}{6^2}+\dfrac{8^2}{9^2}\right)+\left(\dfrac{1}{6^3}+\dfrac{8^3}{9^3}\right)+\cdots$；

(3) $\sum_{n=1}^{+\infty}\frac{n+1}{n}$；　　(4) $\sum_{n=1}^{+\infty}\frac{2^n n!}{n^n}$；

(5) $\sum_{n=1}^{+\infty}\frac{2\cdot 5\cdots(3n-1)}{1\cdot 5\cdots(4n-3)}$；　　(6) $\sum_{n=0}^{+\infty}\frac{(n!)^2}{(2n)!}x^n(x>0)$；

(7) $\frac{1}{1\cdot 2}+\frac{3^2}{2\cdot 2^2}+\frac{3^3}{3\cdot 2^3}+\cdots$；　　(8) $\sum_{n=0}^{+\infty}\frac{[(2n)!!]^2}{(4n)!!}$.

4. 判定下列级数的敛散性，如果收敛，是条件收敛，还是绝对收敛？

(1) $\sum_{n=2}^{+\infty}(-1)^n\frac{1}{n-\ln n}$；　(2) $\sum_{n=1}^{+\infty}(-1)^{n-1}\frac{1}{3\cdot 2^n}$；　(3) $\sum_{n=1}^{+\infty}\frac{(-1)^{n-1}3^n}{(2n-1)^n}$.

5. 求下列幂级数的收敛域：

(1) $\sum_{n=1}^{+\infty}\frac{x^n}{n\cdot 10^{n-1}}$；　　(2) $\sum_{n=0}^{+\infty}\frac{(3n)!x^n}{(2n)!}$；

(3) $\sum_{n=1}^{+\infty}\frac{2^n}{n^2+1}x^n$；　　(4) $\sum_{n=1}^{+\infty}\frac{(2x+1)^n}{n}$.

6. 将 $\ln(1-x^2)$ 展为 x 的幂级数：

7. 求级数 $\sum_{n=1}^{+\infty}\frac{x^{4n+1}}{4n+1}$，$|x|<1$ 在收敛区间内的和函数．

8. 求 $\sqrt[9]{522}$ 与 $\cos 2°$ 的近似值，精确到小数点后三位．

❖ 演示与实验十

1. 求和

在 Mathematica 中，求和函数的表达式为

Sum[f(n), {n, n1, n2}]

$f(n)$为和式通项，n 为求和变量，n_1 为求和起点，n_2 为求和终点．下面通过例子来说明具体使用．

例 1　求 $\sum_{n=1}^{20}\frac{1}{2n-1}$.

解　输入　Sum[1/(2*n-1), {n, 1, 20}]

输出　$\frac{414022624965424}{166966608033225}$

例 2　求 $\sum_{n=1}^{\infty}\frac{1}{n(n+1)}$.

解　输入　Sum[1/(n*(n+1)), {n, 1, Infinity}]

输出　1

例 3　求 $\sum_{n=2}^{6}\sin\left(\frac{1}{n}\right)$.

解　输入　Sum[Sin[1/n], {n, 2, 6}]

输出　$\mathrm{Sin}\left[\frac{1}{6}\right]+\mathrm{Sin}\left[\frac{1}{5}\right]+\mathrm{Sin}\left[\frac{1}{4}\right]+\mathrm{Sin}\left[\frac{1}{3}\right]+\mathrm{Sin}\left[\frac{1}{2}\right]$

例 4　求 $\sum_{i=1}^{20}\sum_{j=1}^{10}(i-j)^3$.

解　输入　Sum[(i-j)^3，{i，1，20}，{j，1，10}]

输出　149500

2. 函数展开成幂级数

在 Mathematica 中，函数展开成幂级数的表达式为

Series[expr，{x，x_0，n}]

其中，expr 为待展开的函数，x 为自变量，x_0 表达在该点展开，n 为展开到 x 的 n 次幂．

例 5　求 e^x 在 $x=0$ 处的四阶幂级数展开式．

解　输入 Series[Exp[x]，{x，0，4}]

输出　$1+x+\frac{x^2}{2}+\frac{x^3}{6}+\frac{x^4}{24}+o[x]^5$

例 6　求 $\frac{e^x}{x^3}$ 在 $x=0$ 处的三阶幂级数展开式．

解　输入　Series[Exp[x]/x^3，{x，0，3}]

输出　$\frac{1}{x^3}+\frac{1}{x^2}+\frac{1}{2x}+\frac{1}{6}+\frac{x}{24}+\frac{x^2}{120}+\frac{x^3}{720}+o[x]^4$

实验习题十

利用 Mathematica 软件计算下列函数的幂级数展开式：

(1) $y=\sin x$ 在 $x=0$ 处的四阶幂级数展开式；

(2) $y=\tan x$ 在 $x=\pi$ 处的六阶幂级数展开式；

(3) $y=\ln x$ 在 $x=3$ 处的五阶幂级数展开式；

(4) $y=\operatorname{arccot} x$ 在 $x=2$ 处的四阶幂级数展开式．

数学家的故事

达朗贝尔

达朗贝尔(Jean Le Rond D'Alembert，1717—1783)，法国著名的物理学家、数学家和天文学家，一生研究了大量课题，完成了涉及多个科学领域的论文和专著，其中最著名的有 8 卷巨著《数学手册》、力学专著《动力学》、23 卷的《文集》、《百科全书》的序言等．他的很多研究成果记载于《宇宙体系的几个要点研究》中．达朗贝尔生前为人类的进步与文明做出了巨大的贡献，也得到了许多荣誉．但在他临终时，却因教会的阻挠没有举行任何形式的葬礼．

达朗贝尔是一个军官的私生子，母亲是一位著名的沙龙女主人．达朗贝尔出生后，他的母亲为了不影响自己的名誉，把刚出生的儿子遗弃在教堂的石阶上，后被一名士兵捡到．达朗贝尔的亲生父亲得知这一消息后，把他找回来寄养给了一对工匠夫妇．

达朗贝尔少年时被父亲送到了一所教会学校，在那里他学习了很多数理知识，为他

将来的科学研究打下了坚实的基础．难能可贵的是，在宗教学校里受到了许多神学思想的熏陶以后，达朗贝尔仍然坚信真理、一生探求科学的真谛、不盲从于宗教的认识论．后来他自学了一些科学家的著作，并且完成了一些学术论文．1741 年，凭借自己的努力，达朗贝尔进入了法国科学院担任天文学助理院士，在以后的两年里，他对力学做了大量研究，并发表了多篇论文和多部著作．1746 年，达朗贝尔被提升为数学副院士．1750 年以后，他停止了自己的科学研究，投身到了具有里程碑性质的法国启蒙运动中去．他参与了百科全书的编辑和出版，是法国百科全书派的主要首领．在百科全书的序言中，达朗贝尔表达了自己坚持唯物主义观点、正确分析科学问题的思想．在这一段时间之内，达朗贝尔还在心理学、哲学、音乐、法学和宗教文学等方面都发表了一些作品．

1760 年以后，达朗贝尔继续进行他的科学研究．随着研究成果的不断涌现，达朗贝尔的声誉也不断提高．他尤其以写论文快速而闻名．1762 年，俄国沙皇邀请达朗贝尔担任太子监护，但被他谢绝了；1764 年，普鲁士国王邀请他到王宫住了三个月，并邀请他担任普鲁士科学院院长，也被他谢绝了．1754 年，他被提升为法国科学院的终身秘书．欧洲很多国家的科学院都聘请他担任国外院士．

达朗贝尔的日常生活非常简单，白天工作，晚上去沙龙活动．他终生未婚，但有一位患难与共、生死相依的情人——沙龙女主人勒皮纳斯．达朗贝尔与养父母感情一直很好，直到 1765 年他 47 岁时才因病离开养父母，住到了勒皮纳斯家里．病愈后他一直居住在她的家里．可是在以后的日子里他在事业上进展缓慢，更使他悲痛欲绝的是勒皮纳斯小姐于 1776 年去世了，他在绝望中度过了自己的晚年．

由于达朗贝尔生前反对宗教，巴黎市政府拒绝为他举行葬礼．所以当这位科学巨匠离开这个世界的时候，即没有隆重的葬礼，也没有缅怀的追悼，只有他一个人被安静地埋葬在巴黎市郊的墓地里．

数学是达朗贝尔研究的主要课题，他是数学分析的主要开拓者．达朗贝尔为极限作了较好的定义，但他没有把这种表达公式化．波义耳对他做出这样的评价：达朗贝尔没有逃脱传统的几何方法的影响，不可能把极限用严格形式阐述；但他是当时几乎唯一一位把微分看成是函数极限的数学家．

达朗贝尔是 18 世纪少数几个把收敛级数和发散级数分开的数学家之一，并且他还提出了一种判别级数绝对收敛的方法——达朗贝尔判别法，即现在还使用的比值判别法；他同时是三角级数理论的奠基人．达朗贝尔也为偏微分方程的出现做出了巨大的贡献．1746 年他发表了论文《张紧的弦振动时形成的曲线研究》，在这篇论文里，他首先提出了波动方程，并于 1750 年证明了它们的函数关系．1763 年，他进一步讨论了不均匀弦的振动，提出广义的波动方程．

另外，达朗贝尔在复数的性质、概率论等方面都有所研究，而且他还很早就证明了代数的基本定理．达朗贝尔在数学领域的各个方面都有所建树，但他并没有严密和系统地进行深入的研究，他甚至曾相信数学知识快穷尽了．但无论如何 19 世纪数学的迅速发展是建立在他们那一代科学家的研究基础之上的，达朗贝尔为推动数学的发展做出了重要的贡献．

达朗贝尔认为力学应该是数学家的主要兴趣，所以他一生对力学也做了大量研究．达朗贝尔是18世纪为牛顿力学体系的建立作出卓越贡献的科学家之一．《动力学》是达朗贝尔最伟大的物理学著作．在这部书里，他提出了三大运动定律，第一运动定律是给出几何证明的惯性定律；第二定律是力的分析的平行四边形法则的数学证明；第三定律是用动量守恒来表示的平衡定律．书中还提出了达朗贝尔原理，它与牛顿第二定律相似，但它的发展在于可以把动力学问题转化为静力学问题处理，还可以用平面静力的方法分析刚体的平面运动，这一原理使一些力学问题的分析简单化，而且为分析力学的创立打下了基础．

在《动力学》这部书里，达朗贝尔对17～18世纪运动量度的争论提出了自己的看法，他认为两种量度是等价的，并模糊地提出了物体动量的变化与力的作用时间有关．在《运动论》里，达朗贝尔不仅阐述了他的力学观点，他还在哲学序言里指出了科学发展的前景和分析科学的哲学观点．

牛顿是最早开始系统研究流体力学的科学家，但达朗贝尔则为流体力学成为一门学科打下了基础．1752年，达朗贝尔第一次用微分方程表示场，同时提出了著名的达朗贝尔原理——流体力学的一个原理，虽然这一原理存在一些问题，但是达朗贝尔第一次提出了流体速度和加速度分量的概念．

达朗贝尔在力学和数学方面的研究推动了他对天文学的研究，他运用他的力学知识为天文学领域做出了重要贡献．18世纪，牛顿运动理论已经不能完善地解释月球的运动原理了．达朗贝尔开始涉足这一领域．在当时，达朗贝尔和另一个科学家克莱洛是学术上的竞争对手．他们在写论文、作报告等工作中相互竞争多年．在研究月球运动时，达朗贝尔和克莱洛在同一天提交了关于月球运动的报告，他们都对月球近地点移动的现象做出了解释，并在1749年提交了更详细的报告．1754年，他们又发表了月球运动数值表，这是最早的月球历之一．

达朗贝尔在天文学上的另一个主要研究是关于地球形状和自传的理论．达朗贝尔发现了流体自转时平衡形式的一般结果，克莱洛以此为基础研究了地球的自转，1749年，达朗贝尔发表了关于春分点、岁差和章动的论文，为天体力学的形成和发展奠定了基础．

达朗贝尔对青年科学家十分热情，他非常支持青年科学家研究工作，也愿意在事业上帮助他们．他曾推荐著名科学家拉格朗日到普鲁士科学院工作，推荐著名科学家拉普拉斯到巴黎科学院工作．达朗贝尔自己也经常与青年科学家进行学术讨论，从中发现并引导他们的科学思想发展．在18世纪的法国，达朗贝尔不仅灿烂了科学事业的今天，也照亮了科学事业的明天．

附录一 Mathematica软件使用简介

第一部分 主题提示

1. 关于 Mathematica
2. Mathematica 的启动、运行和退出
3. 初学者切记
4. Mathematica 的联机帮助系统
5. Mathematica 的错误提示
6. Mathematica 的数与运算符、变量、函数
7. 表
8. 常用的绘图选项参数名称、含义、取值
9. 绘图命令
10. 结束语

第二部分 内　　容

一、关于 Mathematica

Mathematica 软件是由美国物理学家 Stephen Wolfram 负责总体设计开发的一个“计算机代数系统”，是世界上最早的科学计算的完全集成环境，1987 年推出了系统的 1.0 版本并于次年第一次发行；1989 年推出了改进的 1.2 版，并在美国和世界上广为流传，得到好评；1991 年又推出了系统的 2.0 版本，对原有的系统作出了不小的扩充(扩充了 200 多个系统函数和变量)，以后不断地升级.

Mathematica 内容丰富，并且功能强大的函数覆盖了初等数学、微积分和线性代数等众多的数学领域，它包含了多个数学方向的新方法和新技术；它包含的近百个作图函数是数据可视化的最好工具；它的编辑功能完备的工作平台 Notebooks 已成为许多报告和论文的通用标准.本教材所用版本为 2008 年推出的 Mathematica7.0，其他更高版本向下兼容.在近 20 年不断创新的基础上，Mathematica7.0 提供了一个全新视野：终端技术应用和环境. Mathematica7.0 超过 500 个新功能和 12 个新增应用领域.Mathematica7.0 的新特征还包括数学对象的即时 3D 模型，内置了图像处理和图像分析功能，基因组、化学、气象、天文学、金融、测地学数据的完整支持等.

Mathematica 是国内“数学模型”和“数学实验”课程最常用的工具，也是世界发达国家大学学生入校必修的计算机课程之一.Mathematica 的基本系统主要是用 C 语言开发的，因此可以比较容易地移植到各种计算机和运行环境上．下面先来说明软件的使用方法和基础知识.

二、Mathematica 的启动、运行和退出

假设在 Windows 环境下已安装好 Mathematica7.0，启动 Windows 后，在“开始”菜单的“程序”中单击 Uninstall Wolfram Mathematica 7，就启动了 Mathematica7.0，在屏幕上显示如附图 1 的 Notebook 窗口，系统暂时取名 Untitled－1，直到用户保存时重新命名为止.

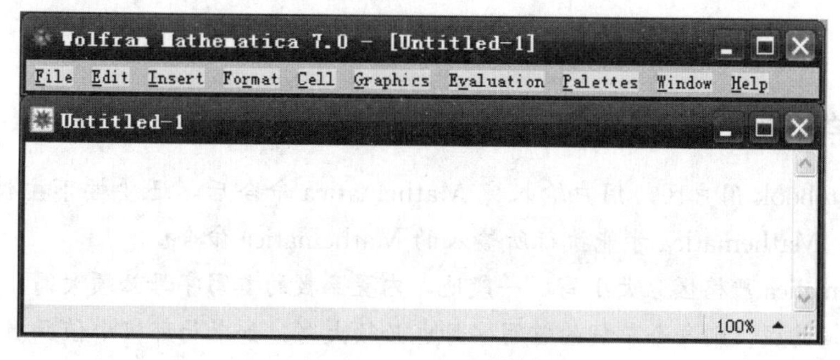

附图 1　Notebook 窗口

输入 1＋1，然后同时按下主键盘上 Shift＋Enter 键或数字键盘上的 Enter 键，这时系统开始计算并输出计算结果，同时给输入和输出附上次序标记 In[1]和 Out[1]，注意到 In[1]是语句运行后才出现的．再输入第二个表达式，要求系统将一个二项式展开，输出计算结果后，系统分别将其标识为 In[2]和 Out[2](附图 2).

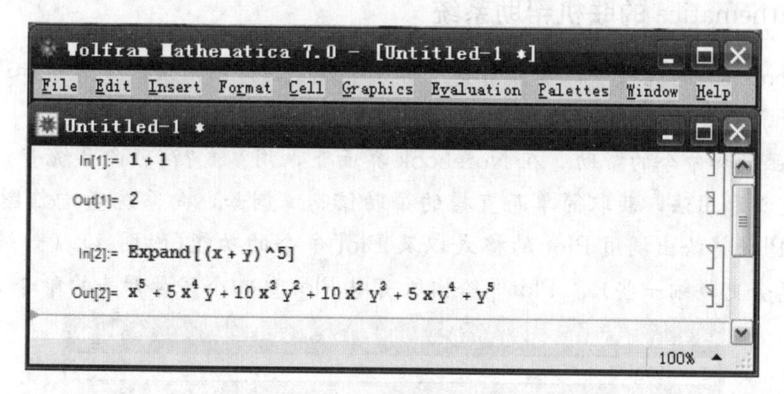

附图 2　输入与输出

退出 Mathematica 系统与关闭一个 Word 文件一样，只要用鼠标单击 Mathematica 系统集成界面右上角的关闭按钮即可，或在“文件”菜单中选择“退出”，也可按下快捷键“Alt＋F4”. 如果当前的窗口内容已经被修改，却没有保存到文件中，这是会出现一个对话框问是否保存．点击对话框上的“Save”按钮，则保存并退出系统；点击“Don’t Save”按钮，则不保存并退出系统；点击“Cancel”按钮，则取消操作并返回系统(附图 3).

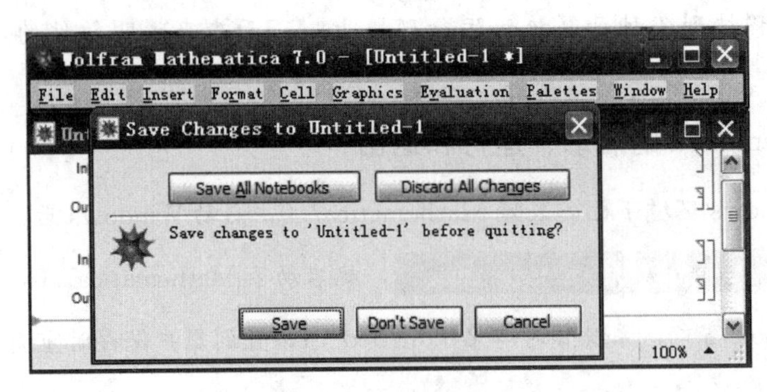

附图 3 退出与保存

三、初学者切记

(1)在 Notebook 用户区，用户输入完 Mathematica 命令后，还要按下主键盘上 Shift+Enter 组合键，Mathematica 才能执行所输入的 Mathematica 命令.

(2)Mathematica 严格区分大小写. 一般地，内置函数的首写字母必须大写，有时一个函数名是由几个单词构成，则每个单词的首写字母也必须大写，如求局部极小值函数 FindMinimum[f[x]，{x，x0}]等.

(3)在 Mathematica 中，函数名和自变量之间的分隔符是用方括号"[]"，而不是一般数学书上用的圆括号"()"，初学者很容易犯这类错误.

(4)在 Notebook 用户区，如果某个命令一行输入不下，可以用按下主键盘上 Enter 键的方法来达到换行的目的.

四、Mathematica 的联机帮助系统

用 Mathematica 的过程中，常常需要了解一个命令的详细用法，或者想知道系统中是否有完成某一计算的命令，联机帮助系统永远是最详细、最方便的资料库.

(1)获取函数和命令的帮助. 在 Notebook 界面下，用？或?? 可向系统查询运算符、函数和命令的定义和用法，获取简单而直接的帮助信息. 例如，向系统查询作图函数 Plot 命令的用法，? Plot 将给出调用 Plot 的格式以及 Plot 命令的功能(附图 4).(如果用两个问号"??"，则信息会更详细一些). ? Plot * 给出所有以 Plot 这四个字母开头的命令.

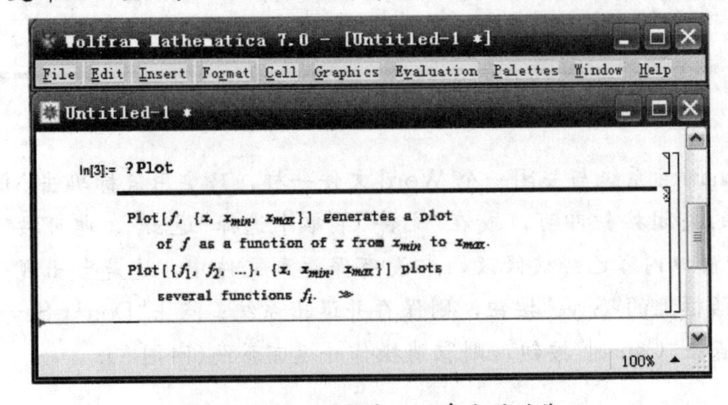

附图 4 Plot 的格式以及命令的功能

(2)Help 菜单．点击帮助菜单项 Help，调出帮助菜单(附图 5)．

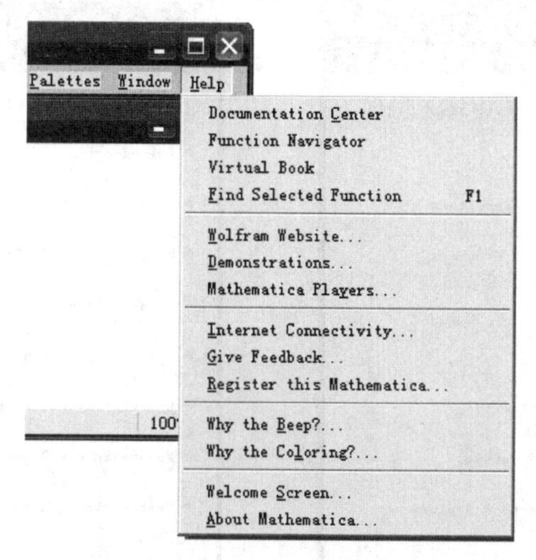

附图 5　帮助菜单

在帮助菜单中，用户可以发现 Documentation Center-参考资料中心；Function Navigator-函数浏览器；Virtual Book-虚拟全书等菜单项(附图 6、附图 7、附图 8)．

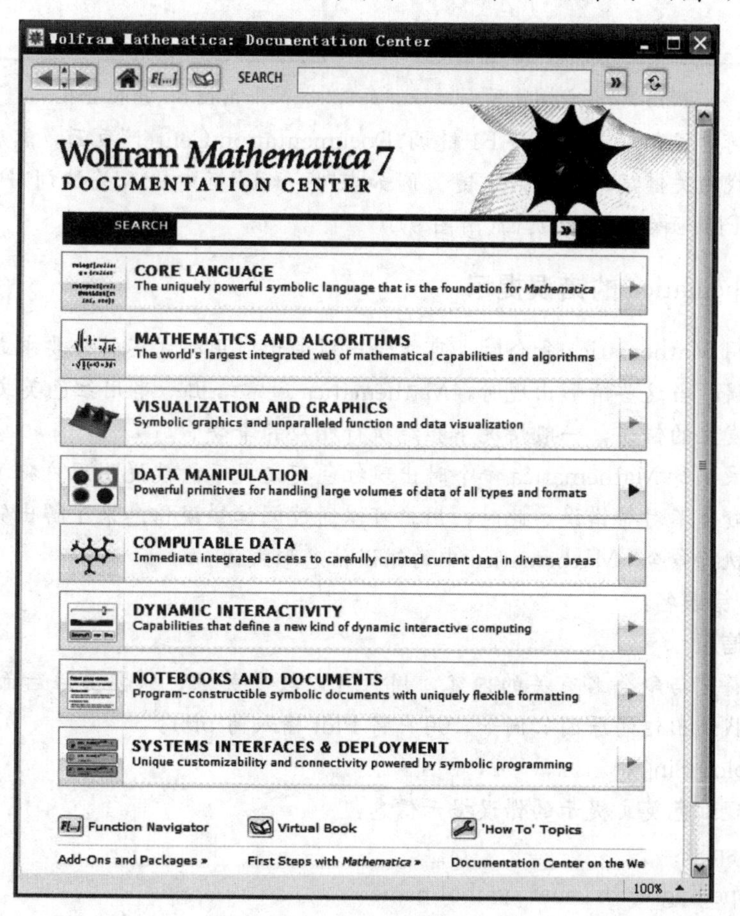

附图 6　参考资料中心

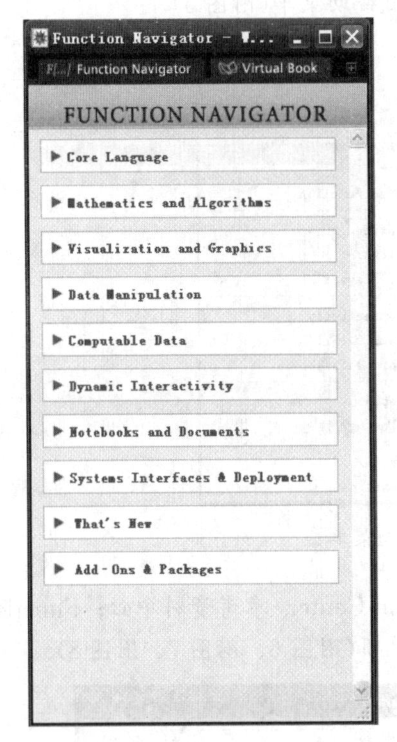

附图 7　函数浏览器

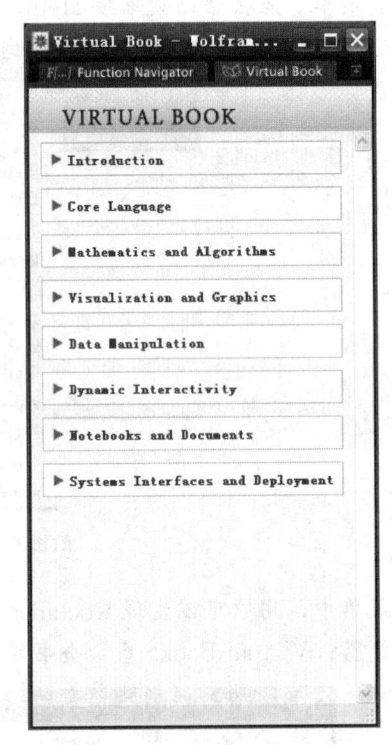

附图 8　虚拟全书

或者在任何时候都可以通过按 F1 键调"Documentation Center"页面，然后在"Search"框中输入需要查找的关键词，按 Enter 键．例如在"Search"框中输入关键词"Plot"后按 Enter 键，立刻转到 Plot 函数的帮助页面(附图 9).

五、Mathematica 的错误提示

用户在使用 Mathematica 命令时，可能会出现由于引用格式不符合要求或输入命令不对等而引起的错误．当这些情形出现时，Mathematica 通常给出一串用红色英文说明的错误提示信息，指出发生的错误，一般情况下拒绝执行相应的命令．

通常，如果执行 Mathematica 命令时出现红色英文提示，就说明用户犯了引用格式不符合要求或输入命令不对等错误．此时，用户可以通过阅读错误信息来了解出错的原因，并将其改正后重新执行命令．Mathematica 中的错误信息形式为：

标志符::错误名:

错误提示信息

其中标志符是与命令名有关的内容，用户可以较少关注，只要关注后面的错误提示信息，一般就能找到出错的原因．例如，用户将 Plot 输入为 plot:

In[1]:=plot[Sin[x], {x, -2, 2}]

则执行结果出现红色英文提示的错误提示信息：

General::spell:

Possible spelling error:new symbol name

"plot" is similar to existing symbol "Plot".

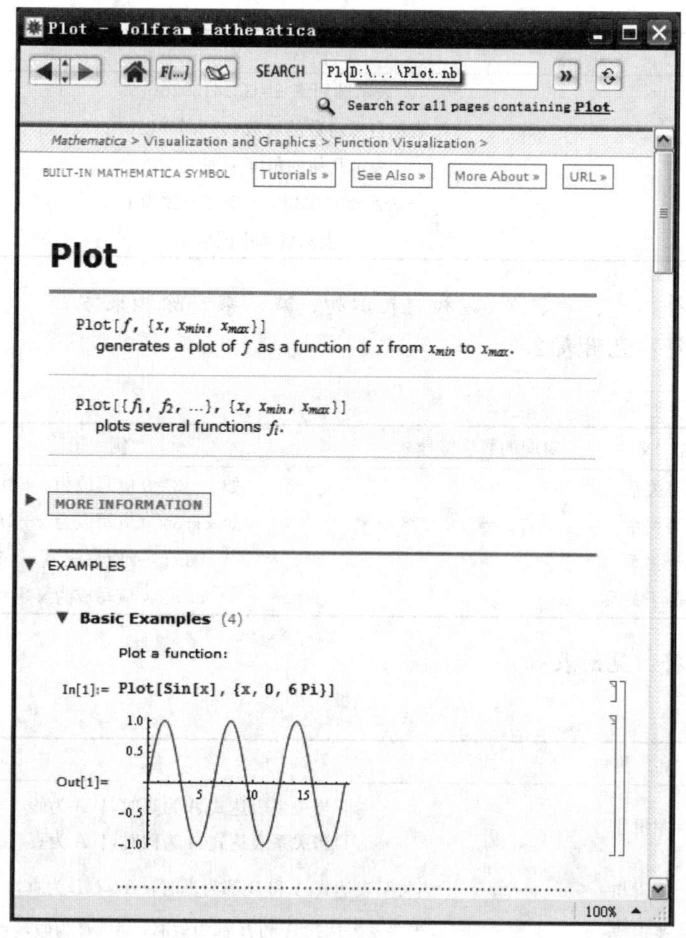

附图 9

阅读这个信息，可以知道错误出现在绘图命令的字母大小写上.

通过上面的例子可以看到，Mathematica 对命令的字母大小写及命令中每个部分的形式都有严格的规定，如果用户对此稍有改变就会出现问题．因此，Mathematica 用户应该严格遵守命令的写法.

用户在使用 Mathematica 时，如果遇到不能正确得到执行结果，可以从如下方面检查原因：

(1)输入命令中是否把该大写的英文字母错输入为小写字母?

(2)输入命令中是否错用了四种括号或括号不匹配?

(3)输入命令中的变量是否已经取值?

六、Mathematica 的数与运算符、变量、函数

1. 数与运算符

Mathematica 中整数(写法同常见方式．但输入时，构成整数的各数字之间不能有空格、逗号和其他符号)、实数(带小数点的数和数学中的无理数)、复数(用含有字母 I 来表示虚数单位的数)和数学常数，常用的数学常数见附表 1.

附表 1

名　称	含　义
Pi	表示圆周率 $\pi=3.1415926\cdots$
E	表示自然对数的底数 e=2.711828…
Degree	表示几何的角度 1°或 $\pi/180$
I	表示虚数单位，−1 开平放为 I
Infinity	表示数学中的∞

(1)算术运算符：+、−、*、/和 ^ 表示加、减、乘、除和乘方．

(2)关系运算符：见附表 2.

附表 2

符　号	含　义	对应的数学符号	例　子
==	相等关系	=	如 $x+3=0$ 应写成为 x+3==0
! =	不等关系	≠	如 $x+3\neq0$ 应写成为 x+3! =0
>	大于关系	>	如 $x>4$ 应写成为 x>4
>=	大于等于关系	⩾	如 $x\geqslant4$ 应写成为 x>=4

(3)逻辑运算符：见附表 3.

附表 3

符　号	名　称	含　义
!	逻辑非	当关系表达式 *A* 为真时，! *A* 为假 当关系表达式 *A* 为假时，! *A* 为真
&&	逻辑与	当关系表达式 *A* 和 *B* 都为真时，*A*&&*B* 为真，否则为假
‖	逻辑或	当关系表达式 *A* 和 *B* 都为假时，*A*‖*B* 为假，否则为真

2. 变量

(1)变量名的书写规则：以小写字母开头，可以包含任意多的字母和数字，但不能包含空格或标点符号．

(2)变量的赋值命令：

①变量=表达式

作用：把表达式的值赋给左边变量，如 s=x^2−5x+6，t=x^2+y^2−2x*y

②变量=Input[]

作用：通过键盘输入给左边的变量赋值，例如，x=Input[]

(3)清除变量．清除变量的定义是清除前面已经给变量所赋的值，命令形式为

变量名=. 或 Clear[变量名 1，变量名 2，…]

清除变量后，变量名就还原成一般的数学符号了．

3. 函数

Mathematica 有很丰富的内部函数，函数名一般使用数学中的英文单词，只要输入相应的函数名，就可以方便地使用这些函数．内部函数既有数学中常用的函数，又有工程中用的特殊函数．如果用户想自己定义一个函数，Mathematica 也提供了这种功能．Mathematica

中的函数字变量应该用方括号[]括起，不能用圆括号()括起来.

(1)Mathematica 中的内部函数：见附表4.

(2)Mathematica 中的自定义函数：如果用户多次处理的函数不是 Mathematica 内部函数，则可以利用 Mathematica 提供的自定义函数的功能在 Mathematica 中定义一个函数. 自定义一个函数后，该函数可以像 Mathematica 内部函数一样在 Mathematica 中使用.

①定义一个一元函数：

函数名[自变量_]：=表达式

例如，定义函数 $y=a\sin x+x^5$(a 是参数)只要输入：y[x_]：=a * Sin[x]+x^5

附表 4

Mathematica 函数形式	数学含义
Abs[x]	表示 x 的绝对值 $\lvert x\rvert$
ArcSin[x]，ArcCos[x]	表示反正弦函数 $\arcsin x$，反余弦函数 $\arccos x$
ArcTan[x]，ArcCot[x]	表示反正切函数 $\arctan x$，反余切函数 $\text{arccot}\, x$
Binomial[n，m]	表示二项式系数 C_n^m
Ceiling[x]	表示不小于 x 的最大整数
Floor[x]	表示不大于 x 的最大整数
Exp[x]	表示 e^x
GCD[m_1，m_2，…，m_n]	表示这 n 个整数的最大公约数
LCM[m_1，m_2，…，m_n]	表示这 n 个整数的最小公倍数
Log[x]	表示 $\ln x$
Log[a，x]	表示 $\log_a x$
Max[x_1，x_2，…，x_n]	求最大值
Max[s]	求表 s 中的所有数的最大值
Min[x_1，x_2，…，x_n]	求最小值
Min[s]	求表 s 中的所有数的最小值
Mod[m，n]	表示整数 m 除以整数 n 的余数
n!	表示阶乘 $n(n-1)(n-2)\cdots 1$
n!!	表示双阶乘 $n(n-2)(n-4)\cdots$
Quotient[m，n]	表示整数 m 除以整数 n 的整数部分
Round[x]	表示最接近 x 的整数
Sign[x]	表示 x 的符号函数 $\text{sgn}(x)$
Sin[x]，Cos[x]	表示正弦函数 $\sin x$，余弦函数 $\cos x$
Sqrt[x]	表示 x 的平方根函数
Tan[x]，Cot[x]	表示正切函数 $\tan x$，余弦函数 $\cot x$
Random[]	随机给出闭区间[0，1]内的一个实数
Random[Real，xmax]	随机给出闭区间[0，$x_{\max}$]内的一个实数
Random[Real，{xmin，xmax}]	随机给出闭区间[$x_{\min}$，$x_{\max}$]内的一个实数
Random[Integer]	随机给出整数 0 或 1
Random[Integer，{xmin，xmax}]	随机给出 $x_{\min}$ 到 $x_{\max}$ 之间的一个整数
Random[Complex]	随机给出单位正方形内的一个复数

②定义一个多元函数：

函数名[自变量1_，自变量2_，…]：=表达式

例如，想定义一个二元函数 $z_1=\tan\left(\frac{x}{y}\right)-ye^{5x}$，只要键入：z1[x_，y_]：=Tan[x/y]+y*Exp[5x]

注意：(a)自定义的函数名与变量名的规定相同，方括号中的每个自变量名后都有一个下划线“_”，中部的定义号“:=”的两个符号是一个整体，中间不能有空格.

(b)键入自定义函数并按下 Shift+Enter 键后，Mathematica 不在计算机屏幕显示输出结果 Out[n]，只是记住该自定义函数的函数名和对应的表达式，以利于后面的函数求值和运算使用.

(3)Mathematica 中的函数求值：表示函数在某一点的函数值有两种方式：一种是数学方式，即直接在函数中把自变量用一个值或式子代替，如 Sin[2.3]，Sqrt[a+1]，z1[3，5]等；另一种为变量替换的方式：

函数/. 变量名->数值或表达式

或　　函数/.{变量名1->数值1或表达式1，变量名2->数值2或表达式2，…}

这里符号“/.”和“->”与变量取值中的变量替换方式意义相同.函数变量替换的执行过程为计算机将函数中的变量1，变量2，…分别替换为对应的数值1或表达式1，数值2或表达式2，…以得到函数在此点的函数值.例如：

fn[x]/. x->8，可以得到函数值 $f(8)$.

fn[x_，y_]：=x^3+y^2/.{x->a，y->b+2}，可以得到函数值 $f(a, b+2)$.

4. Mathematica 中的复合表达

在 Mathematica 中，一个用分号隔开的表达式序列称为一个复合表达式，它也称为一个过程.运行 Mathematica 中的一个复合表达式就是依次执行过程中的每个表达式，且过程中最后一个表达式的值为该复合表达式的值，例如：

输入：t=1；u=t+4；Sin[u]

输出：Sin[5]　(*显示 Sin[u]的值*)

5. Mathematica 中的一些符号和语句

(1)专用符号：见附表5.

附表5

符号	意　义
%	倒数第一次输出的内容
%n	第 n 次输出内容，对应 Out[n]的输出式子
?	显示该命令的简单使用方法
??	显示该命令的详细使用方法
;	运算分号前面的表达式，但不显示计算结果

(2)屏幕输出语句：在 Mathematica 中，只要处理的表达式没有以分号结尾，就会自动显示表达式的结果，否则就不显示结果.为了编写程序的方便，Mathematica 还提供了不受

分号约束的表达式．显示语句称为屏幕输出语句，命令形式为

Print[表达式 1，表达式 2，…，表达式 n]

其功能为：在屏幕某一行上依次输出表达式 1，表达式 2，…表达式 n 的值，表达式之间没有空格，输入完毕后换行．例如：

In[1]:=Print["2+3="，2+3]

Out[1]=2+3=5

6. Mathematica 中四种括号的使用

Mathematica 中常用的括号有四种，分别为()、[]、{}、[[]]，各有专门的用途，不能任意使用．

(1)方括号[]：Mathematica 中的内部函数，以及用户自定义函数的自变量和参数，只能用方括号[].

(2)花括号{}：花括号表示一个表(lists)，它一般用做范围、界线、集合等之中．花括号可以用来表达数学中的向量和矩阵．如果把花括号作多层套用的话，就可以表示出以表为元素的表，事实上这就是矩阵．

(3)双方括号[[]]：双方括号只用于表示表中的元素．

注：表是 Mathematics 中的一种数据，后面将有详细的介绍．

(4)圆括号()：圆括号主要用于改变表达式的优先运算顺序．用圆括号还可以把 n 个表达式定义为一个表达式，然后就可以对这 n 个表达式做批处理．

七、表

表是 Mathematica 系统中一种重要的数据类型，在 Mathematica 中它可以表示数组和矩阵等．表的构造方式极为简单，直接将一些表达式用一对大括号{}括起来就可以了，表达式之间用逗号分隔开．构成表的各个表达式称为表的元素，没有任何元素的表称为空表．表的元素可以是任意的表达式，也可以是表．

Mathematica 的数学函数可以直接作用在表上，这时系统将函数分别作用在表的每一个元素上，得到的结果再作成一个表．表建立的格式见附表 6.

附表 6

Table[expr i，imax]
Table[expr，i，imin，imax]
Table[expr，i，imin，imax，di]
Table[expr，i，imin，imax，j，jmin，jmax，…]

下面通过实例来说明表的建立和引用的方法．

例 1　下面运用上述 4 个命令分别来生成表．

In[1]:=a=Table[i^2，{i，3}]

Out[1]={1，4，9}

In[2]:=b=Table[i^2，{i，1，3}]

Out[2]={1，4，9}

In[3]:=c=Table[i^2，{i，5，3，-1}]

Out[3]={25，16，9}

In[4]:=d=Table[i^2+j^2，{i，1，3}，{j，2，3}]

Out[4]={{5，10}，{8，13}，{13，18}}

对Out[3]和Out[4]的结果进行引用

In[5]:=c[[2]]

Out[5]=16

In[6]:=d[[2]]

Out[6]={8，13}

In[7]:=c[[{1，2，2，1，3}]]　(*c表中的元素可重复引用*)

Out[7]={25，16，16，25，9}

八、常用的绘图选项参数名称、含义、取值

绘图命令中的选择项参数的形式为

选项(option)参数名称－＞参数值(value)

其中的符号“－＞”由键盘上的减号“－”和大于号“＞”组成，中间不能有空格．用户通过对选项参数的选取和相应的参数取值，可以得到函数图形的不同显示形式．一般情况下，Mathematica为每个绘图命令的选择参数都设置了默认值．选项参数中有些参数可以同时用于平面图形和空间图形，但参数取值或默认值有所不同．一些常用的绘图选项列举如下：

(1)选项参数名称：AspectRatio

含义：图形的高度与宽度比．

参数取值：该参数的取值为任何正数和Automatic. 作为平面图形输入参数值时，该选项参数的默认值为1/GoldenRatio，这里GoldenRatio是数学常数0.618；作为空间图形参数值时，该选项参数的默认值为Automatic. AspectRatio取Automatic值时，表示图形按实际比例显示．

例：AspectRatio－＞Automatic表示显示的图形高度与宽度比由Mathematica的内部算法根据函数图形的大小确定；AspectRatio－＞1表示显示的图形高度与宽度比是1∶1.

(2)选项参数名称：Axes

含义：图形是否有坐标轴．

参数取值：该参数的取值为True和None. 该选项参数的默认值为True.

例：Axes－＞True表示图形中显示坐标轴；Axes－＞None表示图形中不显示坐标轴.

(3)选项参数名称：AxesLabel

含义：是否设置图形坐标轴标记．

参数取值：该参数的默认值为None. 作为平面图形输出参数时，该选项参数取值为{“字符串1”，“字符串2”}，表示将“字符串1”设置为横坐标轴标记，“字符串2”设置为纵坐标轴标记．作为空间图形输出参数时，该选项参数取值为{“字符串1”，“字符串2”，“字符串3”}，表示将“字符串1”设置为横坐标轴标记，“字符串2”设置为纵坐标轴标记，“字符串3”设置为竖坐标轴标记．

例：AxesLabel－＞None表示显示的图形坐标轴没有标记；

AxesLabel－＞{“time”,”speed”}表示平面图形的横坐标轴标记显示为 time 纵坐标轴标记显示为 speed；AxesLabel－＞{“时间”，“速度”，“高度”}，表示空间图形的横坐标轴标记设置为时间，纵坐标轴标记设置为速度，竖坐标轴标记设置为高度．

(4)选项参数名称：Frame

含义：平面图形是否加框．

参数取值：该参数的取值为 True 和 False. 该选项参数只用于平面图形，其默认值为 False.

例：Frame－＞True 表示图形中显示有边框；Frame－＞False 表示图形中不显示有边框．

(5)选项参数名称：FrameLabel

含义：平面图形框的周围是否加标记．

参数取值：该参数的取值为 None 和{xb，yl，xt，yr}. 该选项参数只用于平面图形且在 Frame－＞True 时才有效，其默认值为 None.

例：FrameLabel－＞{a，b，c，d}表示显示的图形框的四个边的标记由底边起按顺时针方向依次为 a，b，c，d；FrameLabel－＞None 表示显示的图形框周围没有标记．

(6)选项参数名称：PlotLabel

含义：是否设置图形名称标记．

参数取值：该参数取值为“字符串”和 None，默认值为 None.

例：PlotLabel－＞None 表示没有图形名称标记；PlotLabel－＞“Bessel”是显示的图形上标出符号 Bessel 作为该函数图形名称．

(7)选项参数名称：PlotRange

含义：设置图形的范围．

参数取值：该参数的默认值为 Automatic，作为平面图形输出参数时，该选项参数还有两个取值，分别为{y_1，y_2}和{{x_1，x_2}，{y_1，y_2}}，第一个取值表示画出函数值在 y_1 和 y_2 之间的图形，第二个取值表示画出自变量在 x_1 和 x_2 且函数值在 y_1 和 y_2 之间的图形．作为空间图形输出参数时，该选项参数也还有两个取值，分别为{z_1，z_2}和{{x_1，x_2}，{y_1，y_2}，{z_1，z_2}}，第一个取值表示画出二元函数值在 z_1 和 z_2 之间的图形，第二个取值表示画出第一个自变量在 x_1 和 x_2，第二个自变量在 y_1 和 y_2，且函数值在 z_1 和 z_2 之间的曲面图形．

例：PlotRange－＞Automatic 表示用 Mathematica 内部算法显示的图形，该算法可以按要求尽量显示图形；PlotRange－＞{1，8}表示只显示函数值在 1 和 8 之间的平面曲线图形或空间曲面图形；PlotRange－＞{{2，5}，{1，8}}表示只显示自变量在 2 和 5 之间且函数值在 1 和 8 之间的平面曲线图形；PlotRange－＞{{2，5}，{1，8}，{－2，5}}显示第一个自变量在[2，5]、第二个自变量在[1，8]且函数值在[－2，5]之间的曲面图形．

(8)选项参数名称：PlotStyle

含义：设置所绘曲线或点图的颜色、曲线粗细或点的大小及曲线的虚实等显示样式．

参数取值：与曲线样式函数的取值对应．

曲线样式函数有：RGBColor[r，g，b]颜色描述函数，自变量 r，g，b 的取值范围为闭区间[0，1]，其中 r，g，b 分别对应红(red)、绿(green)、蓝(blue)三种颜色的强度，它们取值的不同组合产生不同的色彩．

Thickness[t]曲线粗细描述函数，自变量 t 的取值范围为闭区间[0，1]，t 的取值描述曲线粗细所占整个图形百分比，通常取值小于 0.1. 二维图形的粗细默认值为 Thickness[0.004]，三维图形的粗细默认值为 Thickness[0.001].

GrayLevel[t]曲线灰度描述函数，自变量 t 的取值范围为闭区间[0，1]，t 取 0 值为白色，t 取 1 值为黑色.

PointSize[r]点的大小描述函数，自变量 r 表示点的半径，它的取值范围为闭区间[0，1]，该函数的取值描述点的大小所占整个图形百分比，通常 r 取值小于 0.01. 二维点图形的默认值为 PointSize[0.008]，三维点图形的粗细默认值为 PointSize[0.01].

Dashing[{d1，d2，…，dn}]虚线图形描述函数，虚线图周期地使用序列值{d1，d2，…，dn}在对应的曲线上采取依次交替画长 d1 实线段，擦除长 d2 实线段，再画长 d3 实线段，擦除长 d4 实线段，…的方式，画出虚线图.

注意：选项参数 PlotStyle 有两种取值方式：

①Plotstyle－>s 为所有曲线设置一种线形；

②Plotstyle－>{{s1}，{s2}，…{sn}}为一组曲线依次分别设置线形 s1，线形 s2，…，线形 sn. 这里 s1，s2，s3，…，sn 都是如上提到的一种或多种曲线样式函数值，如：

PlotStyle－>RGBColor[0，1，0]设置了输出曲线是绿色.

PlotStyle－>{{RGBColor[1，0，0]，Thickness[0.05]}，{RGBColor[0，0，1]}}设置了第一个输出曲线是红色且线宽为 0.05，第二个输出曲线为蓝色.

九、绘图命令

(1)Plot[f[x]，{x，xmin，xmax}]

功能：画出函数 $f(x)$的图形，图形范围是自变量 x 满足 $x_{min}\leqslant x\leqslant x_{max}$的部分，其选择项参数值取默认值.

(2)Plot[f[x]，{x，xmin，xmax}，option1－>value1，option2－>value2，…]

功能：画出函数 $f(x)$的图形，图形范围是自变量 x 满足 $x_{min}\leqslant x\leqslant x_{max}$的部分，其选择项参数值取命令的值.

(3)Plot[{f1[x]，f2[x]，…，fn[x]}，{x，xmin，xmax}]

功能：在同一个坐标系画出函数 $f_1[x]$，$f_2[x]$，…，$f_n[x]$的图形，图形范围是自变量 x 满足 $x_{min}\leqslant x\leqslant x_{max}$的部分，其选择项参数值取默认值.

(4)Plot[{f1[x]，f2[x]，…，fn[x]}，{x，xmin，xmax}，option1－>value1，…]

功能：在同一个坐标系画出函数 $f_1[x]$，$f_2[x]$，…，$f_n[x]$的图形，图形范围是自变量 x 满足 $x_{min}\leqslant x\leqslant x_{max}$的部分，其选择项参数值取命令的值.

(5)Plot3D[f[x，y]，{x，xmin，xmax}，{y，ymin，ymax}]

功能：画出函数 $f(x，y)$的自变量$(x，y)$满足 $x_{min}\leqslant x\leqslant x_{max}$，$y_{min}\leqslant y\leqslant y_{max}$部分的曲面图形，其选择项参数取默认值.

(6)ParametricPlot[{x[t]，y[t]}，{t，tmin，tmax}，option1－>value1，…]

功能：画出平面参数曲线方程为 $x=x(t)$，$y=y(t)$满足 $t_{min}\leqslant t\leqslant t_{max}$部分的一条平面参数曲线图形.

(7)ParametricPlot[{{{x1[t]，y1[t]}，{x2[t]，y2[t]}，…}，{t，tmin，tmax}，option1->value1，…}]

功能：在同一个坐标系中画出一组平面参数曲线，对应的参数曲线方程为

$x_1=x_1(t)$，$y_1=y_1(t)$；$x_2=x_2(t)$，$y_2=y_2(t)$；….t 满足 $t_{min}\leqslant t\leqslant t_{max}$.

(8) ParametricPlot3D[{{{x[t]，y[t]，z[t]}，{t，tmin，tmax}，option1->value1，…}]

功能：画出空间参数曲线方程为 $x=x(t)$，$y=y(t)$，$z=z(t)$ 满足 $t_{min}\leqslant t\leqslant t_{max}$ 部分的一条空间参数曲线图形，如果没有选择项参数，则对应的选择项值取默认值.

(9)ParametricPlot3D[{x[u，v]，y[u，v]，z[u，v]}，{u，umin，umax}，{v，vmin，vmax}，option1->value1，…}]

功能：画出参数曲面方程为 $x=x(u, v)$，$y=y(u, v)$，$z=z(u, v)$，$u\in[u_{min}, u_{max}]$，$v\in[v_{min}, v_{max}]$ 部分的参数曲面图形，如果没有选择项参数，则对应的选择项值取默认值.

(10)ListPlot[{{x1，y1}，{x2，y2}，…，{xn，yn}}，option1->value1，…]

功能：在直角坐标系中画出点集 $\{x_1, y_1\}$，$\{x_2, y_2\}$，…，$\{x_n, y_n\}$ 的散点图，如果没有选择项参数，则选择项值取默认值.

(11)ListPlot[{y1，y2，…，yn}，option1->value1，…]

功能：在直角坐标系中画出点集 $\{1, y_1\}$，$\{2, y_2\}$，…，$\{x_n, y_n\}$ 的散点图，如果没有选择项参数，则选择项值取默认值.

(12)ListPlot[{{x1，y1}，{x2，y2}，…{xn，yn}}，PlotJoined->True]

功能：将所输入数据点依次用直线段联结成一条折线.

(13)ContourPlot[f[x，y]，{x，xmin，xmax}，{y，ymin，ymax}，option1->value1，…]

功能：画出二元函数 $z=f(x, y)$ 当 z 取均匀间隔数值所对应的平面等值线图，其中变量 x，y 满足 $x_{min}\leqslant x\leqslant x_{max}$，$y_{min}\leqslant y\leqslant y_{max}$. 如果没有选择项参数，则对应的选择项取默认值.

(14)Show[plot]

功能：重新显示图形 plot.

(15)Show[plot，option1->value1，…]

功能：按照选择设置 option1->value1，…重新显示图形 plot.

(16)Show[plot1，plot2，…，plotn]

功能：在一个坐标系中，显示 n 个图形 plot1，plot2，…，plotn.

(17)Show[Graphics[二维图形元素表]，option1->value1，…]

功能：画出由二维图形元素表组合的图形，其选择项参数及取值同于平面绘图参数.

常数的二维图形元素见附表7.

附表7

图形元素	几何意义
Point[{x，y}]	位置在直角坐标 $\{x, y\}$ 处的点
Line[{x1，y1}，{x2，y2}，…，{xn，yn}]	依次用直线段连接相邻两点的折线图
Rectangle[{xmin，ymin}，{xmax，ymax}]	以 $\{x_{min}, y_{min}\}$ 和 $\{x_{max}, y_{max}\}$ 为对角线坐标的矩形区域

（续）

图 形 元 素	几 何 意 义
Polygon[{{x1，y1}，{x2，y2}，…，{xn，yn}}]	以$\{x_1，y_1\}，\{x_2，y_2\}，…，\{x_n，y_n\}$为顶点的封闭的多边形区域
Circle[{x，y}，r]	圆心在直角坐标$\{x，y\}$，半径为r的圆
Circle[{x，y}，{rx，ry}]	圆心在直角坐标$\{x，y\}$，长短半轴分别为r_x和r_y的椭圆
Circle[{x，y}，r，{t1，t2}]	以直角坐标$\{x，y\}$为圆心，r为半径，圆心角度从t_1到t_2的一段圆弧
Disk[{x，y}，r]	圆心在直角坐标$\{x，y\}$，半径为r的实圆盘
Disk[{x，y}，{rx，ry}]	圆心在直角坐标$\{x，y\}$，长短半轴分别为r_x和r_y的椭圆盘
Text[expr，{x，y}]	中心在直角坐标$\{x，y\}$的文本

十、结束语

本部分只介绍了 Mathematica 的部分功能和语句，更进一步的有关使用 Mathematica 的实例可参看本书中有关的实验实例部分，而更多的有关 Mathematica 的指令知识部分，感兴趣的读者可以参看由 StephenWolfram 编著的《Mathematica 全书》.

附录二　部分习题参考答案

第　一　章

习题 1.1

1. 验证 $f(-x)=-f(x)$ 可知，该函数为奇函数．

2. (1) $D=\{x \mid 0 \leqslant x<3\}$；　(2) $D=\{x \mid x \in \mathbf{R}\}$．

3. C.

习题 1.2

1. C.

2. (1)由 $y=\sin u$，$u=3x$ 复合而成；　(2)由 $y=u^2$，$u=\cos v$，$v=3x+1$ 复合而成；(3)由 $y=\ln u$，$u=1+x^2$ 复合而成；　(4)由 $y=2^u$，$u=\arctan v$，$v=x^2$ 复合而成．

3. $\dfrac{x}{1+3x}$.

习题一

1. D.

2. C.

3. D.

4. (1) $D=\{x \mid 2 \leqslant x \leqslant 4\}$；　(2) $D=\{x \mid x<1$ 或 $x>2\}$；
(3) $D=\{x \mid -2 \leqslant x<1\}$；　(4) $\{x \mid -1<x<1,\ x \neq 0\}$．

5. (1)不同；(2)相同；(3)不同；(4)相同；(5)相同；(6)不同．

6. $x(x+1)$.

7. $\Delta x+3$.

8. $f(-4)=-3$，$f(2)=1$，$f(2-x)=\begin{cases}3-x, & x>3, \\ 1, & x \leqslant 3.\end{cases}$

9. $f[\varphi(x)]=(\ln x)^2$，$x>0$；$f[f(x)]=x^4$，$x \in \mathbf{R}$；
$\varphi[f(x)]=\ln x^2$，$x \in \mathbf{R}$ 且 $x \neq 0$；$\varphi[\varphi(x)]=\ln(\ln x)$，$x>1$．

10. $Q_0 \approx 20000$(元)．

11. $N(0)=1$(人)，$N(4) \approx 54$(人)．

12. 设 x 为每户居民每月的用水量，$f(x)$ 为水费，则

$$f(x)=\begin{cases}0.64x, & 0 \leqslant x \leqslant 4.5, \\ 2.88+0.64 \times 5 \times(x-4.5), & x>4.5,\end{cases}$$

且 $f(3.5)=2.24$，$f(4.5)=2.88$，$f(5.5)=6.08$，$f(9)=17.28$．

13. $V=\pi h\left(r^2-\dfrac{h^2}{4}\right)$，$h \in(0,\ 2r)$．

第　二　章

习题 2.1

(1)1；(2)极限不存在；(3)0；(4)1.

习题 2.2

1. D.

2. (1) $\lim\limits_{x\to 0^-}f(x)=-1$，$\lim\limits_{x\to 0^+}f(x)=1$；(2)$\lim\limits_{x\to 0}f(x)=1$；

(3) $\lim\limits_{x\to 0^-}f(x)=1$，$\lim\limits_{x\to 0^+}f(x)=0$；(4)$\lim\limits_{x\to 0}f(x)=1$.

习题 2.3

1. B.

2. 无穷小量.

3. (1)$-\dfrac{3}{5}$；(2)1；(3)$\dfrac{2}{3}$；(4)2；(5)$\dfrac{1}{2}$；(6)-1.

4. $c=\ln 2$.

习题 2.4

1. (1)连续区间$(-\infty,-1)$，$(-1,+\infty)$，间断点 $x=-1$；

(2)连续区间$(-\infty,+\infty)$.

2. 连续区间$(-\infty,-3)$，$(-3,2)$，$(2,+\infty)$，$\lim\limits_{x\to 0}f(x)=\dfrac{1}{2}$，$\lim\limits_{x\to 2}f(x)=\infty$.

习题二

1. D.　2. D.　3. C.　4. C.　5. B.

6. (1)$\dfrac{1}{2}$；(2)$\dfrac{1}{2}$.

7. (1)$\dfrac{3}{2}$；(2)$\dfrac{m}{3}$；(3)$-\dfrac{1}{\sqrt{2}}$；(4)$\dfrac{1}{2}$；(5)$\dfrac{3}{4}$.

8. (1)8；(2)不存在；(3)4；(4)e^{-4}；(5)e^2；(6)e^{-2}；(7)1；(8)$\dfrac{1}{x}$；(9)$\dfrac{10}{3}$；(10)2；

(11)0；(12)1.

9. $a=4$，$c=10$.

10. 提示：$\dfrac{n}{n^2+n}\leqslant\dfrac{1}{n^2+1}+\dfrac{1}{n^2+2}+\cdots+\dfrac{1}{n^2+n}\leqslant\dfrac{n}{n^2+1}$.

11. (1)$x=0$ 为垂直渐近线，$y=0$ 为水平渐近线；

(2)$x=2$ 为垂直渐近线，$y=0$ 为水平渐近线；

(3)$x=-1$，$x=2$ 为垂直渐近线，$y=1$ 为水平渐近线；

(4)$x=1$ 为垂直渐近线，$y=-1$ 为水平渐近线.

12. (1)$x=1$ 为第一类可去间断点，补充定义 $f(1)=-2$；$x=2$ 为第二类无穷间断点；

(2)$x=0$ 为第一类跳跃间断点；

(3)$x=0$ 为第一类跳跃间断点；$x=1$ 为第一类可去间断点，补充定义 $f(1)=\dfrac{1}{2}$；$x=-1$ 为第二类无穷间断点；

(4)$x=1$ 为第一类跳跃间断点.

13. 若极限存在须满足 $b=\frac{1}{2}$，若连续须满足 $b=\frac{1}{2}$，$a=\frac{1}{2}$.

14. (1)$\sqrt{2}$；(2)sin2；(3)0；(4)2.

15. 提示：根的存在定理.

16. 提示：最值定理，介值定理.

17. 提示：根的存在定理.

18. (1) $\lim\limits_{x\to 4.5} f(x)=2.88$；(2)是连续函数；(3)略.

第　三　章

习题 3.1

1. (1)$\bar{v}=1.5\text{m/s}$；(2)$v(1)=6.4\text{m/s}$，$v(2)=-3.4\text{m/s}$.

2. (1)$y'=2ax+b$；(2)$y'=\frac{1}{2\sqrt{1+x}}$.

习题 3.2

(1)$y'=2\cos x-\frac{1}{x}+\frac{3}{2\sqrt{x}}$；(2)$y'=\frac{1}{2}+\frac{2}{x^2}$；(3)$y'=2x\cos x+x^2(-\sin x)$；

(4)$y'=\frac{2}{(x+1)^2}$；(5)$y'=20(4x+1)^4$；(6)$y'=\frac{x}{\sqrt{(1-x^2)^3}}$；(7)$y'=\cos x^3\cdot 3x^2$；

(8)$y'=2\sec^2 x\cdot\tan x$；(9)$y'=-\sqrt{\frac{y}{x}}$；(10)$y'=\frac{ay-x^2}{y^2-ax}$.

习题 3.3

1. (1)$y''=2^x(\ln 2)^2+2$；(2)$y''=-2\sin x-x\cos x$；

(3)$y''=2\sec^2 x\cdot\tan x$；(4)$y''=-\sec^2 x$；

2. (1)$y''=\frac{y^2-x^2}{y^3}$；(2)$y''=\frac{-\sin(x+y)}{[1-\cos(x+y)]^3}$；

3. (1)$y^{(n)}=2(-1)^n n!\,(1+x)^{-(n+1)}$；(2)$y^{(n)}=ne^x+xe^x$.

习题 3.4

1. C.

2. (1)$dy=(3x^2-6x+3)dx$；(2)$dy=(\ln x+1)dx$.

3. $\frac{1}{2}+\frac{\sqrt{3}}{360}\pi$.

习题三

1. B.　2. B.　3. C.　4. C.　5. D.

6. (1)切线方程：$y=-x+2$，法线方程：$y=x$；

(2)切线方程：$y=x-1$，法线方程：$y=-x+1$.

7. $y=ex$.

8. 提示：通过切线方程求面积.

9. (1)在点 $x=0$ 连续、不可导；(2)在点 $x=0$ 连续、不可导；

(3)在点 $x=0$ 不连续、不可导；(4)在点 $x=0$ 连续、可导．

10. $a=2$，$b=-1$.

11. (1) $f'(x_0)$；(2) $(\alpha+\beta)f'(x_0)$.

12. (1) $y'=ax^{a-1}+a^x\ln a$；(2) $y'=abx^{b-1}(1+bx^a)+(1+ax^b)bax^{a-1}$；

(3) $y'=\dfrac{-x\sin x-2\cos x}{x^3}$；(4) $y'=\dfrac{2x}{(x^2+1)^2}$；

(5) $y'=\cos x\cdot 10^{10}$；(6) $y'=-\dfrac{1}{(1+x+x^2)^2}(1+2x)$；

(7) $y'=\mathrm{e}^x\cdot\sin x\cdot\ln x+\mathrm{e}^x\cdot\cos x\cdot\ln x+\mathrm{e}^x\cdot\sin x\cdot\dfrac{1}{x}$；

(8) $y'=\dfrac{(\sin x+x\cos x)\cdot(1+\tan x)-x\cdot\sin x\cdot\sec^2 x}{(1+\tan x)^2}$.

13. (1) $y'=\sqrt{\dfrac{1-t}{1+t}}\dfrac{1}{(1-t)^2}$；(2) $y'=\dfrac{4}{\sqrt{1+8x}}$；(3) $y'=(\cos\sqrt{1+x^2})\dfrac{x}{\sqrt{1+x^2}}$；

(4) $y'=\dfrac{1}{\ln(\ln x)}\cdot\dfrac{1}{\ln x}\cdot\dfrac{1}{x}$；(5) $y'=\mathrm{e}^{\mathrm{e}x+1}$；(6) $y'=(\ln 2)\cdot 2^{\frac{x}{\ln x}}\cdot\dfrac{\ln x-1}{(\ln x)^2}$；

(7) $y'=2\arcsin x\cdot\dfrac{1}{\sqrt{1-x^2}}$；(8) $y'=-\dfrac{1}{1+x^2}$；

(9) $y'=\dfrac{-2}{\arccos 2x\cdot\sqrt{1-4x^2}}$；(10) $y'=\dfrac{\sec^2\dfrac{x}{2}}{4\sqrt{\tan\dfrac{x}{2}}}$.

14. (1) $-\sqrt{\dfrac{\pi}{6}}$；(2) 0；(3) $-\dfrac{1}{15}$.

15. (1) $y'=f'(x^2)\cdot 2x$；(2) $y'=f'(\mathrm{e}^{-x}+\sin x)\cdot(-\mathrm{e}^{-x}+\cos x)$；

(3) $y'=\sin 2x\cdot(f'(\sin^2 x)-f'(\cos^2 x))$；(4) $y'=\dfrac{f'(\ln x)\cdot\ln f(x)}{x}+\dfrac{f(\ln x)f'(x)}{f(x)}$.

16. (1) $y'=\dfrac{1+y^2}{2+y^2}$；(2) $y'=\dfrac{x+y}{x-y}$.

17. (1) $\mathrm{e}(\mathrm{e}-1)$；(2) $\dfrac{1}{3}$.

18. (1) $y'=\left(\dfrac{x}{1+x}\right)^x\left[\ln\left(\dfrac{x}{1+x}\right)+\dfrac{1}{1+x}\right]$；

(2) $y'=(\tan 2x)^{\cot\frac{x}{2}}\left(-\dfrac{\csc^2\dfrac{x}{2}\cdot\ln\tan 2x}{2}+\dfrac{2\cot\dfrac{x}{2}\cdot\sec^2 2x}{\tan 2x}\right)$.

19. (1) $y''=2\arctan x+\dfrac{2x}{1+x^2}$；(2) $y''=\dfrac{-x}{\sqrt{(1+x^2)^3}}$；

(3) $y''=\mathrm{e}^{\sqrt{\sin x}}\left(\dfrac{\cos^2 x}{4\sin x}-\dfrac{\cos^2 x}{4\sqrt{\sin^3 x}}-\dfrac{\sqrt{\sin x}}{2}\right)$；(4) $y''=\begin{cases}2, & x>0,\\ -2, & x<0.\end{cases}$

20. (1) $y''=f''(\mathrm{e}^x)\mathrm{e}^{2x}+f'(\mathrm{e}^x)\mathrm{e}^x$；(2) $y''=\dfrac{1}{x^3}f''\left(\dfrac{1}{x}\right)$；

(3)$y''=-\frac{2(1+y^2)}{y^5}$；(4)$y''=-6\frac{x^2+xy+y^2}{(x+2y)^3}$.

21. (1)$y^{(n)}=2^{n-1}\sin\left[2x+(n-1)\frac{\pi}{2}\right]$；(2)$y^{(n)}=2(-1)^{n-3}(n-3)!\ x^{-(n-2)}(n>3)$.

22. (1)$dy=(2-2\cos 2x)dx$；(2)$dy=-\frac{a(2x^2+a^2)}{x^2(x^2+a^2)}dx$；

(3)$dy=e^{-x}[\sin(3-x)-\cos(3-x)]dx$；(4)$dy=\frac{-2x}{1+x^4}dx$；

(5)$dy=2xe^{\sin x^2}\cos x^2 dx$；(6)$dy=(5^{\ln\tan x}\ln 5)\cdot\frac{1}{\tan x}\cdot\sec^2 x dx$.

23. (1)$dy=-\frac{2\sqrt{xy+y}+y}{x+1}dx$；(2)$dy=\frac{\sec^2(x+y)}{1-\sec^2(x+y)}dx$.

24. (1)$2x$；(2)$\frac{3}{2}x^2$；(3)$2\sqrt{x}$；(4)$\ln|1+x|$；(5)$\tan x$；(6)$\arctan x$.

25. (1)$\frac{3b}{2a}t$；(2)$\frac{\sin t}{1-\cos t}$；(3)$\frac{\cos\theta-\theta\sin\theta}{1-\sin\theta-\theta\cos\theta}$；(4)$\frac{3}{2}e^t$.

26. (1)$\frac{1}{t^3}$；(2)$\frac{4}{9}e^{3t}$；(3)$-\csc^3 t$；(4)$-\frac{1}{\cos^3\theta}$.

27. $\frac{16}{25\pi}\approx 0.204(m^2/s)$.

28. 0.14rad/min.

29. $R'(x)=100-10x$；当 $D=20$ 时，$R'(x)=-60$；当 $D=50$ 时，$R'(x)=0$；当 $D=70$ 时，$R'(x)=40$.

30. 略.

31. $-\frac{cd}{\rho^2}e^{-\frac{d}{\rho}}$.

第　四　章

习题 4.1

1. (1)$y=|x|$，$x\in[-1,1]$，不满足在$(-1,1)$内可导；

(2)$y=\begin{cases}-\frac{1}{2}x+\frac{5}{2}, & 1\leqslant x<3,\\ 2, & x=3,\end{cases}$不满足在$[1,3]$上连续；

(3)$y=x-1$，$x\in[1,3]$，不满足 $f(1)=f(3)$.

2. $f(a)=f(b)$.

3. C.

4. 提示：设 $f(t)=\ln t$，在$[x,x+1]$上应用拉格朗日中值定理即证.

习题 4.2

(1)2；(2)$\frac{1}{e}$；(3)$\frac{1}{2}$；(4)$\frac{1}{2}$.

习题 4.3

1. C.

2. 提示：利用函数的单调性证明．

3.(1)极大值为 $f(0)=7$，极小值为 $f(2)=3$；

(2)函数无极值；

(3)极大值为 $f(-2)=-4$，极小值为 $f(0)=0$；

(4)极大值为 $f(1)=\frac{3}{2}$，极小值为 $f(-1)=-\frac{3}{2}$；

(5)极大值为$f(1)=1$；

(6)极大值为 $f(\pm 1)=\frac{1}{e}$，极小值为 $f(0)=0$.

习题 4.4

1.(1)$p(x)=550-\frac{1}{10}x(x\geqslant 1000)$；

(2)每周卖出 2750 台时收益最大，此时价格 $p(2750)=275$ 元，应降价 175 元；

(3)每周卖出 2000 台时利润最大，此时价格 $p(2000)=350$ 元，应降价 100 元．

2. 每批生产 250 台时利润最大．

习题 4.5

1. 当 $r=h=\sqrt[3]{\frac{V}{\pi}}$时，材料最省．

2. 当 $h=\frac{4R}{3}$时，$V_{\max}=\frac{32}{81}\pi R^3$.

习题四

1. D.　2. D.　3. C.　4. 同．

5. 提示：设 $f(t)=\arctan t$，在$[a, b]$上由拉格朗日中值定理即证．

6.(1)$\frac{m}{n}a^{m-n}$；(2)$\frac{1}{4}$；(3)0；(4)1；(5)3；(6)0；(7)$a^a\ln a-a^a$；(8)$\frac{1}{6}$；

(9)∞；(10)0；(11)0；(12)$e^{-\frac{1}{6}}$；(13)$\sqrt{6}$；(14)1；(15)e；(16)e^{-1}.

7.(1)在$(-\infty, -1]$和$[3, +\infty)$内，函数单调增；在$[-1, 3]$上，函数单调减；

(2)在$\left(0, \frac{1}{2}\right]$内，函数单调减；在$\left[\frac{1}{2}, +\infty\right)$内，函数单调增；

(3)在$(-\infty, +\infty)$内，函数单调减；

(4)在$(-\infty, -1]$内，函数单调减；在$[1, +\infty)$内，函数单调增．

8.(1)最大值为 $f(\pm 2)=13$，最小值为 $f(\pm 1)=4$；

(2)最大值为 $f(4)=80$，最小值为 $f(-1)=-5$；

(3)最大值为 $f\left(\frac{3}{4}\right)=\frac{5}{4}$，最小值为 $f(-5)=\sqrt{6}-5$.

9.(1)在$(-\infty, 1)$上，曲线是凹的；在$\left(-1, -\frac{1}{3}\right)$上，曲线是凸的；在$\left(-\frac{1}{3}, +\infty\right)$上，曲线是凹的；拐点为$(-1, 2)$和$\left(-\frac{1}{3}, \frac{38}{27}\right)$.

(2)在$(-\infty, -1)$上，曲线是凸的；在$(-1, 1)$上，曲线是凹的；在$(1, +\infty)$上，曲线是凸的；拐点为$(\pm 1, \ln 2)$.

(3)在$(-\infty, -1)$上，曲线是凸的；在$(-1, 0)$上，曲线是凹的；在$(0, 1)$上，曲线是凸的；在$(1, +\infty)$上，曲线是凹的；拐点为$(0, 0)$.

(4)在$(-\infty, -2)$上，曲线是凹的；在$(-2, 0)$上，曲线是凸的；在$(0, +\infty)$上，曲线是凹的；拐点为$(0, 0)$，$(-2, -4)$.

10. 当 $p=6.5$ 时利润最大.

11. $R=ape^{-bp}$；$R'=ae^{-bp}(1-bp)$.

12. $r:h=1:1$ 时最省料.

13. 沿湖步行所用时间最短，为$\frac{\pi}{2}$h.

第　五　章

习题 5.1

1. (1)$\frac{3}{2}$；(2)$\frac{\pi}{4}$.

2. $S=\int_0^{\frac{\pi}{2}}\sin x\mathrm{d}x$.

习题 5.2

1. $F(x)+C$.

2. C.

3. C.

4. (1) $\int_0^{\frac{\pi}{2}}\cos x\mathrm{d}x>\int_0^{\frac{\pi}{2}}\cos^2 x\mathrm{d}x$；(2) $\int_1^{e}\ln x\mathrm{d}x>\int_1^{e}\ln^2 x\mathrm{d}x$；(3) $\int_e^{3}\ln x\mathrm{d}x<\int_e^{3}\ln^2 x\mathrm{d}x$.

习题 5.3

(1)$-\frac{4}{x}+\frac{1}{27}x^3+\frac{4}{3}x+C$；(2)$\ln|\sec x+\tan x|+C$；(3)$-2\ln|\cos\sqrt{x}|+C$；

(4)$\frac{\sqrt{2}}{6}\arctan\frac{\sqrt{2}}{3}x+C$；(5)$\ln|\ln x|+C$；(6)$x+3\ln\left|\frac{x-3}{x-2}\right|+C$；

(7)$x\arcsin x+\sqrt{1-x^2}+C$；(8)$\frac{x^2}{2}\arctan x-\frac{1}{2}x+\frac{1}{2}\arctan x+C$.

习题 5.4

1. (1)1；(2)$-\frac{1}{4}\ln 3$；(3)$\frac{1}{6}$；(4)$\frac{e^2}{4}+\frac{1}{4}$；(5)$2\ln 2-1$.

2. (1)$2x\ln(1+x^4)$；(2)$\frac{2x}{\sqrt{1+x^4}}-\frac{1}{\sqrt{1+x^2}}$.

习题 5.5

(1)1；(2)1；(3)$-\frac{1}{2}\ln 2$.

习题五

1. A.　2. C.　3. B.　4. A.　5. B.

6. (1)$\frac{3}{2}$；(2)$\frac{\pi}{4}$；(3)$\frac{1}{30}$；(4)$-\frac{1}{3}$.

7. (1)$\frac{1}{2}(x+\sin x)+C$；(2)$\frac{1}{2}(1+x^2)-\frac{1}{2}\ln(1+x^2)+C$；(3)$\frac{1}{3}\arcsin\frac{3}{2}x+C$；

(4)$\frac{1}{2}(\arcsin x)^2+C$；(5)$\frac{3}{8}x-\frac{1}{4}\sin 2x+\frac{1}{32}\sin 4x+C$；(6)$\arctan e^x+C$；

(7)$\frac{1}{2}\ln(x^2+4x+13)-\frac{1}{3}\arctan\frac{x+2}{3}+C$；(8)$\arctan f(x)+C$；

(9)$(x+1)-4\sqrt{x+1}+4\ln(\sqrt{x+1}+1)+C$；(10)$\ln\left|\frac{\sqrt{1+e^x}-1}{\sqrt{1+e^x}+1}\right|+C$；

(11)$\frac{1}{2}(\arcsin e^x+e^x\sqrt{1-e^{2x}})+C$；(12)$\frac{1}{5}(1+x^2)^{\frac{5}{2}}-\frac{1}{3}(1+x^2)^{\frac{3}{2}}+C$；

(13)$x\tan x+\ln|\cos x|+C$；(14)$\frac{1}{6}x^3-\frac{1}{4}x^2\sin 2x-\frac{1}{4}x\cos 2x+\frac{1}{8}\sin 2x+C$；

(15)$\frac{x}{2}[\cos(\ln x)+\sin(\ln x)]+C$；(16)$x\ln^2 x-2x\ln x+2x+C$；

(17)$2(\sqrt{x}-1)e^{\sqrt{x}}+C$；(18)$-e^{-x}\cdot\arctan e^x+x-\frac{1}{2}\ln(1+e^{2x})+C$；

(19)$-\sqrt{1-x^2}\cdot\arcsin x+x+C$.

8. (1)$\frac{11}{6}$；(2)0；(3)$\frac{1}{2}$；(4)$7+2\ln 2$；(5)$\frac{3}{16}\pi$；(6)$\frac{\pi}{4}+\frac{1}{2}$；(7)$-\frac{3}{4}e^{-2}+\frac{1}{4}$；

(8)$\frac{\pi}{4}-\frac{\sqrt{3}}{9}\pi+\ln\frac{\sqrt{6}}{2}$；(9)$\frac{e}{2}(\sin 1-\cos 1)-[\sin(\ln 2)-\cos(\ln 2)]$；(10)$\frac{1}{2}(e^{\frac{\pi}{2}}-1)$.

9. 证明略.

10. 当$k>1$时，广义积分收敛于$\frac{(\ln 2)^{1-k}}{k-1}$；当$k\leqslant 1$时，广义积分发散.

第 六 章

习题 6.1

(1)3km；(2)90000π人.

习题 6.2

1. (1)$2\left(\frac{2}{3}-\frac{\sqrt{2}}{3}\right)$；(2)$2\sqrt{2}-2$.

2. $\frac{64}{3}$.

习题 6.3

1. $\frac{8}{5}\pi$.

2. $\frac{\pi}{2}$.

3. $\frac{3}{10}\pi$.

习题 6.4

6kg/m.

习题 6.5

(1)生产 40 单位时的总利润为 2400 元，平均利润为 60 元；

(2)再增加生产 10 个单位时所增加的总利润为 100 元．

习题六

1. $4\ln2$.

2. $\frac{e}{2}-1$.

3. $V_x=\frac{15}{2}\pi$；$V_y=\frac{124}{5}\pi$.

4. $\frac{376}{15}\pi$.

5. (1)$V(a)=\frac{\pi}{2}(1-e^{-2a})$，$b=\frac{1}{2}\ln2$；(2)点$(1, e^{-1})$，$S=2e^{-1}$.

6. (1) $v=\int_0^h \pi f^2(y)dy$；(2)略；(3)$f(h)=\sqrt{\frac{kA\sqrt{h}}{c\pi}}$.

7. $\frac{1000}{3}\sqrt{3}$.

8. $\frac{9\pm\sqrt{57}}{4}$.

9. $50+\frac{28}{\pi}$.

10. 0.

11. 1108.

12. 300 元．

13. (1)$C(x)=0.25x^2+4x+20$；

(2)生产 32 单位产品才能获得最大利润，最大利润为 236 元．

14. (1)$C(x)=1+3x+\frac{x^2}{6}$，$R(x)=7x-\frac{x^2}{2}$，$L(x)=-1+4x-\frac{2x^2}{3}$；

(2)总成本为 $C(5)-C(1)=16$ 万元，总收益为 $R(5)-R(1)=16$ 万元；

(3)当产量为 3 百台时，最大利润为 $L(3)=5$ 万元．

15. $2000(3-4e^{-0.5})$.

16. (1)$b=\frac{10}{1-e^{-1}}$；(2)$100-200e^{-1}$.

17. $4000(\sqrt{15}-3)$.

18. 3300 万只．

第　七　章

习题 7.1

1. D.

2. $\frac{2xy}{x^2+y^2}$.

3. (1) $\{(x, y) | y^2 > 2x-1\}$；(2) $\{(x, y) | y \geqslant 0, x-\sqrt{y} \geqslant 0\}$.

4. (1) 0；(2) $-\frac{1}{4}$.

习题 7.2

1. (1) $z'_x = 3x^2y - y^3$，$z'_y = x^3 - 3xy^2$；

(2) $z'_x = \frac{y^2}{(x^2+y^2)^{\frac{3}{2}}}$，$z'_y = \frac{-xy}{(x^2+y^2)^{\frac{3}{2}}}$；

(3) $z'_x = \cot(x-2y)$，$z'_y = -2\cot(x-2y)$.

2. (1) $\mathrm{d}z = \left(y+\frac{1}{y}\right)\mathrm{d}x + \left(x-\frac{x}{y^2}\right)\mathrm{d}y$；

(2) $\mathrm{d}z = \frac{1}{(x^2+y^2)^{\frac{3}{2}}}(y^3\mathrm{d}x + x^3\mathrm{d}y)$.

习题 7.3

1. (1) $\frac{\partial z}{\partial x} = (2x^2\sin y\cos y - x^2\sin^2 y)\cos y + (x^2\cos^2 y - 2x^2\sin y\cos y)\sin y$,

$\frac{\partial z}{\partial y} = x\sin y(x^2\sin^2 y - 2x^2\sin y\cos y) + x\cos y(x^2\cos^2 y - 2x^2\sin y\cos y)$；

(2) $\frac{\mathrm{d}z}{\mathrm{d}t} = \mathrm{e}^{\sin t - 2t^3}(\cos t - 6t^2)$.

2. (1) $\frac{\partial z}{\partial x} = \frac{\mathrm{e}^{x+y}+yz}{\mathrm{e}^z - xy}$，$\frac{\partial z}{\partial y} = \frac{\mathrm{e}^{x+y}+xz}{\mathrm{e}^z - xy}$；(2) $\frac{\partial z}{\partial x} = \frac{z}{x+z}$，$\frac{\partial z}{\partial y} = \frac{z^2}{yz+xy}$.

习题 7.4

(1) 极大值为 $z(0, 0) = 0$；(2) 极小值为 $z\left(\frac{1}{2}, -1\right) = -\frac{\mathrm{e}}{2}$.

习题 7.5

1. 三个数都是 $\frac{a}{3}$，它们的积是 $\frac{a^3}{27}$.

2. 该工厂在生产此产品上的最大利润是 28188.7 元.

习题七

1. B.　2. A.　3. C.　4. C.

5. 混合偏导数连续.

6. $t^2x^2 + t^2y^2 - t^2xy\tan\frac{x}{y}$.

7. (1) $\{(x, y) | 4x-y^2 \geqslant 0, 0 < x^2+y^2 < 1\}$；(2) $\{(x, y) | x < 0, x < y \leqslant -x\}$.

8. (1) $z'_x = y^2(1+xy)^{y-1}$，$z'_y = (1+xy)^y\left[\ln(1+xy) + \frac{xy}{1+xy}\right]$；

(2) $z'_x = \mathrm{e}^x(\cos y + \sin y + x\sin y)$，$z'_y = \mathrm{e}^x(-\sin y + x\cos y)$；

(3) $u'_x = \frac{z(x-y)^{z-1}}{1+(x-y)^{2z}}$，$u'_y = \frac{-z(x-y)^{z-1}}{1+(x-y)^{2z}}$，$u'_z = \frac{(x-y)^z\ln(x-y)}{1+(x-y)^{2z}}$.

9. $\frac{2}{5}$，$\frac{1}{5}$.

10. 1.

11. 证明略.

12. (1) $\frac{\partial^2 z}{\partial x^2}=\frac{y^2-2x^2-2xy}{(x^2+xy+y^2)^2}$，$\frac{\partial^2 z}{\partial x\partial y}=\frac{-x^2-4xy-y^2}{(x^2+xy+y^2)^2}$，$\frac{\partial^2 z}{\partial y^2}=\frac{-2y^2+x^2-2xy}{(x^2+xy+y^2)^2}$；

(2) $\frac{\partial^2 z}{\partial x^2}=\frac{2xy}{(x^2+y^2)^2}$，$\frac{\partial^2 z}{\partial x\partial y}=\frac{y^2-x^2}{(x^2+y^2)^2}$，$\frac{\partial^2 z}{\partial y^2}=\frac{-2xy}{(x^2+y^2)^2}$.

13. 2，2，0.

14. 证明略.

15. (1) $\mathrm{d}z=[\cos(x-y)-x\sin(x-y)]\mathrm{d}x+x\sin(x-y)\mathrm{d}y$；

(2) $\mathrm{d}u=yzx^{yz-1}\mathrm{d}x+zx^{yz}\ln x\mathrm{d}y+yx^{yz}\ln x\mathrm{d}z$.

16. (1) $\frac{\partial z}{\partial x}=\mathrm{e}^{xy\cos\ln(x-y)}\left[y\cos\ln(x-y)-\frac{xy}{x-y}\sin\ln(x-y)\right]$，

$$\frac{\partial z}{\partial y}=\mathrm{e}^{xy\cos\ln(x-y)}\left[x\cos\ln(x-y)+\frac{xy}{x-y}\sin\ln(x-y)\right]；$$

(2) $\frac{\mathrm{d}z}{\mathrm{d}x}=\frac{1}{1+(x\mathrm{e}^x)^2}(\mathrm{e}^x+x\mathrm{e}^x)$.

17. $\frac{\partial z}{\partial x}=\frac{2x}{1-z}$，$\frac{\partial z}{\partial y}=\frac{y}{1-z}$.

18. $x=\frac{3\alpha-2\beta}{2\alpha^2-\beta^2}$，$y=\frac{4\alpha-3\beta}{4\alpha^2-2\beta^2}$.

19. 当前墙长为$\sqrt[3]{100}$ m，高为$\frac{3}{4}\sqrt[3]{100}$ m时，房子的造价最小.

20. $p_1=31.5$，$p_2=14$时，利润最大.

第　八　章

习题 8.1

1. $Q=\iint\limits_D u(x,y)\mathrm{d}\sigma$.

2. (1) $I=\iint\limits_D (x+y+1)\mathrm{d}\sigma$；(2) $I=\iint\limits_D \sqrt{R^2-x^2-y^2}\,\mathrm{d}\sigma$.

习题 8.2

(1) $\frac{1}{\mathrm{e}}$；(2) $6\ln 2$；(3) -2；(4) $\pi(\mathrm{e}^4-1)$.

习题八

1. A.　2. C.

3. (1) $\frac{6}{55}$；(2) $\mathrm{e}-\mathrm{e}^{-1}$；(3) $\pi^2-\frac{40}{9}$.

4. (1) $\int_0^1\mathrm{d}x\int_x^1 f(x,y)\mathrm{d}y$；(2) $\int_0^1\mathrm{d}y\int_{\mathrm{e}^y}^{\mathrm{e}} f(x,y)\mathrm{d}x$；

(3) $\int_0^1\mathrm{d}y\int_{y^2}^{y}\frac{\sin y}{y}\mathrm{d}x$；(4) $\int_1^2\mathrm{d}y\int_{y-1}^{y} f(x,y)\mathrm{d}x$.

5. $\frac{A^2}{2}$.

6. $\frac{40}{3}$.

7. $\frac{1}{3}a^3$.

8. (1)$\frac{9}{4}$；(2)$\frac{2}{3}\pi(b^3-a^3)$.

9. $\frac{\pi^5}{40}$.

第 九 章

习题 9.1

1. (1)一阶；(2)三阶；(3)一阶 .

2. (1)是；(2)是；(3)是 .

习题 9.2

(1)$y=\frac{1}{2}e^{2x-4}-\frac{1}{2}e^{-4}$；(2)$e^y=\frac{1}{2}(e^{2x}+1)$；(3)$\frac{1}{3}\left(\frac{y}{x}\right)^{-3}-\frac{1}{4}\ln\left(\frac{y}{x}\right)^4=\ln Cx$；

(4)$\arctan(x+y)=x+C$；(5)$y=2\cos 5x+\sin 5x$.

习题 9.3

1. $R=R_0e^{-\frac{\ln 2}{1600}t}=R_0\left(\frac{1}{2}\right)^{\frac{t}{1600}}$.

2. 69426s.

3. $x=e^I(aI+x_0)$.

习题九

1. A.

2. (1)$\frac{1}{2}y^2=\ln(1+e^x)-\ln(1+e)$；(2)$y=\frac{1}{6}x^3-\sin x+C_1x+C_2$；(3)$\frac{xy^2-x^3}{y^3}=x$；

(4)$\frac{1}{2}(x-y)^2=-x+C$；(5)$y=\frac{1}{x}(-x\cos x+\sin x+C)$；(6)$y=x[\ln(\ln x)+C]$；

(7)$y=\frac{x}{\cos x}$；(8)$y=x+\sqrt{1-x^2}$；(9)$y=e^{\frac{5}{2}x}(C_1+C_2x)$.

3. $\begin{cases}\frac{dN(t)}{dt}=KN(M-N),\\N(0)=N_0.\end{cases}$

4. $x^2+\frac{1}{2}y^2=C$.

5. 需要 60min.

6. 死亡时间约为下午 5 点 24 分 .

7. 证明略 .

8. $y(t)=\frac{1000\cdot 3^{\frac{t}{3}}}{9+3^{\frac{t}{3}}}$，$y(t)=500$ 条 .

9. $N(t)=750-650e^{-0.048t}$.

10. 雪是在午前$(\sqrt{5}-1)$h 开始下的．

第　十　章

习题 10.1

(1)$u_n=(-1)^{n-1}\dfrac{1}{2n-1}$；(2)$u_n=\dfrac{1}{\sqrt{n}+\sqrt{n+1}}$；(3)$u_n=\dfrac{3^{\frac{n}{2}}}{2^n n!}$.

习题 10.2

1. (1)发散；(2)收敛；(3)发散；(4)收敛；(5)收敛．
2. (1)条件收敛；(2)绝对收敛．

习题 10.3

1. (1)$(-e, e)$；(2)$(-\infty, +\infty)$；(3)$(-\infty, +\infty)$；(4)$\left[-\dfrac{1}{3}, \dfrac{1}{3}\right)$；
2. 3.

习题 10.4

(1)$\sin^2 x=x^2+\dfrac{-2^3}{4!}x^4+\dfrac{2^5}{6!}x^6+\dfrac{-2^7}{8!}x^8+\cdots+\dfrac{(-1)^{n-1}2^{2n-1}x^{2n}}{(2n)!}+\cdots$；

(2)$xe^{-x}=x-x^2+\dfrac{1}{2!}x^3-\dfrac{1}{3!}x^4+\cdots+(-1)^n\dfrac{x^{n+1}}{n!}+\cdots$.

习题 10.5

1. 1.649 和 0.174；
2. $\ln|x|+x+\dfrac{1}{2!}\dfrac{x^2}{2}+\dfrac{1}{3!}\dfrac{x^3}{3}+\cdots$.

习题十

1. D.
2. 必要条件．
3. (1)收敛；(2)收敛；(3)发散；(4)收敛；(5)收敛；(6)收敛；(7)发散；(8)收敛．
4. (1)条件收敛；(2)绝对收敛；(3)绝对收敛．
5. (1)$[-10, 10)$；(2)$x=0$ 一点；(3)$\left[-\dfrac{1}{2}, \dfrac{1}{2}\right]$；(4)$[-1, 0)$.
6. $\ln(1-x^2)=-x^2-\dfrac{1}{2}x^4-\dfrac{1}{3}x^6-\dfrac{1}{4}x^8-\cdots-\dfrac{1}{n}x^{2n}-\cdots$.
7. $\dfrac{1}{4}\ln\dfrac{1+x}{1-x}+\dfrac{1}{2}\arctan x-x$.
8. 2.004 和 0.999.

参 考 文 献

[美]D. 休斯．哈雷特，1997. 微积分[M]. 北京：高等教育出版社．
陈公宁，1988. 计算方法导引[M]. 北京：北京师范大学出版社．
郭锡伯，1998. 高等数学实验课讲义[M]. 北京：中国标准出版社．
哈尔滨工业大学，2015. 工科数学分析[M]. 北京：高等教育出版社．
姜启源，1993. 数学模型[M]. 北京：高等教育出版社．
蒋鲁敏，2000. 文科数学[M]. 上海：华东师范大学出版社．
乐经良，1997. 数学实验[M]. 北京：高等教育出版社．
李尚志，1999. 数学实验[M]. 北京：高等教育出版社．
李欣灿，1997. 高等数学应用 205 例[M]. 北京：高等教育出版社．
孟军，2001. 高等数学[M]. 北京：中国农业出版社．
孟军，2007. 高等数学[M]. 2 版．北京：中国农业出版社．
孟军，2013. 高等数学[M]. 3 版．北京：中国农业出版社．
邵剑，2008. 高等数学专题梳理与解读[M]. 上海：同济大学出版社．
同济大学数学系，2014. 高等数学[M]. 北京：高等教育出版社．
萧树铁，1999. 数学实验[M]. 北京：高等教育出版社．
萧树铁，2000. 一元微积分[M]. 北京：高等教育出版社．
荀飞，2000. Mathematica 实例教程[M]. 北京：中国电力出版社．
朱士信，2014. 高等数学[M]. 北京：高等教育出版社．

图书在版编目(CIP)数据

高等数学／孟军主编．—4 版．—北京：中国农业出版社，2021.7(2024.4 重印)
普通高等教育农业农村部“十三五”规划教材 全国高等农林院校“十三五”规划教材
ISBN 978-7-109-25088-8

Ⅰ.①高… Ⅱ.①孟… Ⅲ.①高等数学-高等学校-教材 Ⅳ.①O13

中国版本图书馆 CIP 数据核字(2021)第 133199 号

中国农业出版社出版
地址：北京市朝阳区麦子店街 18 号楼
邮编：100125
责任编辑：魏明龙 文字编辑：龙永志
版式设计：杜 然 责任校对：刘丽香
印刷：北京通州皇家印刷厂
版次：2001 年 9 月第 1 版 2021 年 7 月第 4 版
印次：2024 年 4 月第 4 版北京第 3 次印刷
发行：新华书店北京发行所
开本：787mm×1092mm 1/16
印张：17
字数：400 千字
定价：40.00 元

版权所有・侵权必究
凡购买本社图书，如有印装质量问题，我社负责调换。
服务电话：010-59195115 010-59194918